Peter Kleinert

Physik & Metaphysik

Peter Kleinert

Physik & Metaphysik

WiSa

Bibliografische Information der Deutschen Nationalbibliothek
Die Deutsche Nationalbibliothek verzeichnet diese Publikation in der Deutschen Nationalbibliografie; detaillierte bibliografische Daten sind im Internet über http://dnb.d-nb.de abrufbar.

Bibliographic information published by the Deutsche Nationalbibliothek
Die Deutsche Nationalbibliothek lists this publication in the Deutsche Nationalbibliografie; detailed bibliographic data are available in the Internet at http://dnb.d-nb.de.

Abbildungen: © leafart - Fotolia.com

ISBN: 978-3-95538-031-1

Stuttgart 2019

Nietzsche sagt einmal, daß mit der Wissenschaft der Optimismus Herr geworden sei. Und fürwahr, mit dieser Zählmaschine in der Hand wird der Mensch ein beschäftigtes und beruhigtes Schulkind. Die Furchtbarkeit des Daseins verliert ihre Gewalt für ihn, er klassifiziert, klärt auf, korrigiert hier und dort. Eine Welt, für die es nur die Eine Bezeichnung „furchtbar“ gibt, wird ihm zuletzt ein behagliches Wohnhaus, in das bloß der Tod seine ungemütlichen Schatten wirft.

Christian Morgenstern

0.1 Vorwort

Dürfen Physik und Metaphysik überhaupt im selben Atemzug genannt werden? Wohin sich darüber Nachdenkende auch schützend wegducken, Nietzsches Spott trifft sie doch: „Die Notwendigkeit in der Natur wird durch den Ausdruck ‚Gesetzmäßigkeit' menschlicher und ein letzter Zufluchtswinkel der mythologischen Träumerei."[1] Man habe längst ausgeträumt, sei aber erschrocken erwacht, schlussfolgert Nietzsche, denn bald werde alles auf Erden durch „die gröbsten und bösesten Kräfte bestimmt, durch den Egoismus der Erwerbenden und die militärischen Gewaltherrscher."[2] Zirka einhundert Jahre später konnte der Theologe und Soziologe, Reimer Gronemeyer, konkretisierend hinzufügen: „Die Philosophie des 19. Jahrhunderts ist beschäftigt mit der Ermordung Gottes. Das Jahrhundert endet mit dem Satz: Gott ist tot. Die modernen Menschen des 20. Jahrhunderts sind beschäftigt mit der Ermordung der sozialen Institutionen, die an die Stelle Gottes getreten waren. Das 20. Jahrhundert endet mit dem Satz: Die Familie ist tot, das Vaterland sowieso."[3] Unterstützend mehren sich besorgte Stimmen: Niemals war die Welt weltlicher, niemals ärmer an Sittlichkeit und Gottesverehrung. Und was bedeutet erst Besinnungslosigkeit für die Selbstbestimmung des Menschen?

Paradoxerweise begleitet diesen beschleunigten Abfall von Gott ein Erweckungsereignis, das mit einer stärkeren Überzeugungskraft die Menschen, wenn sie nur zuhörten, beeindrucken könnte als die Ankunft eines Messias, der übers Wasser geht. Gemeint ist der unerwartete Aufschwung in der Naturphilosophie, den wir hauptsächlich der modernen Physik verdanken und durch den alte Basisbegriffe aller Weltanschauungen wie Sein, Nicht-Sein, Raum, Zeit, Unendlichkeit und schließlich Geist in einem völlig neuen, ungewöhnlichen Licht erscheinen. Wie der Naturalismus alter Prägung lebensphilosophisch und kulturell wirksam war und ist, so kann auch die neue Physik, günstige Bedingungen vorausgesetzt, weit ausstrahlen in den geistig-kulturellen Raum. Doch das Nachdenken über die letzten Lebens- und Weltanschauungsfragen, über Religion und den Gottesglauben können diese neuen, naturphilosophischen "Chiffren der Transzendenz" nur stimulieren, wenn das Speziali-

[1] F. Nietzsche, Menschliches, Allzumenschliches, Goldmann Verlag, Augsburg 1988, S. 306.

[2] F. Nietzsche, Unzeitgemäße Betrachtungen, Druck und Verlag C.G. Naumann, Leipzig 1899, S. 39.

[3] R. Gronemeyer, Ohne Seele, ohne Liebe, ohne Hass, ECON Taschenbuch Verlag, Düsseldorf und Wien 1994, S.12.

stentum überwunden wird, um das Einzelne vom Ganzen her erkennen, verstehen und werten zu können. Es schlägt die Stunde der Metaphysik, der spekulativen Gesamtschau und des Vergleichs mit den Gedanken bedeutender Vorfahren.

Aber verschlossen sind die Ohren und der Hastende fragt noch schnell im Vorübergehen: Narren sich wieder einmal Selbstbetrüger oder wird gewaltsam eine "frohe Botschaft" aus den verstörenden Lektionen der Fachleute herausgelesen? Auf einen möglichen Ertrag einer Metaphysik im Aufbruch lenkt wiederum Nietzsches Spott unsere Aufmerksamkeit: „Allen denen, welche so großtuerisch von der Wissenschaftlichkeit ihrer Metaphysik reden, soll man gar nicht antworten; es genügt, sie an dem Bündel zu zupfen, welches sie, einigermaßen scheu, hinter ihrem Rücken verborgen halten; gelingt es, dasselbe zu lüpfen, so kommen die Resultate jener Wissenschaftlichkeit, zu ihrem Erröten, ans Licht: ein kleiner lieber Herrgott, eine artige Unsterblichkeit, vielleicht etwas Spiritismus und jedenfalls ein ganzer verschlungener Haufen von Armen-Sünder-Elend und Pharisäer-Hochmut."[4]

Warum muss man sich grämen, wenn selbst nicht einmal mehr der Wissenserwerb zum neuzeitlichen Wertekanon gehört, wenn es heute heißt: „Lieber Feten, statt beten. Alter, weißer Mann - stirb aus"? Auch wenn sie nur dem Gebetsstock gepredigt werden kann, verliert die Wahrheit doch nicht ihren Eigenwert. Es sind die gut ausgebildeten, gekauften Spezialisten der Menschheitsdressur, die nun alle Antworten vorschreiben. Allerdings sind sie erbärmlich ahnungslos, was die Erkenntnis des *Wesens* der Wirklichkeit und des Menschen anbelangt.

Die im ersten Teil des Buches skizzierten allgemeinen Erkenntnisse der neuen Physik (Quantenphysik) werden im zweiten Teil mit den Lehren bedeutender Metaphysiker verglichen, um auf eine merkwürdige Parallelität zwischen den spekulativen Standpunkten beider Seiten aufmerksam zu machen.

[4]F. Nietzsche, Menschliches, Allzumenschliches, Goldmann Verlag, Augsburg 1988, S. 307.

0.2 Physik

0.2.1 Glaubst du noch oder denkst du schon?

Es gehört längst zum guten Ton, Metaphysiker zu verspotten und verbal kräftig zu ohrfeigen. Gibt es diese kauzigen Grübler überhaupt noch, die sich in ihren dunklen Studierstuben einschließen, bei Kerzenschein in staubigen Büchern blättern und sich immerfort, ohne je voranzukommen, in Existenzprobleme verlieren? Zugegeben hat die metaphysische Schwärmerei eine lange Tradition. Ursprünglich bezeichnete das Wort "Metaphysik" einen Abschnitt in den Aristotelischen Lehrschriften, der formal hinter dem Kapitel "Physik" angeordnet war. Seine Bedeutung, die man ihm bis heute belassen hat, erhielt der Begriff von den Neuplatonikern. Alles, was über die handfeste Naturlehre philosophierend hinaus will, was sich einer "höheren" Wirklichkeit zuwendet, sei Gegenstand dieser eigentümlichen "Wissenschaft". Heraklit zählt man zu den ersten echten Metaphysikern. Bezeichnenderweise nannten selbst die Alten ihn den "Dunklen", der mit gewagten Spekulationen jonglierte und spöttelte: Vielwisserei und verstehendes Wissen seien zweierlei. Über Hegel, einen weiteren Metaphysiker von Rang, kursiert die lustige Anekdote, dass nur einer seiner besten Schüler ihn recht verstand, der habe den Meister allerdings gründlich missverstanden. Zur Dunkelheit der metaphysischen Lehren geselle sich nicht selten ein skandalöser Geltungsanspruch der "Erleuchteten". Dabei, so sagt man, wurde die von Kant aufgeworfene Frage: „Ist Metaphysik als Wissenschaft überhaupt möglich?“, längst triftig beantwortet. Sie sei eine gänzlich nutzlose, rückständige Scheinwissenschaft. Alle metaphysischen Verstiegenheiten und Glaubensgrundsätze wurden und werden unerbittlich entmystifiziert durch den Fortschritt in den Natur- und Geisteswissenschaften. Unzählige Experimente bezeugen mittlerweile die Gültigkeit der strengen Naturgesetzlichkeit - für spirituelle Tagträumer und überhebliche Spinner gebe es keinen Spielraum mehr. Man möchte ihnen zurufen: Ihr esoterischen "Feingeister" sucht nicht länger Geheimnisse im Verborgenen, macht die Augen auf und erkennt, „was die Welt im Innersten zusammenhält“. Jeder Versuch ist anachronistisch, alles das, was Forscher bereits entdeckten, noch einmal und womöglich noch "tiefer" erkennen zu wollen. Das Erscheinungsbild der Metaphysik sei derart erbärmlich, dass selbst scharfzüngige Kritiker geneigt sind, mitleidig inne zu halten und sich am ungleichen Schlagabtausch nicht mehr zu beteiligen. Wer als Bildungsbürger die

Verhöhnung des Verstandes durch glorifizierte, altehrwürdige Heilsgeschichten einmal durchschaut hat, dem ist die ganze Tradition der Metaphysik eine Narretei. Er erkennt: In den Reihen der spekulierenden "Experten" findet sich niemand mit klarem Verstand. Durch die Reihen der trefflich Aufgeklärten geht ein mürrisches Kopfschütteln, wenn ein aufgewühlter Metaphysiker ekstatisch Sprechblasen vorträgt und im Übereifer vom "Sinn" des ganzen Weltspektakels trunken faselt. Denn nur Fachidiotisches habe der Metaphysiker vorzutragen, weil sein spekulatives "Wissen" keine Bodenhaftung hat. Wir fordern Beweise - er hat keine!

Es ist erstaunlich, dass sich an der kompromisslosen Abwendung von der Metaphysik bis heute nichts geändert hat. Von der metaphysischen Warte aus kritisierte Hegel den materialistischen Atomismus, der sich seinerzeit gerade anschickte, eine Fundamentalwissenschaft zu werden. In der Enzyklopädie der philosophischen Wissenschaften griff Hegel den Atombegriff an: „Indem das Eins als Eins fixiert ist, so ist das Zusammenkommen desselben mit Andern allerdings als etwas ganz Äußerliches anzusehen. - Das Leere, welches als das andere Prinzip zu den Atomen angenommen wird, ist die Repulsion selbst, vorgestellt als das seiende Nichts zwischen den Atomen. - Die neue Atomistik - und die Physik behält noch immer dies Prinzip bei - hat insofern die Atome aufgegeben, als sie sich an kleine Teilchen, Molecules, hält; sie hat sich damit dem Vorstellen nähergebracht, aber die denkende Bestimmung verlassen.“[5] Zirka einhundert Jahre nach Hegels Grundsatzkritik am mechanischen Materialismus wurde seine metaphysische Spekulation in Gestalt der Quantenfeldtheorie überraschend aufgewertet und zur profunden Wissenschaft ausgebaut. Als hätte Hegel schon damals in einschlägigen Fachbüchern über Quantenphysik geblättert, fügte er den erstaunlichen Satz hinzu: „Die kontinuierliche und diskrete Größe müssen daher nicht insofern als Arten angesehen werden, als ob die Bestimmung der einen der andern nicht zukomme, sondern sie unterscheiden sich nur dadurch, daß *dasselbe Ganze* das einemal unter der einen, das anderemal unter der andern seiner Bestimmungen gesetzt ist.“[6] Durch die naturwissenschaftlich vielfach begründete Absage am klassischen Naturalismus gelangen ontologische Fragestellungen, auf einer höheren Stufe, erneut ins Blickfeld der spekulativen Denker. Doch steht die Seinslehre wieder zur Disposition, weil die Quantenphysik

[5]G.W.F. Hegel, Enzyklopädie der philosophischen Wissenschaften im Grundrisse, Akademie Verlag Berlin, 1966, S. 116.

[6]ebenda, S. 117.

Rätsel aufgibt, so kommen auch gleich jene Mystiker und Metaphysiker aus ihrer Deckung, denen es vor allem um die letzten Dinge geht. Wie können auch Seins- und Gotteslehre nicht aufeinander verwiesen sein? Schließlich ist das Gottesproblem „nur das vollentfaltete Seinsproblem und das Seinsproblem nichts anderes als das unentfaltete Gottesproblem. Da sich jedoch Sein und Gott als Pole voneinander abheben, kann man das Sein auch für sich betrachten. So kommt es zur Ontologie, die sich aber stets ihres innerlichsten Zusammenhanges mit der Gotteslehre bewußt sein sollte, weil deren Vernachlässigung zwangsläufig den Bestand der Seinslehre gefährdet.“[7] Die neue, geheimnisvolle Seinslehre, die in Gestalt der Quantenphysik detailliert ausgearbeitet ist, gibt den alten metaphysischen Spekulationen also neue Nahrung. Die Gottesfrage ist nicht länger obsolet, vielmehr drängt sie sich machtvoll auf. Hans-Jürgen Fischbeck dreht daher den spöttischen Slogan der Mechanisten und Nihilisten um, indem er bekennt: „Ich glaube, weil ich denke.“ Wir machen es uns im Weiteren zur Aufgabe, dieses Bekenntnis mit Wissensbausteinen zu untermauern.

0.2.2 Atomistik

Der Grundgedanke der nüchternen, anti-metaphysischen Argumentation lässt sich theoretisch auf einen Punkt bringen. Die Vorarbeit leisteten die antiken Atomisten Leukipp und Demokrit. Beide unbestechlichen "Rationalisten" nannten die Dinge beim Namen und stellten sie in den leeren Raum. Was die Leere in sich aufnimmt, müsse im schroffen Gegensatz zu dem stehen, was das "Nichts" genannt wird. Nun sind alle Gegenstände teilbar. Damit sich aber das Sein der Dinge nicht bei fortwährender Teilung verflüchtigt, müsse die Teilbarkeit zu einem Ende kommen. Es muss also kleinste Teile geben, die der weiteren Demontage widerstehen. Unmöglich können Körper aus unendlich kleinen Bestandteilen aufgebaut sein. Unendlich Kleines verschwindet, es füllt nichts aus. Grundsätzlich bestehe daher das materielle Substrat aus einer endlichen Anzahl unteilbarer Teilchen, die alle eine endliche Ausdehnung haben. Das ist der Grund, warum überhaupt etwas existiert, warum sich etwas bewegt und sich zusammenballt. Jedes Geschöpf ist nur deshalb vorhanden, weil seine elementaren Bausteine vorhanden sind. Seit Demokrit nennt man diese Basispartikel des Seins "Atome".

[7] W. Troll, Das Virusproblem in ontologischer Sicht, Franz Steiner Verlag, Wiesbaden 1951, S. 2.

Sie bewegen sich frei im Raum und gehen unterschiedliche Verbindungen ein. Aus dem Tanz der Atome leite sich die ganze Erscheinungswelt ab. Nicht nur alle Substanzen sind Zusammensetzungen, bestehend aus den kleinsten Partikeln, sondern auch unser Denken und Fühlen müssen wir als Eigenschaften bestimmter Atomkonfigurationen auffassen. Demokrit gab einen anschaulichen Vergleich: Mit den Buchstaben des Alphabets können Komödien oder Tragödien, Geschäftsberichte, Inserate oder Ablassbriefe geschrieben werden. Ähnlich entspringt aus den unendlich vielen möglichen Zusammenballungen der Atome ziel-, plan- und sinnlos die Vielfalt der Dinge und Erscheinungen. Zufallskombinationen lösen willkürlich einander ab und garantieren die Sinnlosigkeit des ganzen Weltgeschehens. In den zahlreichen Schriften behandelte Demokrit nicht nur naturphilosophische Aspekte seines "materialistischen Humanismus". Er äußerte sich auch zu Fragen der Religion, der Philosophie, der Ethik und der Politik. Leider sind großenteils nur indirekte Zeugnisse seines umfassenden Werkes überliefert. Ist es zu hoch gegriffen, in Demokrit einen frühen Wegbereiter der Aufklärung zu sehen, die im achtzehnten Jahrhundert machtvoll sich regte?

Wir fassen zusammen: Es gibt die kleinsten Dinge, die den leeren Raum ausfüllen und deren Verlagerungen den Lauf der Zeit bestimmen. Alles ist unendlich: Der Raum, die Zeit, und der unveränderte Bestand der Elementarteilchen. Mehr ist über Gott und die Welt nicht zu sagen. Welche Naturlehre übertraf je den Atomismus in Klarheit, Anschaulichkeit und Folgerichtigkeit der Argumentation? Eines passt zum anderen: Was sich aus den Steinchen des Seins alles bildet und bilden kann, das hängt von ihrer Anordnung im leeren Raum ab. Da keiner der synthetisierten Stoffe ewig existieren kann, ändert sich die Welt immerfort. Obwohl die elementaren Partikel völlig eigenschaftslos sein sollen, können aus ihnen wahre Wunderwerke hervorgehen. Sie selbst riechen nicht, können sich aber zu Geruchsstoffen kombinieren - sie selbst denken nicht, können sich aber zu Denkmaschinen vereinigen. Stirbt ein Mensch, rollen die Kügelchen seines Leibes auseinander, dann erlischt die Seele. Dass ein zerstörter Geruchsstoff nicht mehr riecht, ist um keinen Deut anders. Wer Geheimnisse hinter allem wittert und die Welt nicht schnörkellos so auffasst, wie sie "ist", der wird wegen seiner Schwermut verzweifeln und die Folgen seiner charakterlichen Exzentrizität tragen müssen. Die Aufgeklärten sind hingegen beschwingt und haben längst verstanden: Selbst das Kulturgut ist in letzter Instanz an den elementaren "Steinchen" festzumachen. Alles tanzt nach der Pfeife einer zufällig zusammengestellten Choreographie für Bauklötzchen.

Das ist jener Tanz, der immer grundsätzlich sinnlos ist, den auch du tanzen musst und was dir dabei bestenfalls gelingt - dein Spagat wird bewundert. Die Gefühlvollsten und Klügsten wie die Niederträchtigsten und Dümmsten müssen sich alle betäuben und werden die Abfolge aller Betäubungen ihr Leben nennen. Prost!

Alle, die sich dem Diktat des anschaulichen Materialismus nicht uneingeschränkt beugen, riskieren mittlerweile ihre Glaubwürdigkeit und werden von "gut informierten" Kritikern verdächtigt, nicht urteilsfähig zu sein. Über mehr als zwei Jahrtausende hinweg war die Atomistik ein selbstverständlicher Bestandteil einflussreicher atheistischer Seinslehren. Ihr Grundaxiom stützt sich auf eine vermeintlich unbesteitbare Binsenwahrheit, dass sich Atheisten konsterniert fragen: Mit welchen triftigen Argumenten könnte ein nörgelnder Freigeist bestreiten, dass sich das reine Sein gewissermaßen auf Atome zurückzieht, in denen es sich ewig und unabänderlich vom Nichts abrupt abgrenzt? Ohne diese Körner des Seins wäre der Kosmos absolut leer. Also lautet die Kernfrage aller Philosophie: Warum gibt es die elementaren Seinsbrocken überhaupt? Denn die Leere genüge sich doch selbst. Sie allein könnte einen einfachen, konsistenten Kosmos abgeben. Ob sich im Nichts etwas tummelt oder nicht, ist dem Nichts äußerlich. Alles materielle und seelische Geschehen hat also in den kleinsten Bauklötzchen - den Atomen - seinen Ursprung. Nur weil diese kleinen Dinge "da" sind, ist Welt, ist Wirklichkeit, ist Geist, ist religiöses Aufbegehren "da". Dabei können die kleinen Krümel unmöglich all die vielfältigen Eigenschaften selbst bei sich haben: Farbe, Geschmack, Festigkeit, Willen, Scharfsinn, Niedertracht und was es sonst noch alles gibt. Nein, die Vielfalt der Erscheinungen hat einen anderen Grund. Sie lässt sich auf geometrische Eigenschaften zurückführen: auf die Gestalt, Lage und Bewegung der Atome. Diese mechanisch-materialistische Selbstverständlichkeit diktiert heute hauptsächlich das natur- und geisteswissenschaftliche Forschungsprogramm: Führe streng reduktionistisch alles, was sich ereignet, letztlich auf den Tanz der kleinen Atome zurück. Gib Laplace die Koordinaten und Anfangsgeschwindigkeiten aller elementaren Partikel des Universums und er berechnet punktgenau, was alles hier und da geschah und was alles hier und da geschehen wird. Dieses Rechenkunststück des Laplaceschen Dämons kann allenfalls an seiner praktischen Undurchführbarkeit scheitern, weil der Datensatz für die Anfangsbedingungen nicht handhabbar ist. Im Grunde bleibt es aber grundsätzlich dabei: selbst die Meisterwerke der Weltliteratur verdanken sich einem filigranen Schwingungsmuster von unzähligen, toten Partikelchen. Das einzige Organisationsprinzip, das der Mechanist noch zwischen dem Tumult der Atome auf der Mikroebene und dessen erhabensten Epiphänomen - dem menschlichen Geist - einschiebt, benannte der Evolutionsbiologe Darwin: der rücksichtslose Kampf ums Dasein.

Weil die mechanisch-materialistische Atomistik alle vernünftigen Argumente auf ihrer Seite zu haben scheint, wirkte und wirkt ihre suggestive Kraft selbst bei jenen, die in diesem Maschinensaal partout ihren Seelenfrieden nicht finden können. Immerhin lässt sich die Herabwürdigung des eigenen Selbst nicht weiter treiben, als das Subjekt ins absolute Nichts, an den äußersten Rand des Universums zu stellen, wo es ein kurioses, nichtiges Epiphänomen ist. Wer nicht einmal ein Rädchen im Getriebe ist, sondern allenfalls ein Quietschen im Räderwerk, der sollte über sich und seine Existenz im weiten Kosmos nicht nachdenken, wenn er nicht den Verstand verlieren will.

Doch Gedankenlosigkeit ist nicht jedermanns Sache. Mancher fragt nach Alternativen. Da am vermeintlich unbestreitbaren materialistischen Fundament nicht gerüttelt werden kann und darf, greifen Beter zum Zauberwort: Überwelt. Man habe, weiß Gott, keine Einwände gegen die Belehrungen durch den Augenschein. Hienieden betrügen uns die Sinne nicht. Sie zeigen unverfälscht und wahrheitsgemäß die materielle Welt, wie sie in die Leere hineingestellt ist. Das aber sei nicht alles - ja nicht einmal etwas Wesentliches. Ins Nichts gesetzt und darin am Laufen gehalten wird das Ganze durch eine Gottheit, durch etwas Transzendentes, das dem Forschergeist nicht zugänglich ist, sich aber dem Gläubigen offenbart. Aus dieser nicht genau fassbaren heiligen Quelle entstammen Raum, Zeit und Materie. Für Gottesfürchtige ist das Entscheidende ihre Hoffnung, dass diese schöpferische Allmacht, die ihren Wohnsitz im Unbekannten hat, eine Sinnperspektive eröffnet, so dass Heilserwartungen nicht länger ins Leere laufen.

Atheisten und Seinsvergessene gehen diesen Umweg nicht. An der mechanisch-materialistischen Unglaubenslehre gäbe es nichts zu bekritteln. Man erwarte allenfalls eine naturwissenschaftliche Ausgestaltung der Kernidee, wonach die Welt aus einem einheitlichen Stoff besteht. Auf den vermeintlichen Schlussstein des ersehnten monumentalen Denkgebäudes musste, Gott sei Dank, nicht lange gewartet werden. Anfang des 19. Jahrhunderts war es soweit: Die antike Atomlehre qualifizierte sich zur klaren naturwissenschaftlichen Hypothese durch Entdeckungen in der Chemie und Kristallographie. Massenverhältnisse bei chemischen Reaktionen und kristallographische Richtungsgesetze wurden entdeckt, weil man annahm, dass sich Atome zu Moleküle verbinden. Dass die chemische Affinität durch die Elektrizität der an sich elektrisch neutralen Atome und Moleküle bestimmt wird, offenbarten Experimente zur Elektrolyse. Schließlich rundete die Entdeckung des Periodensystems der Elemente durch Meyer und Mendelejew um 1870 das Weltbild des Atomismus ab. Von der Stimmigkeit dieses Schemas war man spätestens in den neunziger Jahren des 19. Jahrhunderts überzeugt, als die Edelgase, die schon in der Mendelejewschen Tabelle standen, tatsächlich entdeckt wurden. Um die Jahrhundertwende überschlugen sich dann die Ereignisse. J.J. Thomsen vermaß die Ablenkung von Kathodenstrahlen an elektrischen und magnetischen Feldern und bestimmte daraus das Verhältnis von Ladung zur Masse des Elektrons. Die Aufspaltung der Spektrallinien von Atomen, die sich in einem Magnetfeld befinden, entdeckte P. Zeeman im Jahr 1897. Daraus folgerte H.A. Lorentz, dass die Spektrallinien auf Bewegungen der Elektronen im Atom zurückgeführt werden können. Dabei sollten nach Beobachtungen von Lenard die Atome überwiegend leer sein, weil schnelle Elektronen sie meist ungehindert durchdringen. Zu guter Letzt veranlassten Streuexperimente mit α Teilchen E. Rutherford um 1911 zur Bekanntgabe seiner einfachen und naheliegenden Hypothese vom Aufbau der Atome. Sie alle sollen aus einem sehr kleinen, schweren, positiv geladenen Kern bestehen, um den im weiten Abstand so viele Elektronen kreisen, dass insgesamt Ladungsneutralität herrscht. Das Atom sei aufgebaut wie ein Planetensystem. Im Zentrum befinde sich der Atomkern. Er ist positiv elektrisch geladen und enthält den weitaus größten Teil der Masse des Atoms. Leichte, negativ geladene Elektronen umkreisen ihn im weiten Abstand. Betrüge der Durchmesser des kugelförmigen Atomkerns einen Meter, so wären die Umlaufbahnen der Elektronen etwa einhundert Kilometer entfernt. Atome sind Hohlräume mit "ganz wenig drin". Das Rutherfordsche planetare Modell hätte die antike Atomistik triumphal zum Abschluss bringen können, weil es begründet darlegt, dass alle Materie in den lebenden und toten Körpern aus nur drei Sorten von Elementarteilchen besteht: aus Elektronen, Protonen und Neutronen.

Leider wurde die Feierlaune der umtriebigen Naturforscher durch Unstimmigkeiten gedämpft. Zum einen störte die Coulomb-Wechselwirkung zwischen Ladungsträgern das abgerundete Bild, weil sie, gemäß der Maxwellschen Theorie des Elektromagnetismus, mit der elektromagnetischen Strahlung identifiziert werden muss. Eine beschleunigt bewegte Ladung sendet elektromagnetische Wellen aus und büßt dabei ihre Bewegungsenergie ein. Nun müssen die an den Kern gebundenen, negativ geladenen Elektronen sich beschleunigt bewegen. Infolgedessen würde das Rutherfordsche Atom rasch kollabieren, weil die Bewegungsenergie als abgestrahlte elektromagnetische Energie verloren ginge. Rasch fielen alle Elektronen in den Atomkern. Die sich in den einschlägigen Experimenten zeigenden Atome könnte es also nach der "planetarischen" Theorie gar nicht geben.

Hinzu kommt eine weitere irritierende Frage: Woraus besteht - um alles in der Welt - die elektromagnetische Strahlung? Interferenzexperimente von Michelson und Morley suggerierten eine absurde Antwort: Es handelt sich um elektromagnetische Wellen, die für ihre Ausbreitung ein Medium *nicht* benötigen. Etwas schwingt zwar, es kann sogar Information codieren (Radiowellen), aber dieses "Etwas" ist ein "Nichts". Was Lichtwellen vorführen, das gleicht einem Tanz ohne Tänzer. Gründlicher kann der mechanische Materialismus nicht infrage gestellt werden. Später sprach man von "Lichtteilchen", den sogenannten Photonen, die keine Ruhemasse haben und die sich so schnell bewegen, dass sie aus dem Zeitschema fallen, da für Partikel, die mit der Lichtgeschwindigkeit im Vakuum unterwegs sind, die Zeitdilatation divergiert. Gelangen aber die "elementaren" Photonen in eine Ladungswolke, so erleiden sie eine Metamorphose, dann entstehen aus ihnen Plasmonen, die eine endliche Ruhemasse besitzen. Durch diesen Higgsmechanismus werden Lichtteilchen massiv und bewegen sich folglich langsamer als mit der Vakuum-Lichtgeschwindigkeit.

Das "triumphale" Rutherfordsche Atommodell konnte zum anderen die Diskretheit des Linienspektrums nicht erklären. Man stand vor einem Rätsel: Warum werden immer nur diskrete Energieportionen von den Atomen emittiert oder absorbiert? Wohin sich der klassische Atomtheoretiker auch händeringend umschaute, eine befriedigende Antwort fand er nicht. Der Einladung zum Festkolloquium zu Ehren der materialistischen Atomistik, das Generationen von Mechanisten ersehnten, waren also renommierte Naturforscher gefolgt, die Sektgläser waren gefüllt, da trat der Hauptredner ans Pult und erklärte der erstaunten Zuhörerschaft: vom Atom verstehen wir gar nichts! In der Tat konnte auch Niels Bohr die ihm ans Herz gewachsene klassische Atomlehre nicht durch eine quasi-klassische Stabilisierungsvorschrift erfolgreich verteidigen. Es war etwas Grundsätzliches, was den Forschern bis dato verborgen blieb. Um zu verstehen, worum es sich dabei handelt, müssen wir innehalten und unsere Anstrengungen vervielfachen. Denn ausgerechnet die Gründungsväter der neuen Theorie verneigten sich tief und ehrfurchtsvoll vor ihrem Werk. „Wer über die Quantentheorie nicht entsetzt ist, der hat sie nicht verstanden“, polterte Bohr, der an den ersten Diskussionen über die Quantenphysik beteiligt war. Etliche Jahre später bekräftigte der berühmte Theoretiker Richard Feynman die Bohrsche Ermahnung durch sein Eingeständnis: „Ich kann davon ausgehen, dass niemand die Quantenmechanik versteht.“

0.2.3 Mathematik

Ohne Beharrlichkeit und eine gründliche Vorbereitung wird wohl niemand verstehen, was die Quantenphysik zu bedenken gibt. Abwege im Verständnis sind schwer zu vermeiden, wenn das mathematische Rüstzeug fehlt. Daher wenden wir uns zunächst der elementaren Mathematik und ihrem Aufbau zu. Der Blick fällt zuerst auf die natürlichen Zahlen, zu denen jeder schnell einen Zugang findet. Diese Zahlen sind förmlich "greifbar". Wir sehen drei Stühle, fünf Äpfel und zwölf Ziffern auf der Taschenuhr. Werden erst sieben und später noch fünf Kartoffeln in einen Topf geworfen, so sind schließlich zwölf in ihm versammelt, was jeder im Kopf schnell nachrechnet. Der Evolutionsbiologe hat Argumente dafür gesammelt, warum Zahlen jedermann vertraut sind. Er findet Fibonacci Zahlen auf Schritt und Tritt in seinem Forschungsgebiet. Umso mehr müssen natürliche Zahlen im göttlichen Notizbuch stehen, denn sie sind nicht minder "real" als das Greifbare, obwohl mathematische Begriffe eigentlich immer nur symbolisiert werden können. Aber auch die rationalen Zahlen sind noch von dieser Welt. Kartoffeln kann man schließlich teilen. Doch wehe, jemand macht sich daran und sinniert mit mathematischem Talent allgemein über Zahlen und deren wundersame Eigenschaften! Ist er theoretisch interessiert, kümmert er sich eventuell um das Muster in der Verteilung der Primzahlen und dringt dabei rasch weit in unerschlossene Gebiete der allerhöchsten Mathematik vor, ja selbst bis hin zur Riemannschen Vermutung. Ist er praktisch veranlagt, wird er durch Messungen das Verhältnis des Umfangs eines Kreises zum Durchmesser bestimmen. Dabei stellen alle Kreisvermesser eine überraschende Übereinstimmung fest. Je mehr sie die Messgenauigkeit steigern, desto genauer stimmen ihre Resultate überein. Daher werden sie festhalten: das Verhältnis Umfang/Durchmesser ist für alle Kreise gleich und diese Zahl nennen wir π. Diese ominöse Zahl tritt auch bei vielen anderen Übungsaufgaben auf. Mit Bleistift und Lineal zeichne man parallele Linien auf ein Blatt Papier. Der Abstand sei jeweils eine Streichholzlänge. Nun soll ein Streichholz wiederholt un-

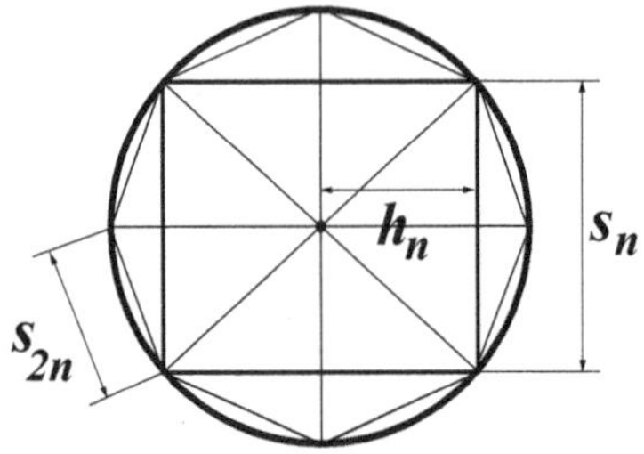

Abbildung 0.2.1:
Berechnung des Umfangs eines Kreises mit dem Radius $r = 1$ nach Archimedes. Für die Kantenlänge s_n des n-Ecks und s_{2n} des $2n$-Ecks gelten nach Pythagoras die Gleichungen $h_n^2 + s_n^2/4 = 1$, $(1 - h_n)^2 + s_n^2/4 = s_{2n}^2$. Daraus folgt die Rekursionsbeziehung: $s_{2n} = \sqrt{2 - \sqrt{4 - s_n^2}}$. Der Umfang des Polygons ist $U_n = ns_n$ (bzw. $U_{2n} = 2ns_{2n}$). Die Iteration beginnt mit $U_4 = 4\sqrt{2}$. Archimedes gab folgende Abschätzung an: $3 + 10/71 < \pi < 3 + 10/70$.

kontrolliert auf das Blatt geworfen werden. Als Treffer gilt, wenn es eine Linie kreuzt. Bei gewissenhafter Ausführung des Experiments, das möglichst oft wiederholt werden soll, ist das Verhältnis der Trefferzahl zur Gesamtzahl der Würfe gleich $2/\pi$. Obwohl also die "Spielanleitungen" für den Umgang mit vertrauten Zahlen derart unterschiedlich sind - die Kreisvermessung und das Streichholzspiel - tritt in den Ergebnissen beide Mal dieselbe irrationale Zahl π auf.

Mathematiker wollen all diese formalen Zusammenhänge systematisch kennenlernen. Sie bleiben in der Studierstube, nehmen Bleistift und Papier, um die "Geheimzahl" π näher zu untersuchen. Archimedes ermittelte einen Algorithmus zur näherungsweisen Bestimmung von π vor zirka 2200 Jahren. Sein Lösungsweg wird in Abbildung 0.2.1 beschrieben. Die Idee ist einfach: Man berechne den Umfang eines regulären n-Ecks, dessen sämtliche Eckpunkte auf der Kreislinie liegen. Mit wachsender Anzahl der Ecken wird der Umfang des Kreises durch ein n Eck zunehmend besser approximiert. Die Konvergenz des Verfahrens sichert eine Rekursionsbeziehung zwischen den Umfängen von regelmäßigen Polygonen mit n und $2n$ Ecken. Für ein Polygon mit 16 Ecken erhält man für den Umfang $U_{16} \approx 6.24$, was den Wert $2\pi \approx 6.28$ (der Radius r des Kreises sei Eins) bereits gut approximiert.

Die Universalität des mathematischen Verfahrens deutet sich hier bereits an. Die Kreiszahl kann sowohl messend als auch rechnend hinreichend genau bestimmt werden. Dabei gehört π zu den irrationalen Zahlen, die sonderbar und nicht mehr von dieser Welt sind. Ihre unendlich vielen Dezimalstellen hinter dem Komma lassen sich nämlich selbstverständlich nicht alle angeben. Dennoch sollten sie irgendwie alle "da" sein, weil π in vielen exakten Querverbindungen in der Mathematik auftritt. Andererseits können alle Nachkommazahlen von π unmöglich alle "da" sein. Und doch hantieren wir mit dieser "gottgegebenen" Zahl, die keinen "ontologischen Status" haben kann, weil die Ressourcen nie und nimmer ausreichen, um π in Gänze zu codieren. Kurz: die Zahl π ist ein "Hirngespinst" - das dem Mathematiker jedoch genauso vertraut ist wie die gewöhnlichen natürlichen Zahlen. An vielen unvermuteten Stellen wird die Kreiszahl "entdeckt", als gäbe es ein Parallel-Universum bestehend aus mathematischen Ideen und "dunklen" Querverbindungen.

Selbst in vielen Näherungsformeln tritt π auf. So wird das Produkt der ersten n natürlichen Zahlen $n! = 1 \cdot 2 \cdot 3 \cdot \cdots \cdot n$ mit wachsendem n immer besser durch die Formel $(n/e)^n \sqrt{2\pi n}$ angenähert. Auch diese Stirlingsche Näherungsformel enthält also die Zahl π. Warum gibt es diesen Zusammenhang zwischen den Eigenschaften eines Kreises und der asymptotischen Darstellung für die Fakultät? Andere Formeln für die Zahl π haben die Form:

$$\sum_{n=1}^{\infty} \frac{1}{n^2} = \frac{\pi^2}{6}, \qquad \int\limits_{-\infty}^{\infty} dx \exp(-x^2) = \sqrt{\pi},$$

$$\pi = \sum_{k=0}^{\infty} \frac{(-1)^k}{4^k} \left(\frac{2}{4k+1} + \frac{2}{4k+2} + \frac{1}{4k+3} \right),$$

$$\frac{\sqrt{2}}{2} \frac{\sqrt{2+\sqrt{2}}}{2} \frac{\sqrt{2+\sqrt{2+\sqrt{2}}}}{2} \cdots = \frac{2}{\pi},$$

und

$$\sum_{n=0}^{\infty} \frac{(-1)^n}{2n+1} = \frac{\pi}{4}, \qquad \pi = \cfrac{4}{1 + \cfrac{1^2}{2 + \cfrac{3^2}{2 + \cfrac{5^2}{2 + \cfrac{7^2}{2 + \cfrac{}{\cdots}}}}}}.$$

Noch abstrakter ist der Zusammenhang zwischen π und der imaginären Einheit i in der Gleichung $\exp(i\pi) = -1$. Die komplexe Zahl i symbolisiert die Quadratwurzel aus -1 ($i = \sqrt{-1}$). Was hat die "Wurzel" aus minus Eins und die irrationale Zahl e mit dem Flächeninhalt π eines Einheitskreises zu tun? i ist keine "Zahl" im gewöhnlichen Sinne. Von zwei Hühnern kann man sprechen, nicht aber von i Hühnern. Und doch haben komplexe Zahlen in der Mathematik eine wichtige Funktion. Die auf dieser Erweiterung des Zahlenbegriffs basierende Funktionentheorie brachte eine Fülle von neuen Einsichten und befruchtete viele Gebiete der Mathematik. Bekannte Beispiele sind der Fundamentalsatz der Algebra und der Primzahlensatz, die beide mit Mitteln der komplexen Zahlentheorie abgeleitet werden. Doch der tiefe mathematische Gedankenreichtum kann sich nur dem erschließen, der unanschauliche Konstrukte (z.B. $\sqrt{-1}$) nicht nur akzeptiert, sondern mit ihnen auch umzugehen lernt.

Auf diesen Wegen kommt es ab und an zu merkwürdigen Bekanntschaften. Bisher ungeklärt ist, ob die Ziffernfolge von manchen irrationalen Zahlen α rein zufällig ist. Damit im Zusammenhang steht die Frage: Gilt für die irrationale Zahl α das Infinite-Monkey-Theorem, d.h. ist in α jede beliebige endliche Ziffernfolge unendlich oft enthalten? Findet man in der binären Darstellung von α tatsächlich jeden binären String, also auch Bitfolgen, die Aussagen, Bilder, Filme im Computer codieren? Ist die Zahl α eine reine Quelle von Zufälligkeit, so dass in ihr verborgen schon immer alle möglichen Informationen abgespeichert sind - auch mein digitales Hochzeitsfoto?

Auch hier gilt: Nicht die Autorität eines führenden Mathematikers rechtfertigt den Wahrheitsanspruch eines Theorems, sondern die innere Logik der Sache, die von jedem nachvollzogen werden kann. Obwohl die evolutionären Triebkräfte das abstrakte Denken im Daseinskampf nicht stählen konnten, denn alle abstrakten Zusammenhänge begegnen Lebewesen in ihrer Umwelt nicht, gibt die Intuition dem geschulten Mathematiker Fingerzeige, so dass die Ideenentwicklungen nicht abreißen. Der Spezialist schreitet von Beweis zu Beweis fort und vertraut dabei auf die Nachprüfbarkeit all seiner Schritte. Dennoch ist die abgeschrittene Landschaft des mathematischen Wissens wie eine Fata Morgana rein fiktiv. Willkürlich gibt man Grundsätze vor und überlässt die zwingende Ausgestaltung des Ganzen der Logik.

Prinzipiell anders muss die Naturwissenschaft vorgehen. Naturgesetze erlangen ihre "Beweiskraft" nur durch den Nachweis, dass sich die Dinge, so wie beschrieben, tatsächlich verändern und bewegen. Beobachtungen und Experimente sind in der Naturwissenschaft unverzichtbar. In der Geschichte der naturwissenschaftlichen Forschung gab es leider eine Stagnationsphase, die zirka zweitausend Jahre währte und an deren Anfang herausragende Einzelleistungen standen, die jedoch bald in Vergessenheit gerieten. Eine erfreuliche Aufbruchstimmung zeichnet die Neuzeit aus, als das naturwissenschaftliche Wissen exponentiell zunahm und sich vertiefte. Ausgangspunkt der neuzeitlichen rationalen Naturerklärung war die griechische Philosophie. Ionische Naturphilosophen wiesen Mythologen in die Schranken und erhoben den Anspruch, das Naturgeschehen ohne erdichtetes, dämonisches Beiwerk zu verstehen. Auf die Frage: „Was ist Sein?“, suchten die antiken Gelehrten eine triftige Antwort. Mehrheitlich kam man überein: es müsse einen Urstoff geben. Ihn stellten Atomisten an die Spitze ihrer Seinslehre. Schnell entfaltete die atomistische Naturauffassung ihre suggestive Kraft. Neben dem Nichts, an dem sich der Denker nicht abarbeiten kann, existiere nur ein Seiendes und dieses bestehe aus kleinsten Kügelchen mit "Haken". Das anschauliche Bild der Materialisten musste nicht detailliert ausgestaltet werden, denn ihre Grundidee war überzeugend genug. Zirka zwei Jahrtausende hielten die Rationalisten mehrheitlich an diesem atomistischen Denkschema fest, das wegen seiner Anschaulichkeit anziehend war und ist.

Einzelne Querdenker hatten es gegen die Suggestivkraft des Materialismus schwer. Sie vertraten eine grundsätzlich andere Auffassung. Zu ihnen zählen die Pythagoräer, die der Spekulation mehr zutrauten, als es Atomisten für möglich hielten. Bekannt wurden sie durch ihre Beiträge zur Mathematik, die sie als eine exakte Wissenschaft begründeten, weil sie zum ersten Mal mathematische Sätze streng bewiesen. Ihnen fiel beispielsweise auf, dass zwischen den Längen der Diagonalen und der Seite eines Quadrates kein rationales Zahlenverhältnis besteht. Es gibt daher Strecken, deren Länge sich nicht mit den bis dahin bekannten Zahlen ausdrücken lassen. Weil es neben den rationalen Zahlen, die sie für gottgegeben und notwendig hielten, überabzählbar viel mehr irrationale Zahlen gibt, die sie wegen der unendlich langen Ziffernfolge nicht zulassen wollten, drangen die Pythagoräer nicht zum allgemeinen Zahlenbegriff vor. Trotzdem waren sie von Zahlen fasziniert. Überall suchten sie nach Belegen für die herausragende Bedeutung des Abzählens in der Natur. So entging ihnen beispielsweise nicht die Beziehung zwischen harmonischen Tonintervallen und einfachen Zahlenverhältnissen. Schlussendlich verallgemeinerten sie ihre mathematischen Einsichten rigoros und behaupteten, den Ursprung von allem zu kennen: die Zahl. Heute steht diese Hypothese bei manchen Theoretikern wieder hoch im Kurs. Nur wird der Slogan allgemeiner ausgedrückt: Im Anfang war die Mathematik.

Die pythagoräische Lehre, die auf die Bedeutung der Mathematik für die Naturerkenntnis aufmerksam machte, beeindruckte den Idealisten Platon dermaßen, dass er sogleich sein eigenes Programm der mathematischen Naturerklärung ausarbeitete. Der Urstoff, den die Materialisten dem Nichts entgegenstellten, konnte nach seiner Überzeugung kein lebloser Staub sein, der sich beliebig mit anderem Staub mischt. Vielmehr sei die Gesetzlichkeit in der Natur nur zu verstehen, wenn in der Natur selbst eine göttliche, gesetzliche Ordnung eingeprägt ist. Der Ursprung ist daher für Platon nicht ein kleinstes Ding, das keine Anweisungen kennt, vielmehr sind es die "Anweisungen" selbst, denen sich alles verdankt. Nicht die Idee, sondern ein "Sein" ohne sie, sei fiktional. Ihrem Wesen nach seien "elementare Partikel" nichts Grundsätzliches, weil etwas "Ideenloses" nur Ideenlosigkeit, aber keine reichhaltige Erscheinungswelt hervorbringen kann. Man müsse die Aufmerksamkeit auf die göttlichen "Bauanleitungen" konzentrieren, weil ohne sie nicht Vielfalt, allenfalls Einfalt existiert. Dabei erhob Platons Ideenlehre sogar den Anspruch, elegant zu sein: Die grundlegenden und allein wahrhaft vorhandenen ideellen Formen, denen sich die Ursubstanz hingibt, müssen die "schönsten" und symmetrischsten geometrischen Figuren sein. Die platonischen Körper sollten die größtmögliche Symmetrie besitzen. Dieses Prinzip der Einfachheit ist in der Tat konstruktiv. Es bedeutet: jede Ecke, Kante oder Fläche der ideellen Form eines Urpartikelchens sollte durch eine Symmetrietransformation auf jede andere Ecke, Kante oder Fläche abgebildet werden können. Keine Ecke, Kante oder Fläche des platonischen Polyeders sei vor irgendeiner anderen Ecke, Kante oder Fläche irgendwie ausgezeichnet. Die platonische Grundidee ist demnach ebenso einfach wie kühn: Symmetrieprinzipien bestimmen, was die Welt im Innersten zusammenhält. Damit lag der antike Philosoph goldrichtig, denn die moderne Quantenfeldtheorie der Elementarteilchen, die mittlerweile unzählige Tests bravurös bestand, stellt nichts anderes als Symmetrieprinzipien an ihre Spitze.

Es gibt genau fünf reguläre platonische Körper, welche Platons Vorgaben erfüllen: 1) Würfel (die Oberfläche besteht aus 6 Quadraten), 2) Tetraeder (die Oberfläche besteht aus 4 gleichseitigen Dreiecken), 3) Oktaeder (die Oberfläche besteht aus 8 gleichseitigen Dreiecken), 4) Ikosaeder (die Oberfläche besteht aus 20 gleichseitigen Dreiecken) und

5) Dodekaeder (die Oberfläche besteht aus 12 regelmäßigen Fünfecken). Alle Kanten eines regulären Polyeders haben gleiche Länge, alle Seitenflächen sind untereinander kongruent und alle Eckpunkte haben denselben Abstand vom Mittelpunkt. Da die elementaren Konstruktionsvorschriften für die Urmaterie maximal regelmäßig sind, können aus ihnen systematisch andere Aufbaupläne für zusammengesetzte Körper erstellt werden. Platon nahm an, dass die Ursubstanz des Erdreiches die Form eines Würfels hat und dass die Urpartikel des Feuers, der Luft und des Wassers die Symmetrie des Tetraeders, des Oktaeders und des Ikosaeders haben. Die Urstoffe können sich nach Platons idealistischer Konstruktion ineinander verwandeln: ein Wasserteilchen ($W = 20$ gleichseitige Dreiecke) kann in zwei Luftteilchen ($2\times(L = 8$ gleichseitige Dreiecke)) und ein Feuerteilchen ($F = 4$ gleichseitige Dreiecke) zerlegt werden. Die chemische Formel H_2O hatte bei Platon also die spekulative Form $W = L_2F$. Im 20. Jahrhundert schrieben die Forscher den Elementarteilchen ein anderes einfaches Bildungsgesetz vor: $Q = I_3 + Y/2$, wobei Q die Ladung der Zustände im Baryonen-Oktett, I_3 die dritte Komponente des Isospins und Y die Hyperladung bezeichnen (siehe Seite 105). Diese Gleichung beschreibt nach heutigem Wissensstand alle möglichen Umwandlungen im Atomkern. Die platonischen Körper haben jedoch nicht die ihnen von Platon zugeschriebene allgemeine Bedeutung. Doch seine Grundidee, dass Symmetrieprinzipien grundsätzlich bestimmen, was Wirklichkeit ihrem Wesen nach ist, hat sich am Ende bewahrheitet. Teile der platonischen Naturphilosophie sind auch heute noch aktuell. Die Symmetrien des Tetraeders, des Würfels und des Oktaeders sind in idealisierten Kristallen tatsächlich realisiert. Ikosaedrische und dodekaedrische Symmetrieelemente bestimmen das Aussehen der Quasikristalle. Das antike Erbe bedenkend äußerte sich Heisenberg lobend über den Platonismus: „Wenn man die Erkenntnisse der heutigen Teilchenphysik mit irgendeiner früheren Philosophie vergleichen will, so könnte es nur die Philosophie Platons sein; denn die Teilchen der heutigen Physik sind Darstellungen von Symmetriegruppen, so lehrt es die Quantentheorie, und sie gleichen insofern den symmetrischen Körpern der platonischen Lehre."[8]

Fast 2000 Jahre folgten die Naturforscher mehrheitlich dem Paradigma des Aristoteles, dem einflussreichen Schüler Platons. Nach seiner Auffassung könne man die Welterkenntnis nicht auf Mathematik gründen. Alle materiellen Dinge hätten ihren Eigenwert und Ideen

[8] W. Heisenberg, Was ist ein Elementarteilchen?

könne man ihnen nur anheften, Ideen seien sekundär. Erst im 17. Jahrhundert griff als erster Galilei das platonische "Forschungsprogramm" erfolgreich wieder auf, um quantitative Beziehungen zu ordnen. Den Konflikt zwischen der mathematischen Beschreibung und der empirischen Beobachtung von Naturvorgängen, nämlich die Inkompatibilität zwischen exakten Zusammenhängen auf der Ebene abstrakter Ideen und den ungenauen Beobachtungsdaten, überwand Galilei, indem er zwei fundamentale erkenntnistheoretische Prinzipien aufstellte: 1) betrachte idealisierte Modelle des wirklichen Geschehens und 2) vergleiche deren Resultate mit Messdaten von Experimenten, die möglichst weitgehend dem postulierten Naturmodell entsprechen. Mit dieser neuen Art des naturphilosophischen Denkens bereitete Galilei den Boden für die rasche Weiterentwicklung der mathematischen Physik, die Platon forderte, die Aristoteles für unangemessen hielt und die Archimedes am Beispiel der Statik vorwegnahm.

Anfangs bewährte sich die neue Naturanschauung nur bei einfachen Gedankenexperimenten. Galilei waren die Fall- und Wurfgesetze interessant genug, dass er sie akribisch genau untersuchte. Um die Fallbewegung eines Körpers quantitativ korrekt erfassen zu können, müsse man von der Konstanz der Erdbeschleunigung ($g =$ konst.) ausgehen, postulierte er. Daraus folge die Proportionalität zwischen der Fallhöhe h und dem Quadrat der Endgeschwindigkeit v ($h \sim v^2$). Eine für Philosophen gänzlich irrelevante Frage konnte Galilei nunmehr beantworten: „Wie hoch muss ein Stein gehoben werden, damit er am Boden eine gewisse Geschwindigkeit v erreicht?“ Seine Antwort lautet: Die Höhe h berechnet sich aus der Gleichung $h = v^2/2g$, wobei g die Erdbeschleunigung bezeichnet. Dabei hält dieses Gesetz sein Versprechen nur dann, wenn die einschränkenden Bedingungen des Modells auch tatsächlich realisiert sind. Das einfache Fallgesetz ist nur dann gültig, wenn von den Reibungskräften abgesehen werden kann. Diese Voraussetzung ist meistens nicht erfüllt. Um also die Galileische Gleichung $h = v^2/2g$ experimentell absichern zu können, muss das Experiment fachmännisch durchdacht und durchgeführt werden. In der Regel gilt: Mathematisch einfach darstellbare Naturgesetze beziehen sich auf Idealisierungen. Gesetze experimentell zu prüfen, fordert die Kunst des Experimentators heraus. Wer gedankenlos alle möglichen Gegenstände vom schiefen Turm fallen lässt, ist schnell überwältigt von der Vielzahl seiner Beobachtungsdaten und findet in seinen langen Tabellen keine grundlegenden Naturgesetze. Nachdem Galilei das Terrain betrat, konnten andere ihm folgen und immer neue Idealisierungen ersinnen und entsprechende Gesetze formulieren, die sich ebenso grundsätzlich überprüfen lassen wie der Wert der Kreiszahl π. Diese Art "Denksport", den manche Experten betrieben,

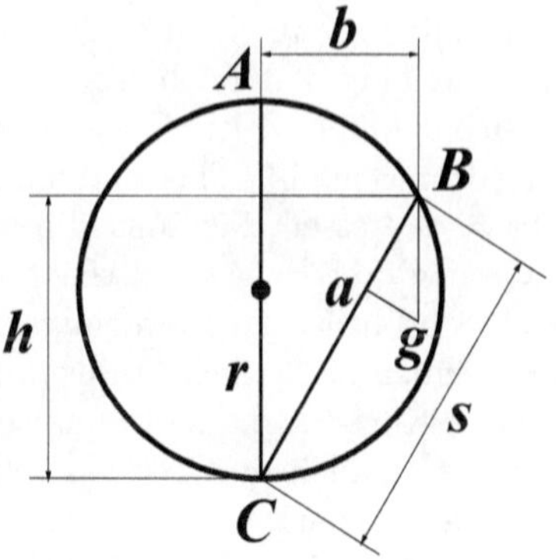

Abbildung 0.2.2:
Galilei betrachtete den freien Fall längs der Strecke AC und verglich ihn mit der reibungsfreien Abwärtsbewegung auf der schiefen Ebene BC. Aus der Ähnlichkeit der Dreiecke bestimmte er die konstante Beschleunigung a, die der Probekörper längs des Weges BC erfährt: $g/a = s/h$. Wegen $s = at^2/2$ (wobei t die Zeit des freien Falls bezeichnet) und dem Satz des Pythagoras $s^2 = h^2 + b^2$, $r^2 = b^2 + (h-r)^2$ erhält er das Quadrat der Fallzeit $t^2 = 4r/g$, was unabhängig von der Länge s der Kreissehne ist.

war für die weitere Entwicklung der Naturwissenschaften folgenreich.

Dabei ergaben sich nicht selten auch unerwartete Resultate. Galilei verglich beispielsweise den freien Fall mit dem reibungsfreien Gleiten eines Probekörpers auf einer schiefen Ebene. Die Abbildung 0.2.2 illustriert die Fragestellung. Ist ein Probekörper, der längs der Kreissehne von B nach C reibungsfrei hinunter gleitet länger unterwegs, als ein von A nach C frei fallender Körper? Galilei fand das erstaunliche Resultat, dass alle Körper zur selben Zeit den Boden erreichen, einerlei auf welcher Sehne des Kreises sie ihren Weg nehmen. Um diese theoretische Vorhersage experimentell zu "verifizieren", muss ein hoher Aufwand getrieben werden, weil alle Reibungskräfte eliminiert werden müssen. Nicht alle Gedankenspiele dieser Art gerieten in Vergessenheit. Beispielsweise wurde Galileis Wurfparabel von Kanonieren sorgfältig studiert.

Das neue Paradigma der Physik - I) weise den physikalischen Messgrößen (z.B. Ort, Zeit, Masse, Geschwindigkeit) Symbole zu (z.B. $\mathbf{r} = (x_1, x_2, x_3)$, t, m, $\mathbf{v} = (v_1, v_2, v_3)$), II) errate und verifiziere Beziehungen zwischen diesen dimensionsbehafteten Zahlen (z.B. Kraft= $\mathbf{K} = m\ddot{\mathbf{r}}$ =Masse mal Beschleunigung) durch ausgeklügelte Experimente - erwies sich als ungeahnt tragfähig. Zahlreiche Zweige der exakten Naturforschung etablierten sich in kurzer Zeit: Mechanik, Mechanik der deformierbaren Körper, Hydromechanik, Thermodynamik-Statistik, Elektrodynamik und nicht zu vergessen, Newtons Himmelsmechanik. Letztere stellte Keplers Gesetze auf ein solides theoretisches Fundament, das auch die Lehre von den irdischen Bewegungsformen mit umfasst. Newtons Gesetze beschreiben einheitlich Ortsveränderungen von irdischen und außerirdischen Körpern. Diese Erkenntnis war sogar philosophisch profund. Gelangt nämlich ein Geschoss vom Erdboden aus ins All, so überschreitet es auf seinem Flug keine Grenze, hinter der die Welt plötzlich anders aufgebaut ist. Vielmehr sind Physiker seit Newton überzeugt, dass sich auch noch der entfernteste Nebelhaufen nach den Newtonschen Gesetzen um sein Zentrum bewegt. Das Fallgesetz, die ganze Himmelsmechanik und alle anderen Gesetze der klassischen Physik gelten ausnahmslos im ganzen Universum, weswegen Forscher zu Recht die Universalität ihrer Naturlehre hervorheben, wenn sie mit Philosophen ins Gespräch kommen. Was Aristoteles in seiner philosophischen Seinslehre zum Bewegungsbegriff niederschrieb, wurde korrigiert, vertieft und im Rahmen der mechanischen Modellannahmen abschließend geklärt.

Trotz der Erfolge der mathematisierten klassischen Naturwissenschaft kam es zu Irritationen und Kritik. Die rationalen Zahlen standen im Zentrum des Interesses, da sie die wichtigsten Bestandteile der Theorie sind, nämlich die Messwerte. Die Zahl ist fundamental - dem stimmen nun nicht mehr nur Pythagoräer, sondern auch alle Physiker der alten Schule zu. Doch es gibt einen wesentlichen Unterschied: während antike Denker nur rationale Zahlen gelten ließen, greift der Theoretiker heute tief in die Werkzeugkiste der Mathematik. Längst ist nämlich aufgefallen, dass beispielsweise die Frage: "Wie erhöht sich die Endgeschwindigkeit beim freien Fall, wenn die Fallhöhe um das $\sqrt{2}$ fache vergrößert wird?", eine definitive Antwort hat, obwohl nach etwas gefragt wird, was sich unmöglich exakt praktisch realisieren lässt. Zum Instrumentarium der modernen Naturforschung gehören wesensmäßig auch abstrakte mathematische Größen wie irrationale und komplexe Zahlen, denen man keinen ontologischen Stellenwert beizumessen weiß. Da es Äpfel gibt, mag es auch 2 Äpfel geben, niemals aber gibt es $\sqrt{2}$

und schon gar nicht $\sqrt{-1}$ Äpfel. Die rationalen Zahlen lassen sich mit den greifbaren Dingen in Beziehung setzen. Sie gehen mit der realen Vielheit der erscheinenden Objekte konform. Rationale Zahlen gehören also wesensmäßig zur Schöpfung, da sie zum Ausdruck bringen, dass sich das Ganze aus Teilen zusammensetzt. Alles andere aus dem Repertoire der Mathematik seien lediglich gedankliche Hilfskonstruktionen, die geheimnisvoll die Sprachspiele der Experten ordnen, straffen und vereinheitlichen. Am Anfang, wenn es um die Setzung der Anfangsbedingungen geht und am Ende, wenn die Messergebnisse aufgeschrieben werden, haben ausschließlich dimensionierte rationale Zahlen zu stehen - die Messwerte. Zwischendurch mag der Theoretiker nach Herzenslust in die Zauberkiste der Mathematiker greifen, um erfolgsverwöhnt die gesetzmäßige Abfolge nachzuzeichnen und den Naturdingen auf den Grund zu gehen. Die Frage, warum die "höhere" Mathematik in der Naturforschung derart wirkmächtig ist, lässt der klassische Physiker auf sich beruhen, um den Glanz seiner mechanisch-materialistischen Grundideen nicht zu trüben.

Dank der Anschaulichkeit befriedigt nämlich das Bauklötzchen-Modell des Universums die Forscher. Schließlich gehe es nicht anders: Die Ganzheit müsse aus lauter Teilen bestehen. Wie könnte das Ganze ein Teil seiner selbst sein? Das ist eine absurde Idee! Aus vielen Steinen und Halbsteinen errichten Bauarbeiter ein Wohnhaus. Die Immobilie ist etwas Zusammengesetzes und lässt sich demzufolge auch wieder abtragen. Die Frage: „Wie viele Steine und Halbsteine wurden verbaut?“, kann mit einer sinnvollen und eindeutigen Antwort rechnen. Auch ein Kreis kann zerlegt werden. Um ihn wieder zu rekonstruieren, müssen alle Einzelteile zur Stelle sein und passend aneinandergefügt werden.

Ein unendlich langer Strich ist anders, denn er ist als Ganzheit nicht einfach die Summe aller Teile. Eine beliebige Teilstrecke kann herausgeschnitten und weggelegt werden, ohne dass etwas Unwiederbringliches der Geraden fehlte. Selbst wenn der abgetrennte Abschnitt ein ganzes Multiversum durchmessen würde - er wäre ein "Nichts" verglichen mit dem unendlichen Rest. Da das anschauliche Begreifen hier an eine Grenze stößt, ist man überzeugt: Zur Problematisierung der metaphysischen Kategorien "Teil" und "Ganzes" tauge dieses Beispiel nicht, weil die Erstreckung der Linie ins Unendliche irreal ist. Die Zerlegung eine Kreises ist anschaulich und kann sogar mit Zirkel und Schere bewerkstelligt werden. Die Gerade hingegen sei ganz sicher ein Abstraktum, das allein der Phantasie entspringe. Ontologische Grenzfragen werden durch die Unendlichkeit der geraden Linie nicht tangiert, versichern

Philosophen, die mit dem Blättern in abgegriffenen Geschichtsbüchern beschäftigt sind. Unendlichkeiten können nur Seher inspirieren, die Sinn und Geschmack dafür haben. Dabei kann eine unendliche Linie durch eine stereoskopische Transformation auf ein beliebig kurzes, endliches Segment abgebildet werden. Die Abbildungsvorschrift zeigt die Abbildung 0.2.3. Eineindeutig wird jedem Punkt der unendlichen Linie ein

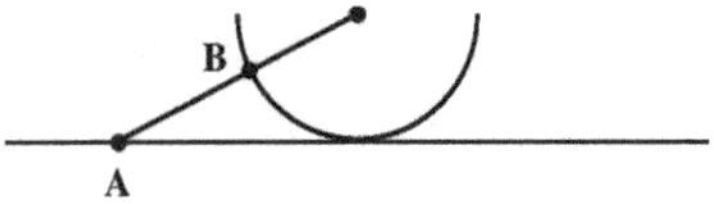

Abbildung 0.2.3:
Jedem Punkt A der unendlich langen Geraden wird ein Punkt B auf dem Halbkreis zugeordnet. Die Länge des Halbkreises ist endlich, die Länge der Geraden ist unendlich.

Punkt auf dem endlichen Halbkreis zugeordnet. Hieß es eingangs, jeder Teil des unendlichen Ganzen sei nichtig, so müsse nun festgehalten werden, dass es keinen "Größenunterschied" gibt zwischen den Teilen und dem Ganzen einer unendlichen Linie. Das Verhältnis zwischen dem Ganzen und seinen Teilen ist also bei manchen mathematischen Begriffen verwickelter, als es das einfache mechanische Schema vorgibt.

Eine weitere Idee, welche Gedankenspieler den Philosophen in diesem Zusammenhang gern vortragen, wollen wir noch erwähnen. Es geht um eine einfache Konstruktionsvorschrift für die Umformung von gleichseitigen Dreiecken. Jede Seite soll nach dem Schema, das in Abbildung 0.2.4 skizziert ist, fortlaufend abgeändert werden. Man teile sie in drei gleich lange Stücke. Jedes mittlere Teilstück wird entnommen und durch einen Schenkel ersetzt. Der Umfang der neuen Figur ist um ein Drittel größer als der Umfang der alten Figur. Diese Transformation soll wieder und wieder ausgeführt werden. Erste Zwischenergebnisse für eine Dreiecksseite zeigt die Abbildung 0.2.4. Nach der n-ten Iteration entsteht ein geschlossener Polygonzug der Länge $U_n = 3(4/3)^n$. Je weiter die Konstruktion getrieben wird, umso größer wird der Umfang der erzeugten Figur, die von einem Kreis mit dem Radius $r = 1/\sqrt{3}$ und dem endlichen Umfang $U = 2\pi/\sqrt{3}$ umschlossen wird. Zuletzt entsteht eine unendlich lange Linie, die überall stetig, doch nirgends differenzierbar ist. Man hat den Eindruck, als sei die unendlich lange Gerade so eingefaltet worden, dass sie bequem in einen Kreis mit dem Radius $r = 1/\sqrt{3}$ passt und so plötzlich "überschaubar" wird. Das Eingrenzen des Unbegrenzten gelingt in diesem Fall, weil das Endpro-

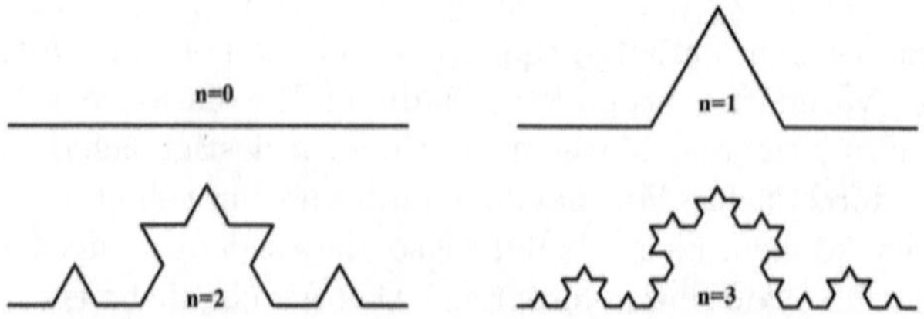

Abbildung 0.2.4:
Konstruktion der Koch-Kurve. Sie ist das Resultat des Grenzübergangs $n \to \infty$, wenn die Kurve unendlich lang, überall stetig und nirgends differenzierbar ist. Die Koch-Kurve ist selbstähnlich: Teilstücke von ihr sind mit dem Ganzen identisch.

dukt - die Kochsche Schneeflocke - nicht mehr eindimensional ist (sie hat die Hausdorff Dimension $\log(4)/\log(3) \approx 1.26$), im Gegensatz zu jedem Polygonzug mit einer endlichen Anzahl von Kanten. Bemerkenswert ist die Selbstähnlichkeit der Koch-Kurve, deren Konstruktionsvorschrift die Abbildung 0.2.4 angibt. Teilstücke von ihr sind nämlich mit der ursprünglichen Kurve vollkommen identisch. Kein Teil ist weniger als das Ganze - eine scheinbar paradoxe Aussage. Diese sogenannte Selbstähnlichkeit ist ein weitverbreitetes Phänomen, das Forscher unterschiedlicher Disziplinen beschäftigt. Der abstrakte Formalismus der fraktalen Geometrie ist nämlich nicht allein ein intrinsischer Teilbereich der höheren Mathematik, der erst vor wenigen Jahrzehnten ausgearbeitet wurde, vielmehr wird das entwickelte Instrumentarium erfolgreich genutzt, um reale Vorgänge zu untersuchen. Selbstähnliche Strukturen sind in Pflanzenteilen, in der Makrosoziologie, in chemischen Reaktionen vorhanden und können zur Kompression von binären Bild- und Tondateien genutzt werden. Das abstrakte Denken hat offenbar sehr viel mehr Berührungspunkte mit der wahrheitsgemäßen Naturauffassung, als es der naive Naturfreund für möglich hält.

Die Wertschätzung des abstrakten mathematischen Instrumentariums, die sich nur zögernd durchsetzte, ist der Ausgangspunkt einer tiefgreifenden Umgestaltung der theoretischen Naturforschung, die im 20. Jahrhundert ihren Anfang nahm und die seither das Weltbild grandios erweiterte und vertiefte. Da ohne diese unanschaulichen Gedankenketten ein grundsätzlicher Erkenntnisgewinn nicht mehr erbracht werden konnte, darf der ideelle Überbau nicht leichtfertig als eine Hilfskonstruktion abqualifiziert werden. Die Dinge und Erscheinungen sprechen zu uns, allerdings nicht einfältig, sondern auf einem hohen Niveau aus den Tiefen der Vernunft. Verbunden mit dieser Revolution der Naturwissenschaft durch rigorose Mathematisierung, verfestigt sich die Einsicht, dass nicht durchdachte Mutmaßungen mit Gewinn geläutert und korrigiert werden können. Es ist eben doch so, dass sich unter der Oberfläche geheimnisvolle Wahrheiten verbergen. Das Anschauliche ist begreifbar und vordergründig - das Abstrakte liegt im Verborgenen und ist der Mathematik zugänglich.

Heute wissen wir: Das Fundament der Naturtheorie wird durch abstrakte Konstruktionen gelegt, denen man ihre Verschwisterung mit den wahrnehmbaren Dingen und Erscheinungen nicht gleich ansieht. Wer als Naturforscher die kühnen Schritte auf dem abstrakten Terrain nicht mitgeht, koppelt sich vom Erkenntnisfortschritt ab und beharrt auf einer naiven Naturauffassung. Auch Metaphysiker überwinden ihre Einseitigkeit nicht, wenn sie von der grundsätzlichen Mathematisierung der Naturforschung keine Denkanregungen empfangen. Gottesfürchtige haben es zuerst bemerkt und zu bedenken gegeben: Unsichtbar für den oberflächlichen Betrachter gibt es zur Vordergründigkeit der Dinge ein geheimnisvolles "Dahinter". Die Welt ist in ihrem Wesen nicht so wie sie erscheint. Unter der Oberfläche aller Selbstverständlichkeiten west etwas Geheimnisvolles, was der Anschauung nicht zugänglich ist. Denn mit den abstrakten Größen, die sich nunmehr in der mathematisierten Naturbetrachtung in den Vordergrund drängen, kann die empiristische Denkungsart sich nicht anfreunden. Der mechanische Materialist will es nicht wahrhaben, dass es nur dem logischen Denken, nicht aber dem buchstäblichen Be-*greifen* und An-*schauen* gelingt, das Wesen des Seins immer besser zu verstehen.

0.2.4 Quantenmechanik

Eine erstaunliche Reichweite und Allgemeinheit haben Naturgesetze, weil sie präzis und mathematisch abstrakt formuliert sind. Entweder geben anschauliche Einzelbegriffe, die Beobachtungsdaten allein schon ordnen, von selbst einen gemeinsamen, wesentlichen Kern eines Ereignisses preis oder sie werden so oft umgedeutet und gewendet, bis das allgemeine Schema sichtbar wird. Dabei sind die Forscher selbst erstaunt, dass die Erkenntnis des Wesens einer Sache oft uneingeschränkt gelingt. Die entdeckten Gesetze sind beileibe kein unnützer Gedankenballast, vielmehr haben sie ihren Wert, weil sie experimentell bestätigt und vom Techniker ausgenutzt werden können. Newtons Theorie fundiert und vereinigt gleich eine Vielzahl von unterschiedlichen Wissensgebieten: die Himmelsmechanik, die Statik, die Mechanik deformierbarer Körper, die statistische Physik.

In der ersten Hälfte des 20. Jahrhunderts waren Quantenphysiker bei ihrem Versuch überaus erfolgreich, die gesamte Mikrophysik auf eine einheitliche theoretische Grundlage zu stellen. Das konnte nur gelingen, weil ihre mathematischen Formulierungen der Komplexität der Sache entsprechend angemessen abstrakt und allgemein gehalten waren. Sie erkannten, dass es mit den Mitteln der elementaren Mathematik keinen Erkenntnisfortschritt in der physikalischen Grundlagenforschung mehr geben kann. Da auf dem neuen, höheren Abstraktionsniveau profunde Naturgesetze auftauchten, die über wesentliche Zusammenhänge im Mikrokosmos Auskunft geben, wurden auch die Naturphilosophen zum Umdenken aufgefordert. Damit sie dabei die Orientierung nicht verlieren, müssen sie sich auf den Formalismus einlassen.

Schrittweise versuchen wir in diesem Abschnitt dafür eine Hilfestellung zu geben. Die einfachste Naturlehre - die klassische Mechanik - verwandelte die metaphysische Sichtweise der Mechanisten in eine Wissenschaft. Ihr axiomatischer Ausgangspunkt ist gleichermaßen plausibel wie anschaulich: Primär ist die Leere, weil sie allein für sich bestehen könnte. Aus unerfindlichen Gründen hat sie aber etwas Fremdes in sich aufgenommen und das sind kleine, unendlich harte Kügelchen. Diese Dinge nannten atheistische Weisheitslehrer etwas Seiendes. Alle Körper seien weiter nichts als je unterschiedliche Zusammenballungen von winzigen Partikelchen. Materielle Objekte ändern sich im Laufe der Zeit, weil alle elementaren Teilchen ständig in Bewegung sind und sich damit die Art der Zusammensetzung ändert. Manche Veränderungen vollziehen sich rasch, andere ziehen sich hin. Den von 1 bis n durchnummerierten Teilchen eines Körpers werden von Physikern (verallgemeinerte) Koordinaten q_i und (verallgemeinerte) Impulse p_i (oder Geschwindigkeiten $\dot{q}_i$) mit $i = 1, 2, \ldots, n$ zugeordnet. Diesem Schwarm von Punktmassen, aus dem ein Ding besteht, ordnen sie verschiedene Observablen zu (z.B. den Schwerpunkt, das Trägheitsmoment usw.), um eventuell Gesetzmäßigkeiten zwischen ihnen zu entdecken. Doch warum konnte Newton der Mechanik, die es mit unendlich vielen Möglichkeiten des Zusammengehens von Teilchen zu tun hat, eine prägnante, einheitliche Form geben? Warum regeln nicht Millionen Einzelgesetze, was sich millionenfach unterschiedlich synthetisiert? Denkbar ist auch, dass jeder

Einzelfall, wegen seiner strikten Einmaligkeit, nur die auf ihn zugeschnittene Simulation zulässt. Allgemeine Behauptungen blieben dann Ideologen vorbehalten und jeder wüsste, wenn sie zu fabulieren anfangen: die Systematiker irren. Doch es ist genau umgekehrt; das Einheitsprinzip bestimmt das Wesen der Naturwissenschaft. Die Dynamik eines Systems von Punktmassen wird durch ein *einziges* Ensemble von Differentialgleichungen erfasst, in dem die sogenannte Hamilton-Funktion H festlegt, um welche Teilchen es sich handelt und welche Kräfte zwischen ihnen wirken. Das Grundgesetz der klassischen Mechanik hat folgende einfache Gestalt

$$\begin{aligned} \frac{\mathrm{d}}{\mathrm{d}t} A\left(p_i(t), q_i(t), t\right) &= \left\{H\left(p_i(t), q_i(t), t\right), A\left(p_i(t), q_i(t), t\right)\right\} \\ &+ \frac{\partial}{\partial t} A\left(p_i(t), q_i(t), t\right). \end{aligned} \tag{0.1}$$

A bezeichnet eine Observable des Systems, die von den verallgemeinerten Koordinaten q_i und Impulsen p_i sowie explizit vom Zeitparameter t abhängt. Auf der rechten Seite dieser Gleichung tritt die Poissonklammer auf. Sie wird definiert durch die Gleichung

$$\{A, B\} = \sum_j \left(\frac{\partial A}{\partial p_j} \frac{\partial B}{\partial q_j} - \frac{\partial B}{\partial p_j} \frac{\partial A}{\partial q_j} \right).$$

Über j wird von 1 bis n summiert. ∂ symbolisiert die partielle Ableitung. Speziell gilt:

$$\{p_i, q_j\} = \delta_{ij}, \quad \{p_i, p_j\} = \{q_i, q_j\} = 0, \tag{0.2}$$

wobei das Kronecker-Symbol folgende Eigenschaften besitzt: $\delta_{ij} = 1$, wenn $i = j$ und $\delta_{ij} = 0$ wenn $i \neq j$. Eine triviale Folgerung ist aus der Grundgleichung (0.1) sofort ablesbar, dass sich nämlich die Hamilton-Funktion H zeitlich nicht ändert, wenn sie nicht*explizit* von der Zeit abhängt $H(p_i(t), q_i(t), t) \to H(p_i(t), q_i(t))$. In diesem Fall gilt der Energieerhaltungssatz: die Gesamtenergie $E = H(p_i(t), q_i(t))$ des Systems ist zeitlich konstant. Für jede abgeschlossene Gesamtheit von Punktmassen ist die Energie eine Konstante der Bewegung (wenn die internen Kräfte nicht explizit von der Zeit abhängen). Da sich der Energieerhaltungssatz in allen Teilbereichen der Physik etabliert hat, ist er einer der allgemeinsten Naturgesetze. Mechanische, thermodynamische, elektrodynamische Phänomene, die gesamte mikroskopische Quantenwelt und selbst die gigantischen Himmelserscheinungen - sie alle beugen sich dem Diktat dieses Grundgesetzes. Warum ist ausgerechnet der

Energiebegriff so fruchtbar für das Verständnis der Natur, warum ist er dermaßen universell? Das verdankt er einem anderen profunden Begriff, dem Zeitbegriff. Umstandslos folgt nämlich aus Gleichung (0.1), dass jede Observable $A(p_i(t), q_i(t))$ eine Konstante der Bewegung ist, wenn die Poissonklammer $\{H, A\}$ verschwindet. Auch diese Größen - sogenannte Bewegungskonstanten - haben in der Theorie eine wichtige Funktion, da sie den Rahmen aller möglichen Veränderungen eines Systems von Teilchen einengen. Ob es sich um Planetenbewegungen oder um aufgewirbeltes Korkmehl im Kundtschen Rohr handelt - das zuständige Gesetz, das alle idealisierten Bewegungsabläufe korrekt beschreibt, ist in Gleichung (0.1) niedergelegt. Dabei ist das einheitliche, allgemeine Rechenschema für alle mechanischen Bewegungsabläufe sogar noch weiter reglementiert, weil die Hamilton-Funktion H höchstens eine quadratische Funktion in den verallgemeinerten Impulse p_i sein darf. Dass die Wissenschaft bei ihrer Mission in das Fahrwasser allgemeiner und bewährter Erkenntnisse gerät, ist vom naturphilosophischen Standpunkt aus betrachtet ein Wunder und von ausschlaggebender weltanschaulicher Bedeutung.

Dabei steht die strenge, absolute Gesetzlichkeit nicht als unerklärliches Faktum im Raum. Sie lässt sich aus einem universellen Prinzip ableiten, das der Intuition jener Philosophen Ausdruck verleiht, die überall das Walten der Vernunft vermuten. Wie Leibniz es einst postulierte, ist die Zwangsjacke für den Bewegungsspielraum der kleinen Körnchen nach den Vorgaben eines Extremalprinzips gewebt. Was aus dem Fundus aller Möglichkeiten zur Wirklichkeit werden kann, das ist etwas Ausgesuchtes, das erfüllt ein Auswahlkriterium, das ist auf eine Art das "Beste", wie Leibniz sich ausdrückte. Tatsächlich erfüllen die Grundgesetze (0.1) und (0.2), die reale Bewegungen von Probe-Teilchen richtig beschreiben, die Bedingung, dass die kanonische Form der Wirkung

$$S[p_i, q_i] = \int_{t_{\mathrm{anfang}}}^{t_{\mathrm{ende}}} \mathrm{d}t \{\sum_j (p_j(t)\dot{q}_j(t)) - H(p_i(t), q_i(t), t)\}$$

extremal ist. Aus diesem vorgelagerten (Leibnizschen) Grundprinzip kann die universelle Bewegungsgleichung (0.1) abgeleitet werden, deren Zuständigkeitsbereich schier unbegrenzt zu sein scheint.

Für ein einzelnes, isoliertes Teilchen, das der Kraft $\mathbf{K} = -\nabla_{\mathbf{r}} V(\mathbf{r})$ ausgesetzt ist ($V(\mathbf{r})$ ist das Potential von $\mathbf{K}$ und $\nabla_{\mathbf{r}}$ bezeichnet den

Gradienten), hat die Hamilton-Funktion die Form

$$H = \frac{\mathbf{p}^2}{2m} + V(\mathbf{r}), \tag{0.3}$$

so dass aus (0.1) Newtons Bewegungsgleichung folgt

$$\frac{\mathrm{d}\mathbf{p}}{\mathrm{d}t} = \mathbf{K} = -\nabla_{\mathbf{r}} V(\mathbf{r}).$$

Sie hat den Nimbus einer Zauberformel, da sie nicht nur den freien Fall eines Probekörpers im Schwerefeld der Erde, sondern auch die Bewegung der Planeten um die Sonne richtig beschreibt. Selbst der Bewegungsablauf eines Doppelpendels wird durch Newtons Gleichung wiedergegeben, obwohl er einen chaotischen Charakter hat. Es ist erstaunlich, welche überwältigende Erklärungskraft in dieser kompakten Form eines Naturgesetzes konzentriert ist.

Als nächstes betrachten wir einen Schwarm von gleichartigen Teilchen, die sich alle im selben Kraftfeld bewegen. Die Gesamtheit der Punkte auf den Trajektorien dieser Teilchen, bei denen die Wirkung $S(\mathbf{r}, t)$ denselben Wert annimmt, bildet eine Fläche. Die Bewegungsrichtung ($\mathbf{p} = \nabla_{\mathbf{r}} S(\mathbf{r}, t)$) eines Teilchens in einem Punkt dieser Fläche ist orthogonal zur Tangente der Fläche an diesem Ort. Nicht nur die Teilchen, sondern auch die Flächen konstanter Wirkung ändern mit der Zeit ihre Lage im Raum. Stimmt die Ausbreitungsgeschwindigkeit der Fläche konstanter Wirkung mit der Teilchengeschwindigkeit überein? Wegen der Beziehung $S(\mathbf{r}, t) = \int_{t_0}^{t} \mathrm{d}t' L(\mathbf{r}, t')$ zwischen der Wirkung S (t_0 ist die Anfangszeit) und der Lagrangefunktion $L = \mathbf{p} \cdot \mathbf{v} - H$, erhalten wir:

$$\frac{\mathrm{d}S}{\mathrm{d}t} = L = \nabla_{\mathbf{r}} S \cdot \frac{\mathrm{d}\mathbf{r}}{\mathrm{d}t} + \frac{\partial S}{\partial t}, \quad \text{oder} \quad \frac{\partial S}{\partial t} = L - \mathbf{p} \cdot \mathbf{v} = -E.$$

Für die Geschwindigkeit der Fläche konstanter Wirkung gilt daher: $u = |\partial S/\partial t| / |\nabla_{\mathbf{r}} S| = E/p$. Sie unterscheidet sich von der Teilchengeschwindigkeit v, die nach der Hamiltonschen Gleichung aus $\mathbf{v} = \nabla_{\mathbf{p}} E$ berechnet wird.

Beide Geschwindigkeiten (u und v) der klassischen Mechanik haben ein optisches Analogon. Zur Ableitung diese Beziehung wird die Wellengleichung für das elektrische Feld $\mathbf{E}(\mathbf{r}, t)$ ($\Delta \mathbf{E} - (1/u^2) \partial^2 \mathbf{E} / \partial t^2 = 0$, Δ ist der Laplace-Operator) für den Grenzfall der geometrischen Optik gelöst. Im Lösungsansatz $\mathbf{E} = \mathbf{E}_0 \cos(\chi(\mathbf{r}, t)/\lambda)$ bezeichnet λ die Wellenlänge, die als klein angenommen wird im Vergleich zu den Abmessungen des vom Feld eingenommenen Raumes. In diesem Spezialfall, der zur geometrischen Optik gehört, gilt folgende Gleichung für die Phase $\varphi(\mathbf{r},t) = \chi(\mathbf{r},t)/\lambda$: $(\nabla_{\mathbf{r}}\varphi)^2 - (1/u^2)(\partial\varphi/\partial t)^2 = 0$. Eine ebene Welle ($\nabla_{\mathbf{r}}\varphi = \mathbf{k}$, $\partial\varphi/\partial t = -\omega$, mit der Dispersionsrelation $\mathbf{k}^2 - \omega^2/u^2 = 0$) ist eine triviale Lösung dieser Gleichung. Für ebene Wellen steht der Wellenvektor $\mathbf{k}$ demnach senkrecht auf der Fläche konstanter Phase ($\varphi(\mathbf{r},t) = \varphi_0$). Der Vektor $\mathbf{k}$ ist längs des Lichtstrahls ausgerichtet. Die Fläche konstanter Phase einer ebenen Welle korrespondiert offensichtlich zur Fläche konstanter Wirkung in der Teilchenphysik. Ihre Ausbreitungsgeschwindigkeit ($u = |\partial\varphi/\partial t|/|\nabla_{\mathbf{r}}\varphi| = \omega/k$) nennt man Phasengeschwindigkeit, die von der Gruppengeschwindigkeit ($\mathbf{v} = \nabla_{\mathbf{k}}\omega$) zu unterscheiden ist. Bereits 1825 machte Hamilton auf die optisch-mechanische Analogie ($u = E/p \leftrightarrow \omega/k$, $\mathbf{v} = \nabla_{\mathbf{p}}E \leftrightarrow \nabla_{\mathbf{k}}\omega$) aufmerksam. Deren tiefere physikalische Bedeutung erkannte man jedoch erst einhundert Jahre später, als die Quantenmechanik entwickelt wurde.

Als einer der ersten schloss Albert Einstein auf neue physikalische Phänomene, die sich aus der formalen Verwandtschaft zwischen der Wellenoptik und der Newtonschen Teilchenphysik ablesen lassen. Um gewisse Eigenschaften vom kurzwelligen Licht besser theoretisch erfassen zu können, fasste er Licht als einen Schwarm von sogenannten Lichtquanten auf. Kühn ersetzte Einstein die Maxwellsche Feldtheorie durch ein komplementäres Teilchenbild, das sich für manche Untersuchungen als geeigneter erweisen sollte. Eine Verbindung zwischen der Lichtwellengröße "Frequenz" ν und der Teilchengröße "Energie" E stellte er durch die postulierte Beziehung $E = h\nu$ her, wobei h die Planck-Konstante ist ($h = 6.62559 \cdot 10^{-27}$ erg s). Damit wird der formalen Analogie zwischen den Feldgrößen "Frequenz" und "Wellenzahlvektor" ($\omega/c, \mathbf{k}$) einerseits und den Teilchengrößen "Energie" und "Impuls" ($E/c, \mathbf{p}$) andererseits eine inhaltliche Bedeutung gegeben. Da diese neue Theorie Wellen- und Teilcheneigenschaften, die zueinander völlig inkompatibel sind, miteinander verknüpft, steht die Anschaulichkeit zum ersten Mal in der Geschichte der Naturbetrachtung ernsthaft zur Disposition. Trotzdem wurde Einstein's Lichtquantenhypothese - die Teilchentheorie für das Wellenphänomen "Licht" - durch den Compton-Effekt überzeugend experimentell bestätigt. Die Änderung der Wellenzahl bei der Streuung von Licht an fast freien Elektronen von Atomen, konnte nach Einstein's neuer Theorie naturwissenschaftlich korrekt beschrieben werden als ein "klassischer" Stoß zwischen Lichtquanten und Elektronen. Für diesen Weg weisenden Impuls in der physikalischen Grundlagenforschung erhielt Albert Einstein den Nobelpreis für Physik. Immerhin stellte er den theoretischen Physikern eine ungewöhnlich schwierige Aufgabe: Was bedeutet es, dass sich Licht manchmal wie eine Welle, manchmal wie ein Schwarm von klassischen Teilchen verhält?

Gilt etwa auch für Materie nicht nur das etablierte Teilchen-, sondern auch das komplementäre Wellenbild? Im Jahre 1924 äußerte Louis de Broglie den spekulativen Gedanken, dass es auch für Elektronen eine wellenmechanische Theorie geben sollte. Auslöser waren Unstimmigkeiten in der Bohrschen Atomtheorie, für die er den Teilchencharakter der klassischen Elektronentheorie verantwortlich machte. De Broglie vermutete, dass nicht nur Licht mal als Welle, mal als Photonenschwarm in Erscheinung treten könne, sondern dass auch Materieteilchen eine Doppelnatur haben. Je nach der Art des physikalischen Versuchsaufbaus sollten sich auch Elektronen einerseits wie Korpuskeln andererseits wie Schwingungen im "Nichts" verhalten. Die Wellenlänge der postulierten Elektronenwelle bestimmte de Broglie aus der mechanisch-optischen Analogie: $E = \hbar\omega$ und $\mathbf{p} = \hbar\mathbf{k}$, wobei der Betrag des Wellenvektors $\mathbf{k}$ die Wellenlänge λ festlegt: $|\mathbf{k}| = k = 2\pi/\lambda$. Ein ruhendes Elektron wird durch eine Potentialdifferenz Φ in Bewegung gesetzt. Für die vom Elektron aufgenommene kinetische Energie gilt nach dem Energieerhaltungssatz: $mv^2/2 = e\Phi$ (e ist die Elektronenladung und m die Elektronenmasse). Demzufolge gilt für den Impuls $p = mv = \sqrt{2em\Phi}$ und für die zugeordnete de Broglie Wellenlänge des Elektronenstrahls $\lambda = h/\sqrt{2em\Phi}$. Da typische Elektronenwellenlängen von der Größenordnung 10^{-10} Meter sind, tritt die Wellennatur der Elektronen erst im "Mikrokosmos" hervor. Durch Streuversuche mit Elektronen an Kristalloberflächen gelang Davisson und Germer der experimentelle Nachweis der Welle-Teilchen Dualität für atomare Bausteine. De Broglie's Spekulation verwandelte sich daraufhin in eine etablierte Theorie.

Die Kritik an der "atomistischen" Teilchenphysik wurde von de Broglie noch weiter getrieben. Er behauptete: Das Wellenbild für Partikel sei im atomaren Bereich sogar unentbehrlich. Nach der alten Bohrschen Quantenmechanik hat ein gebundenes Elektron im Atom auf der n-ten erlaubten Bahn den Drehimpuls $L_n = n\hbar = mv_n r_n$, wobei r_n der Radius der n-ten kreisförmigen Bahn ist und v_n die Umlaufgeschwindigkeit bezeichnet. Für den Umfang der Elektronenbahn folgt daraus: $2\pi r_n = nh/(mv_n) = n\lambda_n$. Die Wegstrecke auf der n-ten Kreisbahn ist somit gleich dem n-fachen der de-Broglie Wellenlänge λ_n. Der Wellenaspekt des Elektronenverhaltens im Atom ist somit unverzichtbar. Im stabilen, stationären Zustand kann sich das Atom nur befinden, wenn die Elektronen bei ihrem Umlauf eine Strecke zurücklegen, die ein ganzzahliges Vielfaches der Wellenlänge ist. Andernfalls ergäbe sich ein ganz anderes Erscheinungsbild des Atoms, das durch konstruktive oder destruktive Interferenz der Elektronenwellen bestimmt werden würde. De Broglie's wellenmechanische Beschreibung von Elektronen in Atomen fundierte das Bohrsche Atommodell, indem die von Bohr postulierten stabilen Atomzustände auf stationäre Schwingungszustände einer Wellentheorie zurückgeführt wurden. Für die Berechnung der komplexen Amplitude $u(\mathbf{r})$ einer stationären Elektronenwelle in der Atomhülle schlug man die Wellengleichung $\Delta u(\mathbf{r}) + k^2 u(\mathbf{r}) = 0$ vor (Δ bezeichnet den Laplace-Operator). In diesem einfachen Ansatz wird der Ausbreitungsvektor $\mathbf{k}$ vermittels der Welle-Teilchen Relation $\mathbf{p} \leftrightarrow \hbar\mathbf{k}$ durch die Energie $E = \hbar^2 k^2/(2m) + V(\mathbf{r})$ ersetzt. Dieses Verfahren führt auf die von Erwin Schrödinger 1926 aufgestellte Gleichung:

$$\Delta u(\mathbf{r}) + \frac{2m}{\hbar^2}(E - V(\mathbf{r}))u(\mathbf{r}) = 0, \text{ oder } \left[-\frac{\hbar^2}{2m}\Delta + V(\mathbf{r})\right] u(\mathbf{r}) = Eu(\mathbf{r}).$$

Elektronen, die an ein elektrisches Zentralfeld mit dem Potential $V(r)$ gebunden sind, haben nach der Schrödinger-Gleichung nur für bestimmte diskrete Energiewerte $E = E_n$ physikalisch sinnvolle Lösungen $u_n(\mathbf{r})$, für die das Integral über den ganzen Raum $\int \mathrm{d}^3\mathbf{r}|u_n(\mathbf{r})|^2$ endlich ist. Man nennt diese zugelassenen, abzählbar vielen Werte E_n die Eigenwerte der Schrödinger-Gleichung. Sie sind gleichzeitig die möglichen Energiemesswerte (Energiezustände) des Atoms.

Doch welche physikalische Bedeutung haben die zugeordneten komplexen Eigenfunktionen $u_n(\mathbf{r})$ der Schrödinger-Gleichung? Bei der Beantwortung dieser grundsätzlichen Frage übernimmt die Mathematik die Deutungshoheit. Die unendlich vielen Eigenvektoren $u_n(\mathbf{r})$ ($n = 1, 2, 3, \ldots$) der Schrödinger-Gleichung bilden ein vollständiges, orthonormales Funktionensystem. Orthonormal sind die Funktionen, weil sie die Bedingung $\int \mathrm{d}^3\mathbf{r} u_m^*(\mathbf{r})u_n(\mathbf{r}) = \delta_{mn}$ erfüllen (für $m = n$ ist $\delta_{mn} = 1$, für $m \neq n$ gilt $\delta_{mn} = 0$). Besonders hervorzuheben ist die Vollständigkeit des Systems der Funktionen $u_n(\mathbf{r})$. Wegen dieser Eigenschaft kann eine beliebige komplexe Funktion $\psi(\mathbf{r})$, die im gleichen Gebiet der Variablen definiert und den gleichen Randbedingungen wie alle $u_n(\mathbf{r})$ unterworfen ist, nach den Eigenfunktionen $u_n(\mathbf{r})$ entwickelt werden: $\psi(\mathbf{r}) = \sum_n c_n u_n(\mathbf{r})$, wobei c_n die komplexwertigen Entwicklungskoeffizienten sind. Diese mathematische Eigenschaft der Schrödingerschen Wellenfunktionen ist der Schlüssel zum Verständnis ihrer physikalischen Bedeutung. Allgemein wird die mittlere Energie $\bar{E}$ aus der Gleichung $\bar{E} = \sum_n w(E_n)E_n$ berechnet, wobei $w(E_n)$ die

Wahrscheinlichkeit dafür angibt, dass der mögliche Energiewert E_n tatsächlich gemessen wird. Die Summe dieser Wahrscheinlichkeiten muss Eins ergeben: $\sum_n w(E_n) = 1$. Gemäß der Schrödingerschen Quantentheorie wird der Mittelwert der Energie $\bar{E}$ eines Zustands $\psi(\mathbf{r})$ wie folgt berechnet: $\bar{E} = \int d^3\mathbf{r}\psi^*(\mathbf{r})\widehat{H}(\mathbf{r})\psi(\mathbf{r})$, wo $\widehat{H}$ den Energieoperator $\widehat{H}(\mathbf{r}) = -\hbar^2\Delta/(2m) + V(\mathbf{r})$ bezeichnet. $\psi(\mathbf{r})$ wird gemäß $\psi(\mathbf{r}) = \sum_n c_n u_n(\mathbf{r})$ nach den Energiewellenfunktionen entwickelt und die Orthonormiertheit der $u_n(\mathbf{r})$ beachtet. Es folgt: $\bar{E} = \sum_n |c_n|^2 E_n$ mit $\sum_n |c_n|^2 = 1$, so dass $w(E_n) = |c_n|^2$ gesetzt werden kann. Das Quadrat des absoluten Betrages der Amplitude c_n in der Entwicklung nach den Eigenzuständen $u_n(\mathbf{r})$ gibt also die Wahrscheinlichkeit an, den möglichen Energiewert E_n besetzt zu finden. Die Schrödingerschen Wellenfunktionen kreieren demzufolge im "Reich der Möglichkeiten" eine definitive Ordnung. Dabei ist zu beachten, dass dieses empirisch nicht "greifbare" Ordnungsschema denselben Ursprung hat - nämlich die Schrödinger-Gleichung - wie die "greifbaren", experimentell bestimmbaren Messwerte E_n. Wirklichkeit und Möglichkeit stehen nach der Schrödingerschen Quantenmechanik merkwürdigerweise auf derselben Stufe. Zum ersten Mal wird in der Naturphilosophie nachprüfbar und mathematisch präzise behauptet, dass Möglichkeit insofern Wirklichkeit ist, als sie sich einer realen, *wirksamen* Ordnung unterwirft. Wären gänzlich andere Wellenfunktionen $v_n(\mathbf{r})$ zuständig für die Bestimmung von Besetzungswahrscheinlichkeiten der Energiezustände, dann sähe die Welt grundlegend anders aus. Das Regelwerk in der geistartigen "Unter-" oder "Überwelt" aller Möglichkeiten gehört nicht minder zur Schöpfung als alles Sicht- und Handhabbare. Dass die wirkende Potentialität nicht auf der einen Seite eines Dualismus grundsätzlich gegen die Teilchen-Idee steht, hat die weitere Entwicklung der Quantenphysik verdeutlicht. In der Quantenfeldtheorie ist der Unterschied zwischen Teilchen und Welle bis zur Unkenntlichkeit verwischt (siehe den Abschnitt 0.2.5 Quantenfeldtheorie).

Der Paradigmenwechsel, den die Quantenphysik herbeiführte, ist tiefgründig und in seiner Bedeutung für die Metaphysik kaum zu überschätzen. Daher soll, mit einer etwas anderen Setzung der Schwerpunkte, der Verlauf dieser Revolution in der Geistesgeschichte noch einmal nachgezeichnet werden. Das lange Zeit vorherrschende mechanisch-materialistische Weltbild ist anschaulich und appelliert an den gesunden Menschenverstand. Die klassische Naturlehre bestimmt objektiv reale Existenz als die Gesamtheit aller sich im leeren Raum bewegenden

Dinge. Daseiendes ist greifbar und begreifbar, es hebt sich grundsätzlich vom Nichts ab. Letztendlich müssen es sichtbare Körnchen sein, die dort, wo sie sind, das Nichts verdrängen. Selbst die klassische statistische Physik genießt noch die hohe Wertschätzung der Materialisten, obwohl nur prinzipiell, nicht aber praktisch, alle Anfangsbedingungen eines Schwarmes von zirka 10^{22} Teilchen bestimmt werden können. Man vertraut dem anschaulichen Vielteilchenbild und behauptet, dass sich das Gas aus Molekülen zusammensetzt. Der erkenntnistheoretische Einwand, die messtechnisch nicht exakt fassbare "Gassubstanz" könne wegen dieser Unbestimmtheit nicht benannt werden, wird zurückgewiesen. Über dieses "Ding an sich" darf nachgedacht und sich ein Bild gemacht werden. Mit dem Triumpf des mechanischen Materialismus Ende des 19. Jahrhunderts schien ein altes weltanschauliches Problem endgültig gelöst zu sein. Triumphierend verkündet man: Die objektividealistischen Spekulationen scheitern an der Unaufweisbarkeit ihrer Prämissen. Alles Gerede über wundersame Erscheinungen in einer Geisterwelt, über etwas grundsätzlich anderes als Dinge in Raum und Zeit, gehöre endgültig und unwiderruflich als unwissenschaftlich gebrandmarkt. Wenn er sich nicht selbst absichtlich als Narr ankündigt, ist der spirituelle Schwärmer einfach nur abgeschmackt. Der aufgeklärte Rationalist sieht die Dinge, wie sie sind, rätselt nicht über das "Ding an sich" und weiß Bescheid: Gott ist tot.

Just diese Ruhe der selbstzufriedenen Dogmatiker störte die Kunde von irritierten Forschern, dass prinzipiell jedes mechanistische Atommodell verworfen werden muss. Es ist eben doch etwas Wundersames, Unvermutetes, woraus all die Steinchen "bestehen", mit denen wir es in der klassischen Physik zu tun haben und die scheinbar bezeugen, dass die Metaphysik keinen Gegenstand hat. Heute spricht hingegen alles dafür, dass die antiken Philosophen und Theologen mit ihrer Ermahnung am Ende Recht behalten werden: Die Oberfläche zeigt nicht die ganze Wahrheit. Schließlich war es die klassische Mechanik selbst, die der Quantenphysik den Weg ebnete. Die neue Naturtheorie bildet mittlerweile die Grundlage der Chemie, der Material-, der Festkörper-, der Plasma- und der Kernphysik sowie der Halbleitertechnologie. Experimentell gut bestätigte Gesetzmäßigkeiten im Makro- und Mikrokosmos lassen sich gemäß der elegant formulierten Quantentheorie aus wenigen Grundprinzipien ableiten. Dieses erstaunliche Vermögen, selbst Erkenntnisse ganz unterschiedlicher Forschungsgebiete mittels eines gemeinsamen mathematischen Schemas darstellen zu können, erlangten die Forscher erst auf einer hinreichend hohen Abstraktionsstufe.

Tatsächlich korrespondiert zum fundamentalen Paradigmenwechsel in der theoretischen Physik die Anwendung von neuen mathematischen Methoden. Dafür ausschlaggebend ist ein tiefer gehendes Verständnis der physikalischen Grundbegriffe. In der klassischen Physik werden die relevanten Größen wie Geschwindigkeit, Energie, Drehimpuls usw. durch dimensionsbehaftete Zahlen repräsentiert. Zwischen diesen Messwerten entdecken Physiker gesetzmäßige Beziehungen wie beispielsweise das Newtonsche Bewegungsgesetz. Auf eine Tiefenstruktur in diesem vertrauten klassischen Erkenntnisschema machten die Gründungsväter der Quantenphysik aufmerksam. Das Paradigma der klassischen Physik sei vordergründig und zu eng, behaupteten sie, um auch für die Mikrophysik brauchbar zu sein. Nicht was sich den Sinnen aufdrängt, bestimme schon das Wesen von Naturerscheinungen, sondern ein unsichtbares "Dahinter", das erst auf einer abstrakten geistigen Ebene zur Sprache gebracht werden kann. Die Quantenphysik erzwingt ein radikales Umdenken in der Naturphilosophie, da sie *alle* physikalischen Messgrößen (Observablen) prinzipiell neu auffasst.

Erläutern wir die Idee zunächst an einem Beispiel. Klassisch versteht man unter einer konstanten Geschwindigkeit $\mathbf{v}$ den Quotienten "Weg" dividiert durch "Zeit". Der zurückgelegte Weg bemesse sich in l Metern und die Zeit in t Sekunden. Für die Geschwindigkeit v gilt dann $v = l/t$ Meter pro Sekunde. Der Quantenphysiker interveniert und verlangt: die physikalische Observable "Geschwindigkeit" müsse zuallererst grundsätzlich als eine abstrakte mathematische Größe - als ein Operator $\widehat{\mathbf{v}}$ im Hilbertraum - aufgefasst werden. Man müsse an einen hermiteschen Geschwindigkeitsoperator $\widehat{\mathbf{v}}$ denken und nicht an reelle Zahlen, wenn quantenmechanische Bewegungsgesetze abgeleitet werden sollen. Dieser Operator hat Eigenwerte v_i und Eigenvektoren $|v_i\rangle$ (mit der Eigenwertgleichung $\widehat{v_i}|v_i\rangle = v_i|v_i\rangle$). Die Eigenwerte v_i identifizieren wir mit den möglichen Messwerten für die Geschwindigkeit. Neu hinzugekommen sind die Eigenvektoren $|v_i\rangle$. Das Betragsquadrat der Norm des Eigenvektors $|\langle v_i|v_i\rangle|^2$ gibt die Häufigkeit an, mit der die Geschwindigkeit v_i bei wiederholten Messungen auftritt. Durch den quantenmechanischen Operatorformalismus werden "Wirklichkeit" und "Möglichkeit" auf dieselbe Stufe gestellt. Die eventuell tatsächlich gemessene Geschwindigkeit v_i ist die Lösung des Eigenwertproblems $\widehat{v_i}|v_i\rangle = v_i|v_i\rangle$, in dem die Eigenvektoren $|v_i\rangle$ das ganze Ordnungsschema für die Besetzung aller möglichen Zustände aufbauen.

Nach diesem quantenmechanischen Rezept werden alle physikalischen Observablen behandelt. Durch die Ersetzung aller Orts- und Impulskoordinaten in der klassischen Observablen $A(\mathbf{p}, \mathbf{r})$ durch Operatoren $\mathbf{r} \to \widehat{\mathbf{r}}$, $\mathbf{p} \to \widehat{\mathbf{p}}$ wird das quantenmechanische Pendant $\widehat{A} = A(\widehat{\mathbf{p}}, \widehat{\mathbf{r}})$ konstruiert. Das Operatorordnungsproblem gilt als gelöst, wenn auf diese Weise eindeutig ein hermitescher Operator $\widehat{A}$ gebildet wird (hermitesche Operatoren haben reelle Eigenwerte). In diesem Fall, der in der Regel vorliegt, profitiert der Quantenformalismus von einem mathematischen Theorem, das besagt: die Gesamtheit der Eigenvektoren $|a_i\rangle$ (des Eigenwertproblems $\widehat{A}|a_i\rangle = a_i|a_i\rangle$) ist vollständig. Das bedeutet, die Vektoren $|a_i\rangle$ bilden eine Basis des Hilbertraums, so dass alle Eigenvektoren $|b_j\rangle$ einer anderen Observable $\widehat{B}$ nach den Eigenzuständen $|a_i\rangle$ entwickelt werden können:

$$|b_j\rangle = \sum_i |a_i\rangle\langle a_i|b_j\rangle. \tag{0.4}$$

Diese Grundgleichung, die den Übergang von einer Basis zur anderen beschreibt, kann auf die Form einer Vollständigkeitsrelation für Projektionsoperatoren $\widehat{P}_{|a_i\rangle} = |a_i\rangle\langle a_i|$ (mit $\widehat{P}^2_{|a_i\rangle} = \widehat{P}_{|a_i\rangle}$) gebracht werden:

$$\sum_i \widehat{P}_{|a_i\rangle} = \widehat{I}, \tag{0.5}$$

wobei $\widehat{I}$ der Einheitsoperator ist. Die Skalarprodukte $\langle a_i|b_j\rangle$ in Gleichung (0.4) sind komplexe Zahlen, deren Betragsquadrate die Wahrscheinlichkeiten dafür angeben, dass eine Messung der Observablen $\widehat{A}$ eines Systems im Zustand $|b_j\rangle$ den Wert a_i ergibt. Dabei sind die reellen Zahlen a_i die möglichen Messwerte und gleichzeitig die Eigenwerte des hermiteschen Operators $\widehat{A}$ ($\widehat{A}|a_i\rangle = a_i|a_i\rangle$). Allgemein wird der Erwartungswert $\langle\widehat{A}\rangle$ dafür, eine Observable $\widehat{A}$ im Zustand $|\psi\rangle$ anzutreffen, aus der Gleichung

$$\langle\widehat{A}\rangle = \mathrm{Sp}\left(\widehat{P}_{|\psi\rangle}\widehat{A}\right) = \langle\psi|\widehat{A}|\psi\rangle$$

bestimmt. Das Symbol Sp (Spur) zeigt an, dass die Summe aller Diagonalelemente zu berechnen ist. Für gemischte Quantenzustände muss der Projektionsoperator $\widehat{P}_{|\psi\rangle}$ durch den statistischen Dichteoperator $\widehat{W}$ ersetzt werden. Er erzeugt eine Wahrscheinlichkeitsverteilung auf der Kugeloberfläche. Die Gültigkeit der Berechnungsvorschrift für den Erwartungswert $\langle\widehat{A}\rangle$ einer Observable wird in der Quantenmechanik postuliert. Zugrunde liegt dem gesamten Quantenformalismus der Zustandsvektor $|\psi\rangle$, für den es kein klassisches Analogon gibt. $|\psi\rangle$ bestimmt das Quantensystem umfassend. Wegen der Vollständigkeit des

Systems der Eigenvektoren kann dieser Zustand von unterschiedlichen Perspektiven aus aufgebaut werden. Jede Basis des Hilbertraums ($|a_i\rangle$ oder $|b_j\rangle$) legt nämlich vermittels der Darstellungen $|\psi\rangle = \sum_i c_i|a_i\rangle$ oder $|\psi\rangle = \sum_j d_j|b_j\rangle$ (die komplexen Zahlen c_i, d_j sind die Skalarprodukte $c_i = \langle a_i|\psi\rangle$, $d_j = \langle b_j|\psi\rangle$) jeweils eine "Beurteilungsperspektive" des Quantengeschehens fest. Einmal dient der Ortsvektor $\widehat{\mathbf{r}}$ als Bezugspunkt, ein anderes Mal der Impulsvektor $\widehat{\mathbf{p}}$, dann wieder irgendein anderer hermitescher Operator $\widehat{A}$ des Hilbertraums.

Dem mechanischen Materialisten ist folgende wesentliche Quanteneigenschaft ganz fremd. Im Unterschied zur klassischen Physik stimmen nämlich in der Quantenphysik nicht alle "Beobachterperspektiven" miteinander überein. Das ist eine Folge der Quanten-Inkompatibilität. Was ist damit gemeint? Im Gegensatz zur Multiplikation von reellen Zahlen, ist das Ergebnis der Multiplikation von Operatoren im Allgemeinen von der Reihenfolge der Faktoren abhängig. Das Produkt $\widehat{A} \cdot \widehat{B}$ der Operatoren $\widehat{A}$ und $\widehat{B}$ kann von $\widehat{B} \cdot \widehat{A}$ verschieden sein. In diesem Fall kommutieren die Operatoren $\widehat{A}$ und $\widehat{B}$ nicht miteinander ($[\widehat{A}, \widehat{B}] = \widehat{A} \cdot \widehat{B} - \widehat{B} \cdot \widehat{A} \neq \widehat{O}$). Wenn Operatoren nicht kommutieren, dann haben sie auch kein gemeinsames System von Eigenvektoren, aus denen sich Besetzungswahrscheinlichkeiten berechnen lassen. Deshalb kann es für die beiden Eigenschaften a_i von $\widehat{A}$ und b_j von $\widehat{B}$ keine einheitliche Wahrscheinlichkeitstabelle geben, wenn $\widehat{A}$ und $\widehat{B}$ nicht kommutieren. Die definitive Messung von a_i schließt die gleichzeitige, genaue Bestimmung irgendeines Messwertes b_j von $\widehat{B}$ grundsätzlich aus. Wenn zwei Operatoren $\widehat{A}$ und $\widehat{B}$, die jeweils physikalische Observablen repräsentieren, nicht miteinander kommutieren ($\widehat{A} \cdot \widehat{B} \neq \widehat{B} \cdot \widehat{A}$), dann können sich die respektiven Eigenschaften niemals gleichzeitig "realisieren", d.h. in einem Experiment zur selben Zeit gemessen werden. Beide Existenzweisen sind zueinander inkompatibel. Wird eine dieser Eigenschaften definitiv gemessen, dann ist die andere nicht einfach nur verborgen. Vielmehr verstrickt man sich heillos in Paradoxien, wenn die quantenmechanische Unverträglichkeit nicht beachtet wird. Erst wenn zwei Operatoren $\widehat{A}$ und $\widehat{B}$ miteinander kommutieren ($\widehat{A} \cdot \widehat{B} = \widehat{B} \cdot \widehat{A}$), haben sie ein gemeinsames, vollständiges System von Eigenvektoren. Nur in diesem Fall kann ein möglicher Messwert a_i der Observable $\widehat{A}$ gleichzeitig mit einem Messwert b_j von $\widehat{B}$ "real existieren". Weil die Orts- und Impulsoperatoren nicht kommutieren ($\widehat{\mathbf{r}} \cdot \widehat{\mathbf{p}} \neq \widehat{\mathbf{p}} \cdot \widehat{\mathbf{r}}$), bleibt bei einer genauen Ortsbestimmung eines Teilchens sein Impuls völlig unbestimmt. Gelingt es, ein winziges Teilchen in einem winzigen Käfig gefangen zu halten, so wird ihm gemäß der Quantengesetze eine wilde Zitterbewegung aufgezwungen, weil sein "Impuls" von Moment zu Moment über alle Massen schwankt. Genauer ist zu sagen: Wer nach einer erfolgreichen, genauen Ortsmessung nach dem zugehörigen Impuls fragt, überfrachtet den Formalismus mit unsinnigen Fragen, ja er redet sogar Nonsense. Die Inkompatibilität (auch Komplementarität genannt) der Observablen, deren zugeordnete Operatoren nicht kommutieren, ist eine grundlegende Quanteneigenschaft, auf die noch ausführlich einzugehen ist. Denn durch dieses fundamentale Quantenprinzip wird das Seinskörnchen der Materialisten auf eine Weise gedanklich zerrissen, dass es vom "Nichts" kaum mehr unterscheidbar ist.

Zunächst erläutern wir am Beispiel des Wasserstoffatoms, wie der Quantenformalismus zur Lösung konkreter Probleme herangezogen wird. Gemäß der quanten-mechanischen Ersetzungsvorschrift ($\mathbf{r} \to \widehat{\mathbf{r}}$ und $\mathbf{p} \to \widehat{\mathbf{p}}$) ergibt sich aus der klassischen Gleichung (0.3) die stationäre Schrödinger-Gleichung

$$\widehat{H}|\psi_n(\mathbf{r})\rangle = E_n|\psi_n(\mathbf{r})\rangle \quad \text{mit} \quad \widehat{H} = \frac{\widehat{\mathbf{p}}^2}{2m} + V(\widehat{\mathbf{r}}),$$

wobei $V(\widehat{\mathbf{r}}) = -e^2/r$ das Coulomb-Potential des Elektrons im Kraftfeld des Atomkerns und m die Masse des Elektrons ist. e bezeichnet die Elementarladung. Der Impuls $\widehat{\mathbf{p}}$ wird durch den Differentialoperator $-i\hbar\nabla_{\mathbf{r}}$ repräsentiert, so dass sich das Schrödingersche Eigenwertproblem auf die Lösung eines Systems von partiellen Differentialgleichungen zurückführen lässt. Standardisierte Lösungsverfahren liefern das Ergebnis: Der Hamilton-Operator $\widehat{H}$ hat abzählbar unendlich viele, diskrete Energieeigenwerte E_n, welche von Elektronen besetzt werden können. Die Eigenvektoren $|\psi_n(\mathbf{r})\rangle$ des Energieoperators $\widehat{H}$ dienen zur Berechnung von Besetzungswahrscheinlichkeiten. Zu den möglichen diskreten Energieniveaus E_n $(n = 1, 2, \ldots)$ des Elektrons im Anziehungsbereich des Atomkerns gehören n^2 verschiedene Zustandsfunktionen $|\psi_{nlm}(\mathbf{r})\rangle$, die durch die Quantenzahlen n, l und m auseinandergehalten werden. Dabei durchlaufen die Zahlen l und m folgende Werte: $l = 0, 1, 2, \ldots, n-1$ und $m = 0, \pm 1, \ldots, \pm l$. Der 1s Zustand ($n = 1$, $l = 0$, $m = 0$) ist der energetisch tiefste und heißt daher Grundzustand. Für $n = 2$ gibt es drei verschiedene p-Zustände, nämlich $l = 1$ mit $m = 1$ oder $m = 0$ oder $m = -1$. Nach dem fest vorgegebenen Muster der Schrödinger-Gleichung ist also das gesamte Energieschema des Wasserstoffatoms mit den zugehörigen Eigenfunktionen festgeschrieben. Die Energieniveaus selbst werden aus einer denkbar einfachen Formel berechnet

$$E_n = -\frac{me^4}{2\hbar^2}\frac{1}{n^2},$$

die nur vom Quadrat der Hauptquantenzahl n abhängt.

Dass die Schrödingerschen Wellenfunktionen $|\psi_{nlm}(\mathbf{r})\rangle$ ganz und gar kein klassisches Analogon haben, erklären wir mit Hilfe einer Metapher. Mechanisch-materialistisch betrachtet muss ein Stein solange am Boden - im Zustand der geringsten potentiellen Energie - liegen bleiben, bis jemand kommt und ihn aufhebt. Die atomaren Quantenobjekte verhalten sich grundsätzlich anders. Das Elektron kann von selbst jedes Energieniveau des Wasserstoffatoms besetzen, ungeachtet dessen wie viel Energie ihm dazu zugeführt werden müsste, aber nicht zugeführt wird. Diese seltsame Freiheit des Elektrons wird nur reglementiert durch die zugeordneten berechenbaren Besetzungswahrscheinlichkeiten. Überwiegend befindet sich das Elektron natürlich im Grundzustand - im Zustand der geringsten Energie. Je höher der spontane Sprung in den angeregten Zustand ausfällt, desto unwahrscheinlicher ist er. Doch kein Höhenflug des Elektrons aus heiterem Himmel ist definitiv ausgeschlossen. Dass sich das Elektron hier oder dort auf der Energiesprosse des Atoms gerade befindet, ist rein zufällig. Diese Art des Zufalls und diese Art der Besetzung von möglichen Messwerten hat in der klassischen Physik kein Pendant. Liegt ein Stein tief unten am Boden, so hat die Möglichkeit, dass er auf den Tisch hätte gelegt werden können, natürlich keinen Einfluss auf sein tatsächliches Liegen am Boden. All die verpassten Möglichkeiten sind irreal - sie hätten ins Sein treten können, doch da sie es nicht taten, sind sie ein reines Nichts. Der strikte Unterschied zwischen Wirklichkeit und Möglichkeit ist in der klassischen Naturlehre unaufhebbar. Nähme man alle verpassten Möglichkeiten hinweg, so änderte sich an der Welt nichts. Auch ein Elektron im Wasserstoffatom "liegt vorzugsweise am Boden" - es besetzt den Grundzustand. Dennoch sind die "möglichen", die angeregten Zustände, die meistens nicht besetzt sind, nicht wie im klassischen Fall, ein reines Nichts. Vielmehr kann die "Wirklichkeit" des Wasserstoffatoms von den "Möglichkeiten" seiner unbesetzten, angeregten Zustände nicht getrennt werden. Gäbe es die vielen angeregten Zustände nicht oder an anderer Stelle, dann gäbe es auch nicht das Wasserstoffatom. Schließlich kann jeder mögliche Zustand plötzlich und grundlos besetzt werden. Da die "verpassten" Möglichkeiten - die unbesetzten Zustände - des Elektrons im Atomverband demzufolge nicht unwirklich sind, *wirken* sie auch. Und genau das ist Quantenchemikern schon lange bekannt. Die höheren Energiezustände von Molekülen bestimmen nämlich die empirisch feststellbare chemische Reaktivität aller Teilnehmer an einer chemischen Reaktion. Befinden sich die freien Zustände weit oberhalb des Grundzustands eines Moleküls, sind sie nur schwer zu erreichen, so ist ein derartiges Molekül chemisch inaktiv. In stark reaktiven Molekülen ist die Energieleiter hingegen gestaucht. Die strikte Trennung - hier ist das Wirkliche und im "Nichts" das Mögliche - gilt für die Quantenwirklichkeit genau genommen nicht, so gern Positivisten und Mechanisten an dieser klaren und anschaulichen Unterscheidung festhalten. Dabei sind die möglichen Zustände, die nach der klassischen Ontologie keinen Seinsstatus haben, voll ausgebildete, definitive Entitäten. Jedem möglichen Energiezustand ist eine "Wolke" zugeordnet, welche die Aufenthaltswahrscheinlichkeit des Elektrons widerspiegelt. Die Form der Wolke, die jedem Zustand auf den Leib geschneidert ist, trägt das Ihrige zu den chemischen Bindungsverhältnissen bei, so dass es eine Formenvielfalt ist, die bestimmt, wie das unzertrennliche Gespann, bestehend aus Wirklichkeit und Möglichkeit, gemeinsam durch die Geschichte geht. Sobald etwas nicht-Greifbares da ist, weil es wirkt, stoßen Denker, die eine materialistische Auffassung vertreten, schon an eine Grenze. Die Wirklichkeit von "platonischen" Ordnungsschemata aufgezeigt zu haben, dürfen sich Quantenphysiker rühmen, die damit schon längst den Schritt von der Physik zur Metaphysik vollzogen haben. Die neue Physik ist nämlich insofern schon Metaphysik, weil sie unter der Oberfläche des sinnlich Wahrnehmbaren Gesetzmäßigkeiten entdeckt, die etwas Unerwartetes ans Licht bringen, das sich nicht reduktionistisch aus substantiellen Bestandteilen aufbauen lässt. Die Absolutheit des unbedingten, elementaren Dings wird bestritten und das Naturgeschehen in den Strudel des "Geistes" hineingezogen. Für grundsätzlich keine andere Auffassung stritten Metaphysiker und Mystiker seit den Anfängen.

In Abbildung 0.2.5 sind radiale Besetzungswahrscheinlichkeiten für Zustände des Wasserstoffatoms in Abhängigkeit vom Abstand zum Kern schematisch dargestellt. Die Ordinatenwerte sind ein relatives Maß dafür, wie dicht die Wellenfunktionen radial konzentriert sind. Je größer die Hauptquantenzahl n ist, desto stärker verschieben sich die Schwerpunkte der Wellenfunktionen zu größeren Radien hin, desto mehr entzieht sich das Elektron der Wirkung der anziehenden Kernkraft. Allgemein gilt, dass alle Zustände mit dem größten l Wert ($l = n - 1$) außer bei $r = 0$ und $r \to \infty$ keine weitere Nullstelle haben. Elektronen, welche diese Zustände besetzen, können sich ausnahmslos an jedem Punkt im Universum aufhalten - allerdings wird man sie sehr selten weit weg von ihrem Atomkern antreffen. Bevorzugt wird derje-

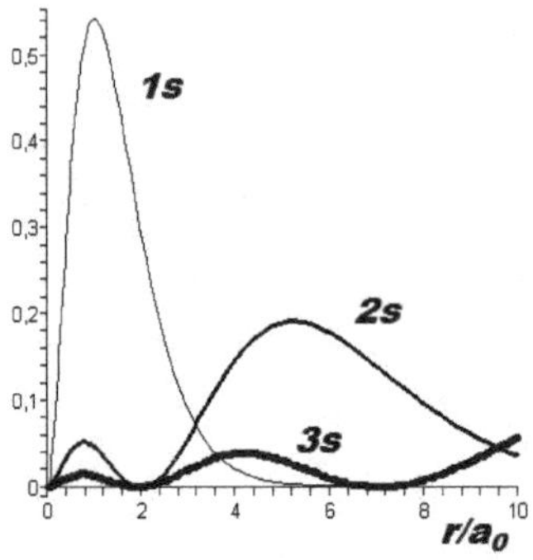

Abbildung 0.2.5:
Radiale Wahrscheinlichkeitsdichte $a_0^3\rho^2||R_{nl}(\rho)\rangle|^2$ als Funktion vom Abstand $\rho = r/a_0$ für die 1s ($n = 1$, $l = 0$), 2s ($n = 2$, $l = 0$) und 3s ($n = 3$, $l = 0$) Zustände. a_0 ist der Radius der tiefsten Kreisbahn im Bohrschen Atommodell.

nige Abstand, bei dem die Dichtefunktion ihr Maximum hat und dies entspricht den Kreisbahnen des Bohrschen Atommodells. Zustände mit kleineren l-Werten korrespondieren zu den quasi-klassischen Ellipsenbahnen, weil jeweils ein lokales Maximum von $||R_{nl}(r)\rangle|^2$ bei kleineren und größeren Abständen vom Kern vorhanden ist. Außer an den Knotenlinien kann sich das Elektron auch in diesen Zuständen überall aufhalten.

Wie ist es aufzufassen, dass Elektronen nicht gezwungen sind, nur auf definitiven Bohrschen Kreis- oder Ellipsenbahnen umzulaufen, sondern die Freiheit haben, sich überall aufzuhalten? Bewegen sie sich ständig flink von einem Geschehen zum anderen, nehmen in diesem Augenblick an einer chemischen Reaktion teil und werden nur Millisekunden später von den Protuberanzen der Sonne mitgerissen? Denn auf die Frage: „Wo befindet sich das Elektron?“, gibt die Quantenmechanik eine klare Antwort: Mit dieser Wahrscheinlichkeit an diesem Ort, mit einer anderen Wahrscheinlichkeit an einem beliebigen anderen Ort. Daraus kann jedoch nicht gefolgert werden, dass es ständig durch das gesamte Universum eilt. Denn schauen wir auf den Ort, dann ist die Geschwindigkeit des Teilchens nicht nur unbestimmt, sondern gar nicht definierbar. Das Elektron hat, als etwas an "Orten-Seiendes", keinen Richtungssinn für eine Fortbewegung. Ein Ortswechsel ist für ein

Teilchen nicht vorgesehen, das sich genau an einem fixierten Ort befindet. Ist hingegen das Partikel immer in Eile, immer in Bewegung, dann ist es nicht nur niemals an einem definitiven Ort, vielmehr "kennt" es den Begriff "Ort" gar nicht. Nur wenn es ein irdischer Beobachter nicht genau nimmt, dann wird seinen getrübten Augen, denen viele Quantendetails entgehen, etwas vorgetäuscht, dann sieht er, wie ein Elektron von hier nach dort eilt (z.B. in einer Nebelkammer).

In der Quantenphysik bedeutet eine zeitliche Veränderung keine Verlagerung von Dingen im Raum, sondern eine Umordnung im Schema der *Möglichkeiten*. Wesentlich ist also die Zeitabhängigkeit der abstrakten Operatoren $\widehat{A}$ und nicht wie sich Körper im Laufe der Zeit bewegen oder deformieren. Die Grundgleichung der Quantendynamik ähnelt der kanonischen Hamiltonform von Gleichung (0.1), wobei die Poissonklammer $\{H, A\}$ durch den Kommutator $[\widehat{H}, \widehat{A}] = \widehat{H}\widehat{A} - \widehat{A}\widehat{H}$ ersetzt wird:

$$\frac{\mathrm{d}\widehat{A}}{\mathrm{d}t} = \frac{i}{\hbar}[\widehat{H}, \widehat{A}] + \frac{\partial \widehat{A}}{\partial t}. \tag{0.6}$$

Zur Komplettierung der neuen Dynamik werden auch die Gleichungen (0.2) auf die Operatorebene gehoben:

$$[\widehat{p}_i, \widehat{q}_j] = -i\hbar\delta_{ij}, \qquad [\widehat{p}_i, \widehat{p}_j] = [\widehat{q}_i, \widehat{q}_j] = 0,$$

wobei δ_{ij} das Kronecker-Symbol bezeichnet. Die treibende quantenmechanische "Schwungkraft" geht auf die explizite Zeitableitung $\partial\widehat{A}/\partial t$ der Operatoren $\widehat{A}$ zurück, die allein eine zeitliche Abhängigkeit der Eigenwerte hervorruft. In der Regel hängen Operatoren nur deshalb explizit von der Zeit ab, weil äußere Einflüsse wirksam sind, deren Quellen nicht zum "eigentlichen" Quantensystem gerechnet werden. Die Messung ist dafür ein Beispiel. Für ein geschlossenes Quantensystem besagt die Heisenberg-Gleichung (0.6) hingegen, dass sich die Projektionsoperatoren zeitlich nicht ändern

$$\frac{\mathrm{d}\widehat{P}_{|\psi\rangle}}{\mathrm{d}t} = \widehat{0}. \tag{0.7}$$

Da der Operator $\widehat{P}_{|\psi\rangle}$ "abfragt", ob das Quantensystem durch seinen Zustandsvektor $|\psi\rangle$ tatsächlich beschrieben wird, kann sich nach der grundlegenden Gleichung (0.7) die einmal eingegangene Beziehung zwischen dem geschlossenen Quantensystem und seinem Zustandsvektor $|\psi\rangle$ zeitlich nicht ändern. Wenn nicht ein Bohrscher Dämon mit seinem klassischen Messinstrument von außen auf ein sich selbst überlassenes

Quantensystem einwirkt, dann verbleibt es stoisch im "nebelhaften" Quantenzustand $|\psi\rangle$. Entweder ist also die Welt im Grunde genommen ganz "Nebel", ganz unfassbar oder die Quantenphysik hat wegen des "Messproblems" einen grundsätzlichen Defekt, den es zu korrigieren gilt.

Das Eigenvektorsystem eines hermiteschen Operators ist stets starr orthonormiert und kann sich daher im Laufe der Zeit nur drehen. Eine derartige Drehung wird durch eine zeitabhängige unitäre Transformation bewerkstelligt. Nun ist die Quantentheorie unitär invariant, weswegen die Zeitabhängigkeit in unterschiedlichen Bildern beschrieben werden kann. Im Schrödingerbild sind die Operatoren konstant und die Zeitabhängigkeit der Eigenfunktionen wird aus der Schrödinger-Gleichung berechnet

$$H(\widehat{\mathbf{p}}, \widehat{\mathbf{r}})|\psi(\mathbf{r}, t)\rangle = i\hbar \frac{\partial}{\partial t}|\psi(\mathbf{r}, t)\rangle. \tag{0.8}$$

Als Spezialfall wird hieraus das klassische Bewegungsgesetz abgeleitet, das zur Anwendung kommt, wenn die de Broglie-Wellenlänge $\hbar/|\mathbf{p}|$ sehr viel kleiner ist als die Bahnabmessungen. Die Ableitung der klassischen Bewegungsgleichung aus der Schrödinger-Gleichung (0.8) gelingt in wenigen Schritten. Mit Blick auf die Wirkung $S = -Et + \mathbf{pr}$ eines freien klassischen Teilchens machen wir zur Lösung von Gleichung (0.8) den Ansatz $|\psi(\mathbf{r}, t)\rangle = \exp[iS(\mathbf{r}, t)/\hbar]$ und erhalten im Grenzfall "$\hbar \to 0$" das Ergebnis der klassischen Mechanik zurück

$$-\frac{\partial S(\mathbf{r}, t)}{\partial t} = \frac{1}{2m}\left[\nabla_{\mathbf{r}} S(\mathbf{r}, t)\right]^2 + V(\mathbf{r}) \quad \text{oder} \quad E = \frac{\mathbf{p}^2}{2m} + V(\mathbf{r}).$$

Nach diesem klassischen Bewegungsgesetz gilt: Nur wenn sich die Teilchenenergie E über das Potentialgebirge $V(\mathbf{r})$ erhebt, ist wegen $0 < E - V = \mathbf{p}^2/2m$ eine Bewegung überhaupt möglich. Die Geschwindigkeit des Teilchens wird aus der Gleichung $v = \sqrt{2(E-V)/m}$ berechnet. Über eine Potentialbarriere wie sie in Abbildung 0.2.6 dargestellt ist, schwebt das Teilchen also ungehindert hinweg. Die unter ihm liegende Potentiallandschaft stört dabei nicht. Da das Teilchen nicht mit dem Potentialberg in Berührung kommt, bewegt es sich so, als gäbe es diesen Berg gar nicht. Quantenteilchen sind anders. Sie sind keine kleinen Klötzchen, vielmehr sind sie seltsam "mitteilsam", "sensibel", ja geradezu "ganzheitlich". Die exakte Lösung der Schrödinger-Gleichung (0.8) für die eindimensionale Bewegung eines Teilchens über eine Potentialbarriere hinweg gibt Rätsel auf: Obwohl die Barriere für

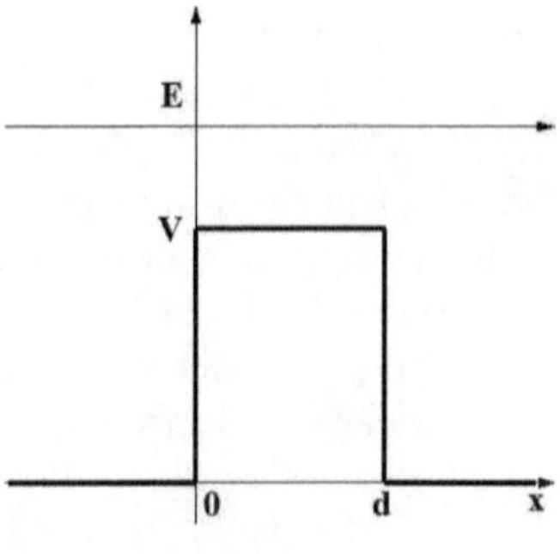

Abbildung 0.2.6:
Eindimensionale Bewegung eines Teilchens in x Richtung. Eine Potentialbarriere der Höhe V und der Breite d befindet sich unterhalb der Teilchenbahn.

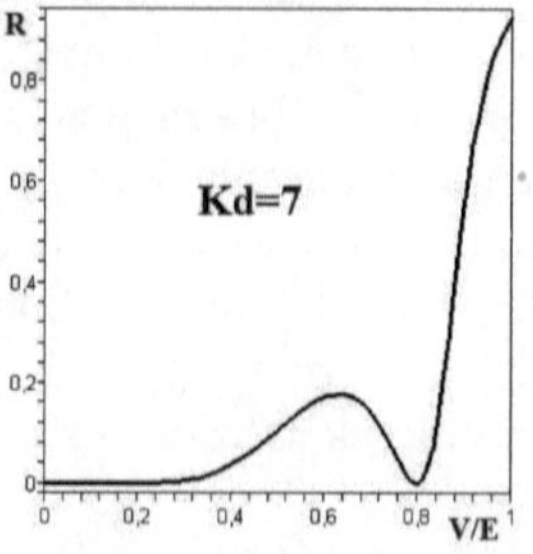

Abbildung 0.2.7:
Quantenmechanischer Reflexionskoeffizient R als Funktion von V/E für $Kd = 7$. Da stets $E > V$ gilt, dürfte es keine Reflexion geben ($R = 0$).

das Teilchen kein Hindernis darstellt, kommt es mitunter zur Reflexion. Der Reflexionskoeffizient R ist für den Fall $Kd \equiv \sqrt{2mE}d/\hbar = 7$ als Funktion von V/E für $E > V$ in der Abbildung 0.2.7 dargestellt. Erst wenn der Probekörper unendlich weit oberhalb der Barriere patrouilliert ($V/E \to 0$), wird er nicht mehr reflektiert ($R \to 0$). Für den Wertebereich $0.92 < V/E \leq 1$ wird im Mittel wenigstens jedes zweite Teilchen von der Barriere zurückgeworfen, obwohl sie nicht im Wege steht. Ein Quantenteilchen muss offenbar alles in seiner Umgebung "ausspionieren", um sich standesgemäß verhalten zu können. Nicht nur das, woran es Anstoß nehmen kann, bestimmt seine Bewegungsrichtung, sondern auch Einschränkungen ganz woanders, welche klassische Teilchen gänzlich ignorieren. Da Hindernisse auf ein Quantenprojektil auch dann einwirken, wenn es zum Zusammenstoß gar nicht kommen kann, bestimmt das ganze Arrangement der Stolpersteine in seiner Umgebung wie sich das Geschoss verhält und was es in Wahrheit ist. Quantenteilchen sind "wissbegierig" und verhalten sich exakt nach ihrem detaillierten "Kenntnisstand". Sie sind nicht allein mit sich selbst, sondern gewissermaßen mit der ganzen Umgebung im Bunde.

Auch wenn ein Hindernis den Weg blockiert ($E < V$), ist das Verhalten der Quantenteilchen ungewöhnlich. Klassische Teilchen werden erwartungsgemäß immer an der Barriere reflektiert ($R = 1$). Keines erreicht die andere Seite, der Durchlasskoeffizient D ist null. Quantenteilchen verhalten sich auch in diesem Fall seltsam anders. Wie dick die Potentialbarriere auch sein mag, den "Teilchen" gelingt immer der Durchbruch. Dabei gräbt sich das Quantenpartikelchen keineswegs einen Tunnel, den man anschließend besichtigen könnte. Vielmehr erfährt es vom "Hören-Sagen", dass es eine andere Seite für die freie Entfaltung gibt, und das genügt, um das Hindernis nach mehreren Anläufen zu durchtunneln. Für $kd \equiv \sqrt{2m(V-E)}d/\hbar \ll 1$ vermindert sich allerdings der Durchlasskoeffizient exponentiell mit der Dicke der Barriere kd:

$$D = 16\frac{E}{V}\left(1-\frac{E}{V}\right)e^{-2kd}, \quad D+R=1.$$

Der radioaktive Zerfall von Atomkernen ist ein bekanntes Beispiel für den Tunneleffekt. Diese einfachen Rechenbeispiele zur Quantenmechanik demonstrieren bereits die Grenzen des mechanisch-materialistischen Atomismus.

Kehren wir zu den Besonderheiten der Zeitabhängigkeit von Quantenereignissen zurück. Wie bereits erwähnt wurde, bildet die Schrödinger-Gleichung (0.8) $[i\hbar\partial/\partial t - \widehat{H}]|\psi(t)\rangle = 0$ für diese Betrachtung den Ausgangspunkt. Beginnend mit dem Anfangszustand $|\psi(t_0)\rangle$ beschreiben danach zwei gleichwertige Lösungen die formale zeitliche Entwicklung des Hilbertraum-Vektors. Für $t > t_0$ bzw. $t < t_0$ gilt:

$$|\psi(t)\rangle = +G^R(t-t_0)|\psi(t_0)\rangle \quad \text{mit} \quad G^R(t) = +\Theta(t)e^{-i\widehat{H}t/\hbar},$$

$$|\psi(t)\rangle = -G^A(t-t_0)|\psi(t_0)\rangle \quad \text{mit} \quad G^A(t) = -\Theta(-t)e^{-i\widehat{H}t/\hbar}.$$

Das Symbol $\Theta(t)$ bezeichnet die Heavisidesche Sprungfunktion.[9] Sie ist gleich 0 für $t < 0$ und gleich 1 für $t > 0$. Die Ortsdarsteller der Propagatoren G^R und G^A sind gleichzeitig die retardierten bzw. avancierten Greenschen Funktionen der Schrödinger-Gleichung :

$$\psi(\mathbf{r},t) = \pm i\hbar \int \mathrm{d}^3\mathbf{r}' G^{R}_{A}(\mathbf{r},t;\mathbf{r}',t_0)\psi(\mathbf{r}',t_0).$$

[9] Wie die Diracsche δ-Funktion, so gehört auch die Sprungfunktion $\Theta(t)$ zu den verallgemeinerten Funktionen, den sogenannten Distributionen. Diese mathematischen Gebilde sind lineare, stetige Funktionale über einen Grundraum, dessen Elemente beliebig oft differenzierbare Funktionen $\varphi(x)$ des $\mathbb{R}_n$ sind, wobei der Träger von φ kompakt ist. Eine lokal integrable Funktion $F(x)$ im $\mathbb{R}_n$ kann benutzt werden, um eine Distribution T_F zu definieren: $T_F\varphi := \int_{\mathbb{R}_n} \mathrm{d}x F(x)\varphi(x)$. Die Diracsche δ-Distribution, die durch die Gleichung $\delta\varphi = \varphi(0)$ festgelegt wird, kann hingegen nicht auf diese Form mit einer lokal integrablen Funktion gebracht werden. Vielmehr ist sie im distributiven Sinne gegeben durch die Ableitung der Sprungdistribution $\Theta'\varphi = -\int_{-\infty}^{\infty} \mathrm{d}x\Theta(x)\varphi'(x) = \varphi(0) \equiv \delta\varphi$. Die Theorie der Distributionen enthält nützliche Lösungsmethoden für Differentialgleichungen.

Der retardierte zeitliche Propagator G^R gibt an, wie der gegenwärtige Zustand eines Quantensystems aus einem früheren hervorgeht. Er ist Ausdruck des Kausalitätsprinzips, wonach die Ursache der Wirkung vorangehen muss. Der avancierte Operator G^A korrespondiert hingegen zur teleologischen "Erklärung", da er den gegenwärtigen Zustand aus einem zukünftigen herleitet. Die physikalische Bedeutung des avancierten Operators ist umstritten, obwohl in der Quantenfeldtheorie virtuelle Prozesse, welche die "natürliche" Zeitordnung durchbrechen, allgegenwärtig sind (vergleiche mit Bemerkungen zur Quantenfeldtheorie in Abschnitt 0.2.5). Zu den Elementarakten in der Quantenfeldtheorie gehören nämlich zeitliche Loops. Sie entstehen aus dem kooperativen Zusammenwirken von miteinander verwandten Teilchen und Antiteilchen. Das sich der kausalen Zeitordnung unterwerfende "normale" Teilchen ist dasselbe "Ding" wie sein Antiteilchen, das sich entgegen dem Zeitpfeil ausbreitet, das demnach aus der "Zukunft" kommend die Gegenwart gestaltet. Ein Beispiel zeigt das Diagramm 0.2.25 auf Seite 108. Da nur solche "Teilchen" das Kausalitätsverhältnis umkehren, die sich schneller als mit der Vakuum-Lichtgeschwindigkeit bewegen (Tachyonen), können sie nicht real, sondern nur virtuell - als kurzlebige Quantenfluktuationen - existieren. Dessen ungeachtet spekuliert der Quantenphysiker Fred Alan Wolf, dass tachyonische Quantenfelder real und sogar fundamental sind. Ihnen schreibt er einen dem "Geist" ähnlichen Charakter zu. Wegen ihrer instantanen "Ausbreitung" seien sie für die gesetzmäßige Ordnung in der Natur, für die Ausreduktion der Wellenfunktion bei der Messung und überhaupt für den "Geist Gottes", an dem wir partiell teilhaben, zuständig.[10] Die alte Lehre vom Dualismus zwischen Geist und Materie will Fred Alan Wolf auf einen Monismus zurückführen, der auf der einheitlichen, quantenfeldtheoretischen Grundlage basiert. Bislang wird diese kühne Spekulation weder durch theoretische Konzepte noch durch experimentelle Daten gestützt.

Die metaphysische Tragweite der quanten-physikalischen Naturauffassung erstreckt sich auch auf den neu zu überdenkenden Begriff "Historie". Wieder soll ein Gedankenexperiment auf das neue Denken einstimmen. Welche Merkmale hat die Zeitreihe des Verhaltens einer Vogelattrappe, die lediglich Flügel, Beinchen und einen Kopf haben soll? Was nach diesem Modell Vogel ist, kann wegen der Flügel fliegen, wegen der Beinchen laufen und wegen des Köpfchens navigieren und fressen. Wie die Abbildung 0.2.8 zeigt, lässt sich der Lebenslauf

[10]F.A. Wolf, Time loops and space twists, Hierophantpublishing, 2013.

Abbildung 0.2.8:
Ein realer Vogel bewahrt im Laufe der Zeit alle Eigenschaften, die ihn zum Vogel machen. Daher hat er seine einzigartige Biographie, die nicht weiter komplettiert werden kann. Sie ist diejenige Datensammlung, die angibt, was die Beinchen, das Köpfchen, die Flügel usw. zu jedem Zeitpunkt gerade tun. Quantenobjekte sind von grundsätzlich anderer Art.

des idealisierten Vogels exakt rekapitulieren. „Wohin ist er geflogen?“, „Wohin gelaufen?“ und „Was hat er gefressen?“ - all diese Fragen kann der Vogelkundler für alle Zeitpunkte eindeutig beantworten, weil es nur eine einzige Lebensgeschichte des Tieres gibt. Diese könnte man akribisch genau protokollieren, indem zu jedem Zeitpunkt genau registriert wird, was das Köpfchen, was die Beinchen, was die Flügel gerade tun.

Dass Dinge und Lebewesen alle Eigenschaften, die für ihre Charakterisierung notwendig sind, auch wirklich innehaben, das ist eine unbestrittene Selbstverständlichkeit. Wer einen runden Stein von allen Seiten betrachtet und ihn anschließend hinlegt, hütet sich zu bezweifeln, dass die nunmehr nicht mehr sichtbare Seite immer noch "da" und rund ist. Nur ein verwirrter Querulant malt sich aus, dass die Rückseite des Steins plötzlich Falten schlägt, weil sie sich den Blicken entzieht. Alle Dinge und Erscheinungen dieser Welt haben alle Eigenschaften, die zu ihnen gehören, und verheimlichen nichts davon. Es widerspräche allen Erfahrungen, diese Binsenweisheit anzuzweifeln. Sicher kann ein Vogel ein Beinchen verlieren, so dass er es nicht mehr vorzeigen kann. Darum geht es aber nicht. Unvorstellbar ist etwas anderes; und genau das behauptet der Quantenphysiker: es hänge vom "Blickwinkel" ab, ob ein "mikroskopischer Vogel" Beinchen, Flügel oder ein Köpfchen hat. Verhielte es sich tatsächlich so, wie von diesen überarbeiteten Fachkräften behauptet wird, so wäre unsere Welt grundsätzlich anders, als es uns all unsere Erfahrungen lehren. Selbst wenn sich der Vogel so sehr verkleinern ließe, dass er als Winzling im mikroskopischen Quantenkosmos spazierte, müsste er doch trotzdem Vogel bleiben und deshalb alles haben (Beine, Flügel, Kopf, ...), was ihn zum Vogel macht. Denn nur so kann er wahrhaft Vogel sein und sein unverwechselbares individuelles Schicksal durchleben.

Wegen der fundamentalen Quanteninkompatibilität kann es ein komplettiertes Vögelchen in der Mikrowelt immer dann prinzipiell nicht geben, wenn seine Fähigkeiten - fliegen, laufen, navigieren (fressen) - zueinander inkompatibel sind. Denn Quantenobjekte mit inkompatiblen Eigenschaften können niemals augenblicklich alles das von sich zeigen, was zu ihnen gehört und was sie allenfalls nacheinander vorführen können. Die besagten physikalischen Größen, die in der Summe das nämliche Objekt begrifflich bestimmen, müssen gemäß der Quantentheorie durch Operatoren beschrieben werden, die nicht alle notwendigerweise miteinander kommutieren. Wie bereits oben angemerkt wurde, sind die Dinge und Erscheinungen in der Quantenwelt meist innerlich zerrissen, weil sie inkompatible Eigenschaften haben, die auf nicht kommutierende Operatoren zurückgehen. Was bedeutet die Inkompatibilität für unser Modellvögelchen in der Mikrowelt? Angenommen die drei "Eigenschaften" - hat Beinchen, hat Flügel und hat Köpfchen - seien zueinander inkompatibel. Dann kann eine Momentaufnahme nur eines von drei Vogelfragmenten zeigen: 1) "Vogel" mit Kopf, aber ohne Flügel und ohne Beinchen, 2) "Vogel" mit Flügel, aber ohne Kopf und ohne Beinchen, 3) "Vogel" mit Beinchen, aber ohne Flügel und ohne Köpfchen. Den "wahren Vogel", der irgendwann einmal gleichzeitig Kopf, Flügel und Beinchen "hat", den gäbe es in Wirklichkeit gar nicht (siehe Abbildung 0.2.9). Demzufolge kann zwar mit Augenzwinkern von der Lebensgeschichte des Vogels gesprochen werden: im Herbst flog er mit anderen Vögeln in den Süden, im Frühjahr kam er zurück und verbrachte den Sommer am Teich. Aber diese Geschichten sind insofern streng genommen Fiktionen, weil sie sich nicht in Strenge ereignen können. Trotzdem "gehören" diese "künstlich" komplettierten, klassischen Geschichten zur Begriffsbestimmung des "Quantenvögelchens", nicht anders als Quantengesetze beispielsweise für die Bewegung eines Elektrons zuständig sind, obwohl Ort und Geschwindigkeit des Teilchens niemals gleichzeitig beliebig genau bestimmt werden können. Wegen der Inkompatibilität der Quanteneigenschaften splittet die einzigartige klassische Historie in ein Bündel von unendlich vielen Quantenhistorien auf (siehe Abbildung 0.2.9). Es kann nicht gesagt werden, welche der unendlich

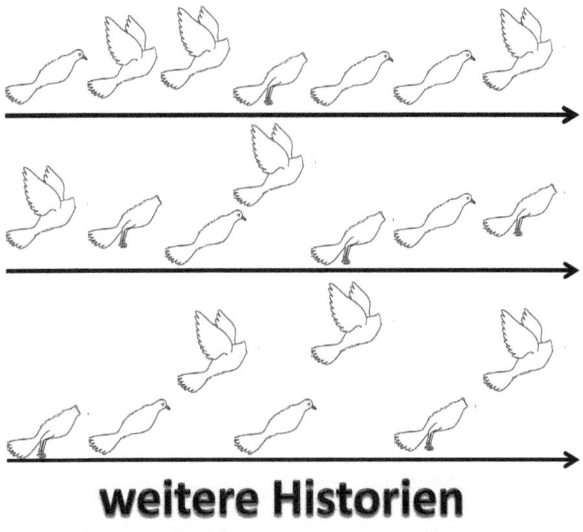

Abbildung 0.2.9:

Ein "Quantenvogel" ist ein rätselhaftes Fabelwesen, denn er ist eine fiktive Ganzheit, die eine unendliche Vielfalt von partiellen Erscheinungsformen seiner selbst in *ein* Bild zusammenfasst. Der ganze Vogel ist eine Fiktion - nur Fragmente von ihm können nacheinander in Erscheinung treten. Angenommen, die Eigenschaften "hat Kopf", "hat Flügel", "hat Beine" seien quantenmechanisch zueinander inkompatibel, weil die ihnen zugeordneten Operatoren nicht kommutieren. Dann gibt es unendlich viele Historien, die in jedem Moment nur ein "Vogelfragment" zeigen, nämlich den Leib nur mit Köpfchen oder nur mit Beinchen oder nur mit Flügeln. Ein Universum mit einer einzigartigen, definitiven geschichtlichen Entwicklung kann es nach den Erkenntnissen der Quantentheorie strenggenommen nicht geben.

vielen möglichen Geschichten sich letztendlich tatsächlich "realisiert". Nur eine Ordnung kann in dieses Sammelsurium von Möglichkeiten gebracht werden. Man findet darin verschiedene Bündel, in denen nur zueinander kompatible Historien versammelt sind. Diesen Ereignissen können Wahrscheinlichkeitswerte zugeordnet werden, die sich standardisiert berechnen lassen und die in der Summe Eins ergeben. Ferner legt die Quantenphysik andere Bündel von Historien fest, die zu den übrigen nicht passen, die mit ihnen nicht kompatibel sind. Sprachlos steht der Historiker vor einem verwirrenden Schauspiel, weil die "vertraute reale Wirklichkeit" auf eine "Geisterwelt" zurückgeführt wird, in der sich Möglichkeiten auf streng unverträglichen Ebenen verteilen. Erschrocken fragt er sich, ob die "harten" Fakten nichts mehr gelten, weil sich alles in ein "Ideengestrüpp", in ein Ordnungsschema für Möglichkeiten auflöst.

Da sich Physik und Metaphysik hier besonders nahe kommen, muss die Quanteninkompatibilität von Historien ausführlicher behandelt werden. Die nachfolgenden Gedankenexperimente haben insofern einen Realitätsbezug, weil sie in einem Labor prinzipiell experimentell nachprüfbar sind.

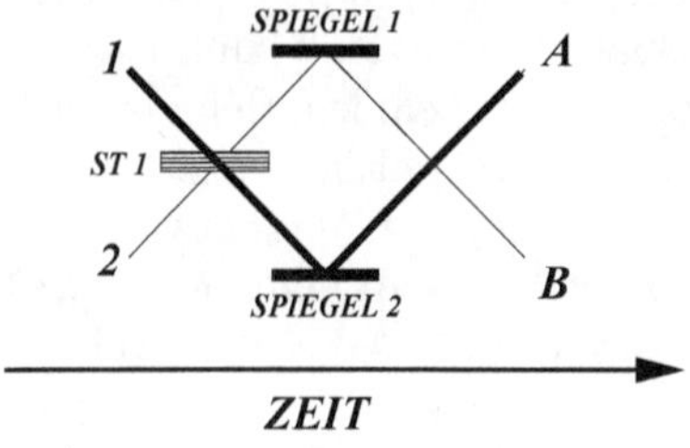

Abbildung 0.2.10:
Interferometeranordnung. Ein Strahlenteiler ST1 und zwei Spiegel dirigieren den Teilchenstrahl, der bei 1 ankommt, durch das Instrument. Können die Partikel den Strahlenteiler ungehindert durchqueren, so gelangen sie alle zum Ausgang A.

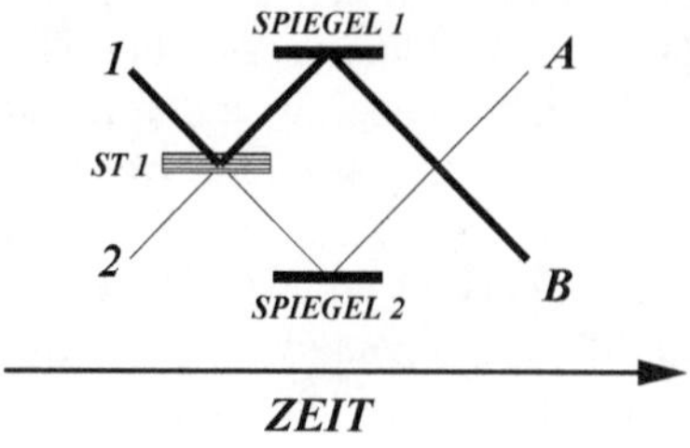

Abbildung 0.2.11:
Den Ausgang B erreichen die Teilchen, wenn sie am Strahlenteiler ST1 reflektiert werden. Im Idealfall sind die Ankünfte bei A und B gleich wahrscheinlich.

Die Abbildungen 0.2.10 und 0.2.11 zeigen das Schema einer Interferometeranordnung. Mikroskopische Teilchen (Photonen oder Elektronen) werden am Eingang 1 dem Interferometer zugeführt. Sie erreichen einen Strahlenteiler ST1, der die Teilchen zu gleichen Teilen entweder ungehindert passieren lässt oder sie reflektiert. Zwei Spiegel ändern die Ausbreitungsrichtungen, so dass sich die beiden Wege wieder kreuzen. Gelangt ein Teilchen beim Eingang 1 in den Versuchsaufbau, so gibt es zwei gleich wahrscheinliche Möglichkeiten: 1) entlang des unteren Weges erreicht es den Endpunkt A (Abbildung 0.2.10), 2) entlang des oberen Weges erreicht es den Endpunkt B (Abbildung 0.2.11). Eine Ankunft bei A signalisiert, dass das Teilchen den Strahlenteiler ST1 ungehindert passieren durfte und am Spiegel 2 reflektiert wurde. Werden die Ankünfte der Partikel von Messgeräten an den Orten A und B oft genug registriert, so ergibt sich für die daraus berechneten Wahrscheinlichkeiten: $p_A = p_B = 1/2$. Gemäß der klassischen Physik und der materialistischen Doktrin gibt es für ein Teilchen nur diese beiden Möglichkeiten das Interferometer zu durchqueren. Quanten-"Teilchen" verhalten sich jedoch anders. Sie können sich auch wie eine Welle ausbreiten. Das ist eine Bewegungsform, die für klassische Teilchen nicht infrage kommt. Sind nämlich die beiden Wege von 1 nach A und von 1 nach B mit Wasser gefüllt, so pflanzt sich eine Wasserwelle hinter dem Strahlenteiler ST1 simultan längs der *beiden* Wege fort. Quantenphysiker behaupten: Genauso kann sich auch ein *einzelnes* Quanten-"Teilchen" verhalten. Das Teilchen könnte sich bei ST1 "aufspalten" und dann zunächst beide Wege gleichzeitig zu den Ausgängen A und B nehmen. Befinden sich bei A und B Messgeräte, welche die Ankunft des Teilchens registrieren, so muss die "Quantenwelle" vorher "kollabieren", so dass etwas Wirkendes entweder bei A oder bei B ankommt.[11] Die Abbildungen 0.2.12 und 0.2.13 zeigen zwei kompatible Historien dieser Art. Beide Abläufe sind wiederum gleich wahrscheinlich: $p_A = p_B = 1/2$. Mit den "teilchenartigen" Trajektorien, die in den Abbildungen 0.2.10 und 0.2.11 dargestellt sind, dürfen sie aber nicht vermengt werden. Vielmehr sind beide Bündel von Historien (in den Abbildungen 0.2.10, 0.2.11 bzw. 0.2.12, 0.2.13) zueinander inkompatibel. Da sich der "Kollaps" der Wellenausbreitung des "Quantenteilchens" zu jeder Zeit ereignen kann, gibt es überabzählbar unendlich viele, zueinander inkompatible Bündel von Historien. Nichts - nicht einmal eine Wahrscheinlichkeitstabelle gibt Auskunft darüber, welches Bündel sich letztlich "durchsetzt" und "realisiert". Vielmehr existieren unendlich viele, zueinander unverträgliche Szenarien, die alle darauf abzielen, den einen zeitlichen Ablauf darzustellen. Dabei sind die möglichen Blickwinkel vielgestaltiger, als es der

[11] Robert B. Griffiths, Consistent Histories and Quantum Delayed Choice, Fortschritte der Physik, Vol. 46, Nr. 6-8, 741-748 (1998).

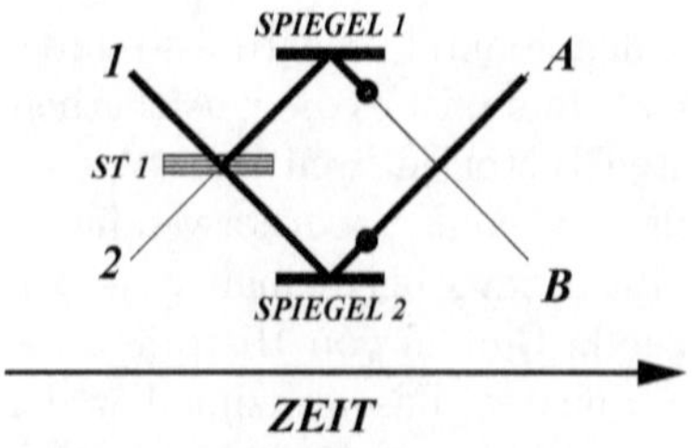

Abbildung 0.2.12:
Nach dem Strahlenteiler ST1 geht das Teilchen in einen Wellenzustand über, der ohne Anlass plötzlich "kollabiert". Erst propagiert das Etwas im Interferometer wellenförmig, dann "entscheidet" es sich, ein "Teilchen" zu sein, das den Ausgang A erreicht.

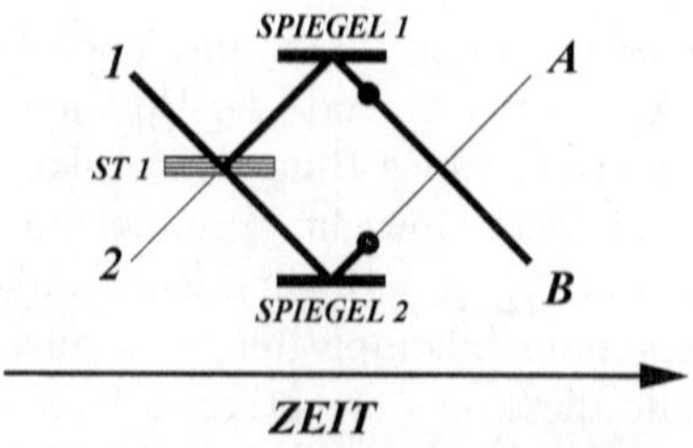

Abbildung 0.2.13:
Die komplementäre Variante der gemischten Welle-Teilchen Propagation. Es wird der Ausgang B erreicht. Für die Häufigkeiten beider Historien gilt: $p_A = p_B = 1/2$.

häufig beschworene Welle-Teilchen-Dualismus suggeriert. Befürworter dieses Dualismus meinen, dass sich das Quantenteilchen überall und nirgends befindet, solange es im ungestörten Wellenzustand belassen bleibt. Schreckt man die Welle durch eine "Messung" auf, so kollabiert sie zu etwas, was plötzlich einem Teilchen sehr ähnlich sieht. Das "Aufschrecken" der verschränkten Schrödinger "Katze" (der "Kollaps") in den Abbildungen 0.2.12 und 0.2.13 ist jedoch nicht dem realen Öffnen einer "Kiste" geschuldet. Es handelt sich schlicht um zwei kompatible Historien, die vollständig und zugelassen sind. Nichts verursacht den "Kollaps", denn er hätte sich genauso gut zu einem früheren oder späteren Zeitpunkt willkürlich ereignen können. Innerhalb eines jeden Bündels von kompatiblen Historien (z.B. Bündel 1: die Abbildungen 0.2.10 und 0.2.11, Bündel 2: die Abbildungen 0.2.12 und 0.2.13) waltet der Zufall und keine Notwendigkeit. Prinzipiell kann die Aussage: "Nach hinreichend vielen Versuchen erreichen im Mittel ebenso viele Teilchen den Ausgang A wie B", nicht weiter vertieft werden. Die Ankunft eines Elementarteilchens bei A (oder B) hat keine definitive Ursache. Noch weniger sinnvoll sind Fragen nach dem "Wechselspiel" der inkompatiblen Bündel von Historien (z.B. die "Beziehung" zwischen den Bündeln 1 und 2). Die inkompatiblen Perspektiven sind alle berechtigt, obwohl sie sich gegenseitig ausschließen. Der Frage: „Was passiert unter diesen und jenen Umständen konkret?", wird also durch zwei triftige Gründe der Boden entzogen. Einmal ist es die Unsicherheit innerhalb eines Bündels von konsistenten Historien, weil jeder Ablauf i mit dem Gewicht p_i immer nur möglich, niemals naturnotwendig ist (wobei $\sum_i p_i = 1$ gilt). Zum anderen gibt es im Allgemeinen viele, zueinander inkompatible, sich ausschließende Bündel von Historien, die alle dieselbe Berechtigung haben. Nur Fiktives, das prinzipiell weder sichtbar noch greifbar ist, tritt in den geschilderten Gedankenexperimenten auf.

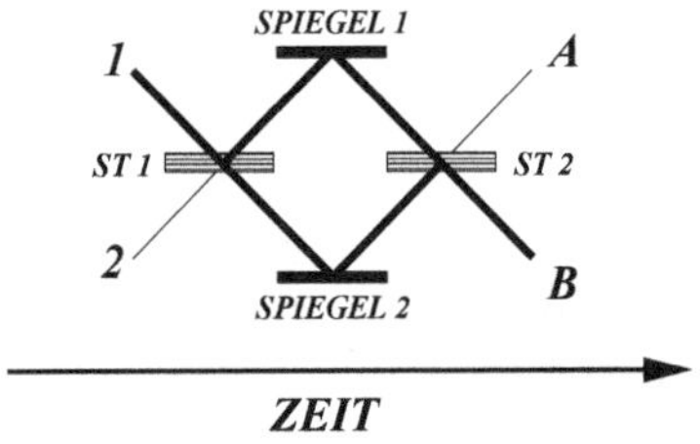

Abbildung 0.2.14:
Für das vervollständigte Interferometer mit zwei Strahlenteilern gibt es nur ein Szenarium: Jedes einlaufende Quantenobjekt muss gleichzeitig beide Wege zum zweiten Strahlenteiler ST2 nehmen, wird dort interferieren, um anschließend nur bei B anzukommen.

Die Unsicherheit in der Art der Quantenpropagation wird überwunden, wenn durch einen zweiten Strahlenteiler ST2 das Interferometer komplettiert wird (siehe Abbildung 0.2.14). Nun wird jedes Teilchen mit Sicherheit den Ausgang B und niemals den Ausgang A erreichen ($p_B = 1$, $p_A = 0$). Der zweite Strahlenteiler ST2 im Kreuzungspunkt beider Wege bewirkt, dass aus der geisterhaften Fülle der Schwebezustände ein "materielles" Destillat gerinnt, weil nun mit Sicherheit festgehalten werden kann, dass jedes eintretende Teilchen den Ausgang B erreichen wird. Die Zwangsläufigkeit der Ankunft bei B ist der Interferenz der kohärenten Teilstrahlen geschuldet. Bemerkenswert daran ist, dass diese Interferenz auch dann wirksam wird, wenn nur ein "Teilchen" durch das Interferometer geschickt wird. Ein klassisches Teilchen kann sich unmöglich so verhalten. Es kann nicht gleichzeitig auf diesem und auf einem anderen Weg entlang laufen. Nur klassischen Wellen wird das zugestanden. Da definitiv feststeht, das jedes Teilchen mit Sicherheit am Ausgang B auftauchen wird, sollte man meinen, dass ein vervollständigtes Interferometer eine "Teilchenquelle" ist. Deutet sich an diesem Beispiel an, wie aus der quantenmechanischen Potentialität eine greifbare Korpuskel gerinnen kann?

Der Quantentheoretiker John Archibald Wheeler wies in diesem Zusammenhang auf ein interessantes Paradoxon hin. Ohne den zweiten Strahlenteiler ST2 (siehe die Abbildungen 0.2.10 und 0.2.11) sollten die eingespeisten Photonen oder Elektronen wie klassische Teilchen entweder den einen oder anderen Weg durch den Versuchsaufbau nehmen, um bei A oder B anzukommen. Angenommen, das Objekt wird am Ausgang A nachgewiesen. Dürfen wir dann folgern, dass es längs des unteren Weges über den Spiegel 2 unterwegs gewesen war? Um diese Vermutung experimentell zu überprüfen, könnten Laufzeitmessungen herangezogen werden, wenn beide Strecken unterschiedliche Länge hätten. Ist hingegen der zweite Strahlenteiler vorhanden (Abbildung 0.2.14), dann wird das Photon niemals den Ausgang A erreichen, sondern immer nur bei B ankommen. Das ist plausibel, da das Quantenobjekt innerhalb des Interferometers den Zustand einer kohärenten Superposition einnimmt. Wie eine Flüssigkeit breitet sich das Photon sowohl längs des oberen als auch längs des unteren Weges aus, kommt beim zweiten Strahlenteiler ST2 wieder zusammen und kann, wegen der konstruktiven bzw. destruktiven Interferenz, nur den Ausgang B erreichen. Nun können beide Wege zum zweiten Strahlenteiler ST2 sehr lang sein, so dass genügend Zeit bleibt, um über die Installation des zweiten Beamsplitters erst dann zu entscheiden, wenn das Teilchen den ersten Strahlenteiler ST1 längst passiert hat. Wie verhält sich das Photon während seiner langen Verweildauer im Innern des Interferometers, wenn noch unbekannt ist, ob der zweite Strahlenteiler noch vor Ankunft des Photons schnell in den Strahlengang geschoben wird oder nicht? Wird es wie ein Teilchen gemäß der Abbildungen 0.2.10 und 0.2.11 entweder den oberen oder unteren Weg nehmen, weil der Strahlenteiler ST2 vermutlich nicht verwendet wird? Oder fließt es wie eine Welle gemäß Abbildung 0.2.14 durch das Gerät, weil es die Entscheidung des Experimentators im Voraus schon kennt, dass ST2 zum Einsatz kommen soll? Oft wird geantwortet: Solange das Photon nicht "festgehalten", nicht gemessen wird, befindet es sich im Schwebezustand, in einer Black-Box. Zwar dürfe man sagen, dass sich in der schwarzen Kiste ein Photon befindet, doch was ihm dräut, danach darf man sich nicht erkundigen. Dass alle philosophischen Erklärungsversuche den Obskurantismus dieser Interpretation nicht verschleiern können, wird leichten Herzens hingenommen. Wheeler vertrat eine andere Auffassung. Durch die freie Entscheidung des Experimentators, den zweiten Beamsplitter im Schrank zu lassen oder ihn schnell in den Strahlengang zu stellen, beeinflusst er die Vergangenheit und gestaltet sie sogar um. Bleibt ST2 in der Schublade, dann wird *nachträglich* festgelegt, dass das Photon von Anfang an wie ein Teilchen den einen oder anderen Weg nahm. Wird ST2 schnell, bevor das Teilchen ankommt, in den Strahlengang geschoben, dann wird im Nachhinein entschieden, dass es die ganze Zeit davor wie eine Welle beide Wege zur Ausbreitung simultan nutzte. Was sich einst verwirklichte, das wird erst jetzt, in der Gegenwart, entschieden. Durch das Eingreifen des Experimentators mit seinem Versuchsaufbau gehe ein Ruck durch die ganze Vergangenheit. Die Menschen seien deshalb nicht nur Beobachter, sondern in einem tieferen Sinne auch Mitschöpfer, da ihr Zutun nicht nur mitbestimmt, was ist und was deshalb sein wird, sondern auch was war. Der Begriff "Mitgeschöpflichkeit" erhält so einen neuen Klang, weil er auch das Vergangene mit einschließt. Weil der schöpferische Mensch nicht nur die Gegenwart gestalten kann, sondern gewissermaßen auch die Vergangenheit zu durchwühlen vermag, sei er selbst Schöpfer in einem partizipatorischen Universum. In dem Maße, wie dieses Weltbild durch seine Phantastik besticht, bereitet es dem "Quantenontologen" Kopfzerbrechen.

Für einen alternativen Erklärungsversuch sammeln wir zunächst die angesprochenen Basiserkenntnisse der Quantenphysik. Nach der klassischen Physik ist etwas, das sich einmal wie ein Teilchen und ein anderes Mal wie eine Welle benimmt, ein Unding. Unter keinen Umständen können das klassische Teilchen- und das klassische Wellenbild unterschiedliche Darstellungsweisen von ein und derselben Sache sein. Demgegenüber machte Einsteins Pionierarbeit zu den Quanteneigenschaften der elektromagnetischen Strahlung aus dem Jahre 1905, für die er den Nobelpreis erhielt, genau auf diese seltsame Komplementarität aufmerksam. Seine Lichtquantenhypothese offenbarte die Doppelnatur des Lichts, dass sich bei bestimmten Experimenten wie eine Welle und bei anderen wie ein Teilchen benimmt. Im strengen Gegensatz zu allen klassischen Korpuskeln, können Lichtquanten (Photonen) Teilchen oder Wellen sein. Diese Welle-Teilchen Komplementarität ist eine wesentliche Quanteneigenschaft - darin sind sich alle Physiker einig. Sie geben zu Protokoll: Ein Quantenphänomen hat verschiedene, miteinander unverträgliche Erscheinungsweisen. Sich aber vorzustellen, wie ein solches Quantending aussieht, das will nicht gelingen und sollte besser unterbleiben. An die mathematische Auffassungsgabe muss stattdessen appelliert werden, um das geheimnisvolle "Quanten-Unding" peu à peu immer besser zu verstehen. Die inkompatiblen Beschreibungsmöglichkeiten von Quantenprozessen sind der Schlüssel zur Lösung des Wheelerschen Paradoxons. Werden nämlich *alle* Möglichkeiten aufgelistet wie das Photon zum zweiten Kreuzungspunkt ST2 im Interferometer gelangen kann, so ändert das Einfügen oder Weglassen des zweiten Beamsplitters an dieser Liste gar nichts. Beispielsweise ist die simultane Ausbreitung des Photons längs des unteren und oberen Weges - der Superpositionszustand - auch dann eine zulässige Quantenhistorie, wenn der zweite Strahlenteiler nicht vorhanden ist (siehe die Abbildungen 0.2.12 und 0.2.13). Das vollständige Bündel von zwei konsistenten Historien, das diesem "Blickwinkel" entspricht, wird durch die folgende Sequenz von Zustandsvektoren beschrieben:

$$
\begin{array}{lll}
|a, M_A^{aus}, M_B^{aus}\rangle & \rightarrow & \frac{1}{\sqrt{2}}\{|A, M_A^{aus}, M_B^{aus}\rangle + |B, M_A^{aus}, M_B^{aus}\rangle\} \\
 & & \nearrow \ |A, M_A^{an}, M_B^{aus}\rangle \\
 & & \searrow \ |B, M_A^{aus}, M_B^{an}\rangle
\end{array}
$$

Hierbei bezeichnen $M_A^{an,aus}$ ($M_B^{an,aus}$) die Quantenzahlen der Messfühler an den Ausgängen A (B), welche das Eintreffen (an) bzw. Ausbleiben (aus) eines Teilchens registrieren. Der Anfangszustand verwandelt sich hinter dem ersten Strahlenteiler ST1 in einen Überlagerungszustand, der irgendwann "kollabiert" und entweder das Messgerät $\widehat{M}_A$ oder $\widehat{M}_B$ ansprechen lässt. Umgekehrt kann das Photon auch dann seinen Weg wie ein Teilchen durch das Interferometer nehmen, wenn beide Strahlenteiler an ihren Plätzen sind. Neben der "Wellenvariante" in Abbildung 0.2.14 sind nämlich auch die beiden "Teilchenbahnen" möglich, die in den Abbildungen 0.2.15 und 0.2.16 dargestellt sind. Hinter dem zweiten Strahlenteiler sind die Quantenteilchen allerdings verschränkt, sie propagieren wie eine Welle zu den beiden Endpunkten A und B. In diesem Fall erfolgt eine Messung weder bei A noch bei B. Wir folgern: Unabhängig davon, ob ein zweiter Strahlenteiler kurz vor Ankunft des Photons in den Strahlengang gestellt wird oder nicht, gibt es dieselbe Gesamtheit untereinander inkompatibler Bündel von möglichen Historien, wobei keines vor allen anderen irgendwie ausgezeichnet ist. Befinden sich jedoch an den Ausgängen A und B externe, makroskopische Messgeräte, die den Nachweis der Ankunft bei A oder B erzwingen, dann sind die beiden Historien nach Abbildung 0.2.15 und 0.2.16 nicht möglich. In diesem Fall hängt tatsächlich die Gesamtheit aller möglichen Historien davon ab, ob der zweite Strahlenteiler ST2 in den Strahlengang kommt oder nicht. Allerdings setzt dieses Gedankenexpe-

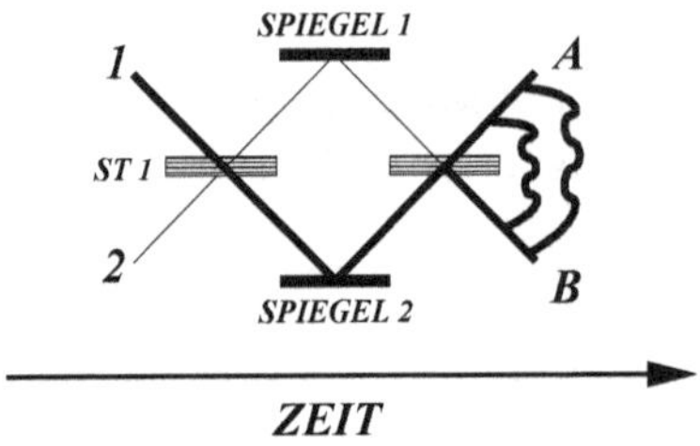

Abbildung 0.2.15:
Teilchenpropagation im Interferometer. Statt der "natürlichen", wellenförmigen Ausbreitung bewegt sich das Quantenteilchen entlang des unteren Weges. Am zweiten Strahlenteiler verschränken die Zustände.

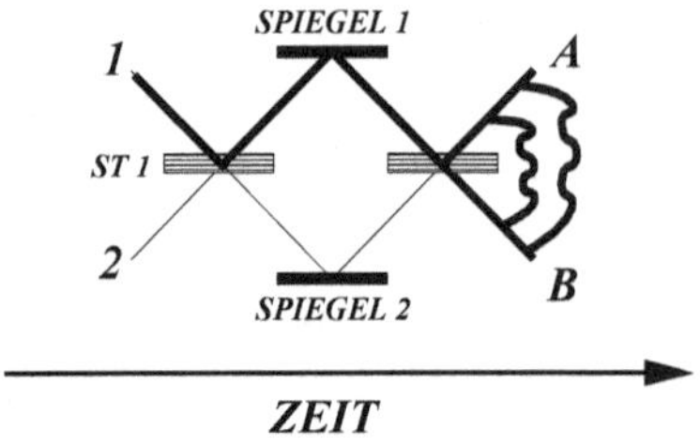

Abbildung 0.2.16:
Fortschreiten entlang des oberen Weges. Aus Kompatibilitätsgründen ist der Zustand hinter dem zweiten Teiler verschränkt. Ein Messprotokoll für die Ankünfte der Teilchen bei A oder B gibt es in diesem Fall nicht.

riment voraus, dass es außerhalb der Quantenwelt einen Schrank voller Messinstrumente gibt, die sich den Quantengesetzen nicht beugen müssen. In einem geschlossenen Quantenuniversum, in dem auch die "Messgeräte" konsistent im Modell eingegliedert sind, kann es keinen partizipatorischen Ruck durch die Vergangenheit der Potentialitäten geben.

Der strenge "Welle-Teilchen-Dualismus" ist lediglich eine spezielle Inkompatibilität zwischen Bündeln von Historien. Um das zu zeigen, wenden wir uns einem weiteren Gedankenexperiment zu, das in der Abbildung 0.2.17 skizziert ist. Zwei Messgeräte (Fotoapparate) sollen registrieren, ob das Quantenteilchen den einen oder anderen Kontrollpunkt im Interferometer gerade passiert. In das Modell wird die Möglichkeit der Kontrollmessung durch die Erweiterung des Hilbertraums eingearbeitet. Im Hilbertraum $\widehat{H}$ des isolierten Interferometers (siehe die Abbildung 0.2.14) ist nichts vorgesehen, was die Registrierung von Teilchen während ihres Voranschreitens erlaubt. Nicht anders als ein Experimentator, der ein eigens verfertigtes Gerät in den Strahlengang stellen muss, wenn er Teilchen beim Durchgang nachweisen möchte, muss ein Theoretiker etwas in sein Modell einfügen, das den Messprozess simuliert. Er muss die wesentlichen Funktionen des Messgerätes benennen und sie in einem geeigneten Modell berücksichtigen. Bewährt hat sich die Produktbildung: Der Hilbertraum $\widehat{H}$, der sich allein auf das Inter-

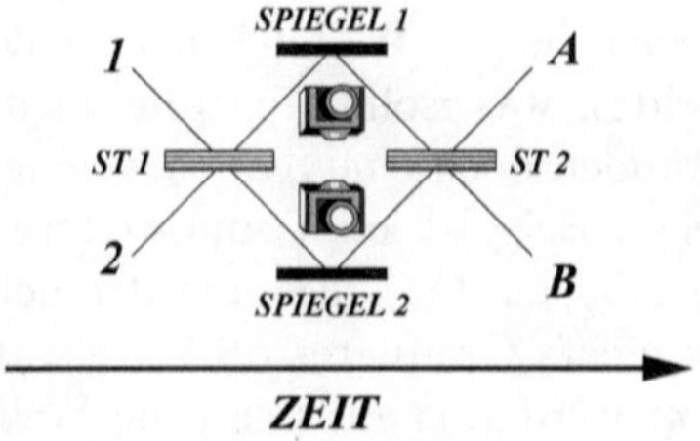

Abbildung 0.2.17:
Das Ordnungsschema der Quantenmöglichkeiten eines isolierten Systems wird in der Regel gründlich umgestaltet, wenn etwas ankoppelt. Wird mit zunehmender Messempfindlichkeit die Passage eines Quanteilchens im Interferometer registriert, so verkümmert der Wellencharakter der Ausbreitung immer mehr, bis schließlich das "Quanten-Etwas" wie ein Teilchen entweder den einen oder anderen Weg nimmt.

ferometer bezieht, wird mit dem Hilbertraum $\widehat{M}$ multipliziert, der das Messgerät simuliert ($\widehat{H} \to \widehat{H} \otimes \widehat{M}$). Das Modell sehe vor, dass die Linse der Kamera mehr oder weniger "verschmutzt" ist, so dass nicht jedes vorbeifliegende Teilchen registriert werden kann. Die Zahlen $| \alpha |^2$ bzw. $| \beta |^2$ mit $| \alpha |^2 + | \beta |^2 = 1$ sollen quantifizieren, in welchem Ausmaß das Teilchen den Kontrollpunkt unbemerkt passiert. Für den Fall $| \alpha |^2 = 1$, $| \beta |^2 = 0$ ist die Linse derart verschmutzt, dass kein einziges Teilchen "wahrgenommen" wird. Im perfekten Zustand befindet sich das Gerät hingegen, wenn ihm nichts entgeht, d.h. wenn $| \alpha |^2 = 0$ und $| \beta |^2 = 1$ gilt. Für die Ankunftswahrscheinlichkeiten p_A und p_B, das Teilchen entweder bei A oder B aufzufangen, liefert eine einfache Rechnung die Gleichungen: $p_A = | \beta |^2 /2$ und $p_B = | \alpha |^2 + | \beta |^2 /2$. Ist die Kamera abgeschaltet, d.h. wird gar nicht hingeschaut, wo die Quantenteilchen gerade sind, dann gilt $\beta = 0$, $p_A = 0$, $p_B = 1$, d.h. das sogenannte "Wellenbild" ist uneingeschränkt gültig für die Beschreibung des Ausbreitungsverhaltens. Das reine "Teilchenbild" ist hingegen streng zutreffend, wenn die Kameras alles registrieren. Dann haben wir $| \alpha |^2 = 0$, $| \beta |^2 = 1$, $p_A = 1/2$ und $p_B = 1/2$. Mit derselben Wahrscheinlichkeit 1/2 erreichen die Teilchen entweder den Ausgang A oder B. Alle möglichen Zwischenstellungen ($p_A \neq 0$, $p_B \neq 0$) sind denkbar, wenn die Kameras weder perfekt sind noch völlig versagen. Waren die zwei "Welten" - das "Teilchenbild" in den Abbildungen 0.2.10 und 0.2.11 und das "Wellenbild" in Abbildung 0.2.14 - streng voneinander zu trennen, wegen ihrer exakten Inkompatibilität, so glätten Messgeräte die Wogen und vereinen beide "Welten", heben die Widersprüche auf und zeigen, dass Beides, was isoliert partout nicht zusammengehört, unter anderen Umständen doch eine Symbiose eingehen kann.

Aus dem lehrreichen Beispiel kann eine weitere Erkenntnis gewonnen werden. Es wird behauptet, dass aus der nebelhaften Quantenpotentialität, in der nichts Greifbares da ist, etwas real Existierendes plötzlich hervorgeholt werden kann, wenn die Wellenfunktion, die für ein "Weder-hier-noch-da" steht, durch eine Messung zum Kollabieren gezwungen wird. Der Experimentator trete an das bloß Potentielle heran, erzwinge durch seinen Messfühler (die beiden Kameras in Abbildung 0.2.17) eine Antwort auf seine Frage an die Natur - und siehe da: etwas Greifbares tritt plötzlich aus dem Nebel hervor. Lässt man das Quantenteilchen jedoch ungestört das Interferometer durchqueren, so ist prinzipiell unbekannt, was konkret geschieht. In einem Glasfaserkabel bewegt sich das Photon mit der Lichtgeschwindigkeit im Medium. Deswegen kann genau angegeben werden, welche Stelle das Photon zu einer gegebenen Zeit wohl gerade erreicht. Dennoch ist die Feststellung: „Es befindet sich auf dem oberen Weg (1) oder auf dem unteren (2) oder auf beiden zugleich (3)“, nicht nur falsch, sondern widersinnig, denn es müsste gelten $p_1 + p_2 + p_3 = 1$, was wegen der Inkompatibilität von (1), (2) zu (3) nicht möglich ist. Was sich ohne Aufsicht im Interferometer tummelt, das kann kein "Teilchen" im herkömmlichen Sinne sein. Vielmehr schwebt eine geheimnisvoll zerrissene "Wahrscheinlichkeitswelle" zum zweiten Strahlenteiler, die dort schließlich kollabiert und damit sagt: "hier ist etwas". Wie aus der unsichtbaren Wolke der reinen Quantenpotentialität Tropfen des sichtbaren Seins kondensieren können, das zeige der Versuchsaufbau in Abbildung 0.2.17: Es müsse ein Messgerät "nachschauen", welchen Weg das Teilchen nimmt. Ergreift der Messfühler beispielsweise etwas im oberen Zweig, so "wringt" er die Potentialität, heraus tröpfelt Realität, weil nun feststeht, dass sich ein "Ding" längs des identifizierten Zweiges bis zum zweiten Strahlenteiler weiterbewegt, um von dort, mit derselben Wahrscheinlichkeit, entweder den Ausgang A oder B zu erreichen. Dieser Mechanismus, der allgemein erklären soll wie das Faktische aus der Quantenpotentialität instantan heraus geschlagen wird, ist mit dem Zauberwort "die Rolle des Messprozesses" in der Quantenmechanik geehrt worden. Eben dieses "philosophische" Postulat der Quantenphysik wird in unserem Gedankenexperiment hinterfragt, denn das "Erzeugen durch Messung" bezieht sich nur auf den Spezialfall $|\alpha|^2 = 0$, $|\beta|^2 = 1$, wenn das Nachweisgerät perfekt arbeitet. Daher ist die Frage erlaubt: Wird in allen anderen Fällen ($0 \leq \alpha, \beta \leq 1$) die "Realität" nur unvollständig aus dem Quantennebel gepresst, wenn das Instrument schadhaft ist, so dass etwas herumläuft, von dem die geisterhaften Eierschalen noch nicht alle abgefallen sind? Wenn unbestritten auch das Messgerät prinzipiell ein Quantensystem ist, wie kann es etwas in die Welt setzen, was in der orthodoxen Quantentheorie nicht vorkommt - etwas Faktisches? Einer der führenden theoretischen Physiker, Roger Penrose, hat zum Messproblem einen Lösungsvorschlag, der nach meiner Einschätzung allein weiterführen könnte: die Ausreduktion der Wellenfunktion ist das Resultat eines noch unbekannten objektiven physikalischen Prozesses. Entdeckt wurde ein derartiger Mechanismus bisher jedoch noch nicht.

Es steht also die Frage im Raum, wie aus dem unsichtbaren Quantendunst die quasi-klassische Welt hervorgehen kann, in der ausnahmslos Dinge und Erscheinungen vorkommen, die alles von sich zeigen und mit dabei haben, was zu ihnen gehört. Wie gerinnt das Faktische aus Potentialität? Auf drei Einflussfaktoren kann verwiesen werden, ohne dabei kleinlaut verheimlichen zu wollen, dass eine abschließende Klärung des Problems noch aussteht.

Zuerst nennen wir den Umgebungseinfluss, der das geheimnistuerische Quantenspiel in der "Unterwelt" stört. Dieser sogenannte Dekohärenzmechanismus kann als eine Verallgemeinerung der in Abbildung 0.2.17 geschilderten Situation aufgefasst werden. In der freien Natur erfolgt die Einwirkung der Umgebung U auf das reine Quantengeschehen in aller Regel "blind". Kein Experimentator ist involviert, wenn beispielsweise eine zufällig vorbeiziehende Ladungswolke den gleichmäßigen Photonenfluss im Interferometer ablenkt oder wenn Glasfaserkabel aufgeheizt werden, weil gerade das Sonnenlicht durch das Laborfenster scheint. Alles was die Umgebung am Quantensystem bewirkt, muss in die Konstruktion des Modellhamiltonians einfließen. Für das Gesamtsystem ist der Hamilton-Operator $\widehat{H} \otimes \widehat{U}$ im Produktraum zuständig.

Erläutern wir das allgemeine Prinzip erneut am einfachen Beispiel eines Interferometers. Die "Stärke" α der Störung durch eine ankoppelnde Umgebung längs des unteren bzw. oberen Strahlenganges (mit dem Skalarprodukt $\langle u_{oben} | u_{unten} \rangle = \alpha + i\beta$) beeinflusst die Eintreffwahrscheinlichkeit bei den Detektoren A bzw. B auf folgende Weise: $p_A = (1 - \alpha)/2$, $p_B = (1 + \alpha)/2$. Bei $\alpha = 1$ ist die Umgebung vom Interferometer abgekoppelt, alle Teilchen gelangen nur zum Ausgang B, und innerhalb des Interferometers darf das Photon ein echter "Quantengeist" bleiben, weil es die Frage: „Wo bist du?" als falsch gestellt von sich abweisen muss. Aus dem Untergrund der reinen Quantenpotentialität wird das Photon jedoch herauspräpariert und zunehmend zum "richtigen Teilchen" umgeformt, wenn die Umgebung immer spürbarer interveniert. Ist das Maß voll ($\alpha = 0$), dann gehen die Photonen wie echte Teilchen durch die Anlage und erreichen gleichwahrscheinlich die beiden Endpunkte A und B ($p_A = p_B = 1/2$). Wenn das Interferometer also Umwelteinflüssen ausgesetzt ist, wird der ursprünglich reine Quantencharakter der Propagation verwischt. Es entstehen quasi-klassische Teilchen, die mit sich selbst nicht zur Interferenz kommen, weil sie definitiv entweder den oberen oder unteren Weg durch das Interferometer nehmen. Allgemein gilt: Verschieben sich die Versuchsbedingungen durch Fremdeinflüsse, stört das Drumherum, so "emergieren" in der Regel tendenziell quasi-klassische Verhältnisse. Hauptsächlich die Inkompatibilität zwischen Quantenhistorien wird durch Dekohärenz rasch abgebaut. Zwei inkompatible Historien eines ungestörten Systems schließen sich im Allgemeinen nicht mehr aus, wenn Umwelteinflüsse wirksam werden. Plötzlich gehört das zusammen, was im idealisierten Modell eines isolierten Systems strikt voneinander getrennt werden muss. Mit dem Quantenbeelzebub "Dekohärenz" wird der realen Wirklichkeit ihr Quantendasein bereits gehörig ausgetrieben.

Zusätzlich wird der immateriellen Quantenpotentialität durch ein gezieltes "Verschweigen" von Detailinformationen ein quasi-klassisches Erscheinungsbild aufgezwungen. Die Wirkungsweise dieses Ordnungsschemas in der Quantenphysik erläutern wir an Schrödingers grausamen Gedankenexperiment, das er mit seiner Katze anstellte. Er überlegte: Meine Katze sei in einer dunklen Kiste eingesperrt, in der sich eine Tötungsvorrichtung befindet. Sie enthalte radioaktives Material, das irgendwann, rein zufällig, α Teilchen aussendet, deren sofortige Registrierung das Freisetzen von Giftgas zu Folge hat, woran die bedauernswerte Katze stirbt. Schrödinger argumentierte: Solange niemand die Kiste öffnet und nachschaut, überlagern sich die quantenmechanischen Produktzustände, die aus den Anteilen der Vollstreckungsapparatur ψ_V und der Katze ψ_K gebildet werden. Infolgedessen befindet sich die Katze in einem mysteriösen Schwebezustand zwischen tot und lebendig. Erst wenn der Experimentator nachschaut, kollabiert die Wellenfunktion und er sieht entweder eine tote oder eine lebendige Katze im Behälter. Ist diese Gruselgeschichte zutreffend, ist sie mit dem Formalismus der Quantentheorie vereinbar? Nehmen wir an, in der verschlossenen Kiste laufe zusätzlich ein kleiner Roboter umher, der zu jedem Zeitpunkt registriert, ob die Katze noch lebt oder schon tot ist. Die Kopplung dieses beweglichen Messfühlers an seine Umgebung wollen wir pauschal in die Betrachtung mit einbeziehen. Bei den störenden Einflüssen kann es sich um Luftmoleküle handeln, die auf den Roboter prallen, es kann sich um kosmische Strahlung handeln, die auf ihn niedergeht oder um elektromagnetische Felder in seiner Umgebung. Im einfachsten Fall hat der Schwebezustand, an den Schrödinger denkt, folgende Überlagerungsform:

$$|\psi_{K+R+U}\rangle = \frac{1}{\sqrt{2}} \left[|\psi_K(l)\psi_R(l)\psi_U(l)\rangle + |\psi_K(t)\psi_R(t)\psi_U(t)\rangle \right],$$

wobei l (t) lebt (tot) bedeutet und K, R, U sich auf Katze, Roboter (Messknecht) und Umgebung (des Roboters) beziehen. Die Information in ψ_U interessiert am Ende nicht. Sie ist dennoch sogar ausschlaggebend, weil wir uns von ihr berechtigterweise befreien können und damit verstehen, dass der Roboter tatsächlich "nachschauen", also messen kann. Seinen Messauftrag erfüllt er nämlich nur dann gewissenhaft, wenn er den Schalter wahrheitsgemäß zu jedem Zeitpunkt irreversibel auf "lebt noch" oder "ist schon tot" stellt. Wäre ein Zustand möglich, bei dem der Roboter ausruft: lebt noch (ist schon tot), während die Katze jedoch tot ist (noch lebt), so löste er nicht seine Aufgabe. Dass er überhaupt ein Messprotokoll erstellen kann, dazu verhilft ihm die Befreiung von den Freiheitsgraden, die seine Kopplung an die Umgebung beinhalten. Mathematisch gelingt diese Ausblendung der unnötigen Information über seine Kopplung an die Umgebung durch eine partielle Spurbildung:

$$\widehat{W}_{K+R} = \mathrm{Sp}_U \left\{ |\psi_{K+R+U}\rangle\langle\psi_{K+R+U}| \right\}.$$

Im Ergebnis beschreibt die reduzierte Dichtematrix $\widehat{W}$ der gequälten Katze und des beobachtenden Roboters, was wir erwarten: Die ganze Zeit ist die Katze entweder tot oder lebendig, weil die Schwebezustände $\psi_K(l)\psi_R(t)$ und $\psi_K(t)\psi_R(l)$ nun nicht mehr realisiert werden. Durch die Ankopplung an die Umgebung und die Befreiung von ihren Details etablieren sich quasi-klassische Alternativen in den Wahrscheinlichkeitstabellen für Messwerte. Dabei wirkt der Dekohärenzmechanismus für makroskopische Objekte häufig extrem schnell, weswegen eine Katze im Überlagerungszustand praktisch ein Unding ist. Weil ein Austausch mit einem Reservoir, das viele Freiheitsgrade hat, gewöhnlich stattfindet, schlägt die Dynamik der Quantensysteme in aller Regel um und wird im klassischen Sinn de facto irreversibel. Alle Beobachter registrieren den definitiven Zeigerausschlag des Messinstruments, sie können sich darüber verständigen, was in der "Welt dort draußen" tatsächlich vor sich geht. Man spricht von Realität, von einer verbindlichen, realen Erscheinungsweise der "Dinge". Dekohärenz ist eine wesentliche Voraussetzung für die Herausbildung der klassischen Objektivität. Der Umkehrschluss besagt: Das Sinnliche, das Greifbare sind keine selbstbestimmten Entitäten oder Materiefetzen im Durchgang von einer Form in eine andere, vielmehr gehen sie aus einer tiefer liegenden "Urwirklichkeit" erst hervor, was Metaphysiker spekulativ schon immer behaupteten. Dementsprechend kann die Emergenz des Greifbaren auch misslingen, wie es beispielsweise bei makroskopischen Quantenphänomenen der Fall ist. Unter Umständen rotiert nämlich sogar eine mehrere Kilometer große Kugel im Kosmos - z.B. ein Neutronenstern - die alles andere als ein klassisches Ding ist. Schrödingers Katze muss nicht erst beobachtet werden, damit sie nicht in den Schwebezustand zwischen tot und lebendig gerät. Alle Atome und Moleküle, die zur Katze gehören, koppeln an eine gigantische Zahl von Freiheitsgraden der Umgebung, so dass über den Dekohärenzmechanismus die quantenmechanischen Überlagerungszustände praktisch eliminiert werden. Die verstörende Kehrseite dieser Argumentation wollen wir nicht verschweigen. Schrödingers Katze hat, unabhängig davon, ob sie an eine Umwelt ankoppelt oder nicht, ihr rein quantenmechanischen Pendant auf einer "höheren Stufe", weil jeder gemischte Zustand (Katze tot oder lebendig) mit Hilfe reduzierter Dichtematrizen aus einem reinen Quantenzustand (Katze im Schwebezustand) eines übergeordneten Hilbertraums aufgebaut werden kann.

Die Eigenschaften von reinen und gemischten Quantenzuständen erläutern wir mit Hilfe der Dichtematrix $\widehat{W}$. Sie befriedigt die Gleichungen $\mathrm{Sp}\widehat{W} = \widehat{I}$ und $\widehat{W} = \widehat{W}^\dagger$. Alle Eigenwerte W_i der Dichtematrix sind daher positiv oder null. Die von Neumann Entropie $S = -\mathrm{Sp}(\widehat{W} \ln \widehat{W}) = -\sum_i W_i \ln W_i$ verschwindet genau dann, wenn nur eine Komponente W_j von null verschieden ist (dann ist $W_j = 1$). In diesem Fall handelt es sich um einen reinen Quantenzustand. Für einen völlig inkohärenten Zustand (gemischten Zustand) sind alle Eigenwerte der Dichtematrix gleich ($W_i = 1/N$ für $i = 1, 2, \ldots, N$, wobei N die Dimension des Hilbertraums ist). Der Wert für die zugehörige Entropie $S = -\sum_i (1/N) \ln(1/N) = \ln N$ ist maximal. Die von Neumann (oder Verschränkungs-) Entropie ist ein Maß für die Anzahl der Zustände, die im statistischen Ensemble eine "hinreichend" hohe Wahrscheinlichkeit haben.

Ein weiterer Mechanismus zur Verdeckung des Quantenwesens ist wirksam, dessen Objektivität nicht offensichtlich ist. Was sich dem Beobachter und Interpreten eines Naturschauspiels nämlich darbietet, das hängt vom Entwicklungsstand seiner Gerätschaften bzw. von seiner Auffassungsgabe ab. Beispielsweise können alle Konstruktionsvorlagen und Arbeitsblätter zur Herstellung einer Dampfmaschine auf einem runden Tisch ausliegen, an dem Ingenieure und Werkmeister sitzen, um ihr Fachwissen auszutauschen. Alle Details - ob Voreilhebel, Speiseventil, Gegenkurbel, Kreuzkopf, Sanderstange, Dampfeinströmrohr oder Bremsumlenkhebel und Speisewasserpumpe - werden besprochen, Toleranzwerte den Gießern und Zerspanungsmechanikern vorgegeben sowie Vorkehrungen gegen Materialermüdung getroffen. Ein Laie hat den Eindruck, dass alles lückenlos bedacht und vorbereitet wird, um eine funktionstüchtige Dampfmaschine tatsächlich bauen zu können. Ganz anders spricht ein trunkener Physiklehrer darüber, der sich mit Feuerzangenbowle gegen die Hänselei seiner Schüler immunisiert. „Wat is en Dampfmaschin?“, fragt er sie schnippisch und erklärt wild gestikulierend: „En Dampfmaschin, dat is ene jroße schwarze Raum, der hat hinten un vorn e Loch. Dat eine Loch, dat is de Feuerung, und dat andere Loch, dat krieje mer später.“ Dieser "Gelehrte" begnügt sich mit Paraphrasen und Persiflagen, um seinen Begriffen Bedeutungen zu geben. Im Umgang mit dem Ding und im unverbindlichen Gerede darüber - meint er - wird sich von selbst eine Sinnebene aufbauen, die allerdings ins Komödiantische hineinreicht. Was einem ambitionierten Maschinenbauer weh tut, das vergnügt den Technikmuffel: das eiserne Dampfmobil zum Gespött in einer Komödie zu machen. Unabhängig von der Informationsdichte, die das Fachgutachten weit über die unkundige Satire erhebt, gehören diese und alle anderen Geschichten zum kulturellen Austausch der Menschen. Obwohl sie sich auf dieselbe Sache beziehen, können die Auffassungsweisen darüber sehr unterschiedlich sein, nicht nur der Form, sondern auch dem Inhalt nach. Es existieren mehrere, unterschiedliche Kommunikationsebenen, die alle berechtigt, aber nicht gleichwertig sind. Die eine Darstellung geht in die Tiefe, die andere verbleibt an der Oberfläche.

Ähnlich unterschiedliche Sichtweisen begegnen auf Schritt und Tritt. Der einen Disposition genügt zur Orientierung ein grobes Bild der Sache, der anderen ist nur gedient, wenn auch Details zur Kenntnis genommen werden. Zwischen dem, was Mikroskope und Teleskope sichtbar machen, liegt ein hoher Stapel unterschiedlicher Daseinsebenen, von denen viele stolz auf ihre eigenen Gesetze verweisen können. Die Wirklichkeit ist nicht einfach monolithisch da, sie ist auf unterschiedlichen Ebenen da, wobei eine scharfe Grenze nicht gezogen werden kann. All diese Stufen des Seins sind nicht gleichwertig, weil die unterste, die mikroskopische Ebene mit Information prall angefüllt ist, während die darüber liegenden Schichten sich durch einen spezifischen Verzicht auf Detailinformation auszeichnen. Die Natur entwirft feinkörnige und grobkörnige Bilder von ihrem Sein und dabei handelt es sich nicht um fiktive und bedeutungslose Skizzen, die Beobachter erstellen, sondern um Existenzweisen, denen allen ein ontologischer Status zugestanden werden muss. Da man einen Knochen in die Hand nehmen kann, existiert er. Eine einzelne Zelle lässt sich nicht einmal mehr mit Fingern aufpicken und einen ausgewachsenen Elefanten kann selbst ein Herkules nicht in den Arm nehmen - dennoch sind Zellen und Elefanten nicht minder real. Diesem Schichtenaufbau des Ganzen trägt die Quantenphysik Rechnung, weil die Eigenschaften der Quantenhistorien von deren Körnigkeit bzw. vom Informationsgehalt abhängen. Treten nämlich in den feinkörnigen Historien, deren Beschreibung durch Detailinformationen nicht weiter bereichert werden kann, die quantenmechanischen Inkompatibilitäten in der Regel scharf hervor, so wird nicht nur das getreue Abbild, sondern auch die Unverträglichkeit von Historien verschleiert und verwischt, wenn durch Grobkörnigkeit Information verloren geht. Wer von den mikroskopischen Einzelheiten absehen muss, um sich in seiner Umwelt orientieren zu können, dem entziehen sich die Inkompatibilitäten im tiefen Quantenuntergrund, dem wird eine Welt "vorgegaukelt", die nicht durch den "Quantengeist" zerrissen ist. Grobkörnigkeit impliziert Kompatibilität, impliziert quasi-klassische Erscheinungsweise des Daseins. Das Sichtbare ist eine Oberfläche, es ist eine Schicht der Wirklichkeit, die sich vorzugsweise dann darbietet, wenn nicht genau hingesehen wird oder hingesehen werden kann. Von diesem Standort aus beurteilt darf die religiöse Ermahnung der Mystiker, auch und gerade an das Geheimnisvolle zu denken, nicht rundweg verurteilt und abgelehnt werden. Die für uns Menschen bestimmende quasi-klassische Seinsweise ist an Dekohärenz und Grobkörnigkeit gebunden. Nähme uns ein Demiurg mit hinunter in sein Quantenreich, so würden wir flugs alle mechanisch-materialistischen Glaubenssätze widerrufen und staunen.

Schließlich muss drittens auf die Bedeutung der Anfangsbedingungen hingewiesen werden, um die Liste der Einflussfaktoren für die quasi-klassische Erscheinungsweise des Kosmos in der gegenwärtigen Epoche zu vervollständigen. Die dynamischen Gesetze allein gestatten keine definitiven Vorhersagen über zukünftige Ereignisse. Zusätzlich müssen die Anfangsbedingungen bekannt sein. Nicht selten sind sie sogar ausschlaggebend. Betrachten wir ein Beispiel. Eine Bleikugel, aus einem Luftdruckgewehr abgefeuert, treffe auf eine Stahlplatte und werde dort zerdrückt. Da die mechanischen Gesetze invariant sind gegenüber einer Zeitumkehrtransformation, könnte der Vorgang auch umgekehrt ablaufen: Der Bleifladen löst sich von der Platte, klumpt sich zur Bleikugel zusammen und fliegt zurück ins Gewehr. Dieses scheinbar unmögliche Schauspiel würde sich tatsächlich ereignen, wenn alle Atome und Moleküle im zerdrückten Brei die erforderlichen Anfangsgeschwindigkeiten hätten. Tanzten allerdings anfangs auch nur vergleichsweise wenige Atome aus der Reihe, würden die störenden Vielfachstreuungen das Experiment grandios scheitern lassen. Da der Natur die Präparation derartig ausgeklügelter Anfangszustände nicht gelingt, realisieren sich diese prinzipiellen Möglichkeiten auch nicht. Aus einem ähnlichen Grund kann dem Anfangszustand für die Evolution des Kosmos eine Mitverantwortung am gegenwärtigen quasi-klassischen Erscheinungsbild der Wirklichkeit nicht abgesprochen werden. Vielleicht "sollte" aber auch alles so kommen wie es ist, weil am Anfang nicht der Zufall waltete, sondern alles selbst-konsistent, ohne Anfang, ohne Ende zusammenhängt. Auf die mögliche "Randbedingung", dass es keinen Rand gibt, haben James Hartle und Stephen Hawking 1980 in ihrer gemeinsamen Publikation hingewiesen.[12]

Trotz aller Argumente, welche die Einordnung der quasi-klassischen Erscheinungsweise der Wirklichkeit in das übergeordnete Quantenschema zum Ziel haben, muss aufrichtig auf die Unvollständigkeit der ganzen "Beweiskette" hingewiesen werden. Wir nennen nur eine der notorischen Schwachstellen. Keine Quantentheorie der Gravitation konnte sich bisher durchsetzen. Welche Richtung die Grundlagendiskussion nimmt, wenn es auf diesem Gebiet nennenswerte Fortschritte gibt, kann heute noch niemand sagen. Wird die Gravitation, wie Roger Penrose vermutet, die strikte Einhaltung der unitären Zeitentwicklung der Quantenzustände außer Kraft setzen, so dass im Laufe der Zeit einige Freiheitsgrade oder gleich ganze Datensätze abhandenkommen können? Ist der Kollaps der Wellenfunktion ein eigenständiger physikalischer Prozess, den eine künftige, geschlossene Theorie der Quantengravitation wird zwanglos beschreiben können? Meine Vermutung ist: In welche Richtung die theoretische Physik auch weiter voranschreitet, das Geheimnis "Wirklichkeit" wird sich immer weiter vertiefen und nicht lüften.

---

[12] J. Hartle, S. Hawking, Physical Review D **28**, 2960 (1983).

In einer weiteren Iteration geht es abermals um ein vertieftes Verständnis der quantenmechanischen Grundprinzipien. Nach der orthodoxen Kopenhagener Auffassung der Quantenmechanik wird ein physikalisches System durch eine Wellenfunktion (einen Zustandsvektor) vollständig beschrieben. Dieses mathematische Vehikel wird jedoch als ein reines Rechenhilfsmittel aufgefasst. Man dürfe in dieses mathematische Konstrukt keineswegs das Abbild von etwas Daseiendem hineingeheimnissen. Die ψ-Zustände seien nur Symbole und Zahlen auf einem Blatt Papier. Erst wenn eine Messung durchgeführt wird, enthülle sich die wahre physikalische Bedeutung des Quantenzustands, erst dann gibt es verbindliche Aussagen über real Existierendes. Dabei steigt das greifbare "Ding" nicht wie Phönix langsam aus der Asche, vielmehr wird es durch den Kollaps plötzlich aus dem Dunst gerissen. Ebenso schnell entschwindet es wieder in seine "Man-weiß-nicht-in-was-für-eine-Welt", wenn der Messknecht das aufgestörte Quant nicht weiter belästigt. Manch vortrefflicher Theoretiker ist sogar überzeugt, dass die klassische Physik der Quantenphysik konzeptionell vorangehen müsse, weil der Prüfstein für Wahrheit allein das irdische Experiment sei. Ohne Gerätschaft keine Physik. Worüber der Physiker keine validen Messdaten hat, darüber möge er gefälligst schweigen - lautet die empiristische Formel im Wittgensteinschen Zuschnitt. Über Ereignisse im Innern der Sonne, in den Atomkernen, in der Frühphase des Universums könne es prinzipiell keine seriösen wissenschaftlichen Aussagen geben, weil es an geeigneten Messgeräten fehlt, die unter diesen Bedingungen noch ihren Dienst tun. Sind daher alle Lehrbuchtexte, in denen diese Gebiete minutiös abgehandelt werden, bestenfalls Fundstücke für metaphysische Spekulationen? Schlägt der Kollaps wie ein Blitz in die unitäre Quantendynamik ein?

Wir delegieren diese Frage weiter an die Vielteilchentheorie und betrachten ein einfaches Beispiel. Begibt sich ein Photon in ein Messgerät, so verändert sich sein Charakter, mitunter sogar grundlegend. Tritt es nämlich in Wechselwirkung mit freien Ladungen, so mutiert das Lichtteilchen zum sogenannten Plasmon, das eine endliche Ruhemasse hat und das sich deshalb langsamer fortbewegt als Photonen im Vakuum. Plasmonen können mit Gitterschwingungen wechselwirken, so dass sich aus den ursprünglichen Photonen gekoppelte Plasmom-Phonon Anregungen entwickeln können. Wann schlägt bei diesem Wirrwarr von möglichen Vielteilchenanregungen die "Quantenklatsche" zu, wann beendet der Kollaps den schwungvollen Reigen von Quasiteilchen zu Quasiteilchen und was zeigt er uns am Ende - das Photon, das Plasmon, das Polariton, die Plasmon-Phonon Anregung? Noch mehr Kopfzerbrechen bereitet den Kopenhagener Interpreten, wie die Messgeräte gegen die zersetzende Kraft der Quantenphysik immunisiert werden können. Exakte Lösungen für einfache Modelle, in denen das messende und zu messende System voll quantenmechanisch beschrieben werden (siehe z.B. Abbildung 0.2.17), nehmen der Kollaps-Hypothese ihre ehrwürdige Aura. Wegen dieser Unstimmigkeiten mussten die Kopenhagener Deuter ihre Spekulationen auf die Spitze treiben: Die reale, substantielle Welt entstehe nur am Ende einer langen Kette des Experimentierens, nämlich durch die Wahrnehmung, zu der es eines (intelligiblen?) Beobachters bedarf. Trotz dieser Akzentverschiebung bleibt die Kopenhagener Schule dabei, dass die Quantenphysik auf all ihren Stufen prinzipiell unvollständig ist, weil sie an allen entscheidenden Stellen, wo es um die Anerkennung des "Faktischen" geht, nichts sieht.

Zur Ehrenrettung der etablierten, neuen Naturphilosophie kann nur eine konsistente Interpretation der Quantenphysik beitragen. Um zu verstehen, dass sie in der Theorie bereits selbst angelegt ist, kommen wir auf die drei Grundannahmen der Quantenmechanik noch einmal zurück. Sie besagen: 1) Physikalische Objekte (Observablen) werden durch Zustände im Hilbertraum repräsentiert. Ihnen werden Operatoren zugeordnet und nicht Zahlenwerte. 2) Nur über die Wahrscheinlichkeiten möglicher Ereignisse belehrt die Theorie - definitive Zusagen sind ihr fremd. 3) Da die Quantentheorie nicht eine einzige, erschöpfende Beschreibung physikalischer Systeme und Prozesse bereitstellt, gibt es mehrere und sogar miteinander unverträgliche Darstellungen derselben Sache. Einfache Formeln fassen diese Aussagen zusammen. Physikalische Messgrößen (wie Ort, Drehimpuls, Energie, ...) werden durch Operatoren ($\widehat{A}$, $\widehat{B}$, ...) repräsentiert, denen Eigenwerte (a_i, b_j, ...) und Eigenvektoren ($|\psi_i\rangle$, $|\varphi_j\rangle$, ...), bestimmt durch die Eigenwertgleichungen

$$\widehat{A}|\psi_i\rangle = a_i|\psi_i\rangle, \qquad \widehat{B}|\varphi_j\rangle = b_j|\varphi_j\rangle,$$

zur Seite stehen. Das Betragsquadrat des Skalarprodukts $|\langle\psi_i|\psi_i\rangle|^2$ bestimmt die Häufigkeit des Messwertes a_i bei wiederholten, gleichartigen Messungen. Wegen der Vollständigkeit des Systems der Eigenvektoren kann jeder Zustandsvektor in der Basis einer gegebenen Observable dargestellt werden, zum Beispiel:

$$|\psi_i\rangle = \sum_j |\varphi_j\rangle\langle\varphi_j|\psi_i\rangle.$$

Auf den Zustand der Basis projizieren die Projektionsoperatoren $\widehat{P}(\varphi_j) = |\varphi_j\rangle\langle\varphi_j|$, die in der Summe den Einheitsoperator ergeben: $\sum_j \widehat{P}(\varphi_j) = \widehat{I}$. Die Gesamtheit der Basisvektoren $\{|\varphi_j\rangle\}$ definiert einen "Blickwinkel" auf das Quantenobjekt. Nur wenn Operatoren kommutieren $\widehat{A}\cdot\widehat{B} = \widehat{B}\cdot\widehat{A}$ haben sie auch ein gemeinsames System von Eigenvektoren, so dass bei einer Messung die Eigenschaften $\widehat{A}$ und $\widehat{B}$ gleichzeitig registriert werden können. Inkompatible Beobachterperspektiven gehen auf Operatoren zurück, die nicht kommutieren $\widehat{A}\cdot\widehat{B} \neq \widehat{B}\cdot\widehat{A}$. Wer sich unter diesen Umständen auf die Eigenschaft von $\widehat{A}$ fokussiert, muss wissen, dass die Eigenschaft von $\widehat{B}$ (mit $\widehat{A}\cdot\widehat{B} \neq \widehat{B}\cdot\widehat{A}$), die nicht minder zum Quantenobjekt gehört, von diesem Standpunkt aus betrachtet völlig unbestimmt ist. Wird nämlich angenommen, dass das Merkmal $\widehat{B}$ des Objekts irgendwie doch im Unsichtbaren schlummert, dann verhindern sofort unheilbare Paradoxien das Weiterdenken. Diese strikte Inkompatibilität zwischen Eigenschaften, die alle zu einem einzigen Quantenobjekt gehören, lockert sich zwar unter diversen Umständen auf, ohne dass sie jedoch ihre prinzipielle Bedeutung in der Quantenphysik verliert.

Dieses skizzierte konsistente Grundschema der Quantenphysik bewährt sich überraschend auf vielen Gebieten der theoretischen Physik. Eingeschlossen sind Vorgänge im Interferometer mit und ohne "Zusatzgeräten", sind Doppelspalt- und Stern-Gerlach-Experimente, sind indirekte und wechselwirkungsfreie "Messungen", ist das EPR Paradoxon, ist Hardys Paradoxon und vieles andere mehr.[13]

Der Formalismus der Quantenhistorien zur Bestimmung der Ausbreitung von wenigen Quantenteilchen in verschiedenen Versuchsanordnungen ergibt sich aus diesen allgemeinen Grundprinzipien. Unter einer Historie versteht man danach die längs der Zeitpunkte $t_1, t_2, \ldots, t_n$ angeordnete Sequenz von Projektionsoperatoren $P_i^{\alpha_i}(t_i)$ des Hilbertraums. Für einen N-dimensionalen Hilbertraum, der aus eindimensionalen Zuständen $|\psi_{\alpha_i}\rangle$ $(\alpha_i = 1, 2, \ldots, N)$ des Operators $\widehat{A}$ aufgebaut wird, gibt es eine ganze Familie $\mathcal{F}(\{\alpha\})$ von Historien, die mathematisch durch folgende Menge repräsentiert wird

$$\mathcal{F}(\{\alpha\}) = \{C(\alpha_1), \ldots, C(\alpha_N)\},$$

wobei jede einzelne Historie $C(\alpha_i)$ das Tensorprodukt von Projektionsoperatoren ist:

$$C(\alpha_i) = P_1^{\alpha_1}(t_1) \otimes \cdots \otimes P_n^{\alpha_n}(t_n).$$

[13] R.B. Griffiths, Consistent quantum theory, Cambridge University Press, Cambridge, 2002

Die unterschiedlichen Kombinationen der Indizes $\alpha_1, \ldots, \alpha_n$ unterscheiden die Historien voneinander. Vollständig und erschöpfend ist eine Gesamtheit von geschichtlichen Abläufen, wenn es keine Interferenz gibt

$$\langle C(\alpha_i), C(\alpha_j) \rangle = 0, \quad \text{wenn} \quad i \neq j$$

und sich die zugeordneten Wahrscheinlichkeiten zu Eins addieren:

$$\sum_{i=1}^{N} W[C(\alpha_i)] \equiv \sum_{i=1}^{N} \langle C(\alpha_i), C(\alpha_i) \rangle = 1.$$

Das Skalarprodukt der Historien im Hilbertschen Produktraum $\mathcal{H} \otimes \cdots \otimes \mathcal{H}$ wird mit $\langle C(\alpha), C(\beta) \rangle$ bezeichnet. Die unerwartete Besonderheit der Quantenphysik besteht darin, dass es nicht eine einzige, klassische Historie $C(\alpha_{\text{klassisch}})$ und auch nicht nur *eine* quasi-klassische Familie von Historien $\mathcal{F}_{\text{quasi-klassisch}}(\{\alpha\})$ gibt, sondern effektiv unendlich viele Familien, die zueinander passen, d.h. kompatibel sind oder die sich strikt ausschließen, d.h. inkompatibel sind. Jede Familie, ob $\mathcal{F}$ oder $\mathcal{G}$ oder ..., ist eine Darstellung des Quantengeschehens aus einer jeweils anderen Perspektive heraus, wobei keine der vielen "Erzählungen" vor einer anderen prinzipiell ausgezeichnet ist. Was wir unter "Realität" verstehen dürfen, kann nicht unabhängig von der Angabe des Bezugssystems beantwortet werden. Wegen der Vollständigkeit ($\sum_i W[C(\alpha_i)] = 1$, aber auch $\sum_j W[C(\beta_j)] = 1$), darf man zwischen den verschiedenen Standpunkten (α-Darstellung oder β-Darstellung) nicht hin und her springen. Aus demselben Grund lassen sie sich auch nicht vermischen. Besonders rätselhaft sind inkonsistente Historien, die nicht Bestandteil einer konsistenten Familie sind und denen man daher keine Wahrscheinlichkeitswerte zuordnen kann. Diese "verschränkten Historien", die als "Geistergeschichten" bedeutungslose, mathematische Konstruktionen zu sein scheinen, müssen in Betracht gezogen werden, weil durch eine Änderung des Rasters oder durch die Ankopplung der Umgebung eine inkonsistente Historie konsistent werden kann und umgekehrt. Wenn ein Quantenteilchen durch die Zeit geht und von sich behauptet: „Mal zeige ich dies, mal jenes von mir, aber nie gleichzeitig alles; mal habe ich die eine Spinkomponente, mal eine andere, alle zusammen im selben Moment jedoch niemals“, kann es sich dann um ein "wirkliches" Teilchen handeln, was die Substanz des Greifbaren ausmachen soll? Was ist dort draußen, was spielt sich dort ab, wenn das Ganze (z.B. der ganze Spinvektor) nur eine Idee ist und nur Splitter vom Ganzen (z.B. einzelne Spinkomponenten) eventuell nacheinander "ergriffen" (gemessen) werden können?

Werden die Probleme behoben, wenn man die "nackten Teilchen" in einen Vielteilchenverbund integriert? Im Gegenteil. In der Vielelektronentheorie arbeitet man gern mit Korrelationsfunktionen der Feldoperatoren - sogenannte Greensche Funktionen. Die Greensche Einteilchenfunktion bestimmt, was ein einzelnes, eingebundenes Elektron ist und was es alles "machen" kann. Doch diese Funktion ist untrennbar verbunden mit der Zweiteilchenfunktion, die beschreibt, was ein gebundenes Teilchenpaar ist und was es alles "machen" kann. Obwohl sich diese Gleichungshierarchie unendlich fortsetzt, kann man sie auf eine geschlossene Form bringen, nämlich in die Gestalt einer einzigen Funktional-Differentialgleichung für die thermodynamische Greensche Einteilchenfunktion (Dysongleichung). Die exakte Lösung dieser Gleichung gibt an, was ein Elektron im Vielteilchenzustand "ist". Nur näherungsweise handelt es sich dabei um ein "nacktes" Elektron oder um ein Polaron oder um ein anderes Quasiteilchen. In Wahrheit ist das einzelne Elektron, das durch die geschlossene Dysongleichung beschrieben wird, nicht weniger als das ganze Vielteilchensystem, weil nämlich in der exakten Lösung der Einteilchengleichung sämtliche Quantenkorrelationen enthalten sind. Durch fortgesetzte Funktionalableitung lassen sich nämlich alle Mehrteilchen-Korrelationsfunktionen daraus berechnen. Demnach "gibt" es auch in der Vielelektronentheorie unendlich viele "Dialoge", die in der Summe etwas Greifbares nur vortäuschen; auf alle Fälle aber keine harten Kerne, die auf ihr absolutes Bausteinchen-Dasein pochen dürfen. Zwingt uns die mysteriöse Quantenphysik nicht dazu, dem Philosophen Fichte beizupflichten, der einmal sinngemäß meinte: „Das Ganze ist ein Geisterreich, durchaus nichts anderes“?

0.2.5 Quantenfeldtheorie

Die Quantenphysik ist wegen ihrer vielen Vorzüge besonders ausgezeichnet. An erster Stelle hervorzuheben ist die Weite ihres Zuständigkeitsbereichs. Sie revolutionierte nicht nur die Atomphysik, sondern gab anderen bedeutenden Wissenschaftszweigen wie der Chemie, den Materialwissenschaften und teilweise der Biologie eine tragfähige theoretische Grundlage. Überall wo die Quantenphysik ihren Kompetenzanspruch bisher geltend machte, hat sie sich bewährt. Unzählige Physiker wollten in diesem Buch der Natur ihre Korrekturen anbringen und damit auf sich aufmerksam machen - ihnen allen war ein Erfolg nicht beschieden. Wer die festen Fundamente sprengen wollte, scheiterte rasch, doch wer darauf aufbaute und die exzellente Theorie ausgestaltete, der eilte von einer neuen Erkenntnis zur anderen. Die erhabene Unerschütterlichkeit der Quantenphysik gilt es an zweiter Stelle hervorzuheben. Zwar drücken sich die Fachleute in unterschiedlichen Dialekten aus, benutzen Schrödingers Wellenfunktion, Heisenbergs Matrizenmechanik oder Feynmans Wegintegralmethode - doch alle sprechen dieselbe Sprache und kommen zum selben Ergebnis. Wie kann man den Quantenformalismus nur grundlegend verändern? Es will nicht recht gelingen.

Und doch hat der weit ausladende Anwendungsbereich der grandiosen neuen Naturlehre seine Grenzen. Den Angriffspunkt bietet ausgerechnet ein Begriff, den die Erneuerer ehrfurchtsvoll von den mechanischen Materialisten übernommen haben: die Zeit. In der Newtonschen Physik muss der absolute Raum, muss die absolute Zeit sein, nicht aber die Materie, die hätte Gott auch weglassen können. Die Frage: „Warum gibt es überhaupt etwas?“, ist nach Zustimmung großer Denker ebenso berechtigt, wie die Frage: „Warum ist Zeit?“ unberechtigt ist. Deshalb findet man Newtons absoluten Zeitparameter auch in der Quantenphysik, obwohl der Raumbegriff bereits problematisiert wurde durch die Einführung von Ortsoperatoren. Doch schrittweise erkannte man im vorigen Jahrhundert, dass an allen Grundsätzen des mechanischen Materialismus gerüttelt werden muss, wenn es zu grundlegenden Erkenntnisfortschritten kommen soll.

Implizit wurde der Newtonsche absolute Zeitbegriff bereits im 19. Jahrhundert aufgefordert, sich zu rechtfertigen, nämlich in Maxwells Theorie des Elektromagnetismus. Wie grandios die Maxwell Theorie ist, das belegen ihre vielen Anwendungen in den Energie- und Informationstechnologien. Ein Industriezeitalter wäre ohne die Gesetzmäßigkeiten des Elektromagnetismus nicht denkbar. Obwohl die Theorie der elektromagnetischen Erscheinungen zur klassischen Physik gehört, unterscheidet sie sich von Newtons Mechanik grundsätzlich. Newtons kleinste Masseteilchen ziehen sich im mechanischen Universum alle an. Das Potential ihrer Gravitationskraft ist zum Abstand zwischen zwei Teilchen umgekehrt proportional. Da die Körner des Seins angeblich schon immer ihr Spiel treiben, "wissen" alle genau Bescheid, wer alles auf dem Spielfeld ist. Dieses "Wissen" muss nicht erst weitergegeben werden, alle teilnehmenden Basisteilchen sind längst informiert. Das sollte deshalb so sein, weil nach Newton die wechselseitige Anziehung instantan (augenblicklich) wirksam ist. Auch zwischen entfernten Massenpunkten wirkt die Newtonsche Anziehungskraft, allerdings abgeschwächt.

Das Gravitationspotential $V(\mathbf{r})$ dieser Kraft ($\mathbf{K} = -\nabla_\mathbf{r} V(\mathbf{r})$) nennt man ein rechentechnisches Hilfsmittel, dem kein ontologischer Status zugebilligt werden kann.

Auch in der Theorie des Elektromagnetismus sind elementare Dinge bestimmend, und zwar die Ladungsträger. Gleichnamige Ladungen stoßen sich ab, ungleichnamige ziehen sich an. Aus Gründen der Denkökonomie liegt es nahe, das mechanische Wechselwirkungsschema der instantanen Wirkung auch auf elektomagnetische Phänomene zu übertragen. Die Maxwell Theorie widerlegt jedoch diesen Analogieschluss. Für das Vektorpotential $\mathbf{A}(\mathbf{r}, t)$ und das skalare Potential $V(\mathbf{r}, t)$ der elektromagnetischen Felder haben die Maxwellgleichungen nämlich folgende Gestalt

$$\left[\Delta_\mathrm{r} - \frac{1}{c^2}\frac{\partial^2}{\partial t^2}\right]\mathbf{A}(\mathbf{r}, t) = -\frac{4\pi}{c}\mathbf{j}, \quad \left[\Delta_\mathrm{r} - \frac{1}{c^2}\frac{\partial^2}{\partial t^2}\right]V(\mathbf{r}, t) = -4\pi\rho, \qquad (0.9)$$

wobei $\mathbf{j}(\mathbf{r}, t)$ und $\rho(\mathbf{r}, t)$ die Strom- bzw. Ladungsdichte bezeichnen. Die Konstante c hat die Maßeinheit einer Geschwindigkeit. Bedeutsam sind zunächst die trivialen Lösungen für den ladungsfreien Raum. Sind keine Ladungen vorhanden ($\mathbf{j} = \mathbf{0}$ und $\rho = 0$), dann sollte es nur die triviale Lösung geben, dass auch die Potentiale überall verschwinden ($\mathbf{A} = \mathbf{0}$ und $V = 0$). Dem ist aber nicht so. Elektromagnetische Felder können auch dann den Raum erfüllen ($\mathbf{A} \neq \mathbf{0}$, $V \neq 0$), wenn keine Ladungsträger vorhanden sind. Eine Lösung dieser Art ist zum Beispiel $V(\mathbf{r}, t) = \sin(\mathbf{kr} - \omega t)$, wobei der Wellenvektor $\mathbf{k}$ und die Kreisfrequenz ω die Gleichung $\mathbf{k}^2 - \omega^2/c^2 = 0$ erfüllen. Physikalisch beschreibt diese Lösung eine ebene Welle, die sich im Raum mit der Lichtgeschwindigkeit c ausbreitet, wobei die Gruppen- und Phasengeschwindigkeiten einander gleich sind $\mathrm{d}\omega/\mathrm{d}k = \omega/k = c$. Selbst wenn also keine Ladungen zugegen sind, kann es reale elektromagnetische Felder geben, deren sämtliche Komponenten sich mit Lichtgeschwindigkeit ausbreiten. Die Frage: „Warum gibt es etwas und nicht einfach nur nichts?“, muss nunmehr ergänzt werden durch eine weitere Frage: „Warum gibt es nicht einfach nur einen Strahlenkosmos?“ Mancher wird entgegnen: „Es handelt sich doch bloß um eine "Scheinlösung", denn nur in einem Medium gibt es Schwingungen - ist da nichts, schwingt auch nichts!“ Es müsse also einen Weltäther geben, der die vielfältigen elektromagnetischen Wellen alle trägt. Und dieser Äther ist Stoff, ist Feinstaub, der aus unzähligen winzigen, ganz winzigen Partikelchen besteht, denn ohne dieses Allerkleinste ist nur absolute Leere. Nach dem Äther wurde Ausschau gehalten, gefunden wurde er nicht. Groß war die Verwunderung.

Da ein Träger fehlt, wie können dem "Nichts" Schwingungen eingeprägt werden? Ist nicht jeder Handybesitzer überzeugt, dass seine Kommunikation mit Hilfe der elektromagnetischen Wellen real vonstattengeht? Doch wie kann über ein spukhaftes Nichts hinweg eine Verbindung hergestellt werden? Und doch hat sich die Erkenntnis in der Fachschaft durchgesetzt: Nichts Materielles muss zwischen Sender und Empfänger vorhanden sein, um Nachrichten zu übertragen. Das "Nichts" dazwischen - das elektromagnetische Feld - hat in der Maxwell Theorie eine eigenständige physikalische Bedeutung. Die Schwingungen des "Nichts" können nämlich hin und her geworfen werden, können sogar echte Teilchen erzeugen - Elektron-Positron Paare. Der mechanische Materialist kommt hier in Erklärungsnot. Neben dem greifbaren Ding muss er etwas zulassen, was nicht greifbar ist, wo der Begriff "Kügelchen" nicht passt, wo etwas ins Spiel kommt, das so sehr nach gar nichts aussieht und trotzdem präsent ist und Informationen weitergeben kann. Mir ist die Ignoranz unerklärlich, mit der bestallte materialistische Denker über dieses Naturwunder beschwingt hinwegsehen.

Fällt ein elektrisch neutrales Molekül zu Boden und verliert dabei ein Elektron, so senden die plötzlich freigesetzten, beschleunigt bewegten Ladungswolken elektromagnetische Wellen aus, die sich mit Lichtgeschwindigkeit fortpflanzen. Die Sonne erreicht das Signal erst nach zirka acht Minuten. Auch eine eventuelle Neutralisation von Ladungsträgern wird im All nicht instantan "angezeigt", vielmehr verbreitet sich auch diese "Nachricht" mit endlicher Geschwindigkeit durch den Raum. Ist, wegen der endlichen Ausbreitungsgeschwindigkeit, die materialistische Auffassung, es gäbe absolut starre Körper, angreifbar? Ja! Feste Körper werden durch die elektromagnetische Wechselwirkung zusammengehalten. Zerrt eine Kraft an einem Punkt auf der Oberfläche und setzt ihn in Bewegung, so müssten sich auch alle anderen Teile sofort mitbewegen, da sonst der Körper deformierbar wäre. Nun überträgt sich allerdings die Wechselwirkung (gemäß dem feldtheoretischen Maxwellschen Standpunkt) mit endlicher Geschwindigkeit, weswegen nicht alle Bestandteile des Körpers gleichzeitig in Bewegung geraten. Das aber bedeutet Deformation, wenn sich ein Teil früher, ein anderer später verschiebt. Absolut starre Körper sind in der Feldtheorie ein Unding. Die Kügelchen des Seins, auf denen der Materialist sein Weltbild aufbaut, müssten also ausdehnungslos, müssten punktförmig sein. Wie kann aber etwas, das so verschwindend winzig klein ist, dennoch ein greifbares Ding sein? Hat nicht auch schon die klassische Physik "Spickzettel" in ihrer Schatulle, auf denen Rätsel stehen, statt nur anschauliche, klare

Bilder?

Nicht nur das seltsam "nicht-Daseiende" elektromagnetische Feld zwingt zum Umdenken, sondern auch der vermeintlich klare Newtonsche Zeitbegriff. Nach den Maxwellgleichungen (0.9) erfolgt die Wellenausbreitung in allen Richtungen mit derselben Geschwindigkeit c. Dieses Resultat lässt aufhorchen. Wird nämlich in einem fahrenden Zug das Licht eingeschaltet, so sollte es sich in Fahrtrichtung am schnellsten ausbreiten, so dass in der Wellengleichung eine richtungsabhängige "Lichtgeschwindigkeit" stehen müsste. Immerhin sollen die Gleichungen (0.9) auch auf der Erde gelten. Doch die Erde ist kein Inertialsystem - sie bewegt sich beschleunigt um die Sonne. Trotzdem konnte eine Richtungsabhängigkeit der Lichtgeschwindigkeit experimentell nicht nachgewiesen werden. Wie schnell oder langsam sich ein Labor im Kosmos gradlinig und gleichförmig auch bewegt, elektromagnetische Wellen breiten sich nach allen Richtungen mit derselben Geschwindigkeit c aus. Das Additionstheorem für die Geschwindigkeiten von Lichtwellen klingt paradox: Bewegt sich eine Lichtquelle mit der Geschwindigkeit v, so breitet sich trotzdem das ausgesandte Licht (im Vakuum) in allen Richtungen mit der gleichen Geschwindigkeit c aus ($c + v \to c$). Dass in der Theorie des Elektromagnetismus das gewöhnliche Additionstheorem für Geschwindigkeiten nicht gilt, war für Physiker der alten Schule eine Überraschung. Wie aber muss das geforderte neue Additionsgesetz für die Lichtausbreitung aussehen? Diese Frage, die Albert Einstein aufgriff und beantwortete, führte auf eine Vertiefung des Zeitbegriffs. Um das neue Transformationsgesetz für die Raum- und Zeitkoordinaten zu finden, stellen wir folgende Überlegung an: 1) Wegen der Homogenität der Raum-Zeitunion sind nur homogene und lineare Koordinatentransformationen zugelassen. Längs der x-Achse muss also für die transformierte Koordinate x' gelten $x' = (x + vt)/N$, wobei N noch zu bestimmen ist. Die Galilei-Transformation, die Newtons Gesetze der Mechanik invariant lässt, ist der Spezialfall $N = 1$. 2) Aus der Reziprozität der Beziehungen zwischen den Koordinatensystemen Σ und Σ' ist zu folgern: $x = (x' - vt')/N$. 3) Sowohl in Σ als auch in Σ' gilt für die Lichtausbreitung: $x = \pm ct$ bzw. $x' = \pm ct'$ mit derselben konstanten Geschwindigkeit c. Daraus leitet sich die spezielle Lorentztransformation ab

$$x' = \frac{x + vt}{\sqrt{1 - v^2/c^2}}, \quad ct' = \frac{ct + (v/c)x}{\sqrt{1 - v^2/c^2}}, \tag{0.10}$$

die den Ausdruck $c^2t^2 - x^2 = c^2t'^2 - x'^2$ invariant lässt. Das Additionsgesetz für Geschwindigkeiten wird aus den Transformationsformeln für die Koordinaten durch Bildung der Differentiale gewonnen:

$$\frac{\mathrm{d}x'}{\mathrm{d}t'} = v'_x = \frac{v_x + v}{1 + vv_x/c^2}.$$

Pflanzt sich also eine Welle im Koordinatensystem Σ mit Lichtgeschwindigkeit fort ($v_x = c$), so auch in einem dazu gleichförmig, gradlinig bewegten Bezugssystem Σ' ($v'_x = c$). Dieses Einsteinsche Additionsgesetz für Geschwindigkeiten ergibt sich nur, wenn bei den Übergängen zwischen unterschiedlich bewegten Bezugssystemen die Raum- und Zeitkoordinaten *simultan* geändert werden. Raum und Zeit bilden in der relativistischen, Lorentz-invarianten Theorie eine Raum-Zeitunion. Was in einem System momentan ($t = 0$) "ganz" Raum ist ($x \neq 0$), das ist in einem anderen System Raum und Zeit ($x' \neq 0$, $t' \neq 0$). Wird deshalb der Raum partiell Zeit und die Zeit partiell Raum?

Wegen der Wesensverwandtschaft von Raum und Zeit, die meines Wissens von Philosophen vor Einstein selten thematisiert wurde, drängt sich dem anschaulichen Denken etwas Fremdes auf: Die Relativität der Gleichzeitigkeit, die Zeit- und Längendilatation, und vor allem das Zwillingsparadoxon. Eine Uhr, welche in einem gegebenen Bezugssystem ruht, zeigt dort die sogenannte Eigenzeit τ an. Wegen der Ungleichung $\mathrm{d}\tau = \sqrt{1 - v^2/c^2}\mathrm{d}t \leq \mathrm{d}t$ hat das Zeitmaß in einem mitbewegten Inertialsystem eine Besonderheit: es kann in keinem anderen Bezugssystem unterschritten werden.

Bei einem Wettlauf von A nach B sollten erwartungsgemäß alle, die vom Start weg gleichzeitig die Ziellinie überqueren, dieselbe Laufzeit auf ihren mitgeführten Uhren ablesen. Das ist jedoch nicht der Fall. Wer durch einen kurzen Zwischensprint eine viel höhere Geschwindigkeit V erreicht ($v \ll V$) und diese längere Zeit beibehält, stellt am Ziel fest: Zwar legte er einen viel weiteren Weg zurück als sein Zwillingsbruder, der mit der langsameren Geschwindigkeit v von A nach B lief, doch ist er weniger gealtert als sein Bruder, mit dem er im Ziel zusammentrifft. Die mitgeführte Uhr des Sprinters ging langsamer als die des trabenden Bruders. Beachtlich wird diese Zeitverzögerung aber erst, wenn V in die Nähe der Lichtgeschwindigkeit kommt. Dieser Umstand erschwert eine bequeme Reise in die Zukunft, die ohne strapaziöse Beschleunigungsphasen nicht möglich ist.

Die Newtonsche Dynamik kann nicht bedingungslos beibehalten werden, wenn die physikalischen Begriffe "Raum" und "Zeit" grundsätzlich neu aufgefasst werden müssen. Ein geeigneter Ausgangspunkt für die Ableitung der neuen, relativistischen Dynamik ist das teleologische

Prinzip, das Leibniz sehr am Herzen lag: Gott hat diejenige Welt gewählt, die, wenn alles auf die Waagschale kommt, am vollkommensten ist - „die gleichzeitig die größte Einfachheit in den Voraussetzungen und den größten Reichtum in den Erscheinungen aufweist.“ Nach diesem Extremalprinzip (nach dem Prinzip der kleinsten Wirkung) existiert ein sogenanntes Wirkungsintegral S, das minimal ist, wenn in ihm die Bestimmungsgrößen der realen Bewegung eingesetzt werden. Jeder Bahnkurve wird ein derartiges Integral S zugeordnet. Es muss invariant gegenüber der neuen Koordinatentransformation (d.h. der Lorentztransformation (0.10)) und möglichst von einfacher Beschaffenheit sein. Für ein kräftefreies Materieteilchen bietet sich das invariante Skalar $\mathrm{d}s^2 = c^2\mathrm{d}t^2 - \mathrm{d}\mathbf{r}^2$ an. In der Tat führt bereits der einfache Ansatz

$$S = -\alpha \int_A^B \mathrm{d}s = -\alpha c \int_{t_1}^{t_2} \mathrm{d}t \sqrt{1 - \frac{v^2}{c^2}} = \int_{t_1}^{t_2} \mathrm{d}t L,$$

zum Ziel, wobei α eine noch unbekannte Konstante ist und sich die Integration längs der Weltlinie von A nach B erstreckt. Im Grenzfall der Newtonschen Physik ($v \ll c$) muss sich der Ausdruck $L = mv^2/2$ für die kinetische Energie ergeben, weswegen $\alpha = mc$ zu setzen ist. Mit der Lagrangefunktion L steht schon alles zur Verfügung, um den kanonischen Formalismus der Einsteinschen Punktmechanik aufzubauen:

$$L = -mc^2 \sqrt{1 - \frac{v^2}{c^2}}, \quad \mathbf{p} = \frac{\partial L}{\partial \mathbf{v}} = \frac{m\mathbf{v}}{\sqrt{1 - v^2/c^2}},$$

$$E = \mathbf{pv} - L = \frac{mc^2}{\sqrt{1 - v^2/c^2}}.$$

Wenn sich ein freies Teilchen nicht bewegt ($v = 0$), hat es trotzdem eine Energie $E = mc^2$, die sogenannte Ruheenergie. Jedes Teilchen mit einer endlichen Masse m kann die Lichtgeschwindigkeit nicht erreichen (für $v \to c$ gilt nämlich $E \to \infty$). Lichtteilchen (Photonen), deren Ausbreitungsgeschwindigkeit c ist, können deshalb keine Ruhemasse haben. Wegen der berühmten Gleichung $E = mc^2$ ist die Energie in der relativistischen Mechanik für abgeschlossene Systeme eine wohlbestimmte, positive Größe, in die ein Anteil integriert ist, der zu den Massen der Körper gehört. Im Unterschied dazu ist die Energie in der Newtonschen Physik nur bis auf eine additive Konstante bestimmt, so dass auch negative Werte zulässig sind. Weil zur gesamten Energiebilanz auch die Energie der Wechselwirkungen gehört, gibt es in der relativistischen Physik keinen Massenerhaltungssatz. Durch eine chemische

Reaktion werden die Ruhemassen der reagierenden Substanzen nur minimal aufgezehrt (die Massenänderung ist geringer als der 10^{-9}-te Teil der Gesamtmasse). Erheblich größer ist der Massendefekt bei Kernreaktionen, wenn die Teilchen etwa ein Zehntel der Lichtgeschwindigkeit erreichen. Die Massenveränderung beträgt dann bereits schon beinahe ein Prozent. Völlig aufgezehrt werden die Ruhemassen, wenn sich Elektronen und Positronen treffen und in elektromagnetische Strahlung verwandeln.

Der Konflikt zwischen der Einsteinschen Raum-Zeitunion, die bei hohen Relativgeschwindigkeiten nicht mehr zerlegbar ist und der Sonderrolle des Zeitparameters in der Quantenmechanik musste von den Theoretikern gelöst werden. Wie diese Schwierigkeit überwunden wurde, ist besonders für Metaphysiker lehrreich. Es waren kein Schlüsselexperiment, welches den Erkenntnisfortschritt diesmal einleitete, sondern eine Idee: Man müsse die konsistente Synthese der neuen Einsteinschen Raum-Zeitauffassung mit der neuen Quantenphysik herbeiführen. Allein diese Einheitsidee, dass fundamentale Erkenntnisse zusammenpassen müssen, inspirierte die Forscher und geleitete sie zum Ziel.

Konkret ergab sich folgende theoretische Aufgabe: Da die Schrödinger-Gleichung die Raum- und Zeitkoordinaten auf unterschiedliche Weise enthält, muss nach einer neuen Grundgleichung Ausschau gehalten werden, die invariant gegenüber der Lorentztransformation (0.10) ist. Was sich dem versierten Theoretiker sofort aufdrängt, ist folgende Rezeptur: Quadriere die Gleichung für die Energie in Einstein's Theorie ($E = H = \mathbf{pv} - L = c\sqrt{\mathbf{p}^2 + m^2c^2}$) und gewinne daraus die Grundgleichung der Lorentz-invarianten Quantentheorie vermittels der Quantisierungsvorschrift $E \to i\hbar\partial/\partial t$, $\mathbf{p} \to -i\hbar\nabla_{\mathbf{r}}$. Auf diese Weise ergibt sich die Klein-Gordon Gleichung:

$$\left[\Delta_{\mathbf{r}} - \frac{1}{c^2}\frac{\partial^2}{\partial t^2} - \frac{m^2c^2}{\hbar^2}\right]\psi(\mathbf{r},t) = 0,$$

welche mathematisch die einfachste relativistische Feldtheorie ist, in die das Plancksche Wirkungsquantum $\hbar$ eingeht. Allerdings hat diese Gleichung, die unter anderem eine verbesserte Theorie des optischen Spektrums der Wasserstoffatome liefern soll, diverse physikalische Defizite. Das Hauptproblem ist: Die Klein-Gordon Theorie besitzt keinen Grundzustand (keinen niedrigsten Energiezustand). Durch fortlaufende Emission von Photonen fielen die Elektronen die Energieleiter rasch ins Bodenlose hinunter, weswegen Atome plötzlich implodieren würden.

Damit nicht genug, stellt die Klein-Gordon Theorie keinen bilinearen Ausdruck in ψ bereit, der als Wahrscheinlichkeitsdichte aufgefasst werden kann. Auch das Superpositionsprinzip der Quantenphysik müsste aufgegeben werden, wenn die Klein-Gordon Gleichung das Fundament der relativistischen Quantentheorie wäre.

Eine andere, möglichst einfache, Lorentz-invariante Grundgleichung wurde gesucht, welche die Schrödinger-Gleichung ersetzt. In ihr sollte nicht nur die Ableitung nach der Zeitkoordinate linear eingehen, sondern auch die Ableitungen nach den Ortskoordinaten. Mit dieser möglichen Lösung des Konsistenzproblems beschäftigte sich Paul Dirac. Seine geniale physikalische Intuition stand Pate beim Versuch, den Ausdruck für die Energie $E = c\sqrt{\mathbf{p}^2 + m^2c^2}$ auf geeignete Weise zu quantisieren. Dazu musste er zuerst festlegen, was unter der Quadratwurzel aus einem Operator ($\mathbf{p} \to -i\hbar\nabla_{\mathbf{r}}$) zu verstehen ist. Da die Linearisierung der Gleichung das Ziel war, machte Dirac folgenden Ansatz:

$$\sqrt{c^2(p_x^2 + p_y^2 + p_z^2) + m^2c^4} = c(\alpha_x p_x + \alpha_y p_y + \alpha_z p_z) + \beta mc^2.$$

Für diese Gleichung gibt es keine Lösung im Bereich der reellen Zahlen. Vielmehr müssen die Größen α_i und β Matrizen sein, wenn die Gleichung Bestand haben soll. Dirac gab 4×4 Matrizen an, die wie folgt aufgebaut sind:

$$\widehat{\alpha_i} = \begin{pmatrix} \widehat{0} & \widehat{\sigma_i} \\ \widehat{\sigma_i} & \widehat{0} \end{pmatrix}, \widehat{\beta} = \begin{pmatrix} \widehat{1} & \widehat{0} \\ \widehat{0} & -\widehat{1} \end{pmatrix},$$

$$\widehat{\sigma_x} = \begin{pmatrix} 0 & 1 \\ 1 & 0 \end{pmatrix}, \widehat{\sigma_y} = \begin{pmatrix} 0 & -i \\ i & 0 \end{pmatrix}, \widehat{\sigma_z} = \begin{pmatrix} 1 & 0 \\ 0 & -1 \end{pmatrix}.$$

Die 2×2 Matrizen $\widehat{\sigma_i}$ werden Pauli Matrizen genannt. Als eine speziellrelativistische Verallgemeinerung der Schrödinger-Gleichung schlug Dirac also seine berühmte Gleichung vor

$$i\hbar\frac{\partial}{\partial t}\psi(\mathbf{r},t) = \left[c\widehat{\alpha}\mathbf{p} + mc^2\widehat{\beta}\right]\psi(\mathbf{r},t), \qquad (0.11)$$

die zunächst deshalb befriedigt, weil sowohl die Zeit- als auch die Ortsableitung ($p_i \to -i\hbar\partial/\partial x_i$) gleichberechtigt in erster Ordnung vorkommen. Wie gefordert, ändert die Grundgleichung (0.11) der neuen Quantenphysik nicht ihre Form bei Lorentztransformation. Allerdings ist zu beachten, dass die "Wellenfunktion" $\psi(\mathbf{r},t)$ in Gleichung (0.11) ein vierkomponentiger, sogenannter Spinor ist:

$$\psi(\mathbf{r},t) = (\psi_1(\mathbf{r},t), \psi_2(\mathbf{r},t), \psi_3(\mathbf{r},t), \psi_4(\mathbf{r},t))^T.$$

Dass in der Diracschen, speziell-relativistischen Quantentheorie die Einsteinsche Raum- Zeitunion tatsächlich bewahrt ist, hat tiefgreifende naturphilosophische Konsequenzen. Die Koordinaten des Ortes $\mathbf{r}$ unterscheiden sich in ihrer mathematischen Funktion nunmehr nicht wesentlich von der Zeitkoordinate. Nicht länger darf dem Ortsvektor $\mathbf{r}$ ein Operator $\widehat{\mathbf{r}}$ zugeordnet werden, während die Zeit durch einen reellwertigen Parameter dargestellt wird. Die Ortskoordinaten dürfen in die neue Theorie nicht anders als die Zeit eingehen - auch sie müssen einfache Parameter, d.h. reelle Zahlen sein. Diese simple, formale Forderung hat erhebliche metaphysische Implikationen, denn ein völlig neues Naturverständnis wird damit gefordert. Nach der alten Quantenphysik bevölkern "kleine, individuelle Besonderheiten" (nicht Dinge!) den Raum. Sie haben Eigenschaften wie Impuls, Drehimpuls, Energie, die durch Operatoren im Hilbertraum repräsentiert werden. Diese "Individuen" umgibt eine absolute Leere. Zwar können sie überall grundlos "hinspringen", doch in den großen Hohlräumen des Kosmos ist so selten "Jemand", dass diese Raumbereiche praktisch, im Newtonschen Sinne, leer sind. Die relativistische Quantentheorie revidiert dieses Weltbild. Sie lässt selbst diesen letzten materialistischen Rest nicht mehr gelten, wonach es hier und dort etwas gibt, das in absolute Leere eingebettet ist. Nunmehr heißt es: zu jedem Zeitpunkt müssen *allen* Raumpunkten des gigantischen Universums ganze Bündel von Operatoren zugeordnet werden. Plötzlich ist überall "etwas", während der Begriff "absolute Leere" kein Fachterminus mehr ist. Die Theorie des Elektromagnetismus ist eine klassische Version derartiger Feldtheorien. Jedem Punkt im Raum werden Vektoren des elektrischen und magnetischen Feldes zugeordnet, ohne dass dadurch die Leere durch ein "Medium" aufgefüllt werden würde. In der Quantenfeldtheorie, zu der prinzipiell auch Diracs Formalismus gehört, wird der Raum von einem maschenlosen "Netz" von Operatoren überzogen, das zum Träger aller physikalischen Erscheinungen auserkoren wird. Etwas, das sich lokal abhebt, abgrenzt und für sich sein will, das ist nichts weiter als eine "Aufwallung" des Feldes, das ist eine Schaumkrone im Urozean des Seins, wie sich Hans-Peter Dürr ausdrückte. Das elementare Teilchen des Atomismus, der Grundbaustein des Seins in der materialistischen Lehre, verliert ebenso seine grundlegende Bedeutung wie der absolut leere Raum.

Dass die Redewendung "ein einzelnes Teilchen dort" in der relativistischen Quantentheorie problematisch ist, zeigt folgende Überlegung. Gemäß der Schrödingerschen Quantenmechanik berechnet sich aus der eindimensionalen, stationären Wellenfunktion $\psi(x)$ die Wahrscheinlichkeit dafür, die x-Koordinate eines Teilchens in einer Umgebung von x' zu finden, aus dem Ausdruck $|\psi(x')|^2 \mathrm{d}x'$. Kann es eine ähnliche Einteilchen-Interpretation in der relativistischen Theorie geben? Betrachten wir dazu den Ansatz $\psi(\mathbf{r},t) = \exp(-iHt/\hbar)\psi(\mathbf{r},0)$ für die Einteilchen-Wellenfunktion $\psi(\mathbf{r},t)$, die anfangs an der Stelle $\mathbf{r} = \mathbf{0}$ lokalisiert sei soll $\psi(\mathbf{r},0) = \delta(\mathbf{r})$ ($\delta(\mathbf{r})$ ist die Diracsche δ Funktion - siehe die Fußnote auf Seite 46). Als speziell-relativistischen Hamilton-Operator nehmen wir $\widehat{H} = c\sqrt{-\hbar^2\nabla_{\mathbf{r}}^2 + m^2c^2}$, so dass folgende Integraldarstellung für die postulierte, relativistische Einteilchen-Wellenfunktion gilt

$$\psi(\mathbf{r},t) = \int \frac{\mathrm{d}^3\mathbf{k}}{(2\pi)^3} e^{i\mathbf{kr} - ict\sqrt{\hbar^2\mathbf{k}^2 + m^2c^2}/\hbar} \neq 0 \quad \text{wenn} \quad t > 0.$$

Da die Wellenfunktion nirgends verschwindet, ergibt sich ein Problem mit der Kausalität. Denken wir an ein Lichtteilchen, das die Sonnenoberfläche verlässt. Dass es in diesem Moment sogleich die Erdoberfläche erreicht, das ist zwar unwahrscheinlich, aber nach der angegebenen Gleichung für $\psi(\mathbf{r},t)$ nicht ausgeschlossen, weil $|\psi(\mathbf{r},t)|^2$ nirgends verschwindet. Prinzipiell könnte das Photon eine Kaskade von Zeigerausschlägen in einem Labor auslösen, obwohl noch zirka acht Minuten vergehen müssten, ehe es die Strecke Sonne-Erde zurückgelegt hat. Das Photon würde wirken, obwohl es nach der Relativitätstheorie überhaupt noch nicht anwesend sein kann. Da das ausgeschlossen ist, gilt die Einteilchen-Interpretation der Wellenfunktion in der Dirac-Theorie nicht. Die relativistische Quantenmechanik ist eine strenge Vielteilchentheorie - für "Individuen" ist in ihr kein Platz. Formal äußert sich dieser Umstand darin, dass die skalare Zustandsfunktion der alten Theorie durch den vier-komponentigen Spinor in der relativistischen Quantentheorie ersetzt werden muss. Als Wahrscheinlichkeitsdichte ρ dient die positiv definite Größe $\rho = \sum_{j=1}^{4} \psi_j^* \psi_j$.

Die profunde, relativistische Quantentheorie entstand und entwickelte sich anfangs unabhängig vom Zwang, diverse Messdaten in ein theoretisches Schema einzuordnen. Bei der Aufstellung der Theorie hatte die Empirie zunächst kein Stimmrecht. Das dürfen Metaphysiker den Empiristen getrost einmal entgegenhalten. Nicht die Suche nach Anpassungsformeln für etliche Beobachtungsdaten forderte die Naturforscher heraus, sondern die Prüfung ihrer Hypothesen mit Blick auf die mathematische Konsistenz und die Ableitung von Folgerungen, die mit bekanntem Wissen in Einklang gebracht werden können. Eine Falsifizierung der alten Quantentheorie stand nicht auf der Agenda, weil sie alle Bewährungsproben auf ihrem Terrain bravurös bestand. Vielmehr galt es, die bekannte Theorie in einen größeren Rahmen einzuordnen, um neue Erkenntnisse zu gewinnen. Mit Hilfe der Diracschen, relativistischen "Schrödinger-Gleichung"

$$\left[\gamma_\mu \partial_\mu + \frac{mc}{\hbar}\right] \psi = 0, \quad \text{mit} \quad \boldsymbol{\gamma} = -i\beta\boldsymbol{\alpha}, \gamma_4 = \beta, \quad \partial_\mu = \left(\nabla, \frac{1}{ic}\frac{\partial}{\partial t}\right)$$

konnte in der Folge z.B. das Wasserstoffspektrum neu berechnet werden, um es mit experimentellen Daten und den alten theoretischen Ergebnissen zu vergleichen. Um diese Aufgabe lösen zu können, musste, unter Bewahrung der Lorentz- und Eichinvarianz, das Coulomb-Potential $V(\mathbf{r}) = -e^2/r$ des Atomkerns im Vierervektor A_μ des Vektorpotentials berücksichtigt werden ($-ieA_4 = -e^2/r$). Wie die Wirkung eines elektromagnetischen Feldes auf die freie Bewegung eines Elektrons zu beschreiben ist, das war den Physikern damals bereits gut bekannt. Man wusste: Die Kopplung zwischen dem Feld und den Ladungen wird korrekt beschrieben, wenn die erweiterten Gleichungen invariant sind gegenüber einer gewissen Symmetrietransformation. Allein schon die Eichsymmetrie diktiert die Form des Naturgesetzes. Danach müssen die Ableitungen ∂_μ nach den Raum- Zeitkoordinaten durch den kovarianten Differentialoperator D_μ gemäß

$$\partial_\mu \to D_\mu = \partial_\mu - \frac{ie}{\hbar c} A_\mu$$

ersetzt werden, so dass die Gleichung $[\gamma_\mu D_\mu + mc/\hbar]\psi = 0$ entsteht, aus der das Wasserstoffspektrum auf neuem Wege berechnet werden kann. Es handelt sich dabei um vier lineare, partielle Differentialgleichungen für die vier Komponenten $\psi_1(\mathbf{r}, t)$, $\psi_2(\mathbf{r}, t)$, $\psi_3(\mathbf{r}, t)$, $\psi_4(\mathbf{r}, t)$ des Bispinors ψ. Zur Lösung dieser Gleichungen werden die schnellen Oszillationen der Trägerwelle im Faktor $\exp(-imc^2 t/\hbar)$ berücksichtigt und deren Modulation im nicht-relativistischen Grenzfall ($\mathbf{p}^2 \ll m^2c^2$) berechnet. Das Auftreten der hochfrequenten Trägerschwingung ist kein artefakt - sie zu quantisieren ist eine Kernaufgabe der Quantenfeldtheorie. Zur Berechnung der verbleibenden Zeitabhängigkeit werden die Komponenten ψ_1 und ψ_2 zum "großen" Spinor Φ zusammengefasst ($\Phi = (\psi_1, \psi_2)^T$) und die Anteile ψ_3, ψ_4 im "kleinen" Spinor $\varphi = (\psi_3, \psi_4)^T$ aufgenommen. Die Gleichung für φ wird iteriert und das Resultat für die Berechnung des "großen" Spinors Φ benutzt. Das

Ergebnis ist die berühmte Pauli-Gleichung

$$i\hbar\frac{\partial}{\partial t}\Phi = \frac{1}{2m}\left[\mathbf{P}^2 - \frac{2e}{c}\mathbf{SH}\right]\Phi + \frac{e}{2m^2c^2}\left[\mathbf{S}(\mathbf{P}\times\mathbf{E}) + \frac{\hbar}{2i}\mathbf{PE}\right]\Phi, \tag{0.12}$$

wobei $\mathbf{P} = -i\hbar\mathbf{D}$ der kovariante Operator des Viererimpulses ist. Neben dem elektrischen Feld $\mathbf{E}$ und dem magnetischen Feld $\mathbf{H}$ steht der Spinvektor $\mathbf{S} = \hbar\boldsymbol{\sigma}/2$ in dieser Gleichung. Physikalisch muss $\mathbf{S}$ aufgefasst werden als ein "intrinsischer" Drehimpuls, der erst zusammen mit dem Bahndrehimpuls $\mathbf{L} = \mathbf{r}\times\mathbf{p}$ eine Konstante der Bewegung ergibt. Nicht $\mathbf{L}$ allein, sondern beide zusammen $\mathbf{L}+\mathbf{S}$ kommutieren mit dem Hamiltonian der Dirac-Theorie: $[\mathbf{L}+\mathbf{S},\widehat{H}] = 0$. In der vollständigen Theorie für den Dirac Spinor ψ sind die Komponenten des "Vektors" $\mathbf{S}$ 4×4 Matrizen. Der "Eigendrehimpuls" $\mathbf{S}$ gehört zum "Elementarteilchen", ist genau genommen aber nicht aufzufassen als der innere Drehimpuls einer rotierenden Kugel. Prinzipiell gibt es keine klassische Interpretation für den Spin. Er hat einen rein quantentheoretischen Ursprung und entzieht sich daher der Anschauung. Um den Zustand eines Teilchens vollständig zu bestimmen, muss zusätzlich zu den Ortskoordinaten und der Zeit auch die Spinvariable angegeben werden. Diese Variable ist die Projektion des Spins auf eine festgelegte Raumrichtung. Zum "Eigendrehimpuls" $\mathbf{S}$ gehört ein magnetisches Moment $\mathbf{m} = (e/mc)\mathbf{S}$, das doppelt so groß ist wie das des Bahndrehimpulses. Der Term $-(e/mc)\mathbf{SH}$ in Gleichung (0.12) beschreibt also die Wechselwirkungsenergie des Spins mit dem Magnetfeld $\mathbf{H}$. Das elektrische Feld $\mathbf{E}$ ist über die sogenannte Spin-Bahn Kopplung $(e/(2m^2c^2))\mathbf{S}(\mathbf{P}\times\mathbf{E})$ mit dem Spin verbunden. Diese Wechselwirkung ist für die Feinstruktur des Wasserstoffspektrums zuständig; nämlich für die Aufhebung der Entartung (für die Aufspaltung) der Zustände zur Quantenzahl j des Betragsquadrats des Gesamtdrehimpulses. Diese Aufspaltung der Spektrallinien, die tatsächlich gemessen wurde, konnte erst von der relativistischen Quantentheorie quantitativ korrekt erfasst werden. Der letzte Term ($\sim \mathbf{PE}$) in der Pauli-Gleichung bewirkt zusammen mit der Quantisierung des elektromagnetischen Feldes eine geringfügige Verschiebung der Spektrallinien, den sogenannten Lamb-Shift, der 1947 von Lamb und Retherford experimentell nachgewiesen wurde. Die Feinstruktur-Aufspaltung ist allerdings nur von der Größenordnung $44\cdot 10^{-6}$eV, während der Lamb-Shift noch etwa zehnmal kleiner ist ($4\cdot 10^{-6}$eV). Es handelt sich also um Korrekturen, die etwa eine Millionen Mal kleiner sind als der Abstand zwischen

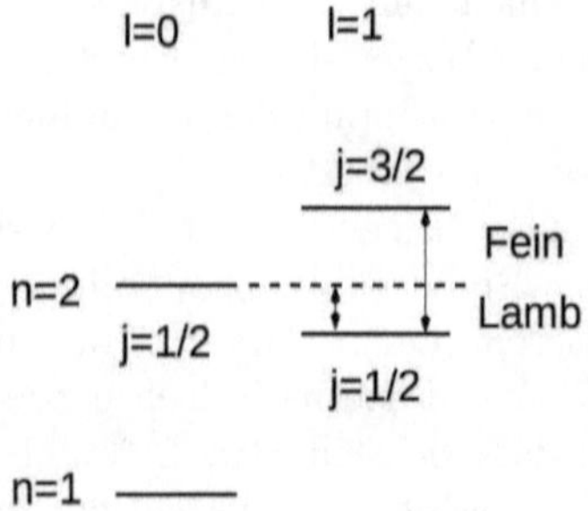

Abbildung 0.2.18:
Der Grundzustand ($n = 1$, $E = -13.6$eV) und der erste angeregte Zustand ($n = 2$, $E = -3.4$eV) des Wasserstoffspektrums. Die nach der Schrödinger-Theorie anzunehmende Entartung des $j = 1/2$ Zustands wird durch die relativistische Feinstrukturaufspaltung aufgehoben. Der Lamb-Shift verschiebt das Niveau ein wenig.

dem Grundzustand und dem ersten angeregten Zustand. Die Wasserstofflinien sind in Abbildung 0.2.18 für $n = 1$ und $n = 2$ schematisch dargestellt. Leider können die Feinstrukturaufspaltung und der Lamb-Shift nicht maßstabsgetreu eingezeichnet werden. Die Spektrallinien des Wasserstoffatoms haben eine Grob- und eine Feinstruktur. Beide Raster werden jeweils von der Schrödinger- bzw. Dirac-Theorie punktgenau erfasst und von zahlreichen Experimenten beeindruckend bestätigt. Dieser Umstand bestärkt die Gewissheit, im Verständnis der Wirklichkeit beachtlich vorangekommen zu sein. Welche Formen künftige Theorien auch immer annehmen mögen, wie spitzfindig sie durchgearbeitet sein werden, sie können das einmal Erreichte nicht mehr relativieren, es sei denn, es geht um noch feinere Details, um die Hyper- Hyper- Feinstruktur des Spektrums. Die sicherlich staunenswerten Theorien unserer Nachfahren müssen unsere Gleichungen als Grenzfall enthalten. Dabei ist das, was an Erkenntnissen zum Wasserstoffspektrum noch zusätzlich beigetragen werden kann, wahrhaftig kümmerlich. Das bedeutet jedoch nicht, dass auch die philosophische Ausdeutung der noch unbekannten Theorien unspektakulär sein muss.

Aus wissenschaftshistorischer Sicht ist anzumerken, dass einige Quanteneffekte bereits bekannt waren, bevor sie 1928 durch die berühmte Dirac Gleichung einheitlich und konsistent beschrieben werden konnten. 1924 kannte man nicht nur die Feinstruktur des Wasserstoffspektrums, sondern auch die Hyperfeinstruktur-Aufspaltung, die von der Wechselwirkung der Elektronen mit den Kernmomenten herrührt. 1925 postulierten Uhlenbeck und Goudsmit, dass ein punktförmiges Elektron einen mechanischen "Eigendrehimpuls" besitzt. Die Eigenwerte der Operatoren dieses Spindrehimpulses sollten gleich einem Vielfachen von $\hbar/2$ sein. Bereits einige Jahre zuvor wurde der Elektronenspin im Versuchsaufbau von Stern-Gerlach entdeckt. Die Experimentatoren registrierten, dass sich ein Strahl, bestehend aus Wasserstoffatomen, in einem inhomogenen Magnetfeld aufspaltet. Da im Grundzustand des Atoms die Bahnbewegung des Elektrons nicht zum magnetischen Moment beiträgt, wurde die Aufspaltung des Strahls auf einen Spindrehimpuls-Operator zurückgeführt, dessen z-Komponente nur die Eigenwerte $+\hbar/2$ oder $-\hbar/2$ haben kann. Ebenfalls im Jahr 1925 konnte Wolfgang Pauli mit seiner berühmten Gleichung die Feinstruktur im Wasserstoffspektrum befriedigend theoretisch erklären. Dabei spielte der Spin eine Schlüsselrolle, wie der Pauli Gleichung (0.12) zu entnehmen ist.

Parallel dazu wurden von Spektroskopikern auch die Linienspektren anderer Atome untersucht, in denen viele Elektronen gebunden sind. Das theoretische Fundament bot die Schrödinger-Gleichung eines Vielelektronensystems. So flink, wie man sie aufschrieb

$$i\hbar\frac{\partial}{\partial t}\psi = H\psi = \sum_{j=1}^{n}\left\{-\frac{\hbar^2}{2m}\Delta_j + V(\mathbf{r}_j) + \sum_{k\neq j}\frac{e^2}{r_{kj}}\right\}\psi,$$

so schwer war die Gleichung zu interpretieren (r_{kj} ist der Abstand zwischen dem k-ten und j-ten Elektron). Für n Elektronen ist die "Wellenfunktion" ψ nämlich eine Funktion in einem mehrdimensionalen Konfigurationsraum: $\psi = \psi(\mathbf{r}_1, s_1, \ldots, \mathbf{r}_n, s_n, t)$, wobei s_1 bis s_n die diskreten Spinvariablen bezeichnen. Das Betragsquadrat $|\psi|^2$ der Mehrteilchen-Wellenfunktion ist nicht mehr ein Maß für die räumliche Verteilungswahrscheinlichkeit von Elektronen. Zwar können viele Lichtquanten *eine* Lichtwelle bilden, die durch drei Ortskoordinaten und eine Zeitkoordinate beschrieben wird. Für Elektronen (Fermionen) ist etwas ähnliches nicht möglich. Die Vielteilchen-Wellenfunktion gehört zu einem multidimensionalen Konfigurationsraum, in dem nur ein abstraktes "Geschehen" ablaufen kann - etwas vollkommen Unanschauliches. Strenggenommen ist das Elektron niemals ein klassisches Teilchen - kein Ding. Besser nennen wir es eine mathematische Abstraktion, ein "Wort" eines "transzendenten Gesprächs".

Das Elektron entzieht sich auch wegen einer anderen "Charaktereigenschaft" dem Zugriff durch die Anschauung. Gemeint ist die Ununterscheidbarkeit der Teilchen. Wenn wir sagen: „Hier ist ein Elektron“, dann meinen wir ein *identifizierbares* Einzelobjekt, das sein "Eigenleben" hat. Eventuell kommt es aus den Tiefen des Alls, hat an Supernovaexplosionen teilgenommen, war eine Zeitlang im Dinosaurier, dann im Stuhlbein bis sein Schicksal es sonst wohin treibt - es wird aber immer dieses eine Elektron sein. Gemäß der Quantenphysik ist diese Vorstellung grundsätzlich falsch. Wenn Elektronen mit anderen zusammenkommen, dann verlieren sie vollständig ihre "Individualität". Die klassische Mechanik ist anders. Nach ihr gibt es definierte Teilchenbahnen, die sich hin- und zurückverfolgen lassen. Es sind die Bahnen eines "individuellen" Massenpunkts, der nur einmal da ist und sich niemals in Nichts auflöst. Wegen der Heisenbergschen Unschärferelation legt die Quantenmechanik keine exakten Teilchenbahnen fest. Werden zwei Elektronen zu einem Zeitpunkt durch Ortsmessungen genau identifiziert und voneinander unterschieden, so bleibt deren Impuls völlig unbestimmt. Daher kann bei der Messung eines Elektrons zu einem späteren Zeitpunkt nicht mehr festgestellt werden, um welches Teilchen es sich handelt. Quantenpartikel derselben Sorte sind voneinander ununterscheidbar. Daraus folgt: Wenn $\psi(\mathbf{r}_1, s_1, \mathbf{r}_2, s_2, \dots)$ eine Lösung der Vielteilchen-Wellengleichung ist, dann muss auch $\psi(\mathbf{r}_2, s_2, \mathbf{r}_1, s_1, \dots) = \widehat{P}_{12}\psi(\mathbf{r}_1, s_1, \mathbf{r}_2, s_2, \dots)$ eine Lösung sein, wobei $\widehat{P}_{12}$ (mit $\widehat{P}_{12}^2 = \widehat{1}$) der Permutationsoperator ist, dessen Eigenwert ($+1$ oder -1) die Symmetrie der Wellenfunktion festlegt. Danach gibt es zwei verschiedene Teilchensorten: Bosonen bzw. Fermionen mit einer symmetrischen bzw. antisymmetrischen Zustandsfunktion. Da Elektronen Fermionen sind, gilt für sie das Pauli-Prinzip, was besagt, dass sich die Wellenfunktionen von zwei Elektronen in stationären Zuständen niemals gleichen. Wären nämlich zwei Elektronen in identischen Zuständen, so müsste sich einerseits bei Vertauschung der Elektronenkoordinaten das Vorzeichen der Wellenfunktion ändern, und andererseits nicht ändern, da sie im selben Zustand sind. Diese Bedingungen werden nur von $\psi = 0$ erfüllt. Dass jeder Elektronenzustand nur einmal besetzt werden kann, ist für den Aufbau des Periodensystems der Elemente ausschlaggebend.

Kehren wir nach dem Abstecher in die Schrödingerschen Vielteilchenphysik zur Quantenfeldtheorie zurück. Das Pauli-Prinzip, das fester Bestandteil der Dirac-Theorie ist, wird herangezogen, um eine Unstimmigkeit zu beheben, die alle negativen Energiezustände dem speziell-relativistischen Formalismus aufbürden. Die Art der Behebung dieses ernstzunehmenden Defekts ist atemberaubend. In der Quantenphysik kann es prinzipiell nicht ausgeschlossen werden, dass ein Quant die Lücke $2mc^2$ zwischen den positiven und negativen Energiezuständen überwindet, um anschließend im Bereich der negativen Energien ins Bodenlose abzustürzen. Im Laufe der Zeit würde kein Teilchen diesem Schicksal entgehen - alles würde sich unaufhaltsam auf der Energieleiter nach unten bewegen. Der Schaden für das neue Lehrgebäude wäre erheblich, da es keine, von der Dirac Gleichung wesentlich verschiedene relativistisch invariante Gleichung gibt, die Teilchen mit Spin 1/2 und endlicher Masse beschreibt. Zum Glück gilt das Pauli-Prinzip. Um der Kalamität aus dem Wege zu gehen, postulierte Dirac kühn: Alle Zustände zu den negativen Energien sind bereits besetzt - diesen See besetzter Zustände nenne ich das Vakuum. Wegen des Pauli-Prinzips finden Teilchen mit positiver Energie keinen freien Platz im prall gefüllten Untergrund. Was Paul Dirac damit vorschlug, verwirrte die Fachleute. Immerhin machte er damit aus dem Vakuum nicht weniger als ein profundes physikalisches Objekt. Gemeinhin bezeichnet das Wort "Vakuum" einen Raumbereich, in dem keine Teilchen vorhanden sind. Man sagt: Dieses "Nichts" ist grundlegender als das, was es beherbergt, denn was in die Leere hineingestellt wird, das ist ihr äußerlich und fremd. Daher stellten Philosophen die spitzfindige Frage: Warum ist der Kosmos nicht einfach nur gähnend leer, warum sind Bausteinchen im Behälter? Parmenides kühne Antwort: „Das Nichts ist nicht“, wurde von Gedankenverwaltern gelangweilt in die Geschichtsbücher verbannt. Doch ausgerechnet an die alte Idee, die Parmenides einst von den Göttern mitbrachte, knüpfte Dirac an, um seine Theorie vor dem Zusammenbruch zu retten. In Wahrheit sei das Vakuum ein solcher Quantenzustand, in dem alle negativen Energieniveaus durch Elektronen bereits besetzt sind. Erschrocken wurde und wird daraufhin gefragt: Aber wo ist denn diese Mauer, ohne Anfang, ohne Ende, gebaut und verfugt nur mit Elektronen? Wo ist die divergente Schwerkraft, wo das divergente elektrostatische Potential? Trotz dieser peinlichen Fragen an Dirac haben sich die Physiker an diesen unglaublichen Gedanken mittlerweile gewöhnt. Man kehrt die Divergenzen artig unter den Teppich, poliert die Schaustücke in der Vitrine - und schon kann der Besuch kommen. Wenn dort unten, in der Diracschen "Unterwelt", schon alle Zustände besetzt sind, dann kann, wegen des Pauli-Prinzips, ein "reales" Elektron nicht dorthin gelangen, um am Ende bei der Energie minus Unendlich zur Ruhe zu kommen. Das Elektron muss bleiben, wo es ist, im Bereich der positiven Energiezustände (siehe Abbildung 0.2.19).

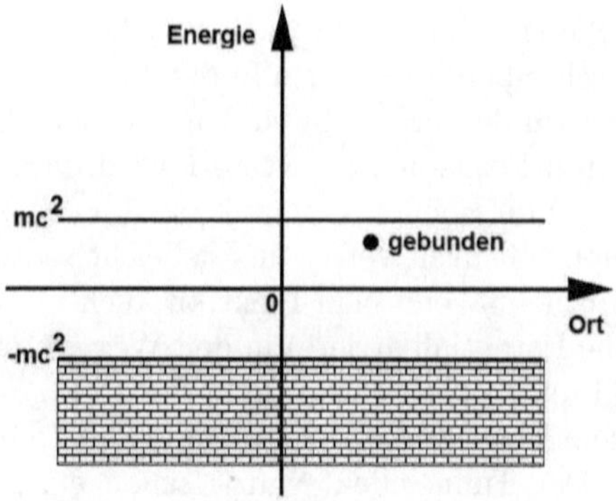

Abbildung 0.2.19:
Ein freies Teilchen der Masse m hat mindestens die Energie mc^2. Durch die Bindung an ein Kraftzentrum vermindert sich seine Energie. Das ist für Elektronen in den Atomen der Fall. Alle negativen Energiezustände unterhalb von $-mc^2$ sind aufgefüllt, so dass in diesen Bereich kein weiteres Elektron eindringen kann. Man spricht vom Dirac See.

Ist eventuell die Vorstellung, dass der gefüllte Dirac See die Funktion des Vakuums übernimmt, nur eine mathematische Taschenspielerei? Oder ist dieser nicht beobachtbare Grundzustand des Dirac Feldes physikalisch bedeutsam? Kann er wirken, kann er etwas in die Welt setzen? Wenn ein hochenergetisches Lichtquant in der unmittelbaren Nachbarschaft eines Atomkerns eine größere Energie als $2mc^2$ hat, dann kann es die Emission eines Elektrons aus dem Vakuumzustand negativer Energie in einen Zustand positiver Energie veranlassen. Zurück bleibt ein "Loch" im Meer der aufgefüllten Zustände in der "Unterwelt". Diese Lücke im Block fasste Dirac als ein neues Teilchen mit positiver Ladung und unveränderter Masse auf, das er "Positron" nannte. Das hypothetische Teilchen, das es nicht gäbe, wenn nicht von der Wirklichkeit des Vakuums gesprochen werden könnte, ist ebenso "real" wie das Elektron. Jahre, nachdem Dirac (1928) die Existenz des Positrons vorhersagte, wurde es tatsächlich von Anderson (1932) beobachtet. Alle Eigenschaften, welche die Dirac-Theorie diesem Teilchen zuschrieb, hatte es auch. Mehr noch: Die Theorie entdeckte eine Wesensverwandtschaft zwischen den beiden "Teilchen" - dem Elektron und dem Positron. In der Dirac-Theorie steht nämlich der "große" Spinor Φ für das Elektron und der "kleine" φ für das Positron. Nur wenn dieses Paar nicht gestört wird, darf jeder Anteil auf sein "Selbstsein" bestehen. Nur dann entkoppeln nämlich die Gleichungen für Φ und φ exakt. Die beiden Komponenten des Spinors Φ beschreiben Elektronen in den Spinzuständen $+1/2$ und $-1/2$. Positron-Zustände werden durch den "kleinen" Spinor φ erfasst. Sobald das Elektron-Positron Paar gestört wird, verkoppeln alle vier Komponenten des Diracschen Bispinors ψ, so dass Elektronen und Positronen ihre Jungfräulichkeit verlieren. Vielleicht sollten wir dann von "Elpotronen" sprechen. Wenn dem Elektron auch nur ein kleines Hindernis (eine dünne Potentialbarriere) in den Weg gestellt wird, verliert es seine Unschuld und paart sich mit dem Positron.

Um das zu demonstrieren, gehen wir kurz auf ein einfaches Rechenbeispiel ein. Der Tunneleffekt wurde schon erwähnt. Gemäß der Schrödinger-Theorie kann ein Elektron ein Hindernis (eine Potentialbarriere) durchdringen. Die Wahrscheinlichkeit dafür, dass die Barriere durchtunnelt werden kann, nimmt exponentiell mit der Breite des Hindernisses ab. Gibt es den Tunneleffekt auch in der Dirac-Theorie? Weil Dirac dem Elektron einen Kompagnon auf den Rücken geschnallt hat, kann es nicht nur tunneln, sondern ein zusätzliches Kunststück aufführen. Für die eindimensionale Bewegung eines Elektrons mit der Energie E, die kleiner ist als die Höhe V der Potentialbarriere, folgt aus der Dirac Gleichung für den Transmissionskoeffizienten T:

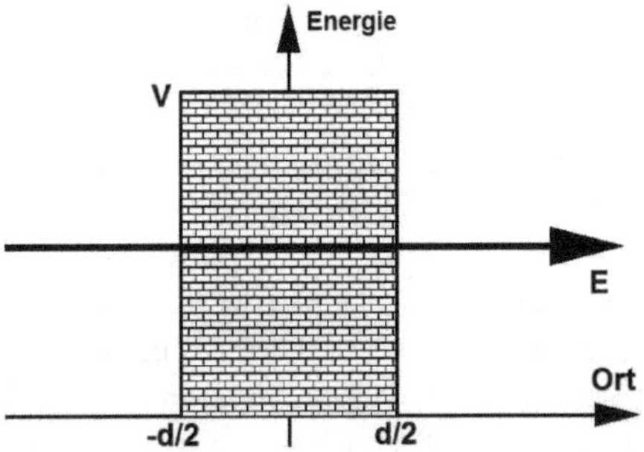

Abbildung 0.2.20:

Wenn die Bedingung $Kd = n\pi$ erfüllt ist, dann fliegt ein Dirac-Elektron der Energie E ungehindert, ohne je reflektiert zu werden, durch die Potentialbarriere. Das Kleinsche Tunneln hat in der alten Quantenmechanik kein Pendant.

$$T = \frac{4\kappa^2}{4\kappa^2 + (1-\kappa^2)^2 \sin^2 Kd}, \quad \kappa = \sqrt{\frac{(V-E+mc^2)(E-mc^2)}{(V-E-mc^2)(E-mc^2)}},$$

wobei $(\hbar cK)^2 = (E - V)^2 + m^2c^4$ gilt und d die Dicke der Barriere bezeichnet. Verwunderlich an diesem Ergebnis ist folgendes: Hat das anfliegende Elektron eine passende Energie E (die sich aus der Gleichung $Kd = n\pi$ (n ganzzahlig) berechnet), dann ist der Transmissionskoeffizient exakt gleich Eins, d.h. dann durchquert das Teilchen die Barriere, als sei sie gar nicht vorhanden. Dabei kann das Elektron das Hindernis erst dann ganz ignorieren, wenn die Barriere breit genug ist. Die Bedingung $Kd = n\pi$ lautet nämlich explizit:

$$E = V - c\sqrt{m^2c^2 + n^2\pi^2\hbar^2/d^2}.$$

Erst wenn die Barrierenhöhe V größer ist als mc^2, kann für ein breites Hindernis ($\pi\hbar/d \ll mc$) ungestörtes Kleinsches Tunneln auftreten. Dass in diesem Fall jedes Elektron die "Mauer" ohne zu rucken durchquert, ist seinem Zusammenspiel mit dem Partner aus der "Unterwelt" - dem Positron - geschuldet. Allein dass eine Barriere im Wege steht, veranlasst das Elektron, sich seines Partners zu besinnen, um wie der Igel im Märchen ausrufen zu können: ick bin all hier. Schon im Anflug auf das Hindernis "weiß" das Elektron, dass es zwei "Gesichter" hat, dass es sich nun wie ein "Elpotron" benehmen muss. Tatsächlich ist das Kleinsche Tunneln im Einteilchenbild nicht zu verstehen. Der Zusammenstoß des Teilchens mit der hohen Potentialbarriere ruft die Erzeugung von Teilchen-Antiteilchen Paaren hervor. Wird nämlich ein Partikel der Masse m an der Potentialschwelle innerhalb der Compton-Wellenlänge lokalisiert $\Delta x \sim \hbar/mc$, so fluktuiert die Energie um den Betrag $\Delta E \sim mc^2$. In der relativistischen Quantentheorie sind also die Energiefluktuationen mitunter groß genug, um Teilchen aus dem Dirac See "verdunsten" zu lassen. Daher sind es vereinte Elektron-Positron Anregungen, die bei der Überwindung des Hindernisses zusammenwirken. Ihr gemeinsamer Erfolg ist die ungehinderte Durchdringung eines Stolpersteins bei günstigen Bedingungen. Der klassische Physiker muss Berichte dieser Art für Wundermärchen halten.

Wenn Elektronen, gepaart mit Positronen, aus hoch-energetischen Photonen erzeugt werden können und diese Paarerzeugung von einer späteren Paarvernichtung wieder rückgängig gemacht werden kann, dann bleibt die Anzahl der Elektronen im Kosmos prinzipiell nicht konstant, dann können auch die Elektronen im Demokritschen Sinne nicht als elementar angesehen werden. In der Dirac-Theorie wird der Teilchenbegriff sogar noch weiter vertieft und problematisiert, als es bisher dargestellt wurde. Ohne sein Antiteilchen, mit dem zusammen er sich in ein reines Strahlungsfeld verwandeln kann, existiert überhaupt kein elementarer "Baustein". Nur näherungsweise darf ein Teilchen so aufgefasst werden, als befände es sich in einer ihm äußerlichen Leere, als sei es vom Vakuum absolut verschieden. Das "Nichts" gehört so innig zum "Etwas", dass man das eine nicht recht ohne das andere versteht. Der Diracsche See - diese brodelnde "Unterwelt" - ist nicht minder physikalische Realität und Wirkungsmacht als jedes "greifbare Ding". Aus diesem "Nichts" können Teilchen-Antiteilchen Paare gepresst werden, dieses "Nichts" wird durch Ladungen polarisiert, was zum Lamb-shift der Spektrallinien führt, und dieses "Nichts" wird zur Kraft, beispielsweise beim Casimir-Effekt, auf den wir nun kurz eingehen.

Zwei parallele Metallplatten trenne nur ein dünner Spalt der Dicke a. Die Platten legen für das quantisierte elektromagnetische Feld des Vakuums Randbedingungen fest, die nur stehende Wellen zulassen. Alle anderen elektromagnetischen Wellen kommen im Zwischenraum nicht vor. Ist die z-Achse des Koordinatensystems senkrecht zu den Platten gerichtet, so haben die zugelassenen Wellen im Spalt die Form

$$\psi_n(\mathbf{r},t) = e^{-i\omega_n t + i\mathbf{k}_\parallel \mathbf{x}_\parallel} \sin k_n z, \quad k_n = \frac{n\pi}{a}, \quad \omega_n = c\sqrt{\mathbf{k}_\parallel^2 + (n\pi/a)^2},$$

wobei $\mathbf{k}_\parallel$ und k_n die Komponenten des Wellenvektors sind. Die Gesamtenergie $E(a)$ zwischen den Platten beträgt pro Flächeneinheit A:

$$E(a)/A = 2\sum_{n=1}^{\infty} \int \frac{d^2\mathbf{k}_\parallel}{(2\pi)^2} \frac{\hbar\omega_n}{2} e^{-\omega_n t},$$

wobei der Faktor 2 den beiden Polarisationen der Welle Rechnung trägt. Durch den Exponentialfaktor $\exp(-\omega_n t)$ wird die n Summe regularisiert. Am Schluss der Rechnung müssen wir den Grenzübergang $t \to 0$ ausführen. Von dieser Energie des Resonators ist die Energie aller Schwingungsmoden im Außenraum abzuziehen, um die resultierende Kraft abschätzen zu können. Zur expliziten Berechnung der so definierten effektiven Energie pro Fläche E_{eff}/A bedient man sich der Euler-Maclaurinschen Formel. Für die Casimir-Kraft pro Flächeninhalt F_{Casimir}/A erhält man auf diesem Wege eine einfache Formel:

$$F_{\text{Casimir}}/A = -\frac{d}{da} E_{\text{eff}}(a)/A = -\frac{\hbar c \pi^2}{240 a^4}.$$

Die anziehende Kraft zwischen den Metallplatten ist unabhängig von den Materialeigenschaften, von der Temperatur und wird nur durch die Gestalt der durch das Vakuum getrennten, ideal leitenden und ungeladenen Metallschichten bestimmt. Im Jahr 1948 ersann Casimir dieses

Gedankenexperiment, das erst zehn Jahre später von Sparnaay experimentell realisiert werden konnte. Dass der leere Raum auf parallele Metallplatten eine Kraft ausübt - dass er aus sich heraus wirkt - das ist eine Erkenntnis, die fast alle Metaphysiker zum Umdenken zwingt. Parmenides ist einer der wenigen Philosophen, der sich durch diese Botschaft bestätigt fühlen darf.

Die Dirac Gleichung wird zu Recht als eine gelungene und profunde Theorie gelobt, in der die Schrödingersche Quantenmechanik mit der Einsteinschen speziellen Relativitätstheorie konsistent vereinigt ist. Besonders an der Feinstruktur des Wasserstoffspektrums wird der unwiderrufliche Erkenntnisfortschritt, der durch den wegweisenden Einheitsgedanken angestoßen wurde, deutlich. Dieser Erfolg spornte die weitere Entwicklung der Theorie an. Der allgemeinen Konsistenzidee folgend überlegte man, ob bei der Behandlung des Wasserstoffproblems nicht auch das Coulombfeld der Ladungen quantenmechanisch behandelt werden müsse. Schließlich war bekannt, dass sich begegnende Elektronen und Positronen in elektromagnetische Strahlung verwandeln. Gehorchen die Ladungsträger der Diracschen Quantentheorie, so müsse das folglich auch für das elektromagnetische Feld gelten. Doch wie können klassische Felder quantisiert werden? Eine Möglichkeit bietet der quantenmechanische Operatorformalismus - die zweite Quantisierung. Mit dieser Methode konnte die Dirac-Theorie zur Quantenelektrodynamik erweitert und vervollständigt werden. In die fundamentale Lagrangedichte $\mathcal{L}_{\mathrm{QED}}$ der verallgemeinerten Theorie gehen neben dem fermionischen Dirac Anteil ψ auch der Feldstärketensor $F_{\mu\nu}$ der elektromagnetischen Strahlung und die eichinvariante Kopplung D_μ ein:

$$\mathcal{L}_{QED} = \hbar c \bar{\psi} \left[i\gamma^\mu D_\mu - \frac{mc}{\hbar} \right] \psi - \frac{1}{4} F_{\mu\nu} F^{\mu\nu},$$

$$F_{\mu\nu} = \partial_\mu A_\nu - \partial_\nu A_\mu, \quad \bar{\psi} = \psi^\dagger \beta.$$

Damit alles auf der quanten-physikalischen Beschreibungsebene bleibt, sind nicht nur die Dirac Spinoren ψ zu quantisieren (d.h. durch Operatoren darzustellen), sondern auch die Vektorpotentiale A_μ des elektromagnetischen Feldes.

Wir skizzieren das Schema der Feldquantisierung. Die allgemeine Lösung der Wellengleichung für das Vektorpotential A_μ kann stets nach ebenen Wellen mit geeigneten Wellenamplituden $c_{\mathbf{k}\lambda}$ entwickelt werden.

In dieser Darstellung

$$A_\mu(x) = \frac{1}{\sqrt{V}} \sum_{\mathbf{k}\lambda} \frac{1}{\sqrt{2\omega}} e_\mu^{(\lambda)} \left[c_{\mathbf{k}\lambda} e^{ikx} + c_{\mathbf{k}\lambda}^\dagger e^{-ikx} \right],$$

bezeichnen V das Normierungsvolumen, k und x den vierdimensionalen Wellenzahlvektor $k = (\mathbf{k}, i\omega)$ und den Raum-Zeit-Vektor $x = (\mathbf{r}, it)$ sowie $e_\mu^{(\lambda)}$ den vierdimensionalen Polarisations-Einheitsvektor ($\lambda = 1, 2, 3, 4$). Um das elektromagnetische Feld zu quantisieren, werden die komplexwertigen Amplituden $c_{\mathbf{k}\lambda}$ durch Operatoren in einem Hilbertraum ersetzt, die folgende Vertauschungsrelationen erfüllen:

$$[\hat{c}_{\mathbf{k}\lambda}, \hat{c}_{\mathbf{k}'\lambda'}] = [\hat{c}_{\mathbf{k}\lambda}^\dagger, \hat{c}_{\mathbf{k}'\lambda'}^\dagger] = 0, \quad [\hat{c}_{\mathbf{k}\lambda}, \hat{c}_{\mathbf{k}'\lambda'}^\dagger] = \delta_{\mathbf{k}\mathbf{k}'}\delta_{\lambda\lambda'}.$$

Hierin steht $\hat{c}_{\mathbf{k}\lambda}^\dagger$ für den hermitisch konjugierten Operator. Das Produkt $\hat{N}_{\mathbf{k}\lambda} = \hat{c}_{\mathbf{k}\lambda}^\dagger \hat{c}_{\mathbf{k}\lambda}$ übernimmt die Funktion des Teilchenzahloperators. Somit etablieren die Quantenbedingungen (und die Kommutatorrelationen) ein quantenmechanisches Teilchenbild des elektromagnetischen Feldes. Die Lichtteilchen - man nennt sie Photonen - haben, wie man es für reguläre Teilchen erwartet, jeweils ihre Energie, ihren Impuls und Drehimpuls. Allerdings ist die Ruhemasse dieser Teilchen gleich null. Als wir oben (Seite 12) Lichtwellen mit einem Tanz ohne Tänzer verglichen, haben wir den Tänzer - das Photon - nicht übersehen, denn er fällt nicht ins Gewicht - er hat ja keine Ruhemasse. Führt die Photonenwolke jedoch ihren Tanz in der Umgebung von Ladungsanhäufungen auf, so mutieren Photonen, verwandeln sich in Plasmonen, die eine endliche Ruhemasse haben, wie es sich für "echte" Teilchen gehört. Dass damit (mit dem Higgsmechanismus) etwas "Greifbares" in die Welt gesetzt wird, kann keinem "Messvorgang" zugeschrieben werden, sondern nur dem ganzheitlichen Charakter der Quantenphysik. Dringt das Photon nämlich in eine Ladungswolke ein, so verwandeln sich beide - das Teilchen und die Wolke. Streng genommen entsteht durch den Eintritt des Photons in das Einflussgebiet eines elektromagnetischen Feldes etwas gänzlich Neues, das weder Teilchen noch Feld ist. Allgemein ist festzuhalten, dass die Unterteilung elektromagnetischer Erscheinungen in Ladungen (beschrieben durch das Feld ψ), Lichtteilchen (beschrieben durch das Feld $F_{\mu\nu}$) und deren Wechselwirkung (enthalten in D_μ) künstlich und nur näherungsweise gültig ist. Nur in speziellen Fällen beziehen sich die Lösungen der Feldgleichungen auf gegeneinander abgrenzbare Ladungen auf der einen und mit ihnen wechselwirkende Felder auf der anderen Seite. Was eine nicht zerlegbare Vereinigung des Strahlungsfeldes mit seinen Quellen alles sein kann, das lehren die vielen Beispiele aus der Festkörperphysik. Dort nennt man die eigentümlichen Ganzheiten, "bestehend" aus Feld und Ladung, Quasiteilchen. Das Polariton, beispielsweise, ist ein Konglomerat bestehend aus Photonen und Elektron-Loch Anregungen, die ihrerseits Quasiteilchen sind, nämlich Exzitonen. Alles in allem ist die Quantenelektrodynamik eine beeindruckende Theorie. Sie vereinigt drei große Wissensgebiete: die Theorie des Elektromagnetismus, die Quantentheorie und die spezielle Relativitätstheorie. Bisher konnte ihr durch Schlüsselexperimente nicht ein einziger gravierender Fehler nachgewiesen werden.

Es gibt eine Reihe von astronomischen Beobachtungsdaten, die nahelegen, dass sich einst das gesamte Universum in einem hoch-energetischen Zustand befand, in dem Elektronen, Positronen und Photonen als Entitäten noch nicht existierten, weil sie in einer gemeinsamen "Gestaltungsidee" aufgingen. Erst nachdem sich das Weltall durch Expansion genügend abkühlte, kam es zu einer Ausdifferenzierung innerhalb der kollektiven Anregung. Plötzlich emanzipierte sich das Elektron vom Positron und vom Photon. Indem die Quantenfeldtheorie den "Dingen", mit denen wir es heute zu tun haben, zwanglos eine gemeinsame Wurzel zuweist, stellt sie den Metaphysikern wichtige philosophische und erkenntnistheoretische Fragen. Eine der wichtigsten ist: Wird sich die Einheitsidee auch in Zukunft immer wieder bewähren, weil immer mehr fundamentale Wissensgebiete zusammengefasst werden können zur ultimativen "Theorie für alles"?

Unterschiedliche Darstellungsformen vertiefen nicht nur das Verständnis der Quantenmechanik, sondern auch der Quantenfeldtheorie. Um ein physikalisches Feld $\Psi(x)$ zu quantisieren kann auf die Operatordarstellung zurückgegriffen werden ($\Psi(x) \to \widehat{\Psi}(x)$). Eine andere Methode der Feld-Quantisierung behält die komplexwertigen Funktionen $\Psi(x)$ (oder Grassmann-Variablen) bei, bildet aus ihnen aber Funktionalintegrale. Der Ausgangspunkt für diese formale Darstellung der Quantenfeldtheorie ist das erzeugende Funktional $Z(J, J^*)$, das von gewissen Hilfsfunktionen $J(x)$ abhängt:

$$Z(J, J^*) = \int D\Psi \exp\left\{-i \int \mathrm{d}^4x [\mathcal{L}(\Psi, \Psi^*) + J^*(x)\Psi(x) + J(x)\Psi^*(x)]\right\}.$$

Das Symbol $\int D\Psi$ bedeutet Integration über die komplexwertigen Funktionen Ψ. Durch die Vorgabe der Lagrangedichte $\mathcal{L}$ wird das physikalische Modell erschöpfend festgelegt. Sämtliche Korrelationsfunktionen und mit ihnen alle physikalisch relevanten Größen werden aus $Z(J, J^*)$ durch Funktionalableitungen nach der Testfunktion $J(x)$ berechnet.

Die Hilfsfunktion $J(x)$ erlaubt es, die Auswirkungen eines schwachen (virtuellen) Rüttelns am System zu beschreiben.

An einem einfachen Beispiel erläutern wir die Funktionsweise des Formalismus. $\Psi(x)$ seien reellwertige Funktionen, die vom Ort und von der Zeit abhängen. Im Ausdruck für das erzeugende Funktional erstreckt sich die Integration über alle möglichen Funktionen dieser Art:

$$\begin{aligned} Z_o(J) = \quad & \int D\Psi \exp\left\{ -\frac{1}{2} \int \mathrm{d}^4x_1 \mathrm{d}^4x_2 \Psi(x_1)\mathcal{H}(x_1,x_2)\Psi(x_2) \right. \\ & \left. + \int \mathrm{d}^4x J(x)\Psi(x) \right\}, \end{aligned}$$

wobei $\mathcal{H}(x_1, x_2)$ der raum-zeitlich nicht-lokale Kern ist und die Normierungsbedingung $Z_o(0) = 1$ vorausgesetzt wird. Da über alle mehrfach differenzierbaren Funktionen $\Psi(x)$ integriert wird, ändert sich der Wert des Integrals nicht, wenn die Integrationsvariable verschoben wird: $\Psi(x) \to \Psi(x) + \int \mathrm{d}^4y\Delta(x,y)J(y)$, wobei $\Delta(x,y)$ das Inverse der symmetrischen Funktion $\mathcal{H}$ sein soll: $\int \mathrm{d}^4z\Delta(x,z)\mathcal{H}(z,y) = \delta^4(x-y)$. Die Funktionalintegration führt auf das Ergebnis:

$$Z_o(J) = \exp\left\{ -\frac{1}{2} \int \mathrm{d}^4x_1 \mathrm{d}^4x_2 J(x_1)\Delta(x_1,x_2)J(x_2) \right\}.$$

Korrelationsfunktionen und physikalische Observablen werden durch Funktionalableitungen nach $J(x)$ bestimmt, wobei am Ende der Rechnung nur der Grenzfall $J(x) \to 0$ zu beachten ist. Es ist bemerkenswert, dass alle möglichen Funktionen $\Psi(x)$, die für alle Zeitpunkte zwischen minus und plus Unendlich im gesamten unendlichen Ortsraum definiert sind, bei der Berechnung des Funktionalintegrals herangezogen werden. Ob diese Funktionen Lösungen der Feldgleichungen sind oder nicht, ist dabei belanglos. Jede Funktion, ob "physikalisch" oder "unphysikalisch", trägt zu den definitiven Aussagen über das Naturgeschehen prinzipiell bei. Diese merkwürdige Eigenschaft des Formalismus, dass alles "Reale" mit dem Möglichen (und wie man hier sieht auch mit dem Unmöglichen) zusammenhängt, ist in der Quantenfeldtheorie zentral und nicht marginal. Nicht Arrangements von elementaren, anschaulichen Entitäten bilden das Rohmaterial der modernen quantenfeldtheoretischen Naturlehre, sondern nicht-materielle Felder, die unendlich vielfältig das gesamte Raum-Zeit Kontinuum überdecken. In seltenen Fällen sind es nur wenige Feldkonfigurationen, die bestimmend sind, während der Einfluss aller anderen vernachlässigbar gering ist. Nicht ohne Willkür werden diese besonders ausgezeichneten Felder "real" genannt. Einen guten Näherungsausdruck für das erzeugende Funktional gewinnt man für diese speziellen Fälle mit Hilfe der Sattelpunktmethode. Wenn in einer Raum-Zeit Region der Imaginärteil des Sattelpunkt-Feldes $\Psi_{\text{eff}}(x)$ sich sehr viel schneller ändert als der Realteil, dann liegt eine quasi-klassische Situation vor, dann ist die klassische Feldtheorie eine gute Näherung. Abgesehen von diesen seltenen Ausnahmen, wird durch die Quantenfeldtheorie nicht nur die mechanisch-materialistische Naturauffassung grundsätzlich attackiert, sondern jede Form einer anschaulichen Naturbetrachtung, deren Basisbegriffe der Erscheinungswelt entlehnt sind. Die Wahrheit liegt tiefer, sie ist nicht oberflächlich, sie ist ein "Wort Gottes" - wie es Religionslehrer schon immer behaupten. Um den Stellenwert der quasi-klassischen Erscheinungsform in der

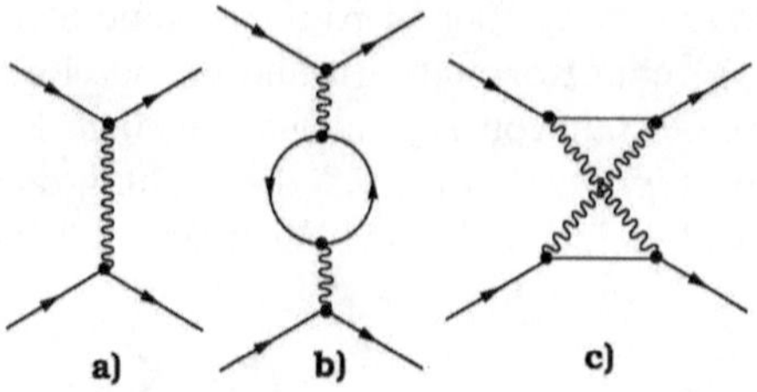

Abbildung 0.2.21:
Feynman-Diagramme für drei mögliche Varianten, wie Elektronen (gerade Linien) virtuelle Photonen (Wellenlinien) austauschen und dadurch miteinander wechselwirken.

umfassenderen "Wirklichkeit", die auf der quantenfeldtheoretischen Erkenntnisebene erscheint, zu erfassen, wenden wir uns einem konkreten Anwendungsbeispiel zu: der Wechselwirkung zwischen elektrischen Ladungsträgern. Sie wird hauptsächlich hervorgerufen durch den Austausch von virtuellen Photonen. Das Diagramm a) in Abbildung 0.2.21 zeigt den einfachsten Streuprozess. Zwei Elektronen nähern sich einander an, tauschen ein virtuelles Photon aus, und stoßen sich daraufhin ab. Dieser einfache Streuvorgang beinhaltet bereits alles, was in der quasi-klassischen Naturlehre gemeint ist. Doch dieses Bild ist unvollständig. Tatsächlich gibt es nämlich unendlich viele andere Austauschakte, die prinzipiell auch "existieren", die aber in unserer Umgebung gewöhnlich von zweitrangiger Bedeutung sind. Das Diagramm b) zeigt einen Wechselwirkungsanteil, bei dem das virtuelle Photon ein virtuelles Elektron-Positron Paar erzeugt und wieder vernichtet. Auch können mehrere Photonen am Akt der Wechselwirkung beteiligt sein. Ein Beispiel zeigt das Diagramm c). Um im Formalismus den Ausdruck für das quasi-klassische Coulomb-Potential mit Quantenkorrekturen abzuleiten, wird eine effektive Wirkungsfunktion $S_{\text{eff}}(\psi)$ berechnet, die nur den Dirac Spinor ψ der Ladung enthält. Allgemein hängt das Wirkungsfunktional der Quantenelektrodynamik von ψ und vom Vektorpotential $A_\mu(x)$ des elektromagnetischen Feldes ab. Einen expliziten Ausdruck für $S_{\text{eff}}(\psi)$ erhält man durch Integration über die Felder $A_\mu(x)$:

$$\int DA \exp\{iS(\psi, A)/\hbar\} = \exp\{iS_{\text{eff}}(\psi)/\hbar\},$$

$$S_{\text{eff}} = \int \mathrm{d}^4x\, \bar{\psi}(x)(i\not{\partial} - m)\psi(x) + \frac{1}{2}\int \mathrm{d}^4x\mathrm{d}^4y\, j_e^\mu(x) D_{\mu\nu}(x-y) j_e^\nu(y),$$

wobei $j_e^\mu(x) = e\bar{\psi}(x)\gamma^\mu\psi(x)$ der vierdimensionale Stromdichte-Vektor ist und $D_{\mu\nu}(x-y)$ eine Korrelationsfunktion bezeichnet. Es führt zu weit, die konkrete Gestalt von $D_{\mu\nu}$ hier anzugeben. Für eine statische Ladungsverteilung ($j_e^\mu = e(\mathbf{0}, \rho)$, ρ ist die Ladungsdichte) nimmt der Wechselwirkungsanteil im effektiven Wirkungsfunktional $S_{\text{eff}}(\psi)$ folgende Form an

$$\int \mathrm{d}^4x\mathrm{d}^4y\, j_e^\mu(x) D_{\mu\nu}(x-y) j_e^\nu(y) = -\int \mathrm{d}^3x\mathrm{d}^3y\, \rho(\mathbf{x}) V(\mathbf{x}-\mathbf{y}) \rho(\mathbf{y}),$$

wobei $V(\mathbf{x}-\mathbf{y}) = e^2/(4\pi|\mathbf{x}-\mathbf{y}|)$ das gewöhnliche Coulomb-Potential bezeichnet. Quantenkorrekturen zu diesem quasi-klassischen Resultat gehen auf Diagramme mit mehr als einer Photonenlinie zurück. Die Quanteneffekte bei der Wechselwirkung von Ladungen, die in der klassischen Elektrodynamik kein Pendant haben, sind eine Folge der Vakuumpolarisation. Als ein Anteil des Lamb-Shifts ist dieses reine Quantenphänomen definitiv messbar.

Beide Ausformulierungen der Quantenfeldtheorie - die Operator-Methode und das Funktionalintegral Verfahren - nehmen dem leeren Raum seine absolute Leere. Vielmehr ist das seltsam "ereignisreiche", auf eine Art "prall gefüllte" Vakuum eine "Replik" auf das gesamte physikalische Geschehen, das im räumlich-zeitlichen Behälter aufgeführt wird. Unabhängig davon, wie groß in den kosmischen Weiten gigantische staubfreie Hohlräume sind, "weiß" der leere Raum auch dort, was Teilchen sind und woraus sie bestehen. Mehr noch: Behände wirft die große Leere dort hinten ständig Teilchen-Antiteilchen Paare in den leeren Raum, um sie sogleich einzufangen und sie wieder ins

Nichts versinken zu lassen. Diese Vakuumfluktuationen können im Formalismus der Quantenfeldtheorie nicht getilgt werden. Ihre Bedeutung muss im naturphilosophischen Weltbild deshalb gebührend gewürdigt werden. Wenn nämlich das "Vakuum" geheimnisvoll auch "Teilchen" ist und umgekehrt jeder grundlegende Teilchenbegriff die Wirklichkeit des "Nichtseins" thematisiert, dann ist die Kritik am mechanisch-materialistischen Atomismus auf eine besonders hohe Stufe gehoben.

Die Frage: „Was ist ein Teilchen?“, steht wie ein großes Menetekel in den Lehrbüchern der Quantenfeldtheorie. Als hätten es sich Platoniker ausgedacht, formuliert das Goldstone-Theorem ein konkretes Bildungsgesetz für elementare Partikel. Es besagt: Zu jeder spontan gebrochenen, kontinuierlichen, globalen Symmetrie gehört ein masseloses, pseudoskalares Teilchen. Platonisch gewendet und verallgemeinert lautet dieses Gesetz: Wenn es um den Katalog aller möglichen Teilchen geht, dann erkunde die im Weltenplan festgeschriebenen Symmetrien. "Richtige" Teilchen, in der Fachsprache massive Vektorfelder genannt, sind nämlich auch nichts anderes als Folgeerscheinungen einer Symmetrie, in diesem Fall einer spontan gebrochenen Eichsymmetrie. Der letztgenannte spontane Symmetriebruch, der sogenannte Higgsmechanismus, wird für das Vorhandensein von Masseteilchen verantwortlich gemacht. Ein schlichter, spontaner Symmetriebruch - das ist lediglich eine Gestaltungsidee - vollbringt bereits das Schöpfungswerk, durch ihn kommen greifbare Dinge in die Welt. Platon hätte diese fundamentale Erkenntnis der modernen theoretischen Physik als eine Bestätigung seiner Inspiration aufgefasst.

Die prinzipielle Wirkungsweise des Higgsfeldes illustriert ein quantenfeldtheoretisches Modell, in dem ein einfaches skalares Feld $\varphi(\mathbf{x}, t)$ eingeht. Für die potentielle Energie V der Lagrangedichte wird der algebraische Ausdruck ausgewählt: $V = -m^2\varphi^2 + \lambda\varphi^4$. Dabei handelt es sich um massive Spin 0 Bosonen mit Kontaktwechselwirkung. Die Kopplungskonstante der Wechselwirkung ist λ und m bezeichnet die Masse. Das "Nichts" als "logischer" Ausgangspunkt des "Schöpfungsberichts" bedeutet die Abwesenheit von allem, eingeschlossen Energie und Materie. Das ist der Zustand $V(\varphi = 0) = 0$, dem gleichzeitig die höchste Symmetrie zukommt - die volle Rotationssymmetrie (siehe Abbildung 0.2.22 den Punkt A).

Aber in diesem ausbalancierten Zustand kann sich ein Universum nicht lange halten, denn er ist energetisch instabil. Bereits eine schwache "Erschütterung" im "Gebälk" der Leere versetzt das ganze Vakuum in "Bewegung" und überführt es in den Zustand niedrigster, negativer

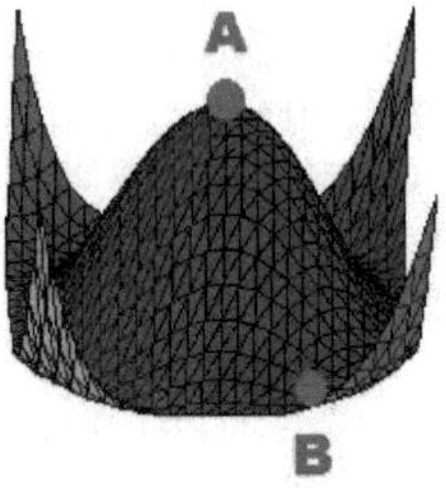

Abbildung 0.2.22:
Potentiallandschaft $V(\varphi) = -m^2\varphi^2 + \lambda^4\varphi^4$ für ein einfaches skalares Higgsfeld $\varphi(\mathbf{x}, t)$. Im Zustand A ($V(\varphi = 0) = 0$) ist die "Welt" leer - die Energie ist null, es gibt auch keine Materie. Dieser Zustand hat die höchste Symmetrie. Beim Übergang zum Zustand B vermindert sich die Symmetrie (die ursprüngliche Symmetrie wird gebrochen). Dafür entsteht etwas - nämlich massive Teilchen.

Energie bei $\varphi = \pm m/\sqrt{2\lambda}$. Dieser neue Vakuumzustand (Punkt B) hat eine geringere Symmetrie und eine geringere Energie als das "absolute" Vakuum (Punkt A). Die Physiker sagen: Im frühen Entwicklungsstadium des Kosmos ereignete sich ein spontaner Symmetriebruch. Seit jener Zeit befindet sich die Welt im "falschen Vakuum", dessen Energie zwar niedriger ist als im "absoluten Vakuum" $V(\varphi = 0) = 0$, das dafür aber Symmetrieeigenschaften weggegeben hat, wodurch ein erstes "Geformtes" entstand. Entlang der Kreisbahn in der Senke des mexikanischen Potentialhutes können sich nämlich nunmehr masselose Spin 1/2 Teilchen im Uhrzeigersinn und entgegen des Uhrzeigersinnes bewegen. Es entstehen zwei Sorten von Spin-1/2 Lichtteilchen: Bei der einen Sorte weist der Spin in Ausbreitungsrichtung, bei der anderen sind Spin und Bewegungsrichtung antiparallel. Indem diese "Urphotonen" mit dem Higgsfeld φ wechselwirken, springt deren Ausbreitungsrichtung ständig im zig-zag Takt hin und her. Die Folge davon ist: die masselosen Spin-1/2 "Urphotonen" bekommen eine Masse, sie verhalten sich plötzlich wie echte Teilchen, welche die Lichtgeschwindigkeit nicht mehr erreichen. Über diesen Higgsmechanismus kommt also das Greifbare in die Welt - wenn man den bis heute unwidersprochenen Erkenntnissen der Quantenfeldtheorie trauen darf.

Es drängt sich der Gedanke auf, unsere Welt mit einem Wasserglas zu vergleichen. Ist es leer, dann befinden sich in ihm nur "Lichtteilchen", die alle mit Lichtgeschwindigkeit unterwegs sind und deshalb das Raum-Zeitschema nicht kennen. Ein Moment ist in diesem "Kosmos" wie eine Ewigkeit, ein Ort wie ein Nirgendwo. Wird das Glas mit Wasser gefüllt, dann verwandeln sich all diejenigen "Urphotonen" in richtige Teilchen, die mit dem Medium "Wasser" (dem Higgsfeld) wechselwirken - die "Lichtstrahlen" werden im Wasser gebrochen. Ihre Ausbreitungsgeschwindigkeit erreicht nicht mehr die Vakuum-Lichtgeschwindigkeit, denn sie besitzen nun eine endliche Ruhemasse. Die Metamorphose dieser "Urphotonen" erhält den Status von Teilchen, welche die räumlich-zeitliche Bühne betreten bzw. diese überhaupt erst festlegen und der Messung zugänglich machen. Ursprünglich ist die Welt eine eingefrorene "Lichtshow" im leeren "Festsaal". Das Spektakel - die Schöpfung - beginnt mit dem Auftritt der Gott-Teilchen - der Higgsbosonen. Sie sorgen dafür, dass aus dem Gefunkel Rauchschwaden hervorgehen, die auf der vom Rauch selbst erst erschaffenen Raum-Zeitbühne etwas Vorzeigbares aufführen.

Weniger prosaisch muss der Schöpfungsbericht wie folgt lauten: Im Anfang war das "Lichtermeer", das im "Schöpfungsakt" vom Higgskondensat durchdrungen wurde. Diese "Substanz", die selbst ihren Higgsteilchen eine Masse gibt, tritt mit Austauschteilchen der schwachen Kraft, mit Quarks und Leptonen in Wechselwirkung. Dadurch erhalten die Spin 1/2 Fermionen (Leptonen und Quarks) und die Spin 1-Eichbosonen ihre Masse. Die Quanten des Higgskondensats sind also dafür verantwortlich, dass es überhaupt Teilchen gibt, die eine endliche Ruhemasse haben. Bei sehr hohen Temperaturen, die vermutlich in der Anfangsphase des Universums herrschten, war das Kondensat geschmolzen, war der Higgsmechanismus unwirksam, so dass alle Leptonen, Quarks und Eichbosonen masselos waren. Das ist der platonische Gedanke im neuen Gewand: Teilchen und Symmetrieprinzipien sind wesensverwandt.

Damit wird die Bedeutung des Platonismus in der modernen Physik noch längst nicht ausreichend genug gewürdigt. Nicht weniger als das gesamte fundamentale Begriffsgerüst der theoretischen Physik wird nämlich durch Symmetrien festgelegt. Emmy Noether hat 1918 den Zusammenhang zwischen kontinuierlichen Symmetrietransformationen und Erhaltungssätzen systematisch herausgearbeitet. Das nach ihr benannte Theorem besagt, dass es zu jeder kontinuierlichen Symmetrie einer Feldtheorie einen Viererstrom gibt, für den ein Erhaltungssatz gilt. Die zugehörige verallgemeinerte Ladung ist eine Erhaltungsgröße, die gleichzeitig der Generator der Symmetrietransformation ist. Das Noethersche Theorem ist ein fundamentales physikalisches Gesetz, das die invarianten Größen bzw. die wesentlichen Eigenschaften eines Modells mit dessen Symmetrien in Verbindung bringt. Alle Basisbegriffe der theoretischen Physik verdanken dem Noether Theorem ihre Existenzberechtigung.

Zur Illustration dieser Behauptung greifen wir zwei Beispiele heraus. Für ein homogenes vierdimensionales Raum-Zeit Modell ist die zugehörige Theorie invariant gegenüber einer Verschiebung des Koordinatenursprungs. Diese kontinuierliche Symmetrietransformation impliziert einen Erhaltungssatz für den sogenannten Energie-Impuls Tensor. An der integralen Variante dieser Gleichung wird deutlich, dass aus der Invarianz gegenüber der Verschiebung des Nullpunkts der Zeitskala die Energieerhaltung und aus der Invarianz gegenüber einer Verschiebung des Koordinatenursprungs die Impulserhaltung folgt. Die physikalischen Begriffe "Energie" und "Impuls" sind deshalb wesentlich und verbindlich, weil die vierdimensionale Minkowski Raum-Zeitunion homogen ist. Das zweite Beispiel betrifft die Invarianz der Lagrangedichte $\mathcal{L}(\psi, \psi^*)$ gegenüber einer Eichtransformation erster Art, die durch die Änderung des Feldes $\psi \to \psi \exp(-ie\chi(x)/\hbar c)$ zum Ausdruck gebracht wird, wobei $\chi(x)$ eine reelle Funktion der Raum-Zeit Koordinaten ist. Diese spezifische Invarianz zieht den differentiellen Erhaltungssatz für den Vierervektor der Ladungs- und Stromdichte nach sich. Der entsprechende integrale Erhaltungssatz bedeutet die Erhaltung der Ladung. Die Aussage: „Dieses Teilchen hat eine elektrische Ladung", ist demzufolge immer dann sinnvoll und geboten, wenn die zugrundeliegende Theorie eichinvariant ist. Ob ein physikalischer Begriff angemessen ist oder nicht, das entscheidet nicht ein Gremium von preisgekrönten Experten, sondern das folgt zwangsläufig aus den Symmetrieeigenschaften des zu Grunde gelegten Modells.

Offen bleibt die Frage, ob sich idealisierte Symmetrieprinzipien nur auf idealisierte Weltmodelle beziehen, ob diese "Idealitäten" überhaupt einen Realitätsbezug haben. Wer sich im Wald verlaufen hat, geht vor und zurück, schaut nach rechts, schaut nach links und findet nirgends einen Anhaltspunkt, der ihm zur Orientierung dient. Er hat den Eindruck: alles ist homogen und isotrop. Trotzdem kann der Förster helfen, weil er das Revier genau kennt, weil für ihn nicht alle Bäume gleich sind. Wer eine einheitliche Beschreibung erzwingt, indem er auch noch den abstrakten Symmetrien seines fiktiven Weltmodells einen Platz an Gottes rundem Tisch sichern will, ist der nicht längst vom Pfad der wahren Erkenntnis abgewichen? Verwechselt er nicht die Reputation, die ihm als titulierten Forscher zugebilligt wird, mit Gottes Zuspruch? Alles, was auf der Weltbühne seine Kreise zieht, ist doch einmalig und unverwechselbar. Ist nicht selbst jedes elementare Partikelchen in Wahrheit irgendwie unrund, hat es nicht seinen eigentümlichen Buckel und legt es nicht nach seiner Fasson die Haare? Eventuell ist es nur ein Spleen der Forscher, all ihre Erkenntnisse auf wenige, fundamentale Prinzipien gründen zu wollen. Dass dies mitunter gelingt, sagt doch nichts über das Wesen der Naturerscheinungen, sondern ist allein dem rhetorischen Geschick der Ideologen des Einheitsgedankens geschuldet. So plausibel die Übertragung des Glaubensbekenntnisses an die Kontingenz auf den Mikrokosmos auch sei, sie ist unzutreffend. Wegen der Ununterscheidbarkeit der Elementarteilchen einer Sorte gibt es für eine kontingente Vielfalt dort unten keine Spielräume. In der Mikrowelt tummeln sich nicht individuelle Teilchen, sondern Repräsentanten von zirka fünf Dutzend "Gestaltungsideen" - den sogenannten Elementarteilchen.

Die Elementarteilchenphysik hat in den zurückliegenden einhundert Jahren große Fortschritte gemacht. Nur wenige Jahrzehnte brauchten die Elementarteilchenphysiker, um ihre Tabelle zu vervollständigen und in ihr eine einheitliche Ordnung auf einer abstrakten, mathematischen Ebene zu entdecken. Nachdem in Experimenten mit Kathodenstrahlen Elektronen aufgespürt wurden, brachte die Entdeckung des Neutrons durch Chadwick 1932 die Kernphysik sprunghaft voran. In Analogie zu den Atomen wurden den gebundenen Protonen und Neutronen im Kern angeregte, diskrete Kernzustände zugewiesen, deren Energieniveaus allerdings Abstände in der Größenordnung von MeV haben. Daher sind die Übergänge zu tiefer liegenden Zuständen der Atomkerne eher mit einem Umbau vergleichbar, bei dem es sogar zum radioaktiven Zerfall kommen kann. Aus den dabei zu berücksichtigenden Energie-, Impuls- und Drehimpuls-Erhaltungssätzen folgerte Pauli die Existenz des Neutrinos, das erst zirka 25 Jahre später experimentell nachgewiesen wurde. Mitte der dreißiger Jahre bemühte sich Yukawa um ein Verständnis der kurzreichweitigen Kernkraft. Ähnlich wie die Coulomb-Wechselwirkung zwischen elektrischen Ladungen durch den Austausch von Photonen vermittelt wird, sollten die Nukleonen durch den Austausch von Quanten des Kernfeldes aneinander gebunden sein. Das Austauschteilchen - man nennt es das π Meson - konnten Powell und Mitarbeiter 1947 in der kosmischen Strahlung identifizieren. Mit der Komplettierung des quantenmechanischen Atommodells stand das erste Schalenmodell der Materie zur Verfügung.

Zur obersten Schicht gehören feste Körper. Sie können in einzelne Moleküle zerlegt werden. Der dazu erforderliche Energieaufwand beträgt größenordnungsmäßig 10^{-2}eV pro Molekül. Wenn die mittlere Energie in einem Gas diesen Wert nicht überschreitet, dann kommt den Gasmolekülen die Rolle von elementaren Partikeln zu. Trotzdem sind Moleküle aus Atomen aufgebaut. Um Atome aus dem Molekülverband herauszubrechen, muss bereits eine Energie von etwa 1eV pro Valenz aufgebracht werden. Dabei sind auch Atome keine elementaren Partikel. Sie bestehen aus einer Elektronenhülle und dem Atomkern. Die Ionisierungsenergie des Wasserstoffatoms beträgt 13.6 eV. Auch der Kern kann in seine Bestandteile - Protonen und Neutronen - zerlegt werden; allerdings sind dafür etwa 6×10^6eV pro Nukleon zu veranschlagen. Erscheinen auf dieser Stufe endlich die kleinsten Klötzchen des Baukasten-Universums? Besteht alle Materie aus Protonen, Neutronen und Elektronen?

Wäre es bei diesem einfachen Naturbild doch nur geblieben! Nur drei elementare Teilchen bildeten dann den Grundstoff, aus dem alles besteht. Wie gut hätte diese quasi-materialistische Entzauberung der Welt zu den nihilistischen Unglaubenslehren gepasst, denen viele Zeitgenossen ihren Lebensmut verdanken. Aber es kam anders. Da sich Protonen in Neutronen und Neutronen in Protonen verwandeln können, sind sie "zusammengesetzt". Man entdeckte sogar eine Wesensverwandtschaft zwischen ihnen. Sie wird durch den sogenannten Isospin-Operator $\widehat{I}$ erschlossen. Dessen Zustandsfunktionen gehören nicht dem Ortsraum, sondern dem abstrakten Isospin-Raum an. Man entdeckte, dass Protonen und Neutronen lediglich zwei unterschiedliche Isospin-Zustände ein und desselben Nukleons sind. Das theoretische Modell für dieses Basisteilchen ist invariant gegenüber "Drehungen" im Isospin-Raum, so dass der Hamilton-Operator $\widehat{H}$ für ein System von Nukleonen mit dem Isospin-Operator $\widehat{I}$ und seiner dritten Komponente $\widehat{I}_3$ kommutiert: $[\widehat{I}, \widehat{H}] = [\widehat{I}_3, \widehat{H}] = 0$. Für das Nukleon-Dublett hat der Eigenwert I des Isospins den Wert $1/2$ mit den dritten Komponenten $I_3 = +1/2$ (Proton) und $I_3 = -1/2$ (Neutron). Weil die elektromagnetische Wechselwirkung die ideale Isospin-Symmetrie spontan bricht, wird die Entartung des Nukleon-Dubletts aufgehoben. Deshalb unterscheiden sich in der Realität die Massen der Protonen und Neutronen ein wenig voneinander. Das freie Proton ist stabil, das freie Neutron zerfällt hingegen spontan. Die Bedeutung des abstrakten Isospins erstreckt sich auch auf andere Modelle der Elementarteilchenphysik. Alle stark-wechselwirkenden Teilchen - die Hadronen - werden nach den Eigenwerten des Isospins I gruppiert, wobei $2I + 1$ Teilchen zum Multiplett gehören, die sich in der dritten Isospin-Koordinate I_3 unterscheiden ($I_3 = -I, -I + 1, \ldots, I$). Beispielsweise gehören zum π-Meson ($I = 1$) drei Multiplett-Zustände: $I_3 = +1$ das π^+, $I_3 = 0$ das π^0, und $I_3 = -1$ das π^-.

Durch eine konsequente Ausweitung der abstrakten gruppentheoretischen Analyse von experimentellen Daten wurde das reichhaltige Innenleben im Atomkern ans Licht gebracht. Stark-wechselwirkende Teilchen im Kern gehorchen nämlich der Symmetriegruppe SU(3), die alle unitären, unimodularen Transformationen in einem dreidimensionalen, komplexen Raum umfasst. Die abstrakte Gruppe SU(3) hat die Untergruppe SU(2), welche durch Drehungen im zweidimensionalen komplexen Raum aufgebaut wird. SU(2) ist isomorph zur anschaulichen dreidimensionalen Drehgruppe SO(3). Die einfachste treue Darstellung der SU(3) Gruppe geben acht 3x3 Matrizen, welche eine ähnliche Rolle übernehmen wie die Pauli-Matrizen - die Darsteller der dreidimensionalen Drehgruppe. Zwei von den acht Matrizen geben wir explizit an:

$$\widehat{I}_3 = \begin{bmatrix} 1/2 & 0 & 0 \\ 0 & -1/2 & 0 \\ 0 & 0 & 0 \end{bmatrix}, \quad \widehat{Y} = \begin{bmatrix} 1/3 & 0 & 0 \\ 0 & 1/3 & 0 \\ 0 & 0 & -2/3 \end{bmatrix}.$$

Die Eigenwerte der Matrix $\widehat{Y}$ heißen Hyperladung Y. Es gilt die wichtige Gell-Mann Nishijima Formel, welche die Ladung Q eines Teilchens mit der Hyperladung und dem Isospin I_3 in Beziehung setzt: $Q = I_3 + Y/2$. Manchmal wird es vorgezogen, Y durch den Eigenwert S des Strangness-Operators $\widehat{S}$ zu ersetzen $Y = B + S$, wobei die Baryonenzahl B für alle Baryonen =+1, für alle Anti-Baryonen = -1, und für alle Mesonen =0 ist.

Auch Protonen und Neutronen sind also "zusammengesetzte" Objekte. Sie bestehen aus Quarks, die ihrerseits durch Bindungskräfte im Hadron zusammengehalten werden. Die Austauschteilchen, welche Quarks miteinander verschweißen, nennt man Gluonen. Anders als Photonen, die als elektromagnetisches Feld die Wechselwirkung zwischen Ladungsträgern vermitteln, sind Gluonen, die die starke Wechselwirkung zwischen Quarks durch ihren virtuellen Austausch verursachen, auf die Farbladungen der zu bindenden Bausteine fixiert. Eine Besonderheit ist, dass nicht nur Quarks Träger der Farbladungen sind, sondern auch Gluonen selbst, die ja wegen der "Farbe" (r, g, b - rot, grün, blau) der Bausteine die starke Wechselwirkung vermitteln. Weil demnach Gluonen mit sich selbst wechselwirken, hat die starke Bindungskraft eine andere Natur als die schwache Kraft und die elektromagnetische Wechselwirkung. Als Funktion der Entfernung zwischen den Farbladungen nimmt die Farbkraft nicht ab. Einzelne Quarks können nicht angetroffen werden, weil der Energieaufwand ins Unermessliche steigt, um ein Quark zu isolieren. Wer versucht, Quarks aus ihrem Verbund zu isolieren, um sie als Einzelwesen beobachten und somit nachweisen zu können, wird immer scheitern. Sein scharfes Messer (die hohe Energie) wird das Nukleon nicht einfach zerteilen und dabei Messer bleiben können. Vielmehr durchmischt sich das zu Trennende mit dem Trennenden, so dass es niemals zur Abtrennung einzelner Quarks kommen kann. Dieses Quark-Confinement ist mit dem strengen Dogma der Welle-Teilchen Dualität nicht mehr vereinbar. Die Quarkfelder darf man als grundlegend und "existierend" bezeichnen, nicht aber die ihnen zugeordneten Teilchen - die Quarks. Sie können prinzipiell nicht gemessen oder beobachtet werden, da sie als freie Teilchen nicht vorkommen. Müssen wir demnach zur Kenntnis nehmen, dass Felder und Partikel durchaus nicht aus gleichberechtigten physikalischen Prinzipien entspringen? Ist der Feldbegriff fundamental, während Teilchen nur spezielle Anregungen von Feldern sind? Erst wenn die Wellenfunktion oder das nicht greifbare Feld "kollabiert", steht auf einmal ein Teilchen vor uns, das wir beobachten und anfassen können. Diese Auffassung ist unter Physikern weit verbreitet. Muss man jetzt einräumen, dass Teilchen komplizierte "Verknotungen" von nicht greifbaren Feldern sind? Welche Sicherheit verspricht die Realität stiftende Rolle des Messprozesses noch, wenn die Stützpfeiler der materialistischen Ideologie - die kleinen Partikel - lediglich in einem Schattenreich gebildete Schatten sind? Sind Quantenfelder - das Unanschauliche - der Stoff, aus dem alles besteht?

Die Quantenchromodynamik (QCD) ist eine solide Quantenfeldtheorie, die bisher überzeugend ihre Zuständigkeit für alle Vorgänge im Atomkern unter Beweis stellte. Wie die Quantenelektrodynamik die beste Theorie für den Atomaufbau ist, so ist die Quantenchromodynamik die Standardtheorie für die "Bausteine" der Atomkerne. Das grobe Schema beider Theorien ist einheitlich, was die Tabelle 0.1 zum Ausdruck bringt.

Das prächtige "Mikroskop" - die Quantenfeldtheorie - gestattet tiefe Einblicke in den Aufbau der Materie, die selbst noch das Winzige in den winzigen Atomkernen dem Forscher ins Blickfeld rücken. Wie tief

Tabelle 0.1: Die Quantenelektrodynamik (QED) und die Quantenchromodynamik (QCD) sind ähnlich aufgebaute Quantenfeldtheorien.

	QED	QCD	
Teilchen (Fermionen)	Elektron e^-	$u_r^{+2/3}$	$d_r^{-1/3}$
		$u_g^{+2/3}$	$d_g^{-1/3}$
		$u_b^{+2/3}$	$d_b^{-1/3}$
Austauschteilchen	Photon	Gluonen	
Anti-Teilchen (Fermionen)	Positron e^+	$\overline{u}_r^{-2/3}$	$\overline{d}_r^{+1/3}$
		$\overline{u}_g^{-2/3}$	$\overline{d}_g^{+1/3}$
		$\overline{u}_b^{-2/3}$	$\overline{d}_b^{+1/3}$

Quantenphysiker heute ins Innere der Natur blicken können, ist der Abbildung 0.2.23 zu entnehmen. Dabei gelingt es den Elementarteilchenphysikern immer wieder, alle Beobachtungsdaten, die gigantische Teilchenbeschleuniger über Jahrzehnte stapelweise ablieferten, zufriedenstellend in ihr intelligibles Ordnungsschema einheitlich einzuordnen. Es ist kein Hochmut zu behaupten, dass sich Kernphysiker im subatomaren Bereich bereits bestens auskennen, dass sie in diesem Mikrokosmos profunde Wahrheiten entdecken.

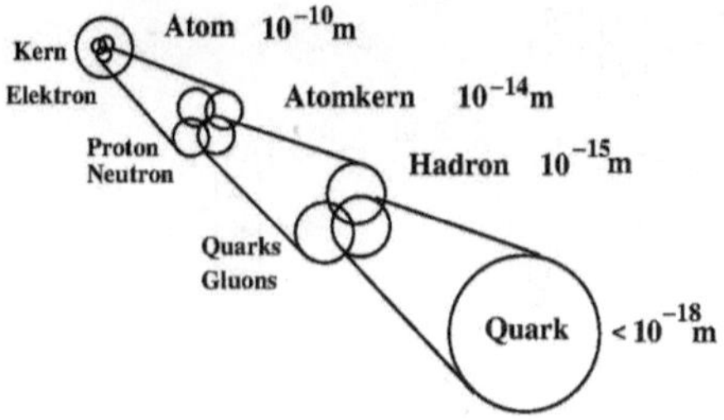

Abbildung 0.2.23:
Blick in den subatomaren Bereich. Ein winziger Beobachter, so klein wie ein Atom, bräuchte ein Mikroskop mit dem Vergrößerungsfaktor 100 000 000, wenn er ein Quark "zu Gesicht bekommen wollte".

Dazu gehört, dass Protonen und Neutronen aus up (u) und down (d) Quarks bestehen, die eine Farb- (r,g,b) und eine elektrische Ladung (+2/3, -1/3) tragen. Anti-Protonen und Anti-Neutronen setzen sich aus den entsprechenden Anti-Quarks $\overline{u}$ und $\overline{d}$ zusammen (siehe Tabelle 0.1). Auch für den Zerfall des Neutrons gibt es ein quantenfeldtheoretisches Erklärungsmuster. Experimentelle Daten suggerierten folgende Zerfallsreaktion: n $\rightarrow$ p+e^-+? (das Neutron zerfällt in drei "Bestandteile": in ein Proton, ein Elektron und in ein Teilchen, das sich der Registrierung lange entzog, das aber wegen der geforderten Erhaltungssätze beteiligt sein muss). Diese Vermutung, die Experimentatoren äußerten, wurde von der Standard-Theorie tatsächlich untermauert. Protonen und Neutronen sind Konglomerate von jeweils drei Quarks (zwei down (d) Quarks und ein up (u) Quark bilden das Neutron (n); zwei up Quarks und ein down Quark bilden das Proton (p)). Beim spontanen Zerfall des Neutrons verwandelt das aus dem Vakuum kurzzeitig geborgte Quant W^- (ein Austauschteilchen der schwachen Wechselwirkung) ein down Quark des Neutrons in ein up Quark. Die dabei aus dem Vakuum entnommene Energie wird rasch zurückgegeben. Restbestände dieser kurzzeitigen gewaltigen "Explosion", die aus dem Quantenvakuum akausal eruptiert, sind ein Elektron und ein Anti-Neutrino. Die Details des Zerfalls n $\rightarrow$ p+e^-+$\overline{\nu}_e$ zeigt das Feynman Diagramm 0.2.24. Umgekehrt ist die Umwandlung eines Protons in ein

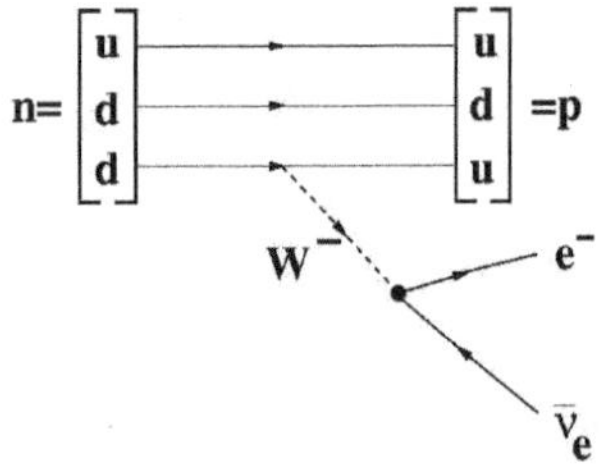

Abbildung 0.2.24:
Zerfall des Neutrons. Kurzzeitig taucht ein W^- Boson aus dem Vakuum auf, verwandelt ein d in ein u Quark und zerfällt in ein Elektron und ein Anti-Neutrino.

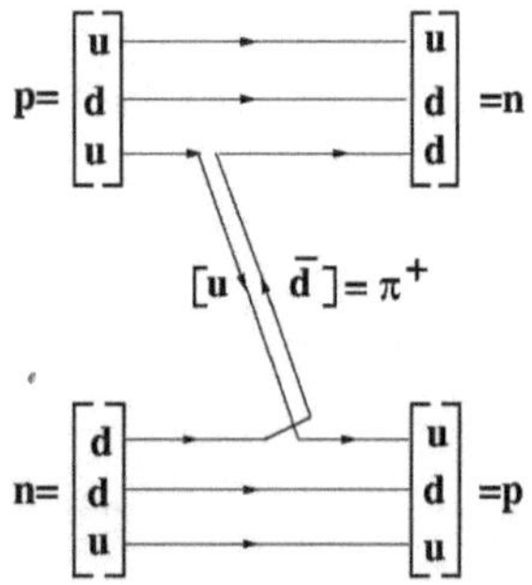

Abbildung 0.2.25:
Durch den Austausch von π^+ Pionen verwandeln sich Protonen in Neutronen und umgekehrt. So entsteht die Kernkraft. $\overline{d}$ ist ein Anti-down Quark. Es kommt aus der "Zukunft" in die "Gegenwart".

Neutron ein möglicher Prozess, der allerdings bei isolierten Protonen nicht beobachtet wird. Doch im Atomkern sind die Verwandlungskünste der Protonen und Neutronen dafür verantwortlich zu machen, dass die abstoßende elektromagnetische Kraft zwischen den Protonen durch die anziehende Kernkraft mehr als ausgeglichen wird. Indem Protonen und Neutronen sich ständig ineinander verwandeln, werden kurzzeitig π^+ Pionen gebildet, die als bosonische Austauschteilchen die anziehende Wechselwirkung zwischen den Nukleonen verursachen. Das Feynman Diagramm 0.2.25 illustriert das Zusammenspiel bei der Wechselwirkung.

Die hinter der engen Verwandtschaft zwischen Protonen und Neutronen stehende mathematische Ordnung, die durch die Symmetriegruppe SU(3) erfasst wird, weist auf die Existenz von weiteren, verwandten Teilchen hin, die ausnahmslos alle durch Experimente nacheinander aufgespürt wurden und die zum sogenannten Baryonen-Oktett gehören, das in Abbildung 0.2.26 angegeben ist. Ausgenommen das Proton (p), sind alle anderen Teilchen (n, Σ^+, Σ^o, Σ^-, Λ, Θ^-, Θ^o) im Schema instabil. Insgesamt unterscheidet man drei Gruppen von Elementarteil-

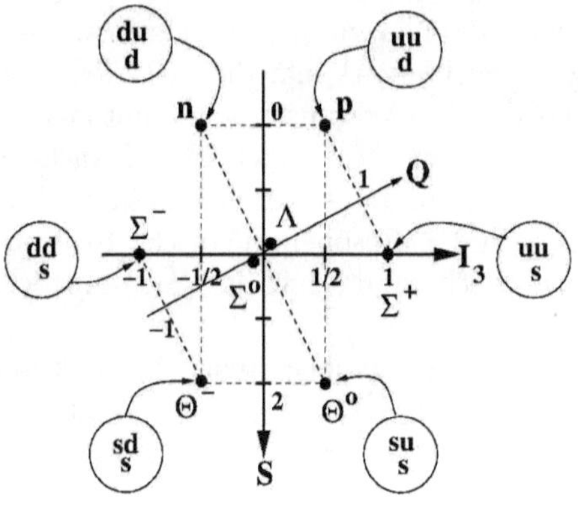

Abbildung 0.2.26:

Baryonen-Oktett. In das Koordinatensystem mit den Achsen Isospin I_3, Strangeness S und Ladung Q sind neben dem Proton p und Neutron n noch sechs instabile Teilchen (Σ^-, Σ^o, Σ^+, Θ^-, Θ^o, Λ) aufgeführt, die aus drei Quarks bestehen.

chen. 1) *Baryonen.* Sie haben einen halbzahligen Spin und ihnen wird eine Baryonenzahl B zugeordnet, die bezüglich der Transformation C (C = Ladungskonjugation) wie eine Ladung zu behandeln ist. Das bekannteste Baryon ist das Proton mit einer Ruhmasse von 938 MeV. 2) *Leptonen.* Sie haben ebenfalls einen halbzahligen Spin und ihnen wird eine Leptonenzahl L zugeordnet. Ebenso wie Baryonen, können sich Leptonen ineinander umwandeln, wobei die Summen der Leptonenzahlen vor und nach der Reaktion gleich sind. Das bekannteste Lepton ist das Elektron. 3) *Mesonen.* Sie haben ganzzahligen Spin und sie sind nicht durch eine Teilchenzahlerhaltung reglementiert. Das bekannteste Meson ist das Pion mit einer Ruhmasse von 140 MeV. Bis auf wenige Ausnahmen sind alle Elementarteilchen instabil. Nur die leichtesten Baryonen (Proton und Anti-Proton), die leichtesten Leptonen (Neutrinos) und die leichtesten geladenen Teilchen (Elektron und Positron) sind stabil.

Zu den drei Teilchengruppen gehören drei verschiedene Wechselwirkungstypen: die elektromagnetische, die schwache und die starke Wechselwirkung. Jede dieser Kräfte wirkt auf bestimmte Ladungen, auf die elektrische, die schwache oder die Farb-Ladung. Durch bosonische Austauschteilchen wird jede Wechselwirkungsform realisiert. Die Kopplungskonstante gibt deren relative Stärke an. Die starke Wechselwirkung, die nur zwischen Baryonen und Mesonen wirksam ist, geht auf den Austausch von Gluonen zurück. Vergleichsweise schwach ist die elektromagnetische Wechselwirkung, die bei allen geladenen Teilchen vorhanden ist und die der Austausch von Photonen herbeiführt. Wie die starke Wechselwirkung, so ist auch die schwache Wechselwirkung kurzreichweitig. Sie ist auf Leptonen beschränkt, ihre Austauschteilchen nennt man W und Z Bosonen. Typische Reaktionszeiten für die starke, elektromagnetische und schwache Wechselwirkung sind 10^{-23} s, 10^{-15} s, und 10^{-10} s.

Im Standardmodell der Elementarteilchenphysik gibt es einen Katalog von Basisteilchen - Quarks, Leptonen, Austauschteilchen -, der einen "modernen Atomismus" begründete, wenn sich die Elementarteilchen nicht ineinander verwandeln könnten. Tatsächlich lässt sich jede Form der bisher bekannten Materie als eine "Zusammensetzung" dieser Grundbausteine auffassen. Eine Übersicht gibt die Abbildung 0.2.27.

Zu beachten ist, dass die Quarks drei Farben (r,g,b) und sechs Flavors haben (up (u), charm (c), top (t), down (d), strange (s) und bottom (b)). Hinzu kommen die Anti-Quarks. Insgesamt gibt es also 36 verschiedene Quarks. Die Liste der Leptonen (ν_e, ν_μ, ν_τ, e^-, μ, τ) muss ebenfalls durch die entsprechenden Antiteilchen erweitert werden. Die Gesamtzahl der fundamentalen Fermionen (12 Leptonen + 36 Quarks) beträgt daher 48. In diese Gesamtheit reihen sich 12

2.4 MeV, 2/3, 1/2 **u**	1.27 GeV, 2/3, 1/2 **c**	171.2 GeV, 2/3, 1/2 **t**	0, 0, 1 γ
4.8 MeV, -1/3, 1/2 **d**	104 MeV, -1/3, 1/2 **s**	4.2 GeV, -1/3, 1/2 **b**	0, 0, 1 **g**
<2.2 eV,0, 1/2 ν_e	<0.17 MeV, 0, 1/2 ν_μ	<15.5 MeV, 0, 1/2 ν_τ	91.2 GeV, 0, 1 $\mathbf{Z^o}$
0.511 MeV,-1, 1/2 **e**	105.7 MeV, -1, 1/2 μ	1.777 GeV, -1, 1/2 τ	80.4 GeV, ± 1, 1 $\mathbf{W^\pm}$

Abbildung 0.2.27:
Elementarteilchen der Standardtheorie. Auf der linken Seite stehen die Fermionen (oben Quarks, unten Leptonen). In der Spalte rechts sind die bosonischen Austauschteilchen versammelt. Die Zahlen bedeuten der Reihe nach: Masse, Ladung, Spin.

bosonische Elementarteilchen ein (8 Gluonen, 3 intermediäre Bosonen der schwachen Wechselwirkung und das Photon). Da auch das Higgsboson zwangsläufig zum Standardmodell gehört, kommen wir auf 61 Elementarteilchen, die dem Aufbau der Materie zu Grunde liegen.

Eine formale Verwandtschaft zwischen den stationären Zuständen eines Atoms und dem theoretischen Schema, in welches Elementarteilchen eingeordnet werden, ist erkennbar. Sie wurde durch Experimente an Teilchenbeschleunigern ausnahmslos bestätigt. Sowohl die stationären Zustände der Atome als auch die Zustände der Elementarteilchen werden durch Quantenzahlen charakterisiert, die ihren Ursprung in Symmetrieeigenschaften der Modelle haben. Diese Symmetrien sind auch insofern bedeutungsvoll, weil sie Erhaltungssätze für mögliche Teilchen-Umwandlungen festlegen. Wie der Grundzustand eines Atoms, so sind auch einige elementaren Teilchen stabil (z.B. Elektronen und Protonen), d.h. ihre Lebensdauer ist unendlich. Das bedeutet aber nicht, dass sie elementar sind. Wie der Grund- und der angeregte Zustand eines Atoms, so gehören auch die stabilen und instabilen Elementarteilchen in dasselbe Schema. Die Vergleichbarkeit der stationären Atomzustände mit denen der Elementarteilchen als Repräsentationen von Quantenzuständen endet in Detail, weil in der Teilchenphysik derart hohe Energien ausgetauscht werden, dass Einsteins spezielle Relativitätstheorie berücksichtigt werden muss. Während relativistische Effekte die Atomspektren nur geringfügig abändern, sind sie für Elementarteilchen ausschlaggebend. Dementsprechend sind auch gänzlich andere Symmetrien in der Hochenergie-Physik bestimmend als in der Atomphysik.

Kehren wir zur Frage zurück: Was bedeutet elementar im modernen "Atomismus"? Um sie zu beantworten, schauen wir auf zwei andere Teilgebiete der theoretischen Physik, die in den letzten Jahrzehnten von den Erkenntnissen und Methoden der Quantenfeldtheorie erheblich profitierten: die statistische Physik und die Kosmologie. Die Methode der Quantisierung von physikalischen Feldern, auch zweite Quantisierung genannt, hat sich nicht nur in der relativistischen Quantentheorie bewährt, sondern auch in der statistischen Physik, einschließlich der Festkörperphysik. Gegenstand dieser Theorien ist das kollektive Verhalten von vielen, auch unterschiedlichen Teilchen, die miteinander wechselwirken. Die Einführung von Quantenfeldern, aus denen Korrelationsfunktionen aufgebaut werden, erwies sich als ein geeignetes mathematisches Verfahren für das systematische Studium der Eigenschaften von Vielteilchensystemen, obwohl, mit Ausnahme des Spins, relativistische Effekte nur eine untergeordnete Rolle in der Festkörperphysik spielen. Die Frage, wie sich ein individuelles Teilchen im Verbund mit allen anderen Teilchen benimmt, wurde auf eine scheinbar paradoxe Weise beantwortet: die Ganzheit setzt sich nicht aus identifizierbaren Teilen zusammen, vielmehr verschmelzen unendlich viele Quantenkorrelationen zu neuen "Teilchen", die wegen ihrer Quantennatur vom Ganzen gar nicht zu trennen sind. Wie ist das gemeint? Der Quasiteilchen-Begriff ist in der Festkörperphysik allgegenwärtig. Um aber diese "Quasi-Dinge" identifizieren und titulieren zu können, müssen Festkörperphysiker unendlich viele mögliche "Begegnungsakte" der "Quantengeister" mit Methoden ihres Rechenschemas bündeln. Die auf diese Weise definierten Konstrukte werden Quasiteilchen genannt: Exzitonen, Polaronen, Polaritonen, Magnonen, und viele andere. Das Energiespektrum und die Lebensdauer dieser Konglomerate von unendlich vielen Quantenkorrelationen sind genau bekannt. Aus kleinen "Sandkörnchen" können sich Quasiteilchen nicht zusammensetzen, denn wie klein auch ihr Volumen sei mag, unendlich viele von ihnen sind zusammen allemal unendlich groß. Vielmehr sind es diese unendlich vielen "Besprechungen" der vermeintlich "nackten Teilchen" (z.B. Elektronen), die als Quasiteilchen ihr Daseinsrecht fordern.

Die Kopplungskonstanten der verschiedenen Wechselwirkungstypen sind im heutigen Kosmos recht unterschiedlich. Am schwächsten ist die Gravitation, die dafür jedoch universell ist, weil sich ihre Wirkung auf alle Dinge und sogar die Raum-Zeitunion erstreckt. Etwa 10^{26} mal stärker ist die schwache Wechselwirkung, die ihrerseits 10^{11} mal schwächer als die elektromagnetische und 10^{14} mal schwächer als die starke Wechselwirkung ist. Gibt es trotz dieser beträchtlichen Unterschiede in den Kopplungsstärken auch in diesem Schema tiefliegende Beziehungen oder sogar eine verborgene Einheit? Die bahnbrechenden Arbeiten von Salam, Glashow und Weinberg, die 1979 mit dem Nobelpreis für Physik geehrt wurden, weisen auf die enge Verwandtschaft zwischen dem Elektromagnetismus und der Theorie der schwachen Wechselwirkung hin. Die Autoren entwickelten eine elektroschwache Theorie, in der vier masselose Eichbosonen auftreten: ein schwaches Isospin-Singulett B^o, und ein schwaches Isospin-Triplett W^o, W^1, W^2. Infolge einer spontanen Symmetriebrechung verwandeln sich diese "lichtartigen" Bosonen in das Photon, das weiterhin masselos und elektrisch nicht geladen ist, in das massive, neutrale Z^o Boson (Masse 91.19 GeV) und zwei massive $W^{\pm}$ Bosonen, deren Ladung +1 bzw. -1 ist. Das bedeutet: die einheitliche elektroschwache Theorie, in der die SU(2)×U(1) Symmetrie gilt, umfasst in sich einen Sektor, der durch einen spontanen Symmetriebruch infolge eines Salam-Weinberg Phasenübergangs erreichbar ist. Erst in dieser speziellen, durch Symmetriebruch herbeigeführten Form der allgemeinen Quantenfeldtheorie der elektroschwachen Phänomene nehmen das Photon und die massiven $W^{\pm}$, Z^o Bosonen der elektromagnetischen und schwachen Wechselwirkung Gestalt an und ersetzen die masselosen B^o, W^o, W^1, W^2 Bosonen des einheitlichen, allgemeineren Zustands. Dieser Phasenübergang ereignet sich bei einer Temperatur von zirka 10^{15} Kelvin. In einer Welt, die so heiß oder noch heißer ist, sind nicht nur die Kopplungskonstanten der Coulombschen und schwachen Wechselwirkung gleich, vielmehr verschmelzen beide Wechselwirkungstypen zur elektroschwachen Kraft. Im kosmologischen Urknall-Modell wird angenommen, dass sich dieser Phasenübergang tatsächlich im gesamten Universum ereignete, und zwar etwa 10^{-12} Sekunden nach dem Urknall. Die postulierten Änderungen der Kopplungskonstanten sind in Abbildung 0.2.28 schematisch dargestellt in Abhängigkeit von der Zeit nach dem Urknall, von der Energie und von der Temperatur. Man nimmt an, dass auch eine innige Beziehung zwischen der starken und elektroschwachen Kraft besteht, weil beide, bei noch höheren Temperaturen, in einem noch früheren Zustand des Universums, einen gemeinsamen Ursprung haben. Erst durch die spontane Verletzung der Symmetrie SU(3)×SU(2)×U(1) entstanden Quarks, Leptonen und Austauschteilchen, die auf die heutige Existen-

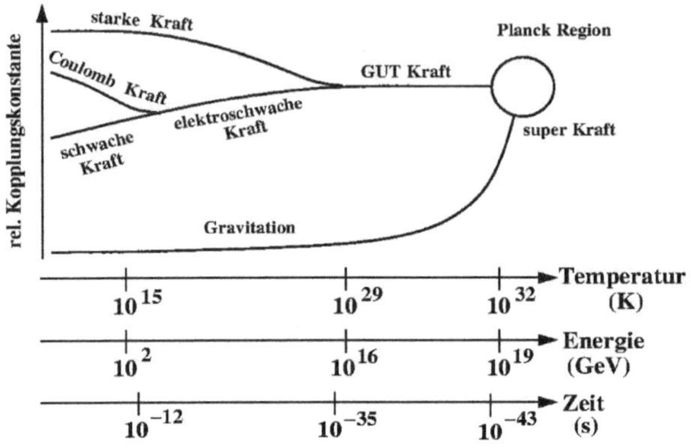

Abbildung 0.2.28:
Die hypothetische Veränderung der Kopplungskonstanten als Funktion der Temperatur, der Energie und der Zeit nach dem Urknall. Vermutlich vereinigen sich alle vier Wechselwirkungstypen in der Planck-Region zur grundlegenden und einheitlichen Superkraft.

zweise des Universums systematisch hinarbeiteten. Die Entwicklung vollzog sich, so wird behauptet, vom unstrukturierten Zustand hoher Symmetrie zum strukturierten Zustand niedriger Symmetrie. Aus der Einheit folgt die Vielheit durch Strukturbildung in einem ursprünglich strukturlosen, einheitlichen Etwas. Diese Idee weiterführend werden neuerdings sogar supersymmetrische Theorien vorgeschlagen, in denen selbst noch der Unterschied zwischen den Bosonen und Fermionen aufgehoben ist. Wenn in einer frühen Phase der Entwicklung des Universums auch noch die Gravitationskraft in die "große Einheit" eingemeindet war, dann muss es einen einheitlichen Bezugspunkt geben, den Plotin vermutlich Weltseele nennen würde, weil in dieser Superkraft alle Erscheinungen nebst ihrer räumlich-zeitlichen Bühne bereits wesensmäßig eingefaltet waren. Der einheitliche "Anfang", die hochenergetische Phase, die zu Beginn des Urknalls das ganze Universum vollständig ausfüllte, ist auch heute noch überall präsent, nämlich im "Allerkleinsten", in der Planck-Region.

Wird es eines Tages ein Super-Standard-Modell geben, das den gemeinsamen Ursprung der gravitativen, elektromagnetischen, schwachen und starken Wechselwirkung herausarbeitet, weil das Modell vorhersagt, dass sich die Kopplungskonstanten der verschiedenen Wechselwirkungstypen mit zunehmender Energie immer weiter annähern, bis schließlich alle Unterschiede in der einheitlichen Superkraft aufgehoben sind? Einige Theoretiker trauen der Superstring-Theorie bereits zu, dieses Vereinigungswerk vollenden zu können. Danach gäbe es schon jetzt einen ernstzunehmenden Vorschlag für eine einheitliche Theorie aller Elementarteilchen und ihren Wechselwirkungen. Man vermutet: Die vollkommene Einheitlichkeit der Quelle aller Dinge und Erscheinungen offenbare sich im hochenergetischen Sektor dieser Theorie, in der sogenannten Planck-Region, weil unter diesen Bedingungen nur noch der einheitliche Superstring vorhanden ist. Erst im niederenergetischen Bereich der Theorie-für-Alles (TOE) kristallisieren sich alle Elementarteilchen und damit verbunden ein ausufernder Strukturreichtum heraus.

Sollte sich diese neuplatonische Spekulation in der theoretischen Physik bewähren, dann ist die Welt in der Tat stufenförmig aufgebaut, wie das durch die grobe Skizze in Abbildung 0.2.29 angedeutet wird. An

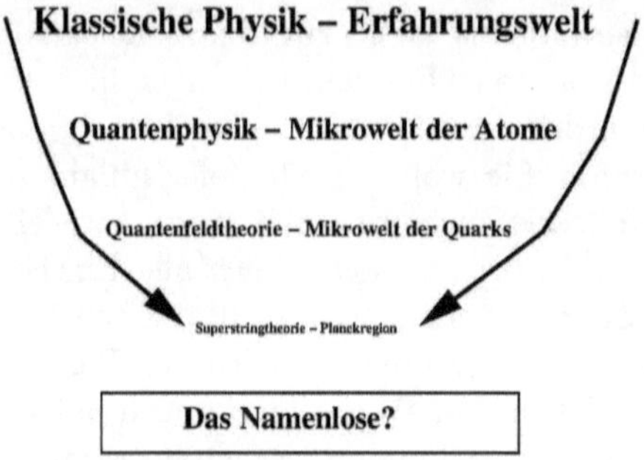

Abbildung 0.2.29:
Unterschiedliche Vertiefungsstufen beim Erkennen der physikalischen Naturvorgänge.

den stufenförmigen Aufbau ihrer Naturlehre, der immer allgemeinere Gesetzmäßigkeiten freilegt, haben sich die Theoretiker mittlerweile gewöhnt. Am Anfang dieser Entwicklung stand die Newtonsche Physik, eine streng mathematisierte Theorie der materiellen Körper in der Makrowelt. Nur wenige Grundprinzipien liegen dem Erklärungsmuster zugrunde, dessen Anwendungsbereich von der Erde bis zum Himmel reichend schier unbegrenzt zu sein scheint. Nicht minder weitreichend und nützlich ist die einheitliche Maxwell Theorie des Elektromagnetismus. Bis heute sind nur wenige makroskopische Phänomene bekannt (hauptsächlich makroskopische Quantenphänomene), die nicht im Rahmen der klassischen Physik (Mechanik, Thermodynamik, Elektrodynamik) eine befriedigende Erklärung finden. Dennoch sieht alles ganz anders aus unter der Oberfläche der sichtbaren Dinge, in der Mikrowelt der Atome und Moleküle. Wie sich die mechanisch-materialistische Denkweise auch abmühte, sie konnte zum Erkenntnisfortschritt in diesem Bereich nichts mehr beitragen. Erst andere Vorstellungen und mathematische Sprachreglungen brachten den Durchbruch und offenbarten neuartige Gesetzmäßigkeiten eines geheimnisvollen Mikrokosmos. Dabei war man bei der Lösung aller fundamentalen Probleme, welche die "Tiefenstruktur" der Materie betreffen, so erfolgreich, dass gleich ganze Forschungszweige wie die Chemie und die Festkörperphysik auf ein streng mathematisch-physikalisches Fundament gestellt werden konnten. Nach diesen Erfolgen der Quantenphysik gab es kein Halten mehr, es drängte die Forscher auch die "letzten" Grundlagenprobleme anzugehen. Die Quantenfeldtheorie erschloss das reichhaltige "Innenleben" der Atomkerne und vertiefte die Maxwellsche Theorie des Elektromagnetismus auf atemberaubende Weise zur Quantenelektrodynamik. Konnten die erfolgsverwöhnten Quantentheoretiker hier innehalten? Nein! Selbst das Standard-Modell der Kernphysik stellt die Vereinigungsfanatiker nicht ruhig. Sie wollen noch tiefer hinab, zum Urgrund. In der Superstring-Theorie suchen sie seit geraumer Zeit die fundamentalsten Gesetze der Natur, aus denen sich alle Erscheinungen auf den tiefer liegenden Energieebenen prinzipiell ableiten lassen. Die Zielsetzung ist klar: ausgehend von einer einheitlichen Basistheorie gilt es, die Emergenz aller Teilchen und Wechselwirkungen, aller Atome und Moleküle, aller organischen und anorganischen Substanzen, bis hin zu den vielfältigen Lebensformen zu verstehen.

Verkündern von Offenbarungsgeschichten ging es auf allen Kontinenten und zu allen Zeiten um die letzten Dinge. Die Veden sind eine der frühsten und bedeutendsten Weisheitsgesänge in der Religionsgeschichte. Auch in ihnen ist die Rede von einem Urzustand, in dem weder Sein noch Nicht-Sein, sondern nur ein Urmeer, nur Dunkelheit war. Tief in diesem Urozean vermutete man das Elixier der Unsterblichkeit vor Anker - Amrita genannt -, das die Götter auf dem Berg Meru so gern in Besitz nehmen wollten. Weil sie bei ihrem verzweifelten Versuch, an die Kostbarkeit in der Tiefe zu gelangen, das Wasser des Urmeeres wild aufpeitschten, entstanden die vielen sichtbaren Dinge der Welt wie beispielsweise Sonne und Mond. Dieser Mythos der Rigveda inspirierte den Quantenphysiker, John Hagelin, der die Metaphern der vedischen und stringtheoretischen Naturerzählungen miteinander verglich. Er fragt seine Zuhörer: Ist nicht auch das einheitliche Feld der Superstring-Theorie ein Ozean der reinen Existenz, der unendlichen Stille und Unbeweglichkeit, eine unerschöpfliche Quelle aller Intelligenz, Kreativität und Schöpferkraft? Was sich ändert, was entstehen und vergehen muss, kräuselt nur die Oberfläche des Urmeeres, nur die obersten Schichten werden von den Göttern aufgewühlt. Für das Unsterbliche, der wichtigsten Manifestation des Höchsten, das absolut unveränderlich, nicht räumlich und nicht zeitlich ist, haben die Hindus das Wort Shiva reserviert. Auf Shivas Oberfläche west die weibliche Urkraft des Universums - Shakti. Sie löst aus dem intelligiblen, starren Block des Urseins brodelnde "Blasen" des Daseins, die nicht anders können, als in einem endlosen, dynamischen Prozess des Werdens und Vergehens das Vergängliche in seiner stets nur vorübergehenden Pracht aufscheinen zu lassen. Den fünf fundamentalen Bausteinen des Universums (Spin 2 Graviton, Spin 3/2 Gravitino, Spin 1 Austauschteilchen, Spin 1/2 Materieteilchen, Spin 0 Higgsteilchen) ordnet Hagelin die fünf Mahabhutas zu: Akasha (Äther), Vayu (Luft), Ap (Wasser), Tejas (Feuer), Prithivi (Erde). Selbst die trinitarische Tiefenstruktur der Elementarteilchen, die in der String-Theorie behauptet wird (Graviton und Gravitino gehen auf das gravitative Superfeld zurück, Austausch- und Materieteilchen verdanken sich dem Eich-Superfeld, und Materie- und Higgsteilchen sind Emanationen des Materie-Superfeldes), habe in der Rigveda eine getreue Entsprechung in den drei Doshas: Vata, Pitta, und Kapha. Recht besehen sei das einheitliche Superstring-"Feld" reiner, transzendenter Geist, grundsätzlich nichts anderes, als was "Atma" in den hinduistischen Weisheitslehren bezeichnet.

Hagelin schlussfolgert aus seinem Vergleich, dass der hierarchische Schichtenaufbau der Natur eine geistig-seelische Parallele hat, die durch Versenkungstechniken "erfühlt" werden kann. Wenn es der Yogi nur beherrscht, im Trancezustand alles zu lassen, dann mag er in seltenen Momenten tiefer Versenkung mit der reinen Gottesschau belohnt werden. Schließlich habe alles Objektive und Subjektive auf der intelligiblen Ebene seinen angestammten Platz und ist deshalb wesensmäßig auf seinen ewigen geistigen Ursprung ausgerichtet. Weil allein das einheitliche, supersymmetrische Urfeld = Veda = Atma jede Erscheinungsweise der Wirklichkeit und jede Substanz gebiert und trägt, sei nichts in der Welt von diesem Urquell prinzipiell abgesondert. Daher sei es voreilig, meint Hagelin, alle weitreichenden Schlussfolgerungen (z.B. Quantenheilung) aus dieser fundamentalen These als esoterische Gaukelei zu verunglimpfen. Die Gedankenenge des mechanistischen Materialismus stehe bei allen Angriffen auf den Einheitsgedanken immer Pate. Dabei sind die Gegenargumente der philosophierenden Skeptiker längst nicht widerlegt: Bis dato ist die Superstring-Theorie nur eine mathematisch attraktive Hypothese. Es sind keine experimentellen Daten bekannt, die diese Theorie untermauern.

Ein stimmiges Gesamtbild ist leider auch deshalb noch lange nicht in Sicht, weil selbst die überaus erfolgreiche Quantenfeldtheorie an nicht kurierbaren Defekten krankt. Zwei Anmerkungen weisen auf schwerwiegende Probleme hin. Zunächst einmal geht es um die unitäre Äquivalenz aller Darstellungen der Vertauschungsrelationen, die in der Quantenfeldtheorie nicht immer gegeben ist. Die Vertauschungsregeln für Orts- und Impulsoperatoren (q_i, p_i) lauten: $[q_i, q_j] = [p_i, p_j] = 0$ und $[q_i, p_j] = i\delta_{ij}$. In der Schrödinger-Darstellung wird der Hilbertraum aufgespannt durch alle komplexwertigen, quadrat-integrablen Funktionen $f \in L^2_{\mathbb{C}}(\mathbb{R}^n)$, wobei folgende Operatorgleichungen gelten:

$$q_i f(x_1, \dots, x_n) = x_i f(x_1, \dots, x_n),$$

$$p_j f(x_1, \dots, x_n) = i \frac{\partial}{\partial x_j} f(x_1, \dots, x_n).$$

Mitunter ist es jedoch zweckmäßiger, die äquivalente Weyl-Darstellung der kanonischen Kommutatorrelationen auszunutzen. Sie basiert auf den Operatoren $U_i(q) = \exp(iqp_i)$, und $V_j(p) = \exp(ipq_j)$, die von den reellen Zahlen p, $q \in \mathbb{R}^n$ abhängen. Die Vertauschungsrelationen haben nun die Form:

$$[U_i(q), U_j(q)] = [V_i(p), V_j(p)] = 0,$$

$$U_i(q) V_j(p) = V_j(p) U_i(q) \exp(ipq\delta_{ij}).$$

Die Liste der gleichwertigen Repräsentationen von Vertauschungsregeln ist damit bei weitem nicht vollständig. Für die Schrödinger-Heisenbergsche Quantentheorie ist gesichert, dass alle unitär äquivalenten irreduziblen Darstellungen der Vertauschungsrelationen physikalisch vollkommen gleichwertig sind. Das ist der Inhalt des Theorems von Stone und von Neumann. Die Quantenfeldtheorie unterscheidet sich von der nicht-relativistischen Quantenmechanik dadurch, dass in ihr die Zahl der Freiheitsgrade notwendigerweise immer unendlich ist. Daher existieren in der Quantenfeldtheorie unendlich viele, unitär nicht-äquivalente Darstellungen der Vertauschungsrelationen. Der Nachweis, dass die Erwartungswerte unabhängig von der gewählten Darstellung sind, kann leider nicht allgemein erbracht werden. Vielmehr muss mittels plausibler Kriterien geprüft werden, welche Darstellung zu bevorzugen ist. Dieses grundsätzliche Auswahlproblem verunsichert auch die Festlegung der Dynamik eines Quantensystems, die sich gewöhnlich auf eine unitäre Zeitentwicklung stützt. Insbesondere wenn Phasenübergänge durchlaufen werden, ist von vornherein nicht sicher, ob Darstellungen der gleichzeitigen Vertauschungsrelationen zu verschiedenen Zeiten noch unitär äquivalent sind, ob also die Zeitentwicklung vom Anfang bis zum Ende konsistent nachgezeichnet werden kann. Diese Unsicherheit, die das Theorem von Haag zum Ausdruck bringt, gipfelt in der Frage, ob es gegenwärtig überhaupt ein physikalisch realistisches Hilbertraum-Modell gibt, das nichttriviale Wechselwirkungen in einer vierdimensionalen Raum-Zeit Geometrie konsistent beschreibt.

Ein zweiter Einwand ist nicht minder grundsätzlich. Theoretische Untersuchungen von schwarzen Löchern (siehe Kapitel 0.2.6) kommen aus unterschiedlichen Richtungen zum erstaunlichen Resultat, dass in einem endlichen Volumen prinzipiell nur endlich viele Daten gespeichert werden können. Weil der Informationsgehalt in jedem Kubikzentimeter zwar unvorstellbar groß sein kann, aber keineswegs unendlich ist, können sich im "allerkleinsten" submikroskopischen Bereich - gemeint ist die Planck-Skala - keine Welten mehr auftun. Diese Erkenntnis entzieht der Quantenfeldtheorie ihr Fundament, da die "Körnigkeit" der Welt im "Kleinen" nach dieser Theorie nicht vorgesehen ist. Wie winzig auch die räumlichen Abmessungen sein mögen, die Quantenfeldtheorie überzieht das ganze Gebiet mit einem kontinuierlichen Feld und setzt damit voraus, dass sich tiefer und immer tiefer im Mikrokosmos unendliche Welten einander ablösen können. So ist der Kosmos mit Sicherheit jedoch nicht aufgebaut. Im Kapitel 0.2.6 kommen wir auf diesen prinzipiellen Einwand gegen die Quantenfeldtheorie zurück. Ungeachtet all ihrer hervorragenden Verdienste, ist die Quantenfeldtheorie leider nur eine vorläufige Etappe auf dem Weg zur universellen, einheitlichen Theorie aller Naturvorgänge.

Diese Einwände gegen die Quantenfeldtheorie müssen wir gleich wieder relativieren, weil sie die Voraussetzungen tangieren, welche das Theoretisieren überhaupt erst ermöglichen. Wäre die physikalische Wirklichkeit nämlich so strukturiert, dass sich jede Zitterbewegung in der Planck-Region bis ins Makroskopische hinauf zur Geltung bringen könnte, dann wäre theoretische Physik gar nicht möglich. Schrittweise kann der Physiker die Gesetzeshierarchie nur erkunden, weil effektive Theorien möglich, weil sie "wahr" sind. In die Naturgesetze auf unterschiedlichen Vertiefungsstufen geht das Verhalten der kleineren "Bausteine" immer nur effektiv, über renormierte Parameter ein. Da nicht alle Details der Vorgänge bei sehr viel kleineren Abständen bzw. sehr viel höheren Energien bestimmend für den "Überbau" sind, ist dieselbe effektive Theorie mit verschiedenen mikroskopischen Modellen verträglich, die Spekulationen über die Welt im noch Kleineren beinhalten. Diese Art "Universalität" der Theorien auf unterschiedlichen Seinsstufen, die Plotins Seelen-Hierarchie überhaupt erst begründet, ist die Grundvoraussetzung für alle Wissenschaften. Da allerdings das verfügbare experimentelle Instrumentarium immer weniger Licht in noch tiefere Zusammenhänge bringen kann, bekommen die Forscher letztlich zu wenig Puzzleteile in die Hand, um sich daraus ein rechtes Bild machen zu können.

0.2.6 Schwarze Löcher

In diesem Abschnitt wird die Weiterentwicklung der klassischen Physik in einer anderen Richtung verfolgt. Nicht das Konsistenzproblem der Atomphysik steht am Anfang, sondern die Universalität der Massenanziehung. Wieder führen einfache Gedankenexperimente auf grundlegende Fragen.

In einem geschlossenen Behälter sollen N Massenpunkte frei beweglich und anfangs in ein kleines Teilvolumen eingeschlossen sein. Man erwartet, dass die Teilchen im Laufe der Zeit das gesamte Volumen bevölkern, wie das die Abbildung 0.2.30 veranschaulicht. Um diese Mut-

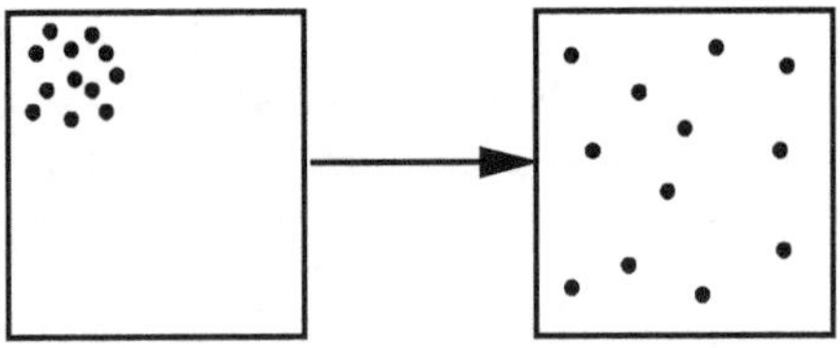

Abbildung 0.2.30:
Bewegte Teilchen, die anfangs auf ein Teilvolumen beschränkt sind, werden im Laufe der Zeit das gesamte Volumen einnehmen.

maßung zu begründen, wird ein $6N$-dimensionaler Phasenraum konstruiert. Jeder Punkt in diesem Raum legt die momentanen $3N$ Orts- und $3N$ Impulskoordinaten der N Massenpunkte fest. Der zeitlichen

Entwicklung des Systems wir somit eine Trajektorie eines Punktes im Phasenraum zugeordnet. Stellen wir uns unendlich viele, leicht unterschiedliche Systeme vor, die alle anfangs denselben makroskopischen Gesamteindruck abgeben. Alle Punkte gehören zu einem Teilvolumen V des Phasenraums. Der Satz von Liouville besagt allgemein, dass sich die Größe jedes Phasenraumvolumens infolge der gesetzmäßigen Ortsveränderungen der Partikel zeitlich nicht ändert. Diese Aussage widerspricht nur scheinbar der Erfahrung, dass sich ein im Kaffee gelöster Tropfen Milch niemals zusammenzieht und wieder Tropfen wird. Die Irreversibilität von Veränderungen berücksichtigend, muss die Frage anders gestellt werden: Wie ändert sich die Größe des Phasenraumvolumens, wenn gesetzmäßig von einer Gesamtheit *makroskopisch gleichartiger* Systeme zu einer anderen Gesamtheit *makroskopisch gleichartiger* Systeme übergegangen wird? Wegen der hohen Dimension des Phasenraumes vergrößert sich *dieses* Volumen quasi explosionsartig. Was die makroskopische Gleichartigkeit bzw. Grobkörnigkeit betrifft, gibt es also ein vom Liouvillschen Satz abweichendes Gesetz: Mit hoher Wahrscheinlichkeit verläuft eine Trajektorie im Phasenraum von einem kleinen Gebiet makroskopischer Gleichartigkeit (Grobkörnigkeit) in ein sehr viel größeres Gebiet. Daher haben zeitliche Abläufe einen Richtungssinn, daher löst sich Milch im Kaffee auf, während die spontane Entmischung nur im Trickfilm zu sehen ist.

Gibt es eine physikalische Größe, die ein Maß für das Anwachsen des Phasenraumvolumens bei der Verformung von Makroobjekten ist? Diese Größe gibt es - sie heißt "Entropie". Sie ist gleichzeitig auch ein Schlüsselbegriff der Wahrscheinlichkeits- und Informationstheorie. Der Entropiebegriff ist für die Vielteilchentheorie fundamental, denn weder die statistische Physik noch die phänomenologische Thermodynamik kommen ohne ihn aus. Wie kein anderer Begriff steht er für den stufenlosen Übergang von der Physik zur Mathematik. Das können wir durch eine einfache Betrachtung illustrieren.

Ein mechanisches System möge sich in verschiedenen Zuständen Z_l $(l = 1, 2, \ldots, n)$ befinden können. Im Laufe der Zeit Δt gelange es aus den Zuständen k, vermöge der Übergangsraten R_{ik}, in den Zustand i. Die Wahrscheinlichkeit w_i, das System im Zustand i zu finden, berechnet sich aus der Ratengleichung

$$w_i(t + \Delta t) = \sum_{k=1}^{n} R_{ik} w_k(t),$$

wobei mit Sicherheit einer der Zustände j erreicht wird, wenn alle

Ausgangszustände beteiligt sind: $\sum_k R_{jk} = 1$. Die Grundgesetze der Mechanik sind auf der Teilchenebene reversibel. Sie liefern identische Lösungskurven im Phasenraum, wenn t durch $-t$ und alle Impulse p_i durch $-p_i$ ersetzt werden. Das bedeutet, dass die Matrix der Übergangswahrscheinlichkeiten symmetrisch ist $R_{ik} = R_{ki}$. Für die Einführung der Entropie wird der Jensensche Satz ausgenutzt, nach dem für jede konkave Funktion $f(x)$ die Ungleichung

$$f\left(\sum_{i=1}^{n} \lambda_i x_i\right) \geq \sum_{i=1}^{n} \lambda_i f(x_i), \quad \text{wobei} \quad \sum_{i=1}^{n} \lambda_i = 1$$

gilt. Auf diese Weise definieren wir eine Größe $S = \sum_i f(w_i(t))$, die im Laufe der Zeit nicht abnimmt:

$$S(t + \Delta t) = \sum_{i=1}^{n} f(w_i(t + \Delta t)) \geq \sum_{i,k=1}^{n} R_{ik} f(w_k(t)) = S(t).$$

Die Funktion $f(x)$ wird nun speziell so gewählt, dass die zeitlich sich nicht vermindernde Entropie $S(t)$ additiv ist. Für zwei unabhängige Systeme (1) und (2) soll also der Gesamtwert von S die Summe von S_1 und S_2 sein $S = S_1 + S_2$. Die Funktion $f(x) = x \ln(1/x)$ ist konkav ($f''(x) < 0$) und additiv. Die auf diese Weise definierte Entropie S

$$S = \sum_{i=1}^{n} f(w_i) = \sum_{i=1}^{n} w_i \ln \frac{1}{w_i}$$

kann zeitlich nur zunehmen. Da die Funktion $f(x)$ konkav ist, hat sie einen Sättigungswert, der zugleich das absolute Maximum ist. Unter Berücksichtigung der Nebenbedingung (die Normierung von w_j) lauten die Bestimmungsgleichungen für die Besetzungswahrscheinlichkeiten im Zustand maximaler Entropie:

$$\frac{\partial}{\partial w_j}\left[\sum_{l=1}^{n} f(w_l) - \lambda \sum_{l=1}^{n} w_l\right] = f'(w_j) - \lambda = 0.$$

In diesem sogenannten thermodynamischen Gleichgewichtszustand sind also die Wahrscheinlichkeiten w_j alle gleich: $w_j = 1/n$. Die maximale Entropie $S = \ln n$ ist gegeben durch den Logarithmus der Anzahl aller Zustände des abgeschlossenen Modellsystems. Hat sich dieser Gleichgewichtszustand erst einmal eingestellt, so kann er nicht mehr verlassen werden, weil eine Fortentwicklung mit einer Erhöhung der Entropie verbunden wäre, S aber im Gleichgewicht bereits seinen maximalen Wert annimmt. Jedes Vielteilchensystem hat also seine spezifische Historie: Sie beginnt mit der "Geburt" in einem Zustand niedriger Entropie und endet meist mit dem "Tod", dem Zustand größtmöglicher Entropie, wenn das System im Gleichgewicht ist. Die allgemeine Form dieses Prinzips, das zusätzlich zu den dynamischen Bewegungsgleichungen gefordert werden muss, ist der Inhalt des zweiten Hauptsatzes der Thermodynamik. Die Entropie erfasst die Anzahl aller möglichen mikroskopischen Zustände, welche denselben makroskopischen Gesamteindruck ergeben. Nach diesem Hauptsatz führt jede Veränderung mit hoher Wahrscheinlichkeit zur Erhöhung der Unordnung. Eltern wissen, wovon die Rede ist. Regelmäßig räumen sie das Kinderzimmer auf, regelmäßig ist es nach kurzer Zeit wieder verwüstet. Hat das Kind sei "Werk" vollbracht, kann das Chaos nicht weiter vergrößert werden - die Entropie bleibt bei ihrem maximalen Wert.

Unabhängig von den mikroskopischen Details der physikalischen Systeme, konnte eine rigorose phänomenologische Theorie thermodynamischer Gesetze entwickelt werden. Der universelle Charakter der Thermodynamik beruht darauf, dass alle mikroskopischen Eigenschaften eines Systems nur für die Bestimmung der Entropie herangezogen werden müssen, um eine Theorie makroskopischer Zustände in der klassischen Physik zu fundieren. Entscheidend ist, wie die Entropie von der Energie, der Teilchenzahl und anderen Strukturparametern abhängt. Am Anfang des axiomatischen Aufbaus der Thermodynamik stehen drei Hauptsätze: 1) Die innere Energie E ist eine Zustandsfunktion. Sie ändert sich durch Wärmeaustausch δQ und durch Zufuhr oder Verrichtung von mechanischer Arbeit δW: $\mathrm{d}E = \delta Q + \delta W$. 2) Es existiert die Zustandsfunktion Entropie S, die bei Prozessen zwischen den Teilen eines abgeschlossenen Systems nur zunehmen kann, die im Gleichgewicht maximal ist und für die bei quasistatischen Veränderungen für den Wärmeaustausch die Gleichung $\delta Q = T\mathrm{d}S$ gilt. T ist die Temperatur. 3) Die Temperatur $T = 0$ Kelvin ist in endlich vielen Schritten nicht erreichbar (Nernstsche Wärmesatz).

Wird allerdings die allgemein gültige Thermodynamik mit kosmologischen Fragestellungen konfrontiert, dann gerät die Gedankenentwicklung ins Stocken. Würden sich nämlich Kosmologen allein auf die Lehrmeinung der Thermodynamiker berufen, so würde die von ihnen zusammengestellte Entstehungsgeschichte des Universums nicht zur Beobachtung passen. Anfangs befände sich der Kosmos in einem extrem geordneten Zustand, seine Entropie wäre verschwindend klein. Danach würden die losgelassenen Sternenhaufen sich beeilen, den verfügbaren Raum gleichmäßig auszufüllen und dabei maximale Unordnung anstreben. Letztendlich endete das Universum im Wärmetod, wenn der thermodynamische Gleichgewichtszustand erreicht ist. Ab diesem Zeitpunkt verschöben sich die großen Massen zwar noch, doch dies änderte nichts am Gesamteindruck. Eine interessante Geschichte, die aber definitiv nicht zutreffend ist.

Die moderne Kosmologie, die von immer genaueren und umfassenderen Himmelsbeobachtungen profitiert, widerspricht diesem Szenarium der Entwicklung des Kosmos grundsätzlich. Insbesondere die kosmische Hintergrundstrahlung wurde in den vergangenen Jahrzehnten akribisch untersucht. Sie breitet sich gleichmäßig im ganzen Universum aus und ist ein Relikt der Entstehungsphase. An ihr kann abgelesen werden, in welchem Zustand sich der Kosmos anfangs befand. Das Ergebnis ist das Gegenteil von dem, was das einfache thermodynamische Modell vorhersagt: Was das Intensitätsspektrum der kosmischen Hintergrundstrahlung betrifft, sind keine anderen Messdaten bekannt, die mit der theoretischen Planckschen Schwarzkörperkurve genauer übereinstimmen. Das bedeutet, dass sich der Kosmos anfangs im thermodynamischen Gleichgewichtszustand befand! In diesem Zustand ist, wie wir sahen, die Entropie maximal und nicht verschwindend klein. Konnte also das Universum seine Gestalt gar nicht ändern, weil es schon anfangs im Zustand des Wärmetods war?

Zur Lösung dieses Paradoxons muss die Massenanziehung herangezogen werden, die für die Galaxienbildung hauptverantwortlich ist. Vielleicht kann durch die Einbeziehung der Gravitation die kosmologische Entwicklungsgeschichte in Einklang mit Beobachtungen und mit dem zweiten Hauptsatz gebracht werden. Wirkt nämlich zwischen den Punktmassen eine anziehende Kraft, so verklumpen die Partikel und wollen nicht länger den gesamten verfügbaren Raum einnehmen. Wie es Abbildung 0.2.31 darstellt, vereinigen sich die Massen, bilden ein Kügelchen, das immer weiter schrumpft, während die Gravitationskraft auf seiner Oberfläche anwächst. Schließlich wird die Anziehung so groß, das nicht einmal ein "Teilchen" (Photon) die Oberfläche des Kügelchens verlassen kann, das mit Lichtgeschwindigkeit sich abzulösen versucht. Dieser Fall tritt ein, wenn die Fluchtgeschwindigkeit gleich der Lichtgeschwindigkeit c ist. Kurz vor Erreichen dieses Grenzwertes gilt für ein Probeteilchen mit der Masse m: $mc^2/2 = GmM/r$, wobei M die Gesamtmasse des Kügelchens und $G = 6.66 \cdot 10^{-8}\text{cm}^3/\text{gs}^2$

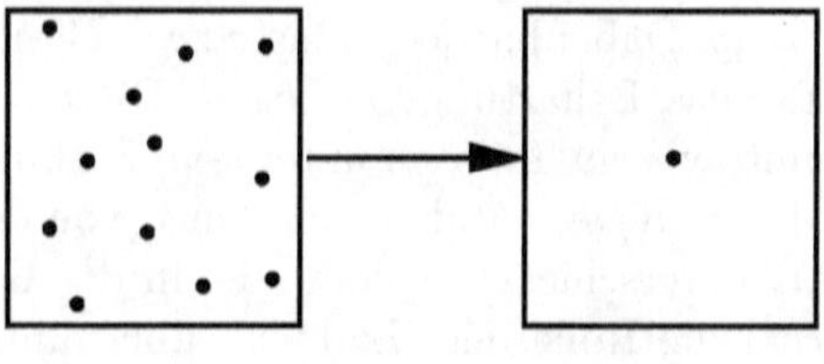

Abbildung 0.2.31:
Wirkt zwischen allen Teilchen eine anziehende Kraft, so nähern sie sich einander immer weiter an. Wenn sich durch die Annäherung die Anziehungskraft immer weiter verstärkt, werden sich am Ende alle Teilchen zur Punktmasse vereinigen.

die Gravitationskonstante ist. Der Radius $r_s = 2GM/c^2$ dieser Kugel heißt Schwartzschild-Radius. Für eine Masse $M = 1$g ist er von der Größenordnung $r_s = 10^{-28}$cm. Als Folge der universellen Massenanziehung entsteht ein schwarzes Miniloch, weil nicht einmal Strahlung von der kompakten Massenansammlung abgegeben werden kann. Von außen betrachtet ist die Temperatur dieser kompakten Massenansammlung null Kelvin, da keine Wärmestrahlung nach außen dringt. Der Nernstsche Wärmesatz ist somit verletzt. Dennoch sollten schwarze Löcher die natürlichen Endzustände eines Systems von Massenpunkten sein, wenn die anziehende Gravitationskraft berücksichtigt wird. Dieses Szenarium der Entwicklung eines kosmischen Vielteilchensystems beseitigt nicht die Kalamität - es vergrößert nur die Ratlosigkeit. Weil schwarze Löcher keine Wärmestrahlung abgeben, wird nicht nur der dritte, sondern auch der zweite Hauptsatz der Thermodynamik verletzt. Das Universum würde dem Kältetod zustreben. Aus der anfänglichen maximalen Unordnung des Gleichgewichtszustandes würde sich letztlich ein perfekter Ordnungszustand entwickeln, nämlich ein einziger Punkt, in dem alle Materie eingeschlossen ist. Der Kosmologe müsste demonstrieren, wie aus einem extrem wahrscheinlichen Zustand ein extrem unwahrscheinlicher Zustand entsteht.

Die Schwachstelle in der Argumentation ist die klassische Newtonsche Gravitationstheorie. Sie gilt es auf eine höhere Stufe zu heben. Das erkannte der geniale Physiker Albert Einstein. Ein Ausgangspunkt seiner Überlegungen war der Begriff "Masse". Anders als die elektrische Anziehungskraft, die durch unterschiedliche Ladungen hervorgerufen wird, kann die Gravitationskraft nicht abgeschirmt werden. Alles was Masse und/oder Energie E ($m = E/c^2$) hat, beugt sich dem Diktat der Massen*anziehung*. Dabei hat jede Masse zwei Gesichter. Einerseits ist sie ein Maß für das Beharrungsvermögen. Diese sogenannte träge Masse m_t bestimmt, wie ein Teilchen unter dem Einfluss einer Kraft K beschleunigt wird: $b = K/m_t$. Andererseits muss von der trägen Masse m_t eine Masse m_s unterschieden werden, die in der Gravitationskraft $K = m_s(-GM/r^2)$ die Rolle der "Ladung" übernimmt (vergleichbar der Kraft K, die auf ein elektrisches Feld E zurückgeht: $K = eE$, wobei e die elektrische Ladung ist). Gibt es nämlich eine Massenansammlung M im Abstand r, dann wirkt zwischen M und der schweren Masse m_s die Anziehungskraft K. Die Newtonsche Gleichung hat in diesem Fall die Form: $b = m_s(-GM/r^2)/m_t$. Speziell für kleine Schwingungen (mit den Auslenkungen $x(t)$) eines mathematischen Pendels der Länge l lautet die genaue Form der Newtonschen Bewegungsgleichung:

$$m_t \frac{\mathrm{d}^2 x(t)}{\mathrm{d}t^2} = -m_s g \frac{x(t)}{l}, \quad T = 2\pi \sqrt{\frac{m_t l}{m_s g}},$$

wobei T die Schwingungsperiode und g die Erdbeschleunigung ist. Das Verhältnis m_s/m_t lässt sich somit durch Messungen der Schwingungsperioden verschiedener Pendel experimentell bestimmen. Das Ergebnis $m_s/m_t = 1 \pm 10^{-10}$ zeigt, dass alle Körper dieselbe spezifische Gravitationsladung m_s/m_t haben, dass die schwere Masse mit der trägen Masse praktisch identifiziert werden kann. Diese Äquivalenz ist eines der experimentell am genauesten bestätigten Gesetze der Physik. Die universelle Ununterscheidbarkeit zwischen m_t und m_s, die bereits von Galilei behauptet wurde, brachte Albert Einstein auf die geniale Idee, die Gravitationskraft in einem kleinen Raumgebiet mit der Trägheitskraft eines beschleunigt bewegten Bezugsystems zu identifizieren. Lokal könne man demzufolge in einem Fahrstuhl nicht unterscheiden, ob er sich beschleunigt bewegt oder dem Einfluss eines Schwerefeldes nachgibt. In infinitesimalen, d.h. unendlich kleinen Raum-Zeit-Intervallen, sei die Schwerkraft ihrem Wesen nach "Geometrie", da die anziehende Kraft zwischen Massen auf eine Koordinatentransformation vollständig zurückgeführt werden kann. Einstein erkannte den geometrischen Charakter des Gravitationsfeldes. Der Zusatz, dass diese Gleichartigkeit nur im "Kleinen" gilt, ist zu beachten, denn global sind Trägheit und Schwere durchaus unterscheidbar.

Einstein entwickelte eine neue Gravitationstheorie auf der Grundlage von drei Grundprinzipien: 1) Raum und Zeit bilden ein einheitliches, vierdimensionales Kontinuum. 2) Gravitation ist Folge einer deformierten Raum-Zeit-Bühne. Die Metrik der Raum-Zeit wird bestimmt durch die sich in Raum und Zeit abspielenden Prozesse. 3) In infinitesimal kleinen Bereichen ist die Raum-Zeit flach, d.h. dort gilt die spezielle Relativitätstheorie. Diese Postulate favorisieren die Riemannsche nicht-euklidische Geometrie, bei der Geometrisierung der Gravitationskraft behilflich sein zu können. Nach der Einsteinschen Theorie ist schließlich die Gravitation lokal mit der Geometrie eines vierdimensionalen gekrümmten Raumes vom Riemannschen Typ identisch. Die Detektion eines Gravitationsfeldes ist ihrem Wesen nach eine Vermessung der Raum-Zeit-Geometrie. Massen im Raum ziehen sich deshalb an, weil sie den Raum "verbiegen", in dem sie sich aufhalten. Der Krümmungstensor R^m_{ikn} der Riemannschen Geometrie ist nach der Einsteinschen Idee in Beziehung zu setzen mit den "Dingen", die ein Gravitationsfeld hervorrufen. Den Quellen ist der Energie-Impuls-Spannungstensor T^{ik} zugeordnet, der 10 unabhängige Komponenten hat. Die Anzahl der unabhängigen Bestimmungsgrößen des Krümmungstensors R^m_{ikn} beträgt aber 20. Offenbar muss der Tensor R^m_{ikn} "beschnitten" werden, um die Grundgleichung der Gravitationstheorie erhalten zu können. Nach der Abzählung der unabhängigen Komponenten kommen der Ricci-Tensor $R_{ik} = R^m_{ikm}$ (Summation über m von 1 bis 4) und das Krümmungsskalar $R = g^{ik}R_{ik}$ (Summation über i, k von 1 bis 4) infrage. Der metrische Tensor g^{ik} hat ebenfalls genau 10 unabhängige Koordinaten. Einstein legte seiner Gravitationstheorie folgendes Gleichungssystem zu Grunde:

$$E^{ik} \equiv R^{ik} - \frac{1}{2}g^{ik}R = -\frac{8\pi G}{c^4}T^{ik}. \tag{0.13}$$

Auf der linken Seite dieser Grundgleichung stehen mathematische Größen zu Charakterisierung des Riemannschen Raumes, dessen Struktur durch den "materiellen Inhalt" bestimmt wird, der im Tensor T^{ik} auf der rechten Seite der Gleichung 0.13 eingeschrieben ist. Diese Gleichungen dienen zur simultanen Berechnung der Verlagerung der "Dinge" und der damit verbundenen Änderung der lokalen Raum-Zeit-Metrik, die vom differentiellen Abstandsquadrat abgelesen werden kann: $\mathrm{d}s^2 = g_{ik}\mathrm{d}x^i\mathrm{d}x^k$ (Summation über i k von 1 bis 4). Berechnet werden die 10 unabhängigen Komponenten des metrischen Tensors g_{ik}. Dazu müssen die Einsteinschen Gleichungen, unter Beachtung des Energie-Impuls-Erhaltungssatzes $T^{ik}_{;k} = 0$, gelöst werden. Diese Lösbarkeitsbedingung folgt aus (0.13) und der Bianchi-Identität. Sie ist gleichzeitig auch eine Bestimmungsgleichung, weil aus ihr die Bewegung einer Massenanhäufung als Ganze berechnet werden kann, wenn der metrische Tensor vorgegeben ist. Verglichen mit der Newtonschen Physik, in der ausschließlich Ortsveränderungen von "realen Körpern" untersucht werden, haben die Einsteinschen Gleichungen sowohl Wellenlösungen als auch singuläre Lösungen für das metrische Feld. Die Bewegungsgleichungen für reine Gravitationsanomalien resultieren aus den homogenen Feldgleichungen $E^{ik} = 0$, die in der Umgebung der singulären Raum-Zeit-"Verbiegung" gelten. Da einige dieser Vakuumlösungen ($T^{ik} = 0$) und deren Bewegungsgleichungen das Verhalten von Punktmassen nachbilden, wurde schon bald der Versuch unternommen, Teilchen als Verdichtungen von starken Gravitationsfeldern aufzufassen, mit dem Ziel, die gesamte Physik zu geometrisieren. Behilflich dabei ist der Umstand, dass Einsteins Gravitationstheorie genuin nichtlinear ist. Eine lineare Theorie für das mathematische Raum-Zeit-Kontinuum kann nämlich nicht aus sich heraus diskrete Feldquanten erzeugen. Ohne äußere Zusatzbedingungen gelingt das nur einer nichtlinearen Feldtheorie. Einstein selbst hat die Idee weit vorangetrieben. Bereits 1925 veröffentlichte er einen Artikel,[14] in dem er die Existenz von Antiteilchen voraussagte. Er bewies den Satz: Tritt in einer Feldtheorie ein Teilchen Σ auf, so auch sein Antiteilchen Σ^*, das sich in nichts anderem als im Vorzeichen der Ladung vom Teilchen Σ unterscheidet. Auf den Ruhm, auch auf diesem Gebiet Anstöße gegeben zu haben, konnte Einstein vermutlich verzichten.

Die Einsteinschen Gleichungen (0.13) bestimmen nur lokale Lösungen. Nach der Berechnung der Komponenten g_{ik} des metrischen Tensors muss sich eine Untersuchung der globalen topologischen Eigenschaften der gesamten Raum-Zeit erst noch anschließen. Bei Anwesenheit von Gravitationsfeldern ist nämlich die flache Minkowski-Metrik durch keine Koordinatentransformation global erzeugbar. Vielmehr müssen, bei vorgegebener Metrik g_{ik}, die Bahnkurven für Probeteilchen, die im Gravitationsfeld frei fallen (Geodäten), aus dem Maximum des Wirkungsintegrals

$$S = \int_{\lambda_1}^{\lambda_2} \mathrm{d}\lambda \sqrt{-g_{ik} \frac{\mathrm{d}x^i(\lambda)}{\mathrm{d}\lambda} \frac{\mathrm{d}x^k(\lambda)}{\mathrm{d}\lambda}},$$

erst noch bestimmt werden, wobei über i und k von 1 bis 4 zu summieren ist. Aus dieser Variationsaufgabe ergeben sich die Einsteinschen Bewegungsgleichungen, die Newtons Kraftgesetz ersetzen.

[14] A. Einstein, Das Elektron in der allgemeinen Relativitätstheorie, Physica 5 (1925), S. 330-334

Besondere Aufmerksamkeit erlangte die Schwarzschild-Lösung der Einsteinschen Theorie, da sie die Existenz von schwarzen Löchern vorhersagt. Berechnet wird die Metrik, die zum Gravitationsfeld einer ruhenden, kugelsymmetrischen Punktmasse M gehört. Nach dem Birkhoffschen Satz ist jede kugelsymmetrische Vakuumlösung statisch. Die Schwarzschild-Zeit selbst wird von einer ruhenden Uhr im "Unendlichen" gemessen. Von den räumlichen Koordinaten x^1, x^2 und x^3 geht man zu Kugelkoordinaten über, so dass neben dem "Radius" r die Winkel ϕ und θ auftreten. Da außerhalb der Massenansammlung der Energie-Impulstensor verschwindet, reduzieren sich die Einsteinschen Gleichungen auf das homogene System $R_{ik} = 0$. Die Lösung für das Quadrat des differentiellen Abstands in der Schwarzschild Raum-Zeit hat die Form:

$$\mathrm{d}s^2 = \frac{\mathrm{d}r^2}{1 - r_s/r} + r^2(\mathrm{d}\theta^2 + \sin^2\theta \mathrm{d}\phi^2) - \left(1 - \frac{r_s}{r}\right) c^2 \mathrm{d}t^2. \tag{0.14}$$

Der Schwarzschild-Radius $r_s = 2GM/c^2$ beträgt für die Sonne zirka 3 km, was sehr viel kleiner ist als der Sonnenradius von etwa 700 000 km. Was sagt Einstein's Theorie voraus, wenn die gesamte Masse der Sonne in eine Kugel gepresst wird, deren Radius kleiner als r_s ist? In diesem Fall sollte die äußere Schwarzschild-Lösung (0.14) zuständig sein, die bei $r = r_s$ singulär ist. In der Tat markiert der Horizont $r = r_s$ eine Grenze. Was geschieht dort? Ein gebündelter Lichtstrahl ($\mathrm{d}s^2 = 0$) laufe in radialer Richtung (mit $\mathrm{d}\theta = \mathrm{d}\psi = 0$) zum Horizont, um auszuleuchten, was sich hinter ihm verbirgt. Aus Gleichung (0.14) erhalten wir die Gleichung $c\mathrm{d}t = \pm \mathrm{d}r/(1 - r_s/r)$ bzw. von t_0 bis t integriert $ct = ct_0 \pm (r + r_s \ln(r - r_s))$. Danach dauert es unendlich lange ($t \to \infty$) bis der Strahl den Horizont wirklich erreicht ($r \to r_s$). In der Umgebung des Horizonts $r \approx r_s$ invertieren wir diese Gleichung und erhalten eine exponentielle Abhängigkeit $r = r_s + \exp(c(t_0 - t)/r_s - 1)$. Danach sieht es so aus, als ob der Photonenschauer auf den Schwarzschild-Horizont immerfort zuläuft, ihn aber erst nach unendlich langer Zeit exakt erreicht.

Das Bild ändert sich, wenn es von einem anderen Blickwinkel aus betrachtet wird. Was an einer Lösung der Gleichungen (0.13) allgemeingültig oder von der Wahl des Koordinatensystems abhängig ist, das zeigt erst der Vergleich mit anderen zulässigen Darstellungen derselben Lösung. Lehrreich ist die Kruskal Form der Schwarzschild-Lösung. Um sie zu erhalten, werden r und t durch neue Koordinaten u und v ersetzt, und zwar nach der Maßgabe: $u = (x + y)/2$, $v = (x - y)/2$, $xy = (r/r_s - 1)e^{r/r_s}$ und $x/y = e^{ct/r_s}$. Das Kruskalsche Linienelement hat die Form:

$$ds^2 = \frac{4r_s^3}{r(u,v)} e^{-r/r_s} (du^2 - dv^2) + r^2(u,v)(d\theta^2 + \sin^2\theta d\psi),$$

die nur bei $r = 0$ bzw. $v = \pm\sqrt{1+u^2}$ singulär ist, nicht aber am Horizont $r = r_s$ bzw. $u = \pm v$. Offenbar ist die Singularität bei $r = r_s$ (am Horizont) in Gleichung (0.14) nur marginal, denn in Kruskal Koordinaten gibt es nur die wesentliche Singularität bei $r = 0$.

Betrachten wir in einem "Orts" (u) - "Zeit" (v) - Diagramm die Eigenschaften der Lösung von (0.13) in Kruskal-Koordinaten etwas genauer. Der Horizont $r = r_s$ unterteilt die u-v Ebene gemäß der beiden Gleichungen $u = v$ und $u = -v$ in vier Bereiche I, I' sowie II und III (siehe Abbildung 0.2.32). Rechts von $v = \sqrt{1+u^2}$ und links von

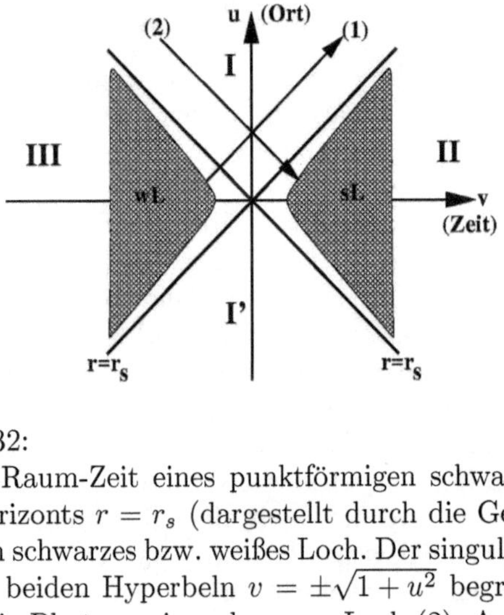

Abbildung 0.2.32:

Die Kruskal Raum-Zeit eines punktförmigen schwarzen Lochs. Innerhalb des Horizonts $r = r_s$ (dargestellt durch die Geraden $u = \pm v$) befindet sich ein schwarzes bzw. weißes Loch. Der singuläre Punkt $r = 0$ wird durch die beiden Hyperbeln $v = \pm\sqrt{1+u^2}$ begrenzt. Zukünftig verschwinden die Photonen im schwarzen Loch (2). Andere Photonen, die diesem Schicksal entgehen, entstammen aus einem weißen Loch (1).

$v = -\sqrt{1+u^2}$ (in Abbildung 0.2.32 schraffiert gezeichnet) befindet sich jeweils eine verbotene Region, weil beide Kurven zu $r = 0$ gehören und $r < 0$ nicht möglich ist. Für Photonenwege (Nullgeodäten) gilt $ds^2 = 0$ oder $du = \pm dv$ bzw. integriert (1) $u = v + C_1$ und (2) $u = -v + C_2$ (C_1 und C_2 sind jeweils konstant). Beide Typen von Nullgeodäten sind in Abbildung 0.2.32 eingezeichnet. Bei $t \to \infty$ gilt $y \to 0$, $x \to \infty$, so dass die beiden Koordinaten u und v gegen Unendlich streben (u, $v \to \infty$).

Das bedeutet, dass nur Photonen auf einer Geodäten vom Typ (1) ins Unendliche entweichen können. Für Photonen, die aus dem "Unendlichen" kommen, gilt: $t \to -\infty$, d.h. $x \to 0$, $y \to \infty$, so dass folgt $u \to \infty$, $v \to -\infty$. Derartige Photonen müssen auf Nullgeodäten vom Typ (2) unterwegs sein. Ein sich in der Region I radial ausbreitender Lichtstrahl entweicht entweder ins Unendliche und entspringen aus einem weißen Loch (1) oder trifft auf die Raum-Zeit Singularität bei $r = 0$ und kommt aus dem Unendlichen (2). Starten die Photonen in der Region II, also innerhalb des Schwarzschild-Horizonts, so enden sie immer in der Singularität. II ist daher der Raum-Zeitbereich eines schwarzen Lochs, denn alle Partikel (Photonen) kommen nur hinein, nicht aber wieder heraus. Nichts, was sich innerhalb des Horizonts eines schwarzen Lochs befindet (Region II), kann auf die Außenwelt I einwirken. Umgekehrt wirken Ereignisse in der Region III, die sich ebenfalls hinter dem Horizont befinden, auf die flache Welt I ein, wobei jede Rückwirkung ausgeschlossen ist. Alles verlässt irgendwann den Raum-Zeitbereich III und nichts kommt hinein. Es handelt sich bei III um ein weißes Loch. Schließlich ist der Bereich I', ebenso wie I, ein asymptotisch flaches Universum. Keine Nullgeodäte findet einen Weg aus I hinüber in die andere, ebenfalls flache Welt I'. Befindet sich im Universum auch nur eine einzige kompakte Masse (schwarzes Loch), dann teilt sich die ganze Welt auf in "begehbare" und nicht "begehbare" Bereiche.

Da der Schwarzschild-Horizont die Raum-Zeitunion begrenzt bzw. unterteilt, ist die Metrik in der Grenzregion von besonderem Interesse. Gern benutzt man Rindler-Koordinaten, um zu untersuchen, was dort geschieht. In der Rindler-Darstellung wird r durch den regulären Abstand ρ vom Horizont ersetzt: $\rho = \int_{r_s}^{r} \mathrm{d}r' \sqrt{g_{rr}(r')} = \int_{r_s}^{r} \mathrm{d}r'(1-r_s/r')^{-1/2}$. In diesen Koordinaten hat die Schwarzschild-Metrik die Form

$$\mathrm{d}s^2 = \mathrm{d}\rho^2 + r(\rho)^2(\mathrm{d}\theta^2 + \sin^2\theta \mathrm{d}\psi^2) - \left(1 - \frac{r_s}{r(\rho)}\right) c^2\mathrm{d}t^2.$$

In der Nähe des Horizonts $r \approx r_s$ gilt folgender Näherungsausdruck für das Integral: $\rho \approx 2\sqrt{r_s(r - r_s)}$. Mit dem dimensionslosen Zeitparameter $\omega = ct/2r_s$ und den Koordinaten $X = r_s\theta\cos\psi$, $Y = r_s\theta\sin\psi$, die sich bei kleinen Winkeländerungen um die Polachse $\theta \approx 0$ bewähren, folgt für das Quadrat des Linienelements $\mathrm{d}s^2 = \mathrm{d}\rho^2 + \mathrm{d}X^2 + \mathrm{d}Y^2 - \rho^2\mathrm{d}\omega^2$. Schließlich kann dieser Ausdruck mit Hilfe der Transformation $T = \rho\sinh\omega$, $Z = \rho\cosh\omega$ auf die Minkowskische Metrik gebracht werden: $\mathrm{d}s^2 = \mathrm{d}X^2 + \mathrm{d}Y^2 + \mathrm{d}Z^2 - \mathrm{d}T^2$. In der Nähe des Horizonts $r \approx r_s$ ist die Metrik demnach nicht-singulär und vom Minkowskischen Typ. Für ein großes schwarzes Loch ist die Metrik am Horizont von der einer flachen Raum-Zeit nicht zu unterscheiden. Nach dieser Überlegung würde ein Astronaut nicht merken, dass er eine Grenze überschreitet, die ihm jede Umkehr prinzipiell verwehrt. Wie aus Abbildung 0.2.33 ersichtlich ist, wird der Minkowski Raum T, Z durch die Rindler-Koordinaten in vier Quadranten unterteilt. Nur die Region I liegt außerhalb des Schwarzschild-Horizonts, für den $T = Z = 0$ gilt. Man bezeichnet diesen Quadranten auch als Rindler Raum. Zeitartige Ereignisse des Minkowskischen T, Z-Lichtkegels liegen in den Abschnitten II und IV.

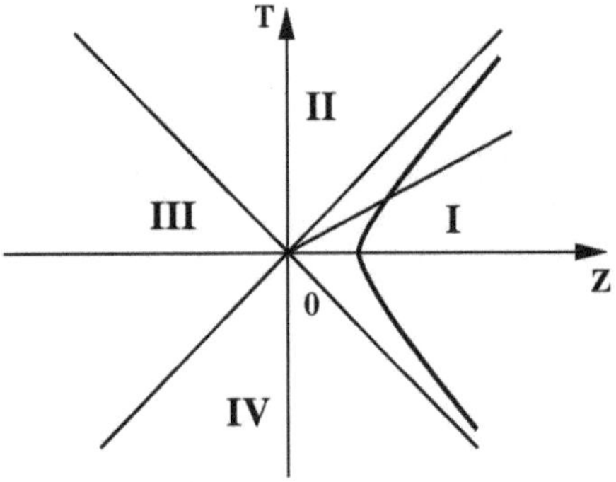

Abbildung 0.2.33:

Das Raum-Zeitdiagramm eines konstant beschleunigten Rindler Beobachters. Die Vorwärts- und Rückwärts-Lichtkegel teilen die Raum-Zeit in vier Bereiche. In die Bereiche I und II kann der Beobachter Signale senden, aus den Bereichen I und IV Signale empfangen, während zum Bereich III keine Verbindung hergestellt werden kann.

Kommen schwarze Löcher nur in einfachen Rechenbeispielen der Einsteinschen allgemeinen Relativitätstheorie vor oder gibt es sie wirklich? Die Nachweismöglichkeiten sind eingeschränkt - schließlich sucht man eine schwarze Katze in einem dunklen Raum. Ein Indiz gibt es dennoch. Seit 1992 werden die Umlaufbahnen von 28 Sternen im Zentrum der Milchstraße vermessen und theoretisch analysiert. Die Untersuchungen zeigen, dass sich im Zentrum dieser Sternenansammlung etwa 4.3 Millionen Sonnenmassen zusammenballen müssen, die jedoch kein Licht aussenden. Vermutlich handelt es sich bei diesem Himmelskörper im Zentrum der Milchstraße um ein riesiges schwarzes Loch. Es gibt weitere Anhaltspunkte, die für die Existenz von schwarzen Löchern sprechen.

Zirka 3500 Lichtjahre von uns entfernt befindet sich das Doppelsternsystem A0620. Es besteht aus einem unsichtbaren Röntgenobjekt, das etwa so schwer ist wie 11 Sonnen und das in 6 Stunden und 22 Minuten von einem leuchtenden Begleitstern (0.7 Sonnenmassen schwer) umrundet wird. 1975 gab es einen Helligkeitsausbruch der vom rotierenden schwarzen Loch verursachten Röntgenstrahlung, die plötzlich um den Faktor 100 000 anstieg. Ein weiteres Indiz, das auf die Existenz von schwarzen Löchern hinweist, überfordert die Vorstellungskraft. Im Zentrum des Coma Haufens befindet sich eine große elliptische Galaxie NGC 4889, die vermutlich das größte, bisher beobachtete schwarze Loch beherbergt. Zirka 21 Milliarden Sonnenmassen sollen dort vereint sein. Der Schwarzschild-Radius ist zehn Mal größer als der Abstand zwischen Sonne und Pluto. Von Jahr zu Jahr wächst die Anzahl der Hinweise, die überzeugend das Vorhandensein von schwarzen Löchern belegen. Derzeit ist nicht vorstellbar, was sich dem Gravitationskollaps entgegenstemmen könnte, um ihn zu verhindern. Für Massenansammlungen in den Zentren der großen Galaxien müsste das eingeschlossene Gas einen sehr hohen Gegendruck entfalten, um der Massenanziehung zu widerstehen. Die Geschwindigkeiten der Gasteilchen müssten die Lichtgeschwindigkeit weit übertreffen, was nicht möglich ist.

Die singulären Lösungen der Einsteinschen Gravitationstheorie sind keine unrealistischen Spezialfälle. Vielmehr konnten die Theoretiker Hawking und Penrose beweisen, dass unter sehr allgemeinen Bedingungen diese Lösungen auftreten müssen. Schwarze Löcher als Endstadien für die Bewegungsabläufe eines Vielteilchensystems gehören wesensmäßig zur allgemeinen Relativitätstheorie. Umso bedenklicher ist die Verletzung des zweiten und dritten Hauptsatzes der Thermodynamik durch singuläre Raum- Zeitstrukturen, deren Entropie und Temperatur sich nicht ändern können. Dieser Einwand ist dermaßen schwerwiegend, dass er unbedingt entkräftet werden muss, wenn die Einsteinsche Gravitationstheorie nicht ihre Reputation verlieren will. Eine rettende Idee, die allerdings den Rahmen der klassischen Einsteinschen Theorie sprengt, kam Stephen Hawking 1974. Auf der Seite 131 wurde die Beziehung zwischen der dimensionslosen lokalen Rindler Zeit ω und der Schwarzschild-Zeit t angegeben: $\omega = ct/2r_s$. Daraus folgerte Hawking, dass Feldquanten mit der dimensionslosen Rindler Frequenz ν_R für ferne Schwarzschild-Beobachter (gemäß $\nu = \nu_R c/2r_s$) ins Rote verschoben sind. Vermittels der Beziehung zwischen der Energie $h\nu$ des Quants und der Temperatur T ($h\nu = k_B T$, k_B ist die Boltzmann Konstante) leitete er formal folgenden Ausdruck für die Temperatur eines einfachen schwarzen Lochs ab $T = \hbar c^3/(8\pi k_B GM)$, das ungeladen ist und keinen Drehimpuls hat. Diesen phänomenologischen Ansatz für die Temperatur T eines schwarzen Lochs begründete Hawking mit dem Verweis auf die Quantentheorie. Durch Quantenfluktuationen am Ereignishorizont werden ständig Teilchen-Antiteilchen Paare erzeugt und vernichtet. Wegen der Zeitdilatation im Gravitationsfeld werden diese Prozesse zeitlich gestreckt und es gelingt einigen Quanten, dem schwarzen Loch zu entkommen. Bei Berücksichtigung dieses Quanteneffekts sollten nach Hawking auch schwarze Löcher Strahlung abgeben und daher eine Temperatur größer null haben. Beträgt der Schwarzschild-Radius etwa einen Zentimeter (etwa die Masse der Erde), dann liegt die Hawking-Temperatur T im Millikelvin Bereich. Entgegen der rein klassischen Einsteinsche Theorie, schreibt der quasi-klassische Quantenzugang dem schwarzen Loch eine von null verschiedene Temperatur T zu, der, vermöge der Gleichung $\mathrm{d}E = \mathrm{d}Mc^2 = T\mathrm{d}S$, eine Entropie zugeordnet werden kann. Für sie erhalten wir durch Integration: $S = (A/4)/(k_B c^3/\hbar G)$, wobei $A = 4\pi r_s^2$ die Oberfläche des Ereignishorizonts ist. Diese berühmte Bekenstein-Hawking Formel für die Entropie eines schwarzen Lochs ist also proportional zur Fläche des Horizonts. Klassisch kann der Flächeninhalt und damit die Entropie eines schwarzen Lochs S_{sL} niemals schrumpfen, was mit dem zweiten Hauptsatz der Thermodynamik in Übereinstimmung ist. Beckenstein löste die thermodynamischen Unstimmigkeiten, welche auf den Gravitationskollaps zurückgehen, indem er den zweiten Hauptsatz verallgemeinerte: die Summe der Entropien der schwarzen Löcher und des Außenraums kann sich nicht vermindern. Wenn Materie in ein schwarzes Loch fällt, dann ist die Zunahme der Entropie des Lochs mindestens so groß wie die Abnahme der Entropie durch das "Verschwinden" der Materie. Erst auf diesem Niveau der Theorie fügen sich die Abläufe, die in den Abbildungen 0.2.30 und 0.2.31 dargestellt sind, in ein thermodynamisches Gesamtschema. Die ursprünglich auf engen Raum eingeschlossenen Gasmoleküle erfüllen rasch den ganzen verfügbaren Raum. Danach entfaltet die schwache Gravitationskraft ihre Wirkung und führt über einen langwierigen Prozess alle Partikel zusammen, bis sich ein schwarzes Loch bildet, das alle restlichen Teilchen aufsaugt. Der gesamte Ablauf ist durch das ständige Anwachsen der Gesamtentropie gekennzeichnet.

Tatsächlich konnte Bekenstein nachweisen, dass kein Objekt eine größere Entropie haben kann als ein schwarzes Loch derselben Größe. Die Begründung dieser Behauptung ist aufschlussreich. Versuchen wir einmal einen Text mit immer kleineren Buchstaben aufzuschreiben. Wird man auf eine Grenze stoßen oder kann derselbe Schriftzug immer und immer wieder verkleinert werden? Wegen der Heisenbergschen Unschärferelation muss jedes Ding, das in einem engen Intervall Δx eine Information codiert, seinen Impuls p entsprechend erhöhen: $\Delta p \geq \hbar/\Delta x$. Das Lesen oder Schreiben von Buchstaben der Ausdehnung Δx lässt sich also nur mit Quantenzuständen der Energie $E_{\Delta x} \approx \hbar c/\Delta x$ bewerkstelligen. Je kleiner also ein gestanzter "Buchstabe" wird, desto stärker muss er zappeln, desto größer ist seine kinetische Energie. Zur Energie E korrespondiert aber eine Masse $m = E/c^2$, die demzufolge immer größer wird, je kleiner der "materialisierte Buchstabe" sein soll. Eine Grenze wird erreicht, wenn in einem immer kleiner werdenden Volumen Δx^3 das codierende Substrat immer schwerer wird: irgendwann entsteht ein schwarzes Loch, in dem unmöglich noch kleinere "Buchstaben" zur Informationscodierung abgelegt werden können. Um das letzte Bit ins schwarze Loch zu drücken, benötigt man die Energie $E_{\text{bit}} = \hbar c/r_s$. Da für die Energie E_{sL} des schwarzen Lochs die Gleichung $E_{sL} = Mc^2$ gilt, erhalten wir für die *endliche* Anzahl der Bits, die innerhalb einer Sphäre mit dem Radius r_s noch gespeichert werden können, folgende Abschätzung $E_{sL}/E_{\text{bit}} = z_1 c^3 r_s^2/(\hbar G)$, mit $z_1 = 1/2$. Dieselbe Größenordnung ergibt das Verhältnis der Gesamtenergie zur abgestrahlten Hawkingschen Wärmemenge: $E_{sL}/k_B T = z_2 c^3 r_s^2/(\hbar G)$, mit $z_2 = 2\pi$. Schließlich gilt auch für das Verhältnis der Oberfläche A des Ereignishorizonts zur Planckfläche l_P^2: $A/l_P^2 = z_3 c^3 r_s^2/(\hbar G)$, wobei $z_3 = 4\pi$ und $l_P = \sqrt{\hbar G/c^3}$ die Plancklänge ist. Eine genaue Analyse zeigt, dass nur vier Bits auf der Planckfläche l_P^2 untergebracht werden können. Mit seinen Überlegungen regte Bekenstein an, die thermodynamische Entropie mit einem statistischen Informationsmaß zu identifizieren. Shannon quantifizierte die statistische Information, die zur Codierung einer Nachricht erforderlich ist. Er erhielt einen Ausdruck von derselben Form wie Boltzmann's Gleichung für die thermodynamische Entropie: $S = -\sum_i p_i \ln p_i$, wobei p_i die Wahrscheinlichkeit für das Auftreten eines codierenden Zeichens x_i ist. Konzeptionell sind das Shannonsche Informationsmaß und die thermodynamische Entropie also sehr ähnlich. Ein schwarzes Loch mit einem Schwarzschild-Radius von einem Zentimeter speichert ungefähr 10^{66} Bits. Dieser Wert entspricht der thermodynamischen Entropie eines mit Wasser gefüllten Quaders, dessen Kantenlänge zehn Milliarden Kilometer beträgt. Im gesamten sichtbaren Kosmos, dessen Radius bis zum Horizont etwa $R \approx 1.3 \cdot 10^{28}$ cm misst, stehen nicht "mehr" als $N = 4\pi R^2 c^3/(G\hbar) \approx$

10^{122} Bits zur Verfügung.

Die beachtenswerte Schlussfolgerung aus dem Bekenstein-Hawkingschen Ausdruck für die Entropie eines schwarzen Lochs lautet also: Die Informationsmenge, die in einem endlichen Volumen codiert werden kann, ist definitiv *endlich.* Im "ganz Kleinen" können sich demnach nicht immer wieder neue "Welten" auftun, wie Leibniz es sich vorstellte. Vielmehr werden die Ausdrucksmöglichkeiten immer weiter eingeschränkt, bis schließlich in der Planck-Region nur noch "Ja" und "Nein" "gesagt" werden kann. Eine Quantenfeldtheorie, die auch noch dieses winzige Volumen mit einem kontinuierlichen Netz von Feldern überzieht, ist definitiv auf dem falschen Weg. Gibt es am Boden dieses tiefen Abgrunds (in der Planck-Region) noch Raum und Zeit, noch Teilchen und Felder? - Nein. Was es dort "gibt", ist Einsilbigkeit, gestammelt mit wenigen Quantenbits. Baut auf diesem Stumpfsinn im Kleinen die ganze unüberschaubare Vielfalt und Komplexität der Welt auf? Entspinnt sich aus einfachen "Urbuchstaben" die vielgestaltige, wundersame Welt? Damit müssen sich die Naturphilosophen arrangieren: Im "unendlich Kleinen" ist die Welt diskret und einfach. Nach "oben" hin blufft dieses einfältige Buchstabenspiel und imaginiert Bilder, die faszinierend sind und uns manchmal melancholisch stimmen.

Auf der Planck-Skala $l_P \approx 10^{-33}$ cm ist eine Raum-Zeitunion nicht mehr vorhanden, da der Mikrokosmos in dieser Region granular ist. Trotzdem beenden Theoretiker an dieser Stelle nicht ihre Arbeit. Wir erwähnen eine interessante Hypothese, die auf der kausalen Mengentheorie basiert. Danach wird die Raum-Zeitunion in der Planck-Region ersetzt durch ein System abstrakter gerichteter Punkte. So hofft man, nicht nur die Körnigkeit der Mikrowelt, sondern auch deren kausale Grundstruktur im Modell richtig erfassen zu können. Die Entropie ist nach dieser Theorie die Anzahl der Verbindungslinien, die Punkte im Innern eines schwarzen Lochs mit Punkten der Außenwelt am Ereignishorizont verbinden. "Hier" und "Jetzt" - diese Begriffe haben im Modell für ein starres Punktgerüst mit gerichteten Verbindungslinien zunächst keine Bedeutung. Obwohl sich an diesem Muster nie etwas ändert, bietet es "unendlich" viele "Ansichten", die unterschiedlicher nicht sein können. "Blickt" man nämlich auf das unbiegsame, abstrakte "Drahtgeflecht" von weitem, dann sind in der ausgedehnten Landschaft plötzlich Strukturen erkennbar, die sich mit wachsender Entfernung des Beobachters immer deutlicher als raum-zeitlich geordnet darstellen. Dabei bleibt es auf allen Stufen dieser "Schöpfung" beim Blockuniversum, in dem Veränderungen nur vorgetäuscht werden, weil bei hinreichend großer Entfernung vom Ursprung auf Schritt und Tritt immer nur sogenannte Zeitkapseln ins Blickfeld geraten. Dieser Begriff stammt von Julian Barbour. Er versteht darunter eine Gesamtheit von statischen Zuständen, die zusammengenommen einen zeitlichen Ablauf nur suggerieren. Die Illusion von Zeitlichkeit entsteht, wenn viele Einzelbilder in der richtigen Reihenfolge schnell nacheinander betrachtet werden. Die Filmvorführung täuscht allerdings nur vor, dass die bereits gesehenen Bilder verschwunden und die noch kommenden nicht da sind. Dabei ist in Wirklichkeit die *gesamte* Filmrolle im Projektor. Es ist Sache des Vorführers - der Gottheit -, den Kinobesucher mit einem Spektakel von "werde und vergehe" zu unterhalten und damit Kasse zu machen.

Das Informationsparadoxon beschäftigt die Physiker besonders. Dabei geht es um folgendes. Ein schwarzes Loch ist insofern ein rücksichtsloser Zermalmer, als es in seiner Gier jedes unreine Ding frisst, während alles was es abgibt bloß reine Hawking-Strahlung ist. In einem schwarzen Loch könne man allen Unrat entsorgen - heißt es. Ob eine Schrankwand, ob Knieschützer oder ein totes Nilpferd - das schwarze Loch nimmt alles auf und meldet nach außen nur: meine Masse hat sich verändert und eventuell auch meine Ladung und mein Drehimpuls - mehr nicht. Ich bin Masse, Ladung, Drehimpuls, nur davon ist meine Hawking-Strahlung abhängig, die mich peu à peu zum Verschwinden bringt. Die Lebensdauer eines schwarzen Lochs, das nicht weiter gefüttert wird, beträgt etwa $\Delta t = M^3/(3\Lambda_t)$ Sekunden, wobei die Konstante Λ_t den Wert $\Lambda_t \approx 4 \cdot 10^{15}\,\mathrm{kg}^3/\mathrm{s}$ hat. Nach dieser Zeit ist das schwarze Loch verschwunden und zurück bleibt allein seine Hawking-Strahlung, die das Universum allmählich ausfüllt. Wenn gemäß der universellen CTP (Ladungs-, Zeit- und Paritäts-) Invarianz, welche von der Quantenfeldtheorie gefordert wird, dieses Geschehen zeitlich zurückverfolgt wird, müsste sich die Strahlung wieder komprimieren, das schwarze Loch entstehen lassen und sich von der einlaufenden Hawking-Strahlung nähren, bis schließlich alle Haushaltsgegenstände und das tote Nilpferd, die es einst verschluckte, im alten Glanz neu erscheinen. Eine Umkehrung der Entwicklung, die alle ehemals im schwarzen Loch zerstückelten Objekte wieder hervorbringt, scheint jedoch unmöglich zu sein. Denn woher sollte der schwarze Schlund die Bauanleitung zur Wiederherstellung des seinerzeit zerkauten Laptops nehmen, da er das Gerät mit demselben Resultat zermalmte wie ein Braunkohlenbrikett?

In der Quantenphysik stellt sich das Problem wie folgt dar. Die Zustandsentwicklung vom Anfangs- zum Endzustand ($|\Psi_{\text{anfang}}\rangle \rightarrow |\Psi_{\text{ende}}\rangle$) wird durch die unitäre $\widehat{S}$ Matrix dargestellt: $|\Psi_{\text{ende}}\rangle = \widehat{S}|\Psi_{\text{anfang}}\rangle$. Die zeitlich umgekehrte Entwicklung beschreibt die adjungierte Streumatrix $\widehat{S}^{\dagger}$: $|\Psi_{\text{anfang}}\rangle = \widehat{S}^{\dagger}|\Psi_{\text{ende}}\rangle$. Der Hilbertraum des Anfangssystems werde durch Quantenzustände aufgespannt, die weit weg vom schwarzen Loch gültig sind: $H_{\text{anfang}} = H_{I^-}$. Der Hilbertraum der Endzustände ist eine Zusammensetzung: $H_{\text{ende}} = H_{I^+} \otimes H_s$. Er enthält Zustände ($H_{I^+}$), die ein Entweichen ins "Unendliche" beschreiben und andere Zustände (H_s), die sich auf das Verschwinden der Quanten hinter dem Horizont beziehen. Da die Faktoren H_{I^+} und H_s des Tensorprodukts raumartig zueinander sind, kommutieren die zugehörigen Operatoren. Ein äußerer Beobachter erfährt nichts über die Zustände, die im schwarzen Loch lokalisiert sind. Von ihnen muss er sich durch eine partielle Spurbildung befreien, so dass ihm nur die reduzierte Dichtematrix $\widehat{W}_{\text{ende}} = \text{Sp}_{H_s}(|\Psi_{\text{ende}}\rangle\langle\Psi_{\text{ende}}|)$ belassen bleibt. Für den Beobachter entwickelt sich folglich aus dem anfänglich reinen Quantenzustand ein gemischter Zustand. Der ursprünglich reine Quantenzustand wird nach der Explosion des schwarzen Lochs nicht wieder hergestellt. Information ist also verlorengegangen. Sind demnach schwarze Löcher, die aus allem Einverleibten nur Masse, Drehimpuls und Ladung machen, riesige Radiergummi? Wird die CTP Invarianz der Quantenfeldtheorie durch den Gravitationskollaps gebrochen? Ist letztlich doch alles dem Tode, dem absoluten Verderben geweiht, weil alle Information schließlich im schwarzen Loch vernichtet wird?

Zwei gewichtige Argumente sprechen dagegen. Anknüpfend an die Bekenstein-Hawkingsche Definition der Entropie eines schwarzen Lochs, wurde das holographische Prinzip entdeckt. Es besagt, dass es zu jeder Beschreibung von physikalischen Veränderungen in einem Raum-Zeit Gebiet ein äquivalentes Modell gibt, das ausschließlich Umordnungen auf der *Oberfläche* des Gebiets zum Gegenstand hat. Unterschiedliche Theorien, formuliert für Räume mit unterschiedlicher Dimension, können völlig äquivalent sein. Ein Experimentator kann grundsätzlich nicht entscheiden, ob er seine Messdaten besser mit der Stringtheorie für ein fünf-dimensionales Universum oder mit der vier-dimensionalen Quantenfeldtheorie für Punktteilchen auswertet. Diese Äquivalenz ist Theoretikern oft hilfreich. Beispielsweise konnte Ed. Witten zeigen, dass ein schwarzes Loch in einer anti-de Sitter Raumzeit, in einem physikalisch äquivalenten quantenfeldtheoretischen Modell, das nur auf der Oberfläche definiert ist, als heiße Strahlung erscheint. Damit etablierte er den eher problematischen Entropiebegriff für schwarze Löcher, indem er ihn auf den wohldefinierten Entropiebegriff eines Strahlungsfeldes zurückführte.

Die alternative Beschreibungsmöglichkeit vermittels des holographischen Abbilds wurde herangezogen, um zu zeigen, dass auch durch ein schwarzes Loch Information nicht verloren gehen kann. Stellen wir nämlich beispielsweise ein schwarzes Miniloch mit einer Masse von 1 kg ins Zentrum einer Kugelschale, dessen Radius mindestens 25 Nanometer groß ist, so kann die gesamte Entwicklung des schwarzen Lochs, bis hin zu seiner finalen Auflösung, auf der Oberfläche dieser Kugel abgebildet werden. Jeder Schritt ist auf der Sphäre peinlich genau dokumentiert und kann deshalb im Prinzip auch wieder zurückverfolgt werden. Die Dynamik auf der Oberfläche hat keine "Schlupflöcher" und "Sprünge" und ist deshalb CTP invariant. Die Information geht also im Prinzip auch im Volumen nicht verloren. Sie ist trotzdem "praktisch" nicht zurückzugewinnen, weil das Ding, das im Raum lokal ist, auf der Oberfläche als ein nicht-lokal ausgebreitetes Muster erscheint. Das Abbild auf dem Rand entsteht nicht durch stereoskopische Projektion. Was im Volumen beziehungslos zu sein scheint, kann im Ordnungsschema auf der Oberfläche enger beieinander liegen und umgekehrt. Es ist grundsätzlich unbekannt wie der globale Zusammenhang der "Dinge und Erscheinungen" des holographischen Abbilds zurück übersetzt werden kann auf die lokalen Urbilder im Volumen. Ob überhaupt, und wenn ja, auf welche Weise die Information im schwarzen Loch nicht verloren geht, das ist immer noch Gegenstand der aktuellen Grundlagenforschung. Der Metaphysiker schlussfolgert: Prinzipiell ist die "Seele" vermutlich unsterblich, praktisch verschmilzt sie aber mit der Alleinheit, in der sie als "Teil" nicht auffindbar ist - das könnte der mythologische Merkspruch zum holografischen Prinzip sein.

Ein zweites Argument zu Gunsten der CTP Invarianz und damit der Quantenphysik lässt sich aus einer Verallgemeinerung des holographischen Prinzips ableiten. In der theoretischen Physik gibt es sogenannte duale Modelle. Sie sind untereinander gleichwertig, obwohl ihre Zuständigkeitsbereiche scheinbar weit auseinander liegen. Im Jahr 1997 entdeckte Juan Maldacena die Dualität zwischen der quantenmechanischen Beschreibung schwarzer Löcher und einer quantenfeldtheoretischen Vielteilchentheorie, die ähnlich aufgebaut ist wie die Kernphysik mit ihren Quarks und Gluonen. Diese Dualität erlaubt es, schwarze Löcher allein mit Methoden der Quantenfeldtheorie zu untersuchen, in der die CTP Invarianz immer streng gültig ist. Indem man auch von dem rein quantenphysikalischen Blickwinkel aus auf die Entwicklung schwarzer Löcher schaut, löst sich das Informationsparadoxon erneut auf: auch durch schwarze Löcher wird die kombinierte (CTP) Zeitumkehrinvarianz nicht gebrochen. Alle Information, die ein schwarzes Loch sich gierig "einverleibt", muss in der abgegebenen und am Ende allein übrig bleibenden Hawking-Strahlung fein säuberlich codiert sein. Wie das geschieht, wird damit nicht geklärt und bleibt rätselhaft.

Die metaphysischen Implikationen der Physik von schwarzen Löchern sind zumindest in dreierlei Hinsicht bedenkenswert. Wenn eine gewachsene Struktur schließlich stürbe und nichts mehr von ihr bliebe, dann wäre die CTP Invarianz gebrochen, dann wäre die Seele flüchtig und hinfällig, dann hätte keine Religion einen Ansatzpunkt - alle Glaubensbekenntnisse wären dogmatisches Wunschdenken, der Rat- und Hoffnungslosigkeit geschuldet. Doch so sind die Würfel noch nicht gefallen. Jede "Seele" sei unsterblich, wird auch von Physikern neuerdings versichert. Aber tröstet dieser Trost? Wenn ein heiliger Mann der Kirche in ein schwarzes Loch fällt und er am Ende aller Tage in der Hawking-Strahlung irgendwie noch "gegenwärtig" ist, darf er auch dann noch, eventuell verklärt, als eine leib-seelische Einheit - als Person - aufgefasst werden? Gibt es einen quasi-Erhaltungssatz für Personalität, auf den die Christologie aufbauen kann? Der zweite Gedanke bezieht sich auf die Bewertung der sinnlichen Erfahrung. Gläubige Menschen verweisen gern auf das "Darüber-Hinaus", das unter der Oberfläche des Sichtbaren alle Fäden zieht und den Geheimnischarakter der Wirklichkeit verbirgt. Das holographische Prinzip und die AdS/CFT-Korrespondenz regen ebenfalls dazu an, das Sichtbare zu "verklären". Denn was uns vertraut ist und als unproblematische "Dingwelt" erscheint, kann in einem vertrackten Zusammenhang stehen, wenn es als holographisches Bild oder von einer "dualen Theorie" aus betrachtet wird. Auch das Gewöhnliche ist im Grunde "ungewöhnlich", nicht nur der vermutete Hintergrund des Gewöhnlichen. Damit wird die metaphysische Rätselhaftigkeit der Welt und ihrer Bewohner noch weiter vertieft. Wenn drittens wegen der "Digitalisierung" des gesamten Kosmos, die Quantenfeldtheorie und sogar die kontinuierliche Raum-Zeit ihren Ehrenplatz im physikalischen Weltbild räumen müssen, wird dann eine abstrakte Theorie der "trägerlosen Informationsverknüpfungen" an ihre Stelle treten? Thomas von Aquin vermutete, dass auf der fernen, himmlischen Längenskala tiefe Geheimnisse verborgen sind. Dort hinten, unerreichbar im unendlich Fernen, sollen "immaterielle Wesen" die unveränderliche Basis der physikalischen Realität bilden. Alle weltlichen Phänomene seien erklärbar, vorzugsweise mit Hilfe der Mathematik, wenn sich der Forscher diesen Himmelsmächten zuwendet. Kein Mechanist glaubte an den postulierten Himmel, von dem der heilige Kirchenvater sprach. Wir dürfen heute fragen: "Gibt" es ihn doch, diesen Urgrund, allerdings nicht ganz weit oben, sondern mitten in uns, im Allerkleinsten, in den Zuständen sehr hoher Energie?

Abschließend erwähnen wir ein weiteres Quantenphänomen in der modernen Gravitationstheorie - den Unruh-Effekt. Man wird auf ihn aufmerksam, wenn die Hawking-Temperatur vom Standpunkt des Äquivalenzprinzips aus gedeutet wird. Am Horizont des schwarzen Lochs wirkt auf eine Probemasse m eine starke Gravitationskraft K. Lokal kann diese Kraft durch einen Fahrstuhl exakt simuliert werden, der sich mit der Beschleunigung g_s vom Horizont des schwarzen Lochs wegbewegt. Setzen wir den Ausdruck für g_s ($g_s = K/m = GM/r_s^2 = c^4/(4GM)$) in die Gleichung für die Hawking-Temperatur T_H ein ($T_H = \hbar c^3/8\pi k_B GM$), dann erhalten wir einen Ausdruck für die Unruh-Temperatur T_U ($T_U = \hbar g_s/(2\pi k_B c)$), der dem beschleunigten Fahrstuhl eine endliche Temperatur $T_U \sim g_s$ zuordnet. Physikalisch bedeutet der Unruh-Effekt, dass ein Beobachter in einem gleichförmig beschleunigten Bezugssystem ein Wärmebad mit der Temperatur $T_U = \hbar g/(2\pi k_B c)$ registriert, wobei g die konstante Beschleunigung ist. Für die Erdbeschleunigung $g = 9.81\,\mathrm{m/s^2}$ ist die Unruh-Temperatur von der Größenordnung $T_U = 4 \cdot 10^{-20}\,\mathrm{K}$.

Eine andere heuristische Herleitung des Unruh-Effekts basiert auf dem Gleichverteilungssatz der statistischen Mechanik. Bewegt sich ein Fahrstuhl längs der Aufzugsrichtung mit der konstanten Beschleunigung g, dann erhöht sich die kinetische Energie eines Massenpunktes mit der Masse m bei einer Verschiebung Δl um den Wert $\Delta E_{\mathrm{kin}} = mv\Delta v = mg\Delta l$. Angenommen, diese Energie ist so hoch, dass ein Elektron-Positron Paar daraus gebildet werden kann: $\Delta E_{\mathrm{kin}} = 2mc^2$ oder $\Delta l = 2c^2/g$. Für das erzeugte Paar gilt die Heisenbergsche Orts-Energie-Unschärferelation $\Delta E \cdot \Delta l \geq \hbar c/2$ bzw. $\Delta E \approx \hbar g/(4c)$. Wird dieser Energiewert als mittlere kinetische Energie eines Gases angesehen, dann folgt aus dem Gleichverteilungssatz der Gastheorie $\Delta E = (3/2)k_B T$ ein Wert für die mittlere Temperatur $T = \hbar g/(6k_B c)$, der eine gute Näherung für die Unruh-Temperatur T_U ist.

Vom Standpunkt der klassischen Physik aus betrachtet ist der Unruh-Effekt nicht zu verstehen. Bewegt sich ein leeres Labor mit konstanter Geschwindigkeit im Vakuum, dann sind in ihm selbstverständlich keine Teilchen vorhanden. Daran sollte sich nichts ändern, wenn das Labor plötzlich beschleunigt in den leeren Raum gestoßen wird. Doch diese Erwartung ist unzutreffend. Tatsächlich erzeugt eine beschleunigte Bewegung in einem zuvor leeren Messkasten einen Teilchenschwarm, dessen mittlere kinetische Energie die Unruh-Temperatur T_U definiert. Doch woher "erfährt" der beschleunigte leere Raum wie Teilchen, die aus dem "Nichts" kommend ihn erfüllen, aufgebaut sind, dass sie eine Ladung und einen Spinvektor haben? Der Quantenfeldtheoretiker gibt die Antwort: Das Vakuum ist selbst ein Quantenzustand, und zwar der Grundzustand der Quantenfeldtheorie. Durch die beschleunigte Bewegung des Koordinatensystems, in dem der Beobachter ruht, verwandelt sich der ursprünglich reine Vakuumzustand in einen gemischten Zustand. Wie es in Abbildung 0.2.33 dargestellt ist, sind die Weltlinien eines beschleunigt bewegten Objekts auf den rechten Rindler Keil beschränkt. Was der Experimentator wahrnehmen kann, ist vom linken Sektor vollständig entkoppelt. Um seine Beobachtungen in eine gesetzliche Ordnung bringen zu können, muss er sich von den Quantenzuständen der linken Seite befreien. Die verbleibende reduzierte Dichtematrix beschreibt gemischte Quantenzustände, die sich als ein Teilchenschwarm darstellen. Wiederholt begegnet uns die Wesensverwandtschaft von Raum, Zeit und Materie, hier in Gestalt des allgemeinen Unruh-Effekts.

Zusammenfassend beschließen wir den ersten Teil des Buches mit einer Standortbestimmung und fragen: Wie ist die klassische Physik in die moderne Naturphilosophie einzuordnen? Empiristen antworten sogleich: Sie steht im Zentrum. Klar definierte Begriffe leitet sie von der Anschauung ab und demonstriert ihre universelle Anwendbarkeit. Zum Beispiel sei der Begriff "Geschwindigkeit" insofern unverrückbar gegeben, als er für jede gradlinig-gleichförmige Bewegung- ob sehr langsam, ob sehr schnell - das Wesen der Ortsveränderung trifft. Der Begriff "Geschwindigkeit" darf nicht "verbogen" werden, auch nicht, wenn sich ein Massenpunkt einmal "sehr schnell" bewegt. Und da sich die Begriffe der klassischen Naturlehre nicht angleichen können, pocht jeder von ihnen auf seine absolute Bedeutung und meldet einen absoluten Wahrheitsanspruch an. Auch die Kategorie "physikalischer Raum" gehört zu den absoluten Begriffen. Sie verlöre auch dann nicht ihre festgeschriebene Bedeutung, wenn ein Beobachter sich so weit verkleinerte, dass er auf einem Elektron bequem "spazieren" könnte. Das Dogma der klassischen Physik lautet: Die aus den unmittelbaren Beobachtungen abgeleiteten physikalischen Grundbegriffe haben alle für sich universelle Gültigkeit. Sie sind unverrückbare Wegweiser für den Erkenntnisfortschritt, die alle in eine Richtung weisen. Welche metaphysischen Überzeugungen mischen sich also in die Aufbruchstimmung der klassischen Physiker? Sie vertrauen auf die Festigkeit ihres Fundaments, das drei Stützpfeiler hat, auf die sie sich, so meinen sie, immer verlassen können: der absolute Raum, die absolute Zeit und das absolute Elementarteilchen. Alle Expeditionen ins Unbekannte bringen eventuell unerwartet neue Erkenntnisse. Trotzdem wird niemand die mechanisch-materialistische Plattform verlassen können. Daher sei es die Aufgabe der Wissenschaft, jede Erscheinung auf das Kräftespiel zwischen Teilchen zurückzuführen. Elektromagnetische Felder müssen Dichteschwankungen in einem feinstofflichen Äther sein, phänomenologische Gesetze der Thermodynamik müssen durch eine statistische Teilchenmechanik unterfüttert werden können. Eine Welt ohne Elementarteilchen wäre nicht nur leer, sondern auch ohne Gesetze. Wenn sich der klassische Physiker nach erfolgreicher Arbeit niedersetzt und resümiert, findet er sein Verfügungswissen vermehrt, sein Orientierungswissen aber unverändert. Keine Erkenntnis auf dem Boden seiner Disziplin kann ihm ausreden, dass sein Baukastenmodell universell gültig ist. Die klassische Physik erzwingt von ihrem Fachpersonal Abstinenz in Sachen Metaphysik und korrespondierend dazu Engstirnigkeit in Sachen Physik. Die Geradlinigkeit des klassischen Erkenntnisparadigmas illustriert die Abbildung 0.2.34. Ausgehend von der Partikelphysik will der Natur-

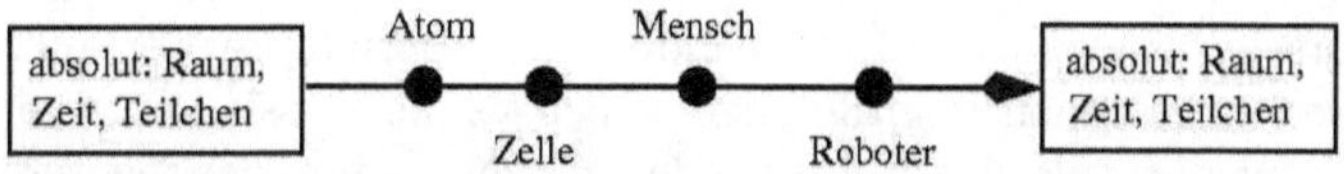

Abbildung 0.2.34:
Bei der Erkundung der Welt verlässt sich der klassische Physiker auf seine Basisbegriffe: der absolute Raum, die absolute Zeit und das absolute elementare Teilchen. Den Begriffsdefinitionen schreibt er die Evidenz von Axiomen zu. Wohin sein Ehrgeiz ihn auch führt, stets verlässt er sich auf seine absoluten Wegweiser. Er ist überzeugt: Neues wird mir zwar begegnen, doch gewiss kein Geheimnis.

forscher der Reihe nach Moleküle, Zellen, Menschen, und schließlich leistungsstarke Roboter "verstehen", indem er all diese Daseinsweisen auf trudelnde Bewegungen von elementaren Teilchen zurückführt. Diese Forschungsstrategie hat sich mittlerweile als nicht universell erwiesen.

Die neue Physik überrascht mit einer irritierenden Behauptung: Die Grundbegriffe "verbiegen" sich doch! Absolut sind weder Raum noch

Zeit noch Teilchen. Einstein machte auf die Grenzgeschwindigkeit c aufmerksam und revidierte damit die alte Raum- Zeitauffassung. Im Gefolge sprach man von der Relativität der Gleichzeitigkeit, von der Zeitdilatation, der Längenkontraktion und staunte über die mittlerweile berühmte Formel $E = mc^2$. All diesen verstörenden Phänomenen musste der neue, "verbogene" Begriff "Raum- Zeitunion" Rechnung tragen. Da das Additionsgesetz für Geschwindigkeiten grundsätzlich modifiziert wurde, musste auch der Begriff "Geschwindigkeit" neu verstanden werden. Dieser neue Begriff ist der allgemeinere, denn er lässt den alten näherungsweise gelten, wenn die Geschwindigkeiten viel kleiner als c sind. Begriffs-" *Verwirrungen*" brachte auch die Atomphysik, die Physik des ganz Kleinen. Die Mikrophysik erwies sich als dermaßen rätselhaft, dass selbst den Gründungsvätern die Worte fehlten, das Neue mit der alten Begrifflichkeit auszudrücken. Auch für diese Forschungsrichtung stellen wir fest: Dort, wo sich die klassische Begrifflichkeit "verbiegen" muss - im Quantenregime - dort gelten die allgemeineren Gesetzmäßigkeiten. Die quasi-klassischen Atombilder sind bestenfalls grobe Näherungen. Was einst Fundament hieß, mutiert nun zum Spezialfall. In Abbildung 0.2.35 ist noch eine dritte Richtung eingetragen, längs derer klassische Begriffe in "Bewegung" gerieten: die Physik des ganz Schweren. Auch Massen können nicht beliebig angehäuft werden, ohne dass plötzlich etwas Außergewöhnliches geschieht. Die unvermeidliche Bildung von schwarzen Löchern und deren Nachweis haben die Forscher gezwungen, ihre Grundbegriffe abermals zu vertiefen, wobei wieder die neuen Begriffe allgemeiner als die klassischen sind.

Nicht weniger als eine Kehrtwende ereignete sich in der theoretischen Physik. Die "Physik der Tennisbälle" ist nicht zentral und auch nicht fundamental. Vielmehr ist sie marginal, was die Tragweite ihrer Begrifflichkeit angeht. In der ehemaligen Peripherie, die der Beobachter selten oder gar nicht zu Gesicht bekommt, da die Vorgänge zu klein, zu schnell oder zu hochenergetisch sind, nur dort walten allgemeine, fundamentale Gesetzmäßigkeiten. Um den Rollentausch klar zu benennen, ergänzen wir: Diese Peripherie ist das Zentrum. Denn die Endpunkte (SRT, QM, sL) der klassischen Extrapolation sind innig aufeinander bezogen. Die Begriffe für das ganz Kleine und sehr Schnelle liegen in Wahrheit gar nicht auseinander. Im Gegenteil müssen auch sie sich durch Anreicherung noch einmal "läutern" bzw. "verbiegen", damit sie Bestandteil einer noch allgemeineren Theorie werden können. Sie müssen sich für die höhere Einheit passfähig machen - und diese trägt den Namen "Quantenelektrodynamik" bzw. noch allgemeiner "Quantenfeldtheorie". Erst

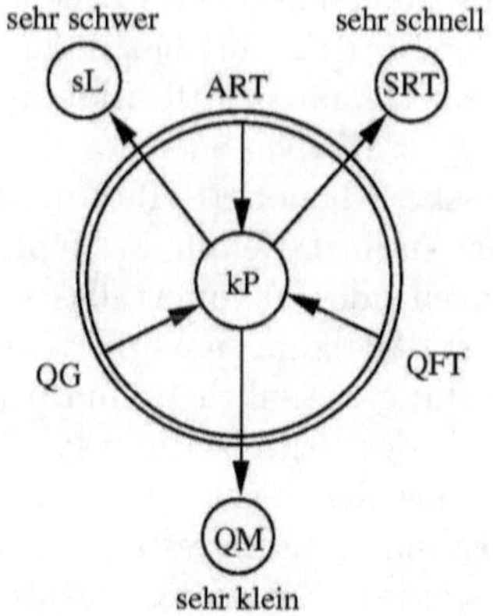

Abbildung 0.2.35:
Scheinbar steht im Zentrum der Naturphilosophie die klassische Physik (kP). Sie ist anschaulich und korrespondiert als Physik der alltäglichen Dinge zum mechanisch-materialistischen Weltbild. Konzeptionell scheitert sie jedoch bei der Erkenntnis des sehr Kleinen, des sehr Schnellen und des sehr Schweren. Sehr schnell sind Geschwindigkeiten in der Größenordnung der Lichtgeschwindigkeit c. Sehr klein sind Abmessungen von der Größenordnung der de Broglie Wellenlänge λ. Sehr schwer sind Massen im Volumen $V = 4\pi R^3/3$ von der Größenordnung $M = Rc^2/(2G)$. Zuständig für die Beschreibung der extremen Verhältnisse sind die Quantenmechanik (QM) , die spezielle Relativitätstheorie (SRT) und die Theorie schwarzer Löcher (sL). Zur Behandlung von sehr schnellen Vorgängen im sehr Kleinen wurde die Quantenfeldtheorie (QFT) entwickelt. Einsteins allgemeine Relativitätstheorie (ART) beansprucht Gültigkeit auch für Phänomene, bei denen sich sehr schwere Massen sehr schnell bewegen. Das sehr Schwere im sehr Kleinen gibt den Forschern das größte Rätsel auf. An einer allseits befriedigenden Theorie der Quantengravitation (QG) wird noch gearbeitet. Nicht ins Zentrum, sondern in die "Peripherie" sind die fundamentalen Gesetze der Natur eingeschrieben.

auf dieser abstrakten, scheinbar weltfremden Ebene, auf der abgründig ungewöhnliche Phänomene ins Blickfeld geraten, stoßen die Theoretiker auf Fundamente: die Molekülphysik als Fundament der Chemie, das Standardmodell als Fundament der Hochenergiephysik. Die spielerische Angleichung der Begriffe (aus Quantenmechanik und spezieller Relativitätstheorie zur Quantenfeldtheorie), die ursprünglich entweder für die Physik des ganz Kleinen oder des sehr Schnellen bestimmt waren, wurde den Forschern honoriert. Ihre quantenfeldtheoretischen Gleichungen wiesen auf Antimaterie hin, auf fünf subatomare Teilchen und auf die "Lebendigkeit" des Vakuums, das sich als Grundzustand einer Feldtheorie erweist. Alle kühnen Vorhersagen wurden durch Experimente grandios bestätigt. Ähnlich beeindruckende Erfolge brachte die Zusammenführung der Begriffswelten für das sehr Schnelle und das sehr Schwere. Einsteins allgemeine Relativitätstheorie schlägt diese Brücke. Wieder geht es um "Begriffsverbiegungen" - der großen Einheit zu Liebe. Wie die spezielle Relativitätstheorie beispielsweise Raum und Zeit zur Raum-Zeitunion verband, so führte die Vertiefung des Begriffs "Gravitation" auf eine unerwartete Vorhersage: Massen krümmen die Raum-Zeitunion. Allen Prüfungen durch Experimente und Beobachtungen widerstand das Einsteinsche Vereinigungswerk bisher bravurös. Die Synthese der Physik des sehr Schweren mit der des sehr Kleinen ist eine große Herausforderung an die heutige Physikergeneration. Es geht um eine Theorie der Quantengravitation. Sie kann sich an den bereits erwähnten Wegmarken orientieren: Hawking-Strahlung, Beckenstein-Grenze, Unruh-Effekt und AdS/CFT Dualität.

Wie weit ist das Vereinigungswerk der Theoretiker bereits vorangekommen? Alle theoretischen Modelle, die Beobachtungen und Experimente auf dem Gebiet der Physik prinzipiell befriedigend beschreiben, sind in einer einzigen Zustandsfunktion Z eingefaltet. Als Funktionalintegral hat Z folgende symbolische Form:

$$Z = \int D(\text{Felder}) \exp\Big\{ i \int \mathrm{d}^4x \sqrt{-g} \Big[\overbrace{R}^{\text{Gravitation}} - \overbrace{F_{\mu\nu}F^{\mu\nu}}^{\text{Elektromagnetismus}}$$
$$- \overbrace{G_{\mu\nu}G^{\mu\nu}}^{\text{starke-Kraft}} - \overbrace{W_{\mu\nu}W^{\mu\nu}}^{\text{schwache-Kraft}} + \overbrace{\sum_i \bar{\psi}_i \not{D} \psi_i}^{\text{Teilchen}} + \overbrace{D_\mu H^\dagger D^\mu H}^{\text{Higgs-boson}}$$
$$-V(H) - \sum_{ij} \lambda_{ij} \bar{\psi}_i H \psi_j \Big] \Big\}. \tag{0.15}$$

Ob Maxwells Theorie des Elektromagnetismus, ob Einsteins allgemeine Relativitätstheorie, ob die Dirac Gleichung oder das Standardmodell der Hochenergiephysik - alle Grundgleichungen dieser jeweils umfangreichen Teilgebiete der theoretischen Physik können aus diesem Ausdruck für die Zustandsfunktion abgeleitet werden. In der Gleichung (0.15) ist unser gesamtes gegenwärtiges Wissen vom physikalischen Aufbau der Welt auf den Punkt gebracht. Man darf hoffen, dass die Suche nach der Einheit des Ganzen auch weiterhin erfolgreich sein wird. Dass sich die Naturgesetze in unserer "Sprache" so umfassend und grundlegend ausdrücken lassen, das ist ein wahres Wunder.

0.3 Metaphysik

Ob so etwas, als Metaphysik, überall nur möglich sei? Kant präzisierte in den "Prolegomena zu einer jeden künftigen Metaphysik", was er mit seiner Frage meint: Ist „Erkenntnis a priori oder aus reinem Verstande und reiner Vernunft“ überhaupt möglich? Da das Urteil über diese Sachfrage schon längst einen Konsens gefunden hat, antworten heute nur noch Possenreißer: Ja, Metaphysik sei möglich - durch gründliches Lesen im Kaffeesatz. Diese "Wissenschaft" ist verpönt und das sei gut so. Bürger von heute sind aufgeklärt und werden nicht vom Wunschdenken geleitet. Sie haben zur Kenntnis genommen: Der Begriff "Sinn" ist nur ein Sprachvehikel. Für eine sittliche und soziale Lebensordnung gäbe es leider keine Orientierungspunkte, schon gar nicht solche metaphysischer Art. Abgeklärt und kühl ist das Kalkül der Nihilisten, das von Rousseau treffend charakterisiert wurde: „Indem sie alles, was die Menschen respektieren, umwerfen, zerstören, mit Füßen treten, nehmen sie den Betrübten den letzten Trost in ihrem Elend, den Mächtigen und Reichen den letzten Zügel ihrer Leidenschaften. Sie reißen aus dem Grunde der Herzen die Gewissensbisse über das Verbrechen, die Hoffnung der Tugend und rühmen sich noch, die Wohltäter der Menschheit zu sein.“[15] Da ein wirksamer und daher auch wirklicher Gesamtzusammenhang, der die einzelnen Dinge und Erscheinungen in ein gänzlich neues, einheitliches Licht stellt, nur gedanklich in einem wirren Hirn vorkommt, sei neben, über oder unter der Physik kein Platz für Metaphysik.

Was entgegnen die letzten Metaphysiker? Mürrisch schütteln sie weiterhin den Kopf und vermuten hinter den Naturerscheinungen eine geheimnisvolle Wirklichkeit, die grundlegend ist und den Nachdenklichen herausfordert, im Vergänglichen das Bleibende, im Besonderen das Allgemeine und im Chaos die Gesetzmäßigkeit zu suchen. Zwar übernimmt er sich bei seinem Aufschwung ins Überirdische wie ehedem, doch besteht er trotzig auf den Beistand von Seiten des nachvollziehbaren, rationalen Denkens. Wie Physiker, so rufen auch Metaphysiker zur Rechtfertigung ihrer Anschauungen die Vernunft an. Ihre Bemühungen um wahres Wissen richten sich auf das Sein im Allgemeinen, auf die Einheit des Seins und auf die Stellung des Menschen im Ganzen. Die "Anmaßung" des Metaphysikers zielt auf ein vernunftgemäßes Reden über Gott. Für Anselm von Canterbury kam die Anerkenntnis der Grundvor-

[15] Jean-Jacques Rousseau, Emil oder über die Erziehung,

aussetzungen aller Metaphysik sogar einem Gottesbeweis gleich. Wenn wir nämlich zu Recht meinen, dass unser Wissen in seiner logischen Ordnung letztendlich und asymptotisch einen prinzipiellen Abschluss finden kann und muss, so ist er, der Abschluss, mehr als nur ein Gleichnis für das "Reale", er ist das "Reale" selbst. Heute würden wir sagen: Die vollständige Quantensimulation eines Geschehens ist das Quantengeschehen selbst.

Welchem der beiden gegensätzlichen weltanschaulichen Positionen steht der Quantenphysiker näher? Kennt er Grundlegendes, noch Ungeklärtes, das er der Metaphysik zurechnet oder zieht er den Schluss: Metaphysik ist nicht möglich und daher auch nicht nötig? Darf der Metaphysiker hoffen, vom Quantenphysiker respektvoller behandelt zu werden als von anderen neuzeitlichen Denkern und von den Physikern der alten Schule?

Eine Überlegung, scheinbar zu Gunsten der Metaphysik, macht die Runde. Ohne den *Beobachter* und seine unersetzbare Funktion, meint man, sei die Quantentheorie grundsätzlich provisorisch. Denn mit den Wellenfunktionen und Hilbertraum-Operatoren treibt der Physiker immer nur ein Spiel mit Fiktivem und Potentiellem. Ein Hantieren mit diesem "Nichts" ergäbe wieder nichts, wenn nicht jemand käme, und daraus das Faktische, das Greifbare hervorlockte - und das sei kein anderer als der Beobachter. Das Messinstrument kann es nicht sein, denn prinzipiell gehört es zum Quantensystem. Erinnern Sie sich an die Darstellung der Verhältnisse im Interferometer (Seite 58)? Gehört der zugeschaltete Phasenschieber zum Quantensystem oder ist er ein majestätisches "Messgerät", das die Wellenfunktion zwingt, sich zu bekennen, das sie ausreduziert, sie zum Kollabieren zwingt? Eine Zusatzfrage zur Rolle des Messgerätes klärt uns weiter auf: Wie genau muss das Gerät "hinschauen", damit die Potentialität gezwungen wird, sich vollständig zu "verwirklichen"? Nein, das Gerät ist ganz und gar ein physikalisches System und muss dementsprechend im erweiterten Hilbertraum integriert werden. Wird ihm so seine Sonderrolle genommen, dann kann das Messgerät das Spiel der Quantengeister allenfalls bereichern, jedoch nicht beenden oder auf eine schiefe Bahn bringen. Alles wird dem Subjekt in die Schuhe geschoben: Erst wenn der Beobachter seine Augen öffnet und den Zeigerausschlag zur Kenntnis nimmt, erst dann geht ein Ruck durch das ganze Weltall, erst dann werden die Geister gebannt, erst dann kollabiert die Wellenfunktion - und siehe da, ein kleines, greifbares Partikelchen träufelt aus dem Nichts. Diesen Weg zur Metaphysik, zur Akzeptanz des Subjektiven im Objektiven halte ich für einen Hohlweg. Meine altersschwachen Augen sehen weit hinten ein Plakat, auf dem steht: Esoterik.

Trotzdem kann der Quantenphysiker, anders als der Demokritsche Atomist, den Fragestellungen der Metaphysiker nicht ausweichen. Kant wird nachgesagt, dass er die Debatte darüber beendete, ob Metaphysik als "Wissenschaft" überhaupt möglich sei. Zwar werden nicht nur in der Mathematik und der reinen Physik synthetische Urteile a priori aufgestellt, sondern auch in der Metaphysik. Während allerdings Mathematiker unbestrittene Erkenntnisse sammeln und aus ihnen feststehende Gedankengebäude errichten, bleibt in der Metaphysik nicht ein einziger grundlegender Satz bestehen. Reine Mathematik sei möglich, meint Kant, weil es apriorische räumliche und zeitliche Anschauungen gebe. Die reine Naturwissenschaft verfahre ebenfalls nach den Grundsätzen des reinen Verstandes und verschaffe sich ein Netz von apriorischen Basiskategorien. Metaphysiker missdeuten hingegen Vernunftbegriffe, die über die Erfahrung hinausweisen, indem sie willkürlich hinter dem bloß wage Bezeichneten erkennbare Objekte setzen. In Wahrheit redeten Metaphysiker über Scheinwirklichkeiten.

Den Erkenntnisgewinn, den die reine theoretische Physik erbringt, verdankt sie dem breiten mathematischen Fundus, den sie zu nutzen versteht. Profitierte die klassische Physik hauptsächlich von der Analysis, so gehören heute zum Rüstzeug des theoretischen Physikers die Funktionalanalysis, die Theorie der Hilberträume, die Gruppentheorie, die Topologie, die Theorie der Distributionen und die Riemannsche Geometrie. Ähnlich hängt das, was der Metaphysiker zu sagen hat, von der Beschaffenheit seiner "Basis" ab, und zu ihr gehört heute auch die *moderne* Physik. Man kann die Überzeugung der Gründungsväter der Quantenphysik, dass niemand diese Theorie trefflich "versteht", auch als eine Aufforderung auffassen, sich mit den metaphysischen Grundlagen der neuen Naturauffassung zu beschäftigen. Kant war jedenfalls nicht einmal ansatzweise mit den Grundsätzen der modernen Physik vertraut. Man muss sich nicht in alle Einzelheiten der Quantenphysik und der Relativitätstheorie vertiefen, um auf die neu aufgeworfenen metaphysischen Grundsatzfragen zu stoßen. Reizt es den mechanischen Materialisten, die spekulative Metaphysik zu bekämpfen, so kommt der Quantenphysiker nicht von ihr los.

Wir erläutern diese Behauptung an einem Gedankenexperiment. Ein Raumschiff befinde sich mitten in einem riesigen Hohlraum des Kosmos, fern ab von allen Galaxien. Die Bedingungen, dass es in sehr guter Näherung als ein abgeschlossenes Quantensystem betrachtet werden darf, seien gut erfüllt. Nun sollen Theoretiker möglichst realistische Modelle erstellen und mit Hilfe der mitgeteilten Anfangsbedingungen berechnen, was im Raumschiff alles geschieht. Ist der Commander im Cockpit tot, dann gibt es keine prinzipiellen, sondern nur praktische Einwände, dass die Simulation zufriedenstellend gelingt. Vielleicht befindet sich lediglich ein ideales Gas im Spaceshuttle, dann hat der Physiker leichtes Spiel. Doch wehe, es macht sich ein Smutje in der Kombüse daran, einen Kuchen zu backen. Wie kann der bedauernswerte Theoretiker diese Simulationsaufgabe bewältigen? Wie kann er seinem Quantencomputer die Bewegungen der Mehl- und Zuckerkrümel nachvollziehen lassen? Schließlich diktiert das ganze Geschehen der *Wille* des Bäckers. Er hat eine Zielvorstellung - den schmackhaften Kuchen. Ohne das Rezept, ohne den Appetit auf ein Stück Kuchen, ohne die Fähigkeit, das, was der Magen befiehlt, auch umsetzen zu können, sind das magische Kneten des Teigs und seine vorausschauende Verlegung in den Backofen nicht zu verstehen. Welcher Hamilton-Operator kann den Willen und das Zutun des Bäckers erfassen? Die Ratlosigkeit des Quantenphysikers ist jedoch nicht von prinzipieller Art. Längst hat er nämlich erkannt, anders als seine mechanistisch-materialistisch eingestellter Kollege, dass auch etwas nicht-Gegenständliches wirken kann, dass Wirklichkeit zumindest *auch* etwas nicht-Greifbares, etwas Potentielles, etwas "Geistiges" sein kann. Daher darf er den Gedanken nicht ungeprüft abwehren, dass auch dieses Geschehen im Raumschiff *mit Besatzung*, prinzipiell theoretisch beschrieben werden kann. Indem er diesen kleinen Finger reicht, wird er schon mitten in die Metaphysik hineingezogen. Denn nicht nur die Möglichkeit des zielgerichteten Eingreifens in Produktionsabläufe wird dem Quantentheoretiker zu einem legitimen "wissenschaftlichen" Problem, sondern auch die Wesenszuweisung durch den Naturforscher. Es können nämlich die Besatzungsmitglieder im Raumschiff nicht nur kochen und basteln, sondern auch forschen. Schließlich muss er sich fragen: Wie kann ich als Quantenphysiker verstehen, dass ich verstehe? Dass fundierte, triftige Antworten nirgendwo in Sicht sind, disqualifiziert nicht den Fragesteller. Metaphysiker sind mit Gedanken dieser Art schon lange vertraut. Ihnen zufolge ist alle Erkenntnis zuletzt eigentlich Erkenntnis aus dem Sich-selbst-verstehen des Daseins. Von diesem Blickwinkel aus betrachtet wird gefordert, das naive Verstehen zu läutern und zu erweitern. Denn im metaphysischen "Modell" pochen nicht nur die Bestimmungen "wahr" und "falsch" auf ihr Recht, sondern auch die Begriffspaare "zielgerichtet" - "nicht-zielgerichtet", "sinnvoll" - "sinnlos". Dem sich selbst verstehenden Dasein zeigt sich nämlich erst vermittelt durch den Sinn, der sein eigenes Sein bestimmt, das wahrheitsgemäße ontische Sein. Die beiden Formeln des Metaphysikers - erst Sinn, dann Sein; erst Sein, dann Sinn - sind austauschbar, weil sie in einer Einheit miteinander verschmolzen sind. Die Selbsterkenntnis des Seins durch das "Subjekt" steht insofern in der Wahrheit, da wahre Erkenntnis die Frucht eines sich-selbst-Zeigenden ist. Sein, Wahrheit und Sinn werden auf dieser Stufe des Problembewusstseins als gleich ursprünglich aufgefasst. Dabei wird das Unbehagen an der *nur* allgemeinen Sinnbestimmung des Sinns von Metaphysikern verschiedener Schulen unterschiedlich ausgedrückt. Die Existenzphilosophen bestehen darauf, dass das Dasein des Subjekts und dessen Sinn transzendent zu jeder möglichen Objektivierung sind. Demgegenüber löst die neuplatonische Denkrichtung das Subjekt in Seelenhierarchien auf.

Roger Penrose, ein bekannter theoretischer Physiker, sieht das metaphysische Problem von der naturwissenschaftlichen Warte aus: „Wenn der Geist den Körper dazu bringen könnte, die Naturgesetze zu verletzen, würde er die Exaktheit dieser rein physikalisch begründeten Naturgesetze stören. Deshalb ist eine rein dualistische Sicht kaum aufrecht zu erhalten. Selbst wenn die physikalischen Naturgesetze, denen der Körper unterworfen ist, dem Geist einen Freiraum zur Beeinflussung des Körpers lassen, dann muss diese Art Freiheit selbst ein wichtiger Inhalt dieser Naturgesetze sein.“[16]

Nachdem die Scheu vor der Metaphysik gegebenenfalls momentan abgelegt ist, wollen wir uns von den Gedanken einiger ihrer führenden Vertreter beeindrucken lassen.

0.3.1 Xenophanes und Parmenides

Um 500 v. Chr. erhob sich ein "Sturmvogel der griechischen Aufklärung" in den Himmel und brachte mit wuchtigen Schwingen das metaphysische Denken in die antike Welt. Ein origineller Rhapsode, ein Rezitator alter Epen, wollte die Bewohner Griechenlands und Süditaliens mit seinem religiös-philosophischen Sprechgesang bekehren. Xenophanes, der um 570 v. Chr. in Kolophon geboren wurde und von dem hier die Rede ist, führte ein unstetes Wanderleben, denn Rhapsode war er von Beruf. Mit Ringern und Faustkämpfern zog er von Fest zu Fest, um seine Weisheit bewundern zu lassen, nicht anders, als

[16] R. Penrose, Schatten des Geistes, Spektrum Verlag, 1995, S. 268.

andere mit Würgegriffen und Faustschlägen um Beifall buhlten. Dabei war der Weise neidisch auf die starken Männer, denn es sei, klagte er, „völlig ungerecht, die rohe Kraft höher zu werten als die köstliche Weisheit.“ Denn im Gegensatz zum hohen sittlichen Gut des Weisen würde durch die Geschicklichkeit der Faustkämpfer und die Kraft der würgenden Ringer „die Wohlfahrt der Stadt in keiner Weise gefördert.“ Der charismatische Dichter machte sich in weiten Landstrichen bekannt und hatte bis in die höchsten gesellschaftlichen Kreise hinauf seine begeisterte Zuhörerschaft. Bei seinen Veranstaltungen fasste der Rezitator nicht nur heiße Eisen an - nämlich die Göttervorstellung der Griechen - vielmehr jonglierte er mit ihnen und schmiedete sie. Dass der Wortkünstler eine große Anhängerschaft hatte, die seine tiefsinnigen Lehrgedichte überhaupt hören wollte, ist beachtenswert und lag an den Wirren jener Zeit, als Xenophanes, Pythagoras und Heraklit Tiefsinniges zu verkünden hatten. Es herrschte Gesetzlosigkeit allerorten, Prunksucht und Habgier entmenschlichten die Kolonisten, während das gemeine Volk zunehmend gottlos geworden war. Wer sich in diesen Strudel der Dekadenz nicht hineinziehen lassen wollte, der musste rebellieren. Aufklärung - das war das befreiende Stichwort für die Denker schon damals. Litten Gedankenlose still unter den widrigen Verhältnissen, so gab es auf der anderen Seite mürrische Bedenkenträger, die aufklärende Gedanken verkündeten. Die Impulse der Nachdenklichen regten die hellenische Kultur an, sich zu sensibilisieren und sich auf das wissenschaftliche und religiöse Gebiet zu verbreiten. Bei diesem Umbruch stand Xenophanes auf der religiösen Seite. Zornig ging er mit Homer und Heriod zu Gericht, weil jene mit Eifer aus dem geheiligten Pantheon ein profanes, literarisches Freudenhaus machten. Es gehe doch nicht an, polterte der Rhapsode von der Sprechbühne herunter, den Göttern ein Wesen anzudichten, das sich die Gebrechlichkeit der Menschen zum Vorbild nimmt. Nach dieser Logik würden Pferde Götter haben, die sich auf der Koppel wie Pferde benehmen. Das sei absurd.

Wie ein eifernder Reformator wandte sich Xenophanes gegen den polytheistischen Volksglauben und klärte alle Unbelehrbaren auf: der wahre Gott ist ein einziger Gott und er sitzt hoch oben auf dem Thron im Pantheon. Diese Gottheit mache sich mit dem Menschen nicht im Geringsten gemein. Ruchlos sei es, von der Geburt und vom Tod der Götter zu sprechen. Um die Attacke gegen den Polytheismus von allen Seiten zu führen, philosophierte Xenophanes über die letzten Gründe aller Dinge. Dabei trat ihm immer deutlicher ein nicht gewordenes, unendliches Prinzip vor das geistige Auge, das er mit der religiösen Inspiration seiner Dichtung zu verbinden wusste. Dergestalt entwickelte er sich zu einem bedeutenden Wegbereiter des Monotheismus. Gegen die damalige Gottlosigkeit, die zum Teil die Folge eines abergläubischen Polytheismus war, stellte er seine monotheistische Glaubenslehre. Die Unwandelbarkeit der einen Gottheit war einer seiner Kerngedanken. Es sei absurd, den Göttern Leidenschaften, Launen und Begierden zuzuschreiben. Auch könne man den Weltenlenker nicht verständig nennen, ist er doch ganz Verstand, ganz Auge, ganz Ohr, weswegen er mühelos das Weltgeschehen beherrscht und nicht ein Teil von ihm ist.

Xenophanes rigorose monotheistische Religiosität hatte einen rationalen Unterbau. Er ließ sich von stimmigen Prinzipien leiten, so dass es nicht zu hoch gegriffen ist, von einer philosophischen Theologie des alten Meisters zu sprechen. Aus der plausiblen Prämisse, dass aus "Nichts" nichts entstehen kann, folgerte er, dass etwas, was wahrhaftig und wirklich existiert, schon von Ewigkeit her existieren muss. Dieses ewige Dasein müsse auf eine Art unendlich sein, dass es weder begrenzt noch unbegrenzt sei. Die Unbegrenztheit komme deshalb nicht infrage, weil sie dem Nichtsein eignet, das weder eine Mitte noch einen Rand hat. Dem Sein hingegen könne keine einzige Bestimmung des Nichts zukommen. Folglich ist das Sein nicht grenzenlos. Eine Grenze kann es indes auch nicht haben. Begrenzt sind die Teile, das Ganze aber kann keine Grenze haben. Von seinen begrenzten Bestandteilen unterscheide sich die Ganzheit gerade dadurch, dass sie an nichts grenzt. Die Ganzheit müsse vielmehr ein unendliches Sein haben, das sich selbst genügt. Eine "Überwelt", die sich "außerhalb" anschließt, könne es nicht geben. Das unendliche Selbstsein sei deshalb weder beweglich noch unbeweglich. Wohin sollte sich das Ganze auch hinbewegen? Bewegung sei nur denkbar, wenn es mehrere Dinge gibt, auf die sich eine Ortsveränderung beziehen kann. Weil das Ganze keine Vielheit, sondern eine Einheit ist, könne es sich nicht bewegen. Stille stehen kann es aber auch nicht, weil das allein dem Nichtsein zukommt, mit dem es nichts gemein hat. Dieses ewige, unveränderliche, ganzheitliche Wesen nennt Xenophanes Gott. Von Ewigkeit her besitzt die einzigartige Gottheit allen Verstand und alle Macht. Wo immer sich etwas ereignet, "Er" dirigiert es, "Er" sieht und hört es, "Er" hat es bedacht und gewollt. Was in den Weiten des Kosmos geschieht, alles liegt in seiner Reichweite und ist ihm gleich nah. Wie eine wohlgerundete Kugel müsse man sich Gott vorstellen, denn er ist, wegen seiner Allmacht, in sich rund, zu sich zurückkommend. Im ewigen Selbstsein Gottes ist weder Erstarrung noch Unruhe, aber Leben. Da alles in der göttlichen Einheit "organisch" miteinander verwachsen ist, sich der Unterschied zwischen den Teilen und dem Ganzen verwischt, sei der Herrscher im Pantheon nicht höchste Person, sondern absoluter Geist.

Die in Versen eingekleidete Polemik des populären Rezitators gegen die griechische Volksreligion, gegen die Vielgötterei und Gottlosigkeit seiner Zeit, wies seinen Hörern einen Weg zur monotheistischen Religion, der bis heute von einer treuen Anhängerschaft beschritten wird. Aus der Begriffsquelle seiner originellen Spekulationen schöpften und schöpfen namhafte Theologen. Xenophanes war einer der ersten kühnen Denker, der die Volksreligion philosophierend läuterte und mithin eine philosophische Theologie begründete. Begeistert verbreitete der mitreißende Erzähler sein monotheistisches Ideal, das weit über seine Zeit hinaus in der Geistesgeschichte wirksam war.

Der vermutlich über 50 Jahre jüngere Parmenides wurde um 515 v. Chr. in der kleinen Stadt Elea geboren. Er wuchs in einer reichen griechischen Familie auf und entdeckte seine Leidenschaft für die Philosophie durch die Bekanntschaft mit einem Pythagoräer. Der später als der Gründer der eleatischen Schule verehrte Parmenides ersann eine originelle Weltanschauung. Anders als Xenophanes, der sich als Religionserneuerer auf jedes Podest stellte, jedermann seine Geheimnisse anvertraute und heftigen Applaus einforderte, blieb Parmenides, der Metaphysiker, still in seiner Studierstube sitzen, wo nur würdige Geistesaristokraten von seiner "Geheimlehre" erfuhren. Seine Lehrstücke konnten die Masse der Menschen nicht erreichen. Auf den Schultern des redseligen Monotheisten stand ein nachdenklicher Genius, der alle Trugbilder und Täuschungen nicht beachtend, der Vernunft so lange zu folgen gewillt war, bis sie auf ihrem Terrain die ersehnten Wahrheiten offenbart. Der Monotheismus des Xenophanes wurde durch Parmenides auf ein profundes metaphysisches Fundament gestellt, dessen Festigkeit erst heute nachgewiesen werden kann. Dabei war Parmenides nicht allein der Typ eines Stubengelehrten, sondern ein stattlicher Mann, den Platon zugleich ehrwürdig, gewaltig, edel und tief in seinem Wesen nannte. Sokrates war von dem tiefen Gemüt und der prächtigen Erscheinung des ehrwürdigen Parmenides entzückt.

Der Philosoph hinterließ ein anmutiges Lehrgedicht über das Entstehen. Davon sind genügend Bruchstücke erhalten, so dass der Inhalt des Gedichts dargestellt und beurteilt werden kann. Anspruchsvoll ist das Anliegen der Schrift. Der Avantgardist nimmt sich nicht weniger vor, als den irrtümlichen Glauben an die Mannigfaltigkeit und an der steten Veränderung in der Welt ein für alle Mal zu untergraben und zu vernichten. Infolge der ihn indoktrinierenden Sinneseindrücke habe der natürliche Mensch die absolut haltlose Meinung, dass die Dinge, die er jetzt vorfindet, einst nicht waren, jetzt aber sind, und später nicht mehr sein werden. Das alte Lied von "Geburt und Tod" will er aus der Welt schaffen. Mitstreiter finde er nicht unter den gewöhnlichen Menschen, die umherirren in der Dunkelheit der Sinnestäuschungen. Weil sie ihren Sinnen bedingungslos trauen, löse sich ihnen die Welt auf in einen Fächer mit vielen bunten Blättern, die sich die sogenannten Wissenschaften anschauen. Doch diese Institutionen, in denen es um die reduktionistische Zerstückelung des Ganzen geht, finden kein wahres und endgültiges Wissen. Wem aber öffnen die Götter die Augen - den Denkern, den Sophisten, den Rechtgläubigen? Nein - den Schlüssel für die Pforte zur Wahrheit verwahrt die unbeugsame Gerechtigkeit. Man muss ein "gutes Herz" haben, erst dann öffnet sich die Tür. Nur wer sich würdig erweist, wird von den Göttern belehrt.

Das Lehrgedicht können wir in drei Hauptabschnitte einteilen: In der sinnbildlichen Einleitung gibt Parmenides zu erkennen, wer ihm das göttliche Wissen offenbarte. Im zweiten Teil verkündet er die unzweifelhafte Wahrheit, die man drittens nur abseits der Wege des betrüblichen Scheins finden kann. Die gewöhnlichen Menschen irrten von Natur aus umher in der Dunkelheit des Unwissens. Sie können die Wahrheit nicht erfahren, denn sie liegt weit, weit ab vom Reich der Finsternis im hellen Licht der Vernunft. Über Berge, Täler und Flüsse müsse der Philosoph ziehen, alle Täuschungen müsse er durchschauen, um sich von der Gottheit die lichte Wahrheit offenbaren zu lassen. Nur Auserwählte sind schon zu Lebzeiten berufen, in diesem Licht ihren Frieden zu finden. Unspektakulär könne sich niemand zum Pantheon aufschwingen. Parmenides geleiteten himmlische Jungfrauen und prächtige Stuten. Die Grazien öffneten dem Verhätschelten das Tor zur Göttin der Gerechtigkeit, die als erste am Wegesrand stand, um den Wissensdurstigen zu begrüßen. Und da er reinen Herzens war, hoben seine grazilen Fürsprecherinnen die Riegel, stießen das Tor weit auf, damit der Rechtschaffende und Wagemutige an die Verkünderin der ewigen Wahrheit frei herantreten konnte. Sie nahm Parmenides an die rechte Hand und redete ihn freundlich an: „Denn dich hat kein böses Geschick diesen Weg geleitet (liegt er doch weit ab vom Pfade der Menschen), sondern Recht und Gerechtigkeit.“[17] Man beachte dieses Detail, dass die Göttin die Reinheit des Herzens höher schätzt als die Verstandeskraft

[17] Zitiert nach: Philosophen Lesebuch, Band 1, Dietz Verlag Berlin, 1988

des Philosophen. Wer unvorbereitet an das Tor der Göttin gelangt, darf Offenbarung nicht erhoffen. Jedem Unwürdigen bleibt der Zutritt in das Land des Lichts verwehrt. Parmenides sagte von sich, dass er alle Eintrittskriterien erfüllte. „Darum sollst du auch alles erfahren: der wohlgerundeten Wahrheit unerschütterliches Herz wie auch die Wahnvorstellungen der Sterblichen, denen keine wahre Überzeugungskraft innewohnt.“ Teilte Parmenides die Menschen also in Geheiligte ein, denen man zuruft: „Freue dich“, und in Verdammte, denen die selige Erleuchtung niemals zuteilwird? Ist die weise Göttin des Lichts der Vernunft zänkisch und hartherzig? Nein - die Gerechtigkeit der weisen Weltordnung gebiete es, dass auch der durch den entstellenden Spiegel der Sinnlichkeit geblendete Mensch am Ende seiner Tage alles erkennen soll. Auf dem Sterbebett wird auch er die Wahrheit schauen, und zwar von Angesicht zu Angesicht.

In der Tat sind die Worte der namenlosen Göttin nicht für alle Ohren bestimmt. Nur der unbeirrt selig Wandelnde erreicht Schritt für Schritt im Himmelsreich jene Anhöhe, von wo aus er auf die göttliche Landschaft schauen kann. Da er es hören möchte und versteht, verkündet die Göttin ihm Unerhörtes. Merke auf, Jüngling, „wo ich auch anfange, gemeinsame Grundlage (meiner gesamten Darlegung) ist und bleibt das Seiende; denn darauf werde ich immer wieder zurückkommen.“ Auf dem Pfad der Wahrheit schreite, wer erkennt, „daß [das Seiende] ist und daß es unmöglich ist, daß es nicht ist. Das ist der Pfad der Überzeugung; folgt er doch der Wahrheit. Der andere aber [behauptet], daß es nicht ist und daß es dieses Nichtsein notwendig geben müsse. Dieser Weg ist - das sage ich dir - völlig unerforschlich. Denn das Nichtseiende kannst du weder erkennen (denn das ist unmöglich) noch aussprechen.“ Man darf diese Fixierung auf das Sein nicht als eine tautologische Leerformel abtun. Sie hat es in der Tat in sich. Moderne Lebensphilosophen sind nämlich ohne den Begriff "Nichts" ganz sprachlos. Dieser Begriff darf ihnen nicht genommen werden, weil sonst ihre ganze Unheilslehre wankt. Aber gerade das Entfernen dieser Schadstelle im Denken ist das erste Anliegen der göttlichen Wahrheitsverkünderin. Sie schneidet der Denkungsart des Nihilismus gleich anfangs den Weg ab, indem sie das Nichts vernichtet. Dringlichstes Anliegen der namenlosen Göttin sind ihre heiligen Worte gegen das Verzweifeln. Die lebens-philosophischen Nihilisten sind irritiert und protegieren umso lauter ihre Grundfrage: Warum ist überhaupt etwas und nicht vielmehr nur nichts? Das Nichts ist ihnen denknotwendig, nicht das Sein. Sie sind überzeugt: Vom Sein, das in den leeren Weiten nur versprenkelt ist, könnte abgesehen werden. Dass es Krümel des Seins überhaupt gibt, das sei gerade das unergründliche Rätsel aller Philosophie. Dem widersprach Parmenides beherzt. Er versteifte sich darauf, das scheinbar absurde Gotteswort hochzuhalten und sprach es klar und bestimmt aus, dass jeder Hörer versteht: jenes offenbarte "Wissen" gilt, wenngleich es aus einer "anderen Welt" stammt.

Wie heftig Parmenides seine Göttin der Weisheit auch wettern ließ, die Adressaten blieben und bleiben gelassen. Schließlich sei die beherzte Attacke gegen den gesunden Menschenverstand nicht plausibel und schon gar nicht begründbar. Selbst wagemutige Schüler des Parmenides, die im Verlauf von Jahrtausenden auf seinem Weg vorankamen, brachten von ihrer Auffahrt in den Himmel der Weisheit keine wirklich überzeugenden Argumente mit. Erst im 20. Jahrhundert erschien die namenlose Göttin erneut - nicht den Philosophen, nicht den Theologen, sondern den Physikern. Diese verstanden sogleich die offenbarte mathematische Rezeptur, waren aber am weltanschaulichen Gehalt weniger interessiert. Gemeint ist die Quantenfeldtheorie, nach der das Vakuum - das vormalige Nichts - volle *physikalische* Realität beansprucht. Die Leere ist etwas Seiendes, sie ist wirkliches Sein, weil sie wirkt, Energie aufnimmt und virtuell alle möglichen Teilchen-Antiteilchen Paare beheimatet, die als Krümel des Seins gewohnheitsmäßig dem Nichts gegenübergestellt werden. Die Leere ist mitnichten leer - wie Parmenides kühn behauptete. In der Frühphase des Kosmos war das Quantenvakuum, das nach menschlichem Ermessen leer sein sollte, weitaus kompakter als alle Dinge, die uns heute umgeben. Die Unterscheidung: hier Teilchen, dort Nichts, war in jener frühen Entwicklungsphase nicht sinnvoll, weil das gesamte Universum weder Teilchen noch leerer Raum war, sondern ein einheitliches Sein, ohne ein Dazwischen und ohne ein Drumherum, über das Parmenides im Lehrgedicht schon vor vielen Jahrhunderten philosophierte. Wer die moderne Quantenphysik geflissentlich zur Kenntnis nimmt, gibt Parmenides prinzipiell Recht und staunt erschrocken darüber, dass diesem kühnen, antiken Denker dieser große Wurf gelang. Die Grundsatzkritik an der modernen Lebensphilosophie - am Nihilismus - darf sich daher mit gewichtigen Argumenten auf Parmenides berufen.

Was wurde dem Gerechten noch von der Göttin geweissagt? „Zuerst warne ich dich vor diesem Wege der Forschung ... auf dem nichtwissende Sterbliche umherirren, doppelköpfige. Denn Ratlosigkeit lenkt in ihrer Brust ihren aus der Bahn geworfenen Sinn. Sie aber treiben dahin, taub und blind zugleich, *blöde glotzende, urteilslose Haufen*, die Sein und Nichtsein für dasselbe halten und nicht für dasselbe ..."

Anzunehmen, dass Dinge dereinst aufhören werden zu sein, sei unzulässig und falsch. Das "Nichtsein" sei deshalb ein Unding, weil man es im Denken nicht festhalten kann. Nur was existiert, lässt sich bestimmen, kann zum Gegenstand des Nachdenkens werden, weil man all seine Bestimmungen und Beziehungen bedenken und vertiefen kann. Das Bestimmungslose hingegen sei das absolut Geistlose. Und da nach der Kernprämisse der eleatischen Philosophie Erkennen und Sein dasselbe ist, nennen diese Denker das Gerede vom "Nichts" bedeutungslos. Alles was existiert kann nicht aus etwas entstanden sein, was es nicht geben kann. Nichts kann aus "Nichts" entstehen, nichts kann ins "Nichts" versinken. Alles was ist, muss in Wahrheit immer sein. Wenn die Metaphysik des Parmenides vorschreibt, dass es etwas Nicht-Seiendes nicht geben kann, dann muss dem allumfassenden Sein nicht nur Unvergänglichkeit, sondern auch Ganzheitlichkeit zugeschrieben werden. Gäbe es nämlich, dem getreuen Wortsinn nach, echte Teile des Seins hier und dort, so müsste dazwischen ein Nicht-Seiendes sein, was ausgeschlossen ist. Die Sinne machen uns auf etwas hier, und auf etwas dort aufmerksam; doch der Verstand läutert dieses Fehlurteil, indem er Kontinuität fordert. „Das Seiende ist ... nicht teilbar, da es in seinem ganzen Umfange gleichmäßig ist. Und nirgends gibt es ein stärkeres Sein, das seinen Zusammenhalt hinderte, nirgends ein schwächeres: denn alles ist voll vom Seienden. Daher ist es in seinem ganzen Umfang zusammenhängend. Denn Seiendes stößt an Seiendes."

Daher ist auch das Werden eine Sinnestäuschung, weil nämlich das wahrhaft Seiende nicht anders kann, als ewig unveränderlich zu sein. Nichts kann entstehen. Woraus sollte es auch entstehen? Würde etwas aus dem Nichts irgendwann hervorgehen, so müsste eine davor abgelaufene leere Zeit gewesen sein, in der kein Zeitpunkt vor einem anderen irgendwie ausgezeichnet ist. Der Beginn der Schöpfung wäre auf der inhaltsleeren Zeitskala völlig willkürlich. Aus dieser Überlegung folgerte Parmenides stichhaltig und schockierend zugleich: Das Seiende ist nicht der Zeitlichkeit unterworfen. „Wie könnte also das Seiende in der Zukunft sein? Wie könnte es jemals geworden sein? Denn wenn es einmal geworden ist, dann ist es nicht; es ist aber auch nicht, wenn es jemals in Zukunft sein sollte. So ist das Werden ausgelöscht und das Vergehen [der Dinge] abgetan." Wie tiefgründig in Wahrheit diese Auffassung des Vorsokratikers ist, das verstehen Theoretiker erst jetzt, die sich um ein Verständnis der Quantengravitation bemühen. Konsequent wird das Werden des Werdens in der Loop-Quantum-Gravity Theorie problematisiert. In dieser quantenmechanischen Gravitationstheorie wird grundsätzlich kein Parameter verwendet, der mit einer äußeren absoluten Zeit in Verbindung gebracht werden kann. Dementsprechend wird in der Loop-Quantum-Cosmology untersucht, unter welchen Bedingungen von einer "Evolution" des Kosmos überhaupt gesprochen werden kann. Jedenfalls wird der Zeitbegriff in jeder Variante einer Quantentheorie der Gravitation auf tiefer liegende Zusammenhänge zurückgeführt. Zeitlichkeit ist demnach ein abgeleiteter Begriff - fundamental kann nur etwas Unzeitliches, Ewiges sein. In der physikalischen Grundlagenforschung steht heute das zeitlose Sein des Quantenkosmos im Fokus, über das bereits Parmenides von seinem philosophischen Standpunkt aus einst grandios spekulierte.

Der "monolithische Seinsblock", der seine wahre Gestalt im Laufe der Zeit nicht ändern kann, muss mit sich selbst verträglich und einheitlich sein. Parmenides dachte an die Form einer Kugel. Doch dürfe man sich nicht vorstellen, dass sie im leeren Raum schwebe. Denn diese Leere wäre ein zweites Sein, was wegen der heiligen Seinslogik auszuschließen ist, welche die namenlose Göttin der Weisheit dem Parmenides mit auf den Weg gab. Nach ihren Sprüchen richtet sich nicht nur das stoffliche Weltganze, sondern auch jeder erkennende und mitfühlende Geist. Was der göttlichen Logik widerstrebt, das ist nicht nur falsch, sondern unmöglich und deshalb nicht vorhanden. Weil Denken und Sein dasselbe seien, erkennen wir tatsächlich objektive Sachverhalte, die sich umgekehrt nach "unserer" Logik verhalten. „Dasselbe aber ist Denken und des Gedankens Gegenstand. Denn du kannst das Denken nicht ohne Seiendes antreffen, in dem es [ja] ausgesprochen ist. Denn es gibt nichts außer dem Seienden und wird nichts außer ihm geben, hat doch das Schicksal es verhängt, dass es ganz und unbeweglich ist.“ Die Metaphysik ist nicht nur als Seinslehre gerechtfertigt, sondern als rückbezügliche Seinsweise des "objektiven" Geistes in ihrer qualifiziertesten Gestalt wahrhaft real. Wer demgegenüber nur seinen Sinnen traut, der ist in Wahrheit blind und taub, dem wird eine Scheinwelt vorgetäuscht. „Daher sind alles nur leere Namen, was die Sterblichen [durch die Sprache] festgesetzt haben, in dem Glauben, es liege ihnen eine Wirklichkeit zugrunde: ‚Entstehen‘ und ‚Vergehen‘, ‚Sein‘ und ‚Nichtsein‘, ‚Veränderung des Ortes‘...“ Was gewöhnlich "Welt" genannt wird, das entstammt leichtfertigem und oberflächlichem Gerede. Erst unter der Oberfläche hebt sich der Vorhang, auf dem eine Scheinwelt abgebildet ist und öffnet den freien Blick auf das wahre, absolute Sein, dessen Licht mit den Mitteln der Vernunft in seine Spektralfarben zerlegt werden kann. Die Physik legte eine lange Strecke auf diesem Erkenntnispfad zurück und ist jetzt glücklich bei jener Metaphysik angelangt, welche Parmenides vor Jahrtausenden schon in seinem tiefsinnigen Lehrgedicht skizzierte. Der erste reine Metaphysiker war demnach zugleich auch einer der bedeutendsten. An ihn können heute so unterschiedliche Denker begeistert anknüpfen wie theoretische Physiker und kühn spekulierende Mystiker. Die kurzen Merksätze, die Parmenides seiner Göttin der Weisheit in den Mund legte, wurden lange nicht ernst genommen und sind heute an Brisanz kaum zu übertreffen.

0.3.2 Anaxagoras

Anaxagoras, geboren um 500 v. Chr. (500-428 v. Chr.) in Klazomenai (Kleinasien), war einer der ersten bedeutenden philosophischen Denker in Athen. Zu seinen Gesprächspartnern zählten so bekannte Persönlichkeiten wie Perikles und Euripides. Ihm widersprachen gestandene Männer wie Thales, Anaximander, Anaximenes und Heraklit, die kühn mit der herrschenden, mehrheitsfähigen Anschauung im Volke brachen und einen entschiedenen Monotheismus postulierten, der die offensichtliche Doppelnatur der Wirklichkeit - hier sinnvolle Ordnung in der Lebenswelt, gestiftet durch ein geistiges Prinzip, dort völliges Chaos im Gestein - frech leugneten. Anaxagoras konterte: *Alles*, nicht nur die Dinge, sondern auch Leben und Vernunft haben eine unverzichtbare Wertigkeit im Gesamtzusammenhang und in diesem walte ein *allgemeines* Ordnungsschemata. Einvernehmlich heben die alten Berichterstatter zwei eigentümliche Besonderheiten der Lehre des Anaxagoras hervor: 1) Alles war ursprünglich mit allem innig verbunden, so dass in dieser Mischung nichts als etwas Eigenständiges hervortreten konnte. Jeder Stoff, der im Kosmos vorkommt, ist in diesem Gemisch feinkörnig verquirlt. Diese dumpfe Masse der durchmischten Urstoffe lag brach, bis 2) etwas Zweites die Zeit für gekommen hielt, den namenlosen Urbrei in Wallung zu bringen. Diese tätige Schöpferkraft nannte Anaxagoras Nous - so etwas wie eine geistige Ordnungsmacht, die Zielstellungen kennt, und die am Anfang Bewegungsanstöße gibt, aus denen sich, in alle Ewigkeit fortsetzend, all die besonderen Partikelformationen entwickeln. War der Anstoß vom Nous - dem Geist - erst einmal gegeben, entfaltete sich alles Weitere auf rein mechanische Weise. Man kann Anaxagoras Lehre so verstehen: Viele Kugeln lagen schon immer auf dem Billard-Tisch. Unvermittelt fährt ein Gedanke in sie und setzt sie in Bewegung. Doch dieser erste Anstoß war dermaßen präzis und vorausschauend, dass nach einer gewissen Zeit alle Kugeln ihr Loch fanden, um auf einer anderen Ebene noch sonderbarere Bewegungsfiguren vorzuführen. Dieses Schöpfungswerk setzt sich endlos fort. Vermutlich werden wir Anaxagoras eher gerecht, wenn wir ihn als einen bewussten Vertreter des Dualismus verehren, der den immateriellen schöpferischen Geist vom Stoff strickt unterschied. Nachdem der Impulsgeber "Nous" ursprünglich alles in Bewegung setzte, übernahm der blinde, "maschinelle" Gehorsam die Verwirklichung des klugen Plans. Nichts "Geheimnisvolles" durfte nunmehr herangezogen werden, um den Fortgang der kosmischen Entwicklung zu verstehen. Dass seine Kosmologie starker Tobak für empfindsame religiöse Gemüter war, ist deshalb nicht verwunderlich. Dabei ging der grübelnde antike Philosoph so weit, dass er 2000 Jahre vor Galilei den profunden Gegensatz zwischen der sublunaren und der supralunaren Weltensphäre bestritt. Die Himmelskörper seien von derselben Machart wie die Erde, polterte der Gelehrte rücksichtslos, und im Übrigen sei die Sonne nicht das heilige Feuer eines Sonnengottes, sondern eine glühende Gesteinsmasse. Pardauz. Mit dieser Behauptung ging er zu weit - wie Jahrtausende später sein Bruder im Geiste: Galilei. Er leugnete die Staatsgötter - ein Straftatbestand! Es ging nicht anders: Der Querulant wurde 434 v. Chr. der Asebie (Leugnung der Staatsgötter) angeklagt und aus Athen verbannt.

Von Parmenides übernahm Anaxagoras den Gedanken, dass es etwas Unwandelbares geben müsse. Andererseits könne man die Wandelbarkeit der Stoffe nicht leugnen, wenn den Sinnen und der Vernunft zu trauen ist. Ein Samenkorn verwertet Erde, Luft und Wasser und macht daraus eine Pflanze. Sie duftet, sie entfaltet in den Blütenblättern eine Farbenpracht, doch nichts davon ist ein Merkmal der einfachen Ausgangsstoffe - sie riechen nicht, vielmehr sind grau in grau oder unsichtbar. „Wie also kommt der Stoffwechsel zustande“, fragte sich der antike Denker Anaxagoras. In der Tat hat es diese Frage in sich, denn die flinke Antwort der Atomisten ist falsch. Nicht dadurch, dass viele geruchlose Partikel sich begegnen und beieinander bleiben, entsteht ein riechender Stoff. Heute wissen wir: Erst wenn durch eine chemische Reaktion neue Stoffe, neue Gesamtheiten gebildet werden, entstehen neue Eigenschaften. Nicht weniger als die Quantenelektrodynamik muss aufgeboten werden, um die Wissenschaft der Stoffumwandlungen (Chemie) zu fundieren (bitte beachten Sie, dass der Elektronenspin auch in der

Chemie eine wichtige Größe ist). Erst wenn sich die "Bausteine" unter Zuhilfenahme einer (elektromagnetischen) Kraft "vermählen", entstehen neue Substanzen mit ihren spezifischen Eigenschaften. Jedenfalls war sich Anaxagoras (im Gegensatz zu den Atomisten?) der Schwierigkeit bewusst, ein *allgemeines* Prinzip zu benennen, mit dessen Hilfe Stoffwechselvorgänge erklärbar sind. Ohne Zweifel teilte Anaxagoras mit Parmenides die Überzeugung, dass aus dem "Nichts" nichts entstehen kann. Da nun aber etwas da ist, muss es schon immer da gewesen sein. Doch was ist dieses "Etwas", das sich dem Nichts entgegenstellt? Anaxagoras meinte: Das sind kleine Partikelchen von allem, was schon "da" ist, schon "da" war und noch "da" sein wird. Diese "kleinen Keime aller Dinge" können wir so oft teilen wie wir wollen - dadurch ändern sie niemals ihre Eigenschaften. Es gibt Blutteilchen, Holzteilchen, Gesteinsteilchen und so weiter und so fort. Sie beugen sich keinem fremden Diktat (Gesetz) und waren schon immer mit von der Partie. Aus dieser unendlichen Teilchenvielfalt baut sich alles auf, was uns als Welt entgegentritt. Ein Knochen, beispielsweise, ist als solcher deshalb identifizierbar, weil die kleinen Knochen-Partikelchen in ihm im Übermaß vorhanden sind. Nicht anders wächst eine Pflanze. Das Gemisch, bestehend aus Erd-, Wasser-, Luft-, und Samenteilchen hat einen "Drall" und der führt im Laufe der Zeit zu einer Gewichtsverschiebung in der "Partikelverteilung", die sich am Ende als Pflanze äußert. Überwogen einst hier die Erdpartikelchen, dort die Wasserpartikelchen, so treten sie wenig später zurück, um den Blütenblätter-Partikelchen, den Duftpartikelchen usw. die Führerschaft zu überlassen. Im Ergebnis prahlt eine Pflanze mit ihrer Schönheit vor den Bestäubern. Natürlich muss die Vermischung und Entmischung der unendlich vielen Seins-Steinchen dirigiert werden. Doch wer ist der Dirigent?

Wie also entsteht aus dem leblosen Gemisch aller Substanzen ein komplexes Gebilde, sei es eine Pflanze, sei es ein Tier? Tragen alle Urelemente alle Baupläne in sich, "besprechen" sie sich mit anderen Elementen in ihrer Umgebung, was sie im Moment erschaffen wollen? Dass Anaxagoras die weitere wichtige Frage stellte: „Gibt es überhaupt ein allgemeines Prinzip des Wandels, des Wachstums und des Zerfalls?“, zeugt von seiner tiefen philosophischen Geistesart, die seinen Gesprächspartnern noch fremd war. Im Kontext der antiken Denkweise beantwortete er folgerichtig seine naturphilosophische Grundfrage. Jede Bewegung setzt etwas voraus, das sie hervorruft. Es muss demnach etwas Bewegtes - die Substanz - und etwas Bewegendes - eine Kraft - geben, damit beide das Erscheinungsbild der Welt ändern und die Stoffe wechseln können. Da eine ewig währende Ursache-Wirkungskette für die Griechen als undenkbar ausschied (denn wie hätte sie gerade jetzt enden können?), musste ein erstes bewegendes Prinzip angenommen werden. Anaxagoras postulierte einen ersten Anstoß, der plötzlich das Tote Meer aufpeitschte und alle Urelemente in ihm, die vormals nichts zum Ausdruck brachten, durcheinander wirbelte. Waren anfangs alle Dinge beisammen in einem wüsten Chaos, so entfaltete sich nach dem "Anstoß" alles auf mechanische Weise, kam ein Räderwerk in Gang, dessen Ablauf nicht mehr zu stoppen war. Die Frage: „Wie lange lag der träge "Urbrei" brach?“, konnte Anaxagoras mit der Bemerkung zurückweisen, dass die Zeit in einem starren "Weltengerüst" nicht definiert werden kann. Einmal in Bewegung geraten, durfte der Realist und Forscher Anaxagoras dem weiteren Verlauf, den sein Weltschöpfungsbericht nachzeichnen soll, keinen esoterischen Spielraum mehr lassen. Er durfte Elfen und Nymphen nicht gestatten, in das Weltgeschehen heimlich einzugreifen, wenn Erklärungslücken vom Forschergeist zu überwinden sind. Gleich durch den ersten Anstoß musste der ganze weitere Weltenlauf punktgenau festgelegt gewesen sein. Alles sollte sich - bis in alle Ewigkeit - organisch aus dem ersten Anstoß entfalten.

Jahrtausende später feierte dieser antike Gedanke seine Wiedergeburt. Wenn nur die Aufenthaltsorte und Geschwindigkeiten aller Teilchen des Kosmos zu einem gewissen Zeitpunkt genau genug bekannt sein würden, dann könnte ein Laplacescher Dämon durch Abarbeitung der klassischen Bewegungsgesetze so weit in die Vergangenheit oder Zukunft schauen, wie er nur möchte, meinten die klassischen Physiker. Das ist die von Laplace im 19. Jahrhundert hervorgehobene Quintessenz der mechanisch-materialistischen Naturauffassung. Sie unterscheidet sich nicht grundsätzlich von der Hypothese des Anaxagoras.

Von welcher Art aber ist diese rätselhafte Gestaltungskraft, durch deren einmaligen Anstoß sich die Weltmaschine aus der Urmasse zusammen ruckelte und in Bewegung setzte? Unmöglich kann sie ein Bestandteil des leblosen Substanzgemenges sein. „Betrachte nur die Lebewesen, wie sie sich selbstständig bewegen, die Pflanzen, wie sie sich begrünen und wachsen - waltet in ihnen nicht ein Prinzip, das du im toten Stein nicht findest?“, mag sich Anaxagoras gefragt haben. Aus einem Lehmklumpen entsteht nicht von selbst eine schön bemalte Blumenvase. Erst die künstlerische Idee gemeinsam mit dem handwerklichen Geschick des Töpfers ermöglicht die Fabrikation des Kunstgegenstandes. Anaxagoras war sich gewiss: Nur einen "Ordner" konnte er für die überwältigende und vorausschauende Ordnung in Flora und Fauna verantwortlich machen. Nicht der Stoff habe Leben und Bewegung in sich, vielmehr sei ein bewegendes Prinzip anzunehmen, das von "außen" einen Impuls, und zwar einen "durchdachten" Impuls geben kann. Denn der Impulsgeber musste schon immer "wissen", was aus dem formlosen Gemisch der Stoffe alles geformt werden kann. Der Anstoß von Allem musste wegen des "Vorwissens" intelligibel sein. Diese schöpferische Gestaltungskraft nannte Anaxagoras deshalb "Nous". Um nicht nur zu fabulieren, sondern auch handfest zu gebären, musste dem Nous neben der Allwissenheit auch Allmacht zugesprochen werden. Mit dem Nous führte Anaxagoras erstmals ein unpersönlich denkendes, vernünftiges und allmächtiges Prinzip in die Weltbetrachtung ein, das für sich besteht und mit nichts anderem vermischt ist. Dem gegenüber stand etwas Totes - ein passives Gemisch von Substanzen -, das aus sich heraus nichts belebt. Der Impulsgeber veranlasst den Impulsnehmer, sich in eine Kreisbewegung zu verwickeln, das Schwere vom Leichten, das Warme vom Kalten, das Helle vom Dunklen zu trennen und sich infolge der Schwerkraft als Dichtes, Kaltes, Feuchtes und Dunkles dort zu sammeln, wo heute die Erde ist. Das Leichte, Warme, Trockene und Helle fuhr auf in den Himmel und wurde dort in einen glühenden Zustand versetzt. Daraus bildeten sich die Gestirne und die Sonne, die ihren ewigen Kreislauf um die Erde vollführen. Wie alles kommen sollte, was alles kam, kommt und noch kommen wird, das hat der Nous mit einem einzigen Impuls so eingerichtet und gewollt. Die Zukunft ist nicht offen, sondern die Entfaltung eines schon immer vorhandenen Plans, der im Nous zeitlos eingebrannt ist.

Dieser Dualismus zwischen dem immateriellen Geist und materiellen Stoff in der Naturlehre des Anaxagoras muss sich wegen einer intrinsischen Unstimmigkeit, die sehr viel später auch Descartes umtrieb, kritisieren lassen: Wie nämlich kann der unbewegte, dem Stofflichen ganz unähnliche Nous, die tote Substanz beleben? Macht sich der Nous mit dem Stoff nun gemein oder nicht? Lehrreich ist die Kritik des Aristoteles hinsichtlich dieser Schwachstelle der dualistischen Weltsicht: „Wenn aber der Geist etwas Einfaches und keiner Einwirkung Zugängliches ist und mit nichts anderem etwas gemein hat, wie Anaxagoras sagt, so kann man fragen wie er denn imstande sei, zu denken, wenn denken so viel ist wie eine Einwirkung erfahren. Denn nur insofern zwei Dinge etwas gemeinsam haben, kann das eine wirken, das andere eine Wirkung erfahren. Ferner könnte man fragen, ob der Geist auch Gegenstand seines Denkens sein könne. Denn wenn er nicht bloß in Beziehung auf ein anderes, sondern für sich selbst denkbar ist, und wenn der Gegenstand des Denkens der Art nach einheitlich ist, dann müssen entweder auch die andern Dinge Geist haben oder er selbst muß eine Verbindung mit etwas eingegangen haben, die ihn ebenso wie die andern Dinge denkbar macht. Was nun das Erfahren einer Einwirkung auf Grund einer Gemeinsamkeit betrifft, so ist schon auseinandergesetzt worden, daß der Geist nur potentiell gewissermaßen die Gesamtheit des Denkbaren umfaßt, aktuell aber nichts, bevor er denkt. Man muß sich das so denken wie bei einer Schreibtafel, auf der in Wirklichkeit noch nichts geschrieben steht: so ist es auch mit dem Geiste."[18]

Von den Substanzen solle der Nous sich einerseits strikt unterscheiden, doch wegen seiner Wirksamkeit müsse er sich andererseits auch vom "Nichts" grundsätzlich abheben. Sollten wir ihn deswegen zum Greifbaren rechnen? Vielleicht erzeugt etwas "Feinstoffliches" den Nous, ein feiner, zarter, raumerfüllender Stoff, der nichts Fremdes in sich enthält, der überall dieselbe Qualität hat und für den es keine Grenze gibt. Oder ist der Nous gar nicht stofflich, sondern transzendent und wirkt aus dem Jenseits auf Diesseitiges ein? Wie konnte Anaxagoras bei dieser Frage einen definitiven Standpunkt begründen, wenn bis heute dieses Rätsel ungelöst ist?

Die Maxwellsche Theorie des Elektromagnetismus hat die selbstständige Existenz von elektromagnetischen Feldern nachgewiesen. Diese wurden verantwortlich gemacht für die Wechselwirkung zwischen elektrischen Ladungen. Ähnlich wie Anaxagoras es tat, wurde nach dem feinstofflichen Äther gefragt, in dem die Wellenausbreitung erfolgen kann. Die verblüffende Antwort, die bis heute nicht abschließend philosophisch bewertet ist, lautet: Es gibt keinen Stoff, in dem sich, ähnlich wie bei Wasser- oder Schallwellen, die elektromagnetischen Wellen einprägen können. Es "tanzt" etwas - das ist aber kein Tänzer und eine Bühne gibt es auch nicht. Trotzdem ist dieser Tanz nicht "transzendent", sondern ganz von dieser Welt. Weil das elektromagnetische Feld wirkt, ist es wirklich, obwohl es nicht "greifbar", kein Ding ist. Der Streit der Philologen darüber, ob sich Anaxagoras unter dem Nous etwas "Feinstoffliches" oder "transzendent Geistiges" vorstellte, ist von diesem Blickwinkel aus gesehen verständlich.

Anaxagoras erweiterte seine Schöpfungshypothese, indem er den "ersten Beweger" auch noch nach seinem "Weckruf" an die verschlafenen Substanzen in die Pflicht nahm. Zwar sei der Nous unteilbar, trotz-

[18] Aristoteles Hauptwerke, übersetzt W. Nestle, Alfred Kröner Verlag Leipzig, 1934, S. 176

dem könne er sich an einigen Stellen zum "Seelenstoff" "verdichten". Wo dies in unterschiedlichen Graden geschieht, erscheinen Lebewesen auf unterschiedlichen Entwicklungsstufen - Pflanzen, Tiere oder Menschen. Ungeachtet dieser "Dichteschwankungen" des Anaxagoreischen "Geiststoffes", bleibt er überall der eine Geist, der eine Nous. Doch macht es einen Unterschied, ob viel oder wenig von ihm in die "Wirbel" der Substanzen hineingezogen wird. Wo sich mehr von ihm sammelt, dort steigt die Vitalität, dort ist die Erkenntnis höher. Zweifach wirkt also die schöpferische Kraft des Nous in den Lebewesen - einmal beseelend durch seine überdurchschnittliche Verdichtung im organischen Material und noch einmal durch den ursprünglichen Anstoß, der die Kausallawine lostrat bis hin zur Bildung eines lebendigen Körpers. Die entfernte Verwandtschaft zwischen der menschlichen und göttlichen Schöpferkraft kann Anaxagoras mit diesem spekulativen Gedanken in seinem Weltbild begründen. Darüber hinaus ist im selben Sinne für Anaxagoras die Kraft, die einen Kieselstein zusammenhält, nur dem Grade nach von der Erkenntnis- und Willenskraft der Lebewesen verschieden. Pflanzen seien definitiv beseelt, sie begehren und empfinden, sie haben Gefühle der Freude und Unlust - eine Behauptung, die heute immerhin einige Biologen teilen.

Anaxagoras selbst war ein auslösender Impulsgeber, nämlich für die Kontemplation seiner Nachfolger in ganz unterschiedlichen Epochen. Sein großer, unvergänglicher Gedanke - es wirkt ein göttlicher Geist - zog wie ein spiritueller Strudel die Aufmerksamkeit religiöser und philosophischer Denker an, wodurch sich seine Kraft weiter verstärkte. Schon bald übertrafen ihn begeisterte Schüler und warfen dem Dualisten vor, er habe keinen ausreichenden Gebrauch von seinem "Geistprinzip" gemacht, um sein Weltbild gehörig auszuschmücken. Seine Philosophie sei hauptsächlich mechanistisch und zu sehr naturphilosophisch ausgerichtet. Er habe den Begriff des höchsten Geistes nicht tiefgründig und breit genug entwickelt. Besonders Sokrates erkannte diese Defizite und bereicherte den Schlüsselbegriff des Anaxagoras auf beeindruckende Weise. Haderte er bereits mit den ausschweifenden, nicht immer überzeugenden naturphilosophischen Ansichten des Anaxagoras, so empfand er die Vernachlässigung der Erkenntnistheorie und Ethik als besonders unbefriedigend. Sokrates fasste den "objektiven" Geist, nicht wie Anaxagoras, als ein längst verloschenes "Strohfeuer", sondern als einen andauernden "Flächenbrand" auf. Die Immanenz des Geistes in allen Lebensbereichen aufzuzeigen, machte er sich zur Aufgabe. Dabei ging es ihm nicht nur um Naturphänomene, sondern wichtiger noch auch um die Ethik. Auf was ließ er nicht alles seine Wissbegier los, wendete alles dialektisch hin und her, vom Besonderen zum Allgemeinen, um induktiv die Dinge auf den Begriff zu bringen. Damit bereitete er der wissenschaftlichen Erkenntnis den Boden; damit entwickelte er eine allgemeine Strategie - die Strategie der Wissenschaften - zur Unterscheidung des Scheinwissens vom wahren Wissen. Sokrates' "Nörgelei" offenbarte den Menschen den unschätzbaren Gestus des forschenden Geistes, der alles "Subjektive" fernhält, wenn es um die Erkenntnis des "objektiven Geistes" geht. Welche erstaunlichen, sichtbaren Konsequenzen diese Geisteshaltung hat, wenn sie einmal ein hohes Niveau erreicht, davon zeugen wissenschaftlich-technische Errungenschaften in unseren Tagen. Sind dem Denken und Fühlen verbindliche Maßstäbe von der Vernunft vorgegeben, werden sie vom menschlichen Geist im Reich des Intelligiblen entdeckt, dann gilt es, in *der ganzen erkannten Wahrheit zu leben*, und sie nicht nur behaglich von fern zu schauen. Dem Ernst, der Wahrheitsliebe und Mitmenschlichkeit weist Sokrates einen festen, einheitlichen Bezugspunkt zu: den von Anaxagoras eingeführten objektiven Geist. Weil sich bei dieser Sokratesschen Auffassung des Nous das Wahre mit dem ethisch Guten verbindlich vereinen muss, wird der Geistbegriff vom einfachen, ursprünglichen Impulsgeber in der Natur zum universellen, immanenten Weltprinzip aufgewertet, so dass auch seine lebensphilosophische Relevanz nicht länger verborgen bleibt. Nur in unterentwickelten Formen und Ausprägungen kann das wissenschaftliche vom ethischen Streben geschieden sein. Nach Sokrates seien wahres Wissen und wahre Tugend wesenhaft eins und diese Einheit verehrt er als den lebendigen Gott. Als ein Zweck setzendes Wesen müsse dieses Prinzip "denkend" und sich "selbst denkend" sein, denn etwas Geistloses kennt keine Zwecke. Der Geist aber ist eine Einheit - muss eine Einheit sein. So klingt der teleologische Gottesbeweis bei Sokrates bereits an. Wenn "Gott" dergestalt zu denken ist, dann sind echte Wissenschaft, echte Ethik und echte Religion nicht einfach benachbarte Disziplinen, sondern ihrer letztgültigen Bestimmung nach wesensgleich. Auf den Schultern des Anaxagoras steht Sokrates mit noch viel breiteren Schultern und verkündet den donnernden, in allen Ohren noch nachhallenden Satz: Alles, was ist, ist nur durch Gottes Schöpferkraft. Nur dieser *geistige* Reigen der göttlichen Dinge ist unser Reigen.

Allgemein müssen wir lobend hervorheben, dass Anaxagoras mit seiner Lehre vom Nous auf eine Weise in der Geistesgeschichte gewirkt hat, die kaum überschätzt werden kann. Vor allem dem philosophischen Theismus hat er stimulierende Anfangsimpulse gegeben. Wer eine Gottheit verehrt, die bewusst und selbstbewusst alles beherrscht und ins Werk setzt, dabei im Jenseits, der Welt nicht bedürfend, seine ungestörten Kreise zieht, und sich dennoch nach seiner Schöpfung "umschaut", der ist erstaunt, dass er das alles ansatzweise schon bei Anaxagoras findet.

0.3.3 Philon und Plotin

Philon war zur Zeit von Christi Geburt einer der bedeutendsten Denker. Er gilt als Hauptvertreter der jüdisch-hellenistischen Philosophie. Zirka von 25 v. Chr. bis 40 n. Chr. lebte er im geistig-kulturellen Zentrum der damaligen Welt - in Alexandria. In dieser Metropole gab es neben einer großen Bibliothek und einer Sternwarte sogar einen zoologischen und botanischen Garten. Philon stand als ein Vermittler im Mittelpunkt der alexandrinischen Hochkultur. Ihm lag nicht nur daran, zwischen dem rationalen, griechischen Denken und dem religiösen Erleben gedankliche Fäden zu ziehen, vielmehr machte er es sich zur Aufgabe, die lückenlose Identität der griechischen Philosophie mit den Visionen der Bibel nachzuweisen. Diesen kühnen Gedanken, dass die hellenistische Philosophie mit der biblischen Religion versöhnt werden kann, begründete er mit dem Hinweis, dass die Bücher des Mose den Griechen längst bekannt gewesen waren. Tatsächlich gab es in Alexandria seit dem dritten Jahrhundert v. Chr. eine griechische Bibelübersetzung, die Septuaginta. Philon, der von der intellektuellen Überlegenheit der offenbarten biblischen Geschichten fest überzeugt war, pries aber auch die hellenistische Denkweise, weil sie, daran hielt er fest, ihre richtungsweisenden Anregungen von der Bibel empfing. Philons Grundsatz besagt: Wer beides richtig versteht, der wird erkennen, warum der Gott der Bibel mit dem wahrhaft Seienden der platonischen Ideenwelt zu identifizieren ist. Dabei hat es die von Philon geforderte Gedankenfreiheit in Religionsfragen in sich: nicht weniger wird von der Vernunft erwartet, als etwas miteinander zu verbinden, was auf den ersten Blick schier unvereinbar ist. Wie kann nämlich Gott einerseits in unpersönlicher Weise als das platonische Ursein bestimmt werden, und andererseits als persönliche Wesenheit im Gebet ansprechbar sein? Philons Lösungsvorschlag ist so einfach wie spirituell nicht nachvollziehbar: Man müsse das biblische Gottesbild von allen Anthropomorphismen reinigen. Wie kann dem religiösen Denker diese Reinigung gelingen, ohne dass seine spirituelle Erbauung durch gemütsarme Abstraktionen verkümmert? Philon schlug zwei Kunstgriffe vor: 1) lege die Bibel allegorisch aus, und 2) verstecke Gott. Die von den Stoikern entwickelte Methode, heilige Texte allegorisch auszulegen, nutzte Philon, um das Alte Testament angeblich richtig zu verstehen. Die interpretierende Methode erlangte bei ihm den Rang eines universellen Erkenntnisprinzips, weil sie nicht nur aus den heiligen Schriften Chiffren der verborgenen Wirklichkeit herauszulesen gestattet, sondern auch dazu verhilft, die Natur als ein Gleichnis des transzendenten Gottes aufzufassen. Zwar seien die Heiligen in der Bibel wirkliche historische Gestalten, aber dabei darf es der Religionslehrer nicht belassen, denn wesentlich sind die spirituellen Symbole, die alle zur göttlichen Sphäre gehören. Der zweite, der allegorische Blick in die Bibel sei ausschlaggebend, weil nur er im Tiefsinn das Wesen der Dinge und Erscheinungen schaut. Da Gottes Wirken die Richtung von der Gestalt zum Geschöpf, von den Ideen zu den Schriften hat, sei der rechte Weg sowohl der Naturerkenntnis als auch der Bibelauslegung eine Kehrtwende, weg von den Geschöpfen und Dokumenten hin zu den archetypischen Urbildern. Lange nachdem Philon der analogia entis diese Reichweite und Bedeutung einräumte, hat Erich Przywara im 20. Jahrhundert diesen Gedanken noch einmal aufgegriffen und weiter verfolgt. Er schrieb: „Es ist nicht so, daß analogia entis als Prinzip die Gottheit eines ein für allemal fertigen Systems begründet. Sondern umgekehrt: sie läßt durch alles scheinbare Fertige hindurchschauen in immer Neues.“[19]

Zur Läuterung des Gottesglaubens sei die allegorische Auslegung der Schriften zwingend geboten, jedoch nicht ausreichend. In einem weiteren Schritt müsse Gott aus dem Wachsfigurenkabinett herausgeholt und als unverfügbare Allmacht vorgestellt werden. Philon wurde nicht müde, der anthropomorphen Verniedlichung Gottes entgegenzutreten. Der heilige "Vater" sei ein unpersönliches Wesen, kein Spielgefährte, er sei der in sich geschlossene Urquell von allem. Nur Gott allein kennt seine wahre Natur. Weil Philons Gottesvorstellung von aller Vermenschlichung entkleidet ist und auf etwas Unbestimmbares verweist, unterscheidet sie sich eben doch grundsätzlich von der des Alten Testaments. Philon spricht Gott alle Eigenschaften ab. Gott sei das bloße absolute Sein, das Absolute ohne Qualitäten. Einer seiner Kernsätze lautet: Zwar wissen wir, dass Gott ist, nicht aber, was er ist. Da Gott ganz in sich ruht, sei er auch nicht zum Schöpfer der Welt auserwählt. Vielmehr ist es mit der Würde der heiligen Gottheit nicht vereinbar, dass ihr die Schöpfung der Welt und die Einwirkung auf sie zugemutet werden. Über

[19] E. Przywara, Analogia Entis, Verlag Josef Kösel, München 1932, S. 153

alles Diesseitige ist die göttliche Herrlichkeit erhaben. Philon schaltete stattdessen Mittelwesen ein, die für die niederen "Arbeiten" zuständig sind. Der oberste, von Gott eingesetzte Sachwalter sei der Logos. Er habe alle Ideen, welche vom göttlichen Geist vorbestimmt sind. Doch diese Welt immanente Vernunft ist mit Gott keineswegs identisch. Sie ist eine nachgeordnete Wesenheit, die Philon den "eingeborenen Sohn" Gottes nennt und den er damit personifiziert. Dieser eingesetzte Sachwalter ist zugleich Vermittler und Fürsprecher; er steht zwischen Gott und den sterblichen Wesen. Indem der Logos eine Brücke zwischen dem transzendenten Gott und der materiellen Wirklichkeit schlägt, vermag er insbesondere auch die Rolle des Anwalts der Menschen vor Gott und des Verkünders des göttlichen Willens zu übernehmen. Ihm zur Seite steht die göttliche Weisheit, der Heilige Geist. Damit wird das Dreigespann komplettiert: neben dem Höchsten und dem eingeborenen Sohn steht eine Vermittlerin - sie ist die Mutter des Gesalbten und zugleich der Heilige Geist. Anders als der Vater, sind Mutter und Sohn auf die Materie ausgerichtet, die Philon als ein formbares, unvollkommenes, ja sogar nichtiges Etwas auffasste. Seine Materieauffassung sucht geradezu die kompromisslose Konfrontation mit dem Materialismus. Was er vertrat, nennen wir heute monistischen Idealismus: alles wahrhaft Wirkliche und Wirkende hat eine rein geistige Natur. Erst durch das heilige Ideenbündel gewinnt das ansonsten Nichtige eine vorübergehende Gestalt und bedrängt als Körper unsere Sinne. Ohne das formende und erhaltende geistige Prinzip wäre die Welt einfach leer. Ihrem Wesen nach sei die Schöpfung kein Schleier im Nichts, der sich willkürlich verdichten kann, sondern ein Refugium von Gott gesandten Seelen, die alle unteilbar und ganzheitlich, und damit unkörperlich sind. Die Unvollkommenheit, Passivität und Formbarkeit der Materie sind die ihr wesensmäßig anhaftenden Bestimmungen und gleichzeitig die Quellen des Bösen, das die Menschen so plagt. Allein durch ihre Verkörperungen fallen alle Seelen der Sünde anheim. Nur der Mensch kann sich von der Verstrickung ins Irdische und Leibliche fernhalten, denn allein er hat einen freien, vernünftigen Willen. Die menschliche Seele ist berufen, sich aus der Bindung an die Materie zu befreien und sich zu ihrem intelligiblen Ursprung hin zu erheben.

Mit seinen zwei Kunstgriffen gelang es Philon, die platonische Ideenlehre ins Religiöse hinaufzusetzen, sie als Gedanken im Geiste Gottes und als vermittelnde Kräfte - Mutter und Sohn - umzudeuten. Im Zuge seiner eigenwilligen Auslegung des Alten Testaments hat er Begriffe geschaffen, die in der christlichen Dogmatik grundlegend geworden sind.

Sein Einfluss auf das Christentum ist beachtlich, hat er doch selbst auf Paulus und andere Apostel eingewirkt. Was im Johannesevangelium an exponierter Stelle (I, 1-5) steht, war in den Gedanken des berühmten Juden Philon längst vorformuliert: „Im Anfang war das Wort. Dieses war im Anfang bei Gott. Alles ist durch dieses geworden, und ohne es wird auch nicht eines von dem, was geworden.“ Sein Anspruch, Philosophie und Theologie miteinander zu verbinden, spornt bis heute nachdenkliche religiöse Lehrer an.

Die Realität des verborgenen Gottes manifestiert sich nach Philon einmal im Logos, in dem sich Gott gebrochen spiegelt, und zum Zweiten in der Erscheinungswelt, die gewissermaßen ein Abbild des Logos ist. Nur diese Chiffren der Transzendenz sagen uns: Gott "existiert". Sein Wesen aber kann partout kein Sterblicher erfassen. Allenfalls schauen kann der Beter den Heiligen Geist, indem er die Stufenleiter der mystischen Imaginationen erklimmt. Ob er oben ankommt und Gottes ansichtig wird, bleibt grundsätzlich offen. In der Kontemplation wird nicht nur die Nichtigkeit der Dinge, sondern auch die des Menschen erfahren. Daher müsse er alles lassen, die beklemmende Übermacht der sinnlichen Wahrnehmung anzweifeln und anerkennen, dass allein Gott wahrhaft wirkt und existiert. Die höchst Einsicht ist die Frucht der mystischen Ekstase, die den Schauenden, nicht aber den Vernünftelnden, bis ins Mark überwältigen kann.

Philon gab dem Platonismus eine neue Richtung, weil er ihn mit seiner religiösen Überzeugung verband, dass alle Dinge Ausdruck einer heiligen, göttlichen Einheit sind. Indem er das Alte Testament allegorisch auslegte, gelang es dem jüdisch-hellenistischen Denker, das unpersönliche Gute in Platons Ideenlehre mit dem jüdischen personalen Gott zu verbinden, der nach seinem heiligen Willen alle Dinge und Erscheinungen immer nur vorübergehend in die Welt setzt. Mit seiner kühnen, spekulativen Synthese wurde Philon nicht nur Stichwortgeber des Christentums, sondern auch Wegbereiter des Neuplatonismus.

Da Philon das transzendente Prinzip des Seienden und den Gott des Alten Testaments auf dieselbe Stufe stellte, musste er ein ansprechbares, absolutes Subjekt als Vermittler einführen. Heilige Personenwesen dienten ihm als Mediatoren zwischen der unantastbaren Gottheit und der Erscheinungswelt. Deren vermittelndes Wirken könne als Willensakt gedeutet werden. Demgegenüber verzichteten Neuplatonisten auf jede Personifizierung der Himmelsmächte. Sie sahen keine Veranlassung, vom hellenistischen Gottesbild in dieser Hinsicht abzuweichen. Im

Neuplatonismus ist die Gottheit eine unpersönliche Quelle des Daseins, der intelligiblen Ordnung und aller vermittelnden Instanzen. Nicht Gottes *Wille* kommt zur Geltung, sondern die unpersönliche Kraft des Guten setzt alles ins Werk, indem sie ständig überfließt und dabei sich gleich bleibt. Im Pantheon des Philonismus erwacht in der göttlichen Kraft ein Schöpfungswille, vertreten durch den eingeborenen Sohn und die Göttin der Weisheit. Dabei ist ganz unchristlich eine trinitarische Selbstkonsistenz von Vater, Sohn und Heiligen Geist nicht vorgesehen. Anders beim Neuplatonismus, der die Kontinuität der griechischen Philosophie wahrte und der streng am unpersönlichen platonischen Prinzip festhielt, wonach der Ideenkosmos mit der stofflichen Welt organisch verbunden ist. Durch die Einbindung des Alten Testaments in die hellenistische Naturlehre, kreierte Philon seine Religionsphilosophie - einen idealistischen Monismus auf theistischer Grundlage. Die Neuplatoniker entwickelten ihren idealistischen Monismus ganz im Sinne des Hellenismus, so dass sie sich auf der pantheistisch, theozentrischen Seite einreihten.

Plotin, der Begründer und Hauptvertreter des Neuplatonismus, setzt an die Spitze seiner Religionsphilosophie ein relationsloses, einfaches, in sich geschlossenes Lebensprinzip, das er abwechselnd das Eine oder das Gute nennt. Da es die Quelle aller vielfältigen Bestimmungen sein soll, darf es selbst keine Bestimmungen haben, muss es absolut bestimmungslos sein. In den Geschöpfen, die allein durch dieses Eine vorübergehend ins Dasein entlassen werden, durfte es sich nicht aufzehren. Es kann in den Dingen weder substantiell noch ideell aufgelöst und gegenwärtig sein, weil es sonst seine relationslose Einfachheit einbüßte. Unbewusst, willen- und ziellos müsse die allein wahrhaft seiende Urkraft die Schöpfung ewig ins Werk setzen. Wie eine immer gleichbleibende, überquellende Vollkommenheit wahrt das Gute seine erhabene Transzendenz gegenüber den von ihm hervorgebrachten, sterblichen Wesen. Dass die Gottheit nicht denkt, nicht will, nichts weiß, zeugt nicht von Unvernunft und Unwissenheit, sondern von "Übervernunft" und "Allwissenheit", die das Vermögen der menschlichen Erkenntnis weit übersteigt. Unterschiedliche Merkmale und Eigenschaften haben alle hervorgebrachten Wesen, während das Eine immerfort sich selbst gleich bleibt - eine Ganzheit ohne Teile. Ob Ding oder Erscheinung, alles Seiende und Wirkende ist das Ergebnis einer unbewussten Schöpferkraft, die vom philosophischen Standpunkt aus das Absolute und vom religiösen Empfinden aus die Gottheit genannt wird. Wegen dieser Doppeldeutigkeit kommt im Neuplatonismus der naturphilosophische Wissensdrang mit der religiösen Erbauung zur Deckung. Vereinfachend wird den Neuplatonisten die These zugeschrieben, dass alles Seiende eine Emanation aus dem Einen ist. Doch dieses Bild ist trügerisch, weil es suggeriert, dass aus dem Einen alle Kraftlinien strömen, an deren Endpunkten die vielfältigen Dinge entstehen. Nein - das Wirken der göttlichen Einheit erfolgt ganzheitlich. Es ist ungeteilt, ewig gegenwärtig wie eine zum Stehen gekommene Tätigkeit. Aus dieser Quelle fließt nichts Seiendes, weil sie vom Gequollenen nicht unterschieden ist. Nur weil aus ihr nichts quillt, kann sie Urquelle, kann sie das Prinzip der Schöpfung sein. Plotin besteht darauf: stets sei das Bewirkte dem Bewirkenden nachgeordnet. Deshalb muss es eine Reihe von abgestuften Vollkommenheiten geben, die Plotin in den Ennaden ausführlich beschrieb. Dabei stehen die vermittelnden göttlichen Stufen insofern im Verhältnis von "Ursache" und "Wirkung", weil jede Stufe ohne die vorhergehende nicht sein kann. Wegen dieser Vermittlung von Stufe zu Stufe ist das ganze Sein von der Gottheit durchtränkt, allerdings mit zunehmender Entfernung von der Quelle immer schwächer, immer unvollkommener.

Als erstes, dem Einen direkt nachgeordnetes Glied in der neuplatonischen Seelenhierarchie, setzt Plotin das "Denken", da es sich selbst zum Gegenstand haben kann und somit zur rückbezüglichen, quasiautonomen Geschlossenheit taugt. Der Nous, die oberste Stufe in der göttlichen Emanationsreihe, sei die unpersönliche Einheit von Denksubjekt, Denkobjekt und zeitlosem "Denkakt", der alle Ideen hat und sie nicht erst zusammensuchen muss. Der Nous sei einerseits unmittelbar dem Ureinen zugewandt und könne andererseits von Einzelseelen intuitiv, Schritt für Schritt, erfasst werden. Erst in dieser ersten göttlichen Hypostase ist Raum für das Bewusstsein der im Ureinen eingefrorenen Kraftfülle. Genauer ist der Nous ein Selbstbewusstsein, weil er mehr ist als eine Sammlung von Gestaltungsideen, weil er seine Intelligibilität ganz aus sich selbst hervorbringt, weil er der schöpferische Geist des Seienden ist. Da dieser Geist zwischen der Transzendenz des Einen und der immanenten Vielfalt von realisierten Gestaltungsideen vermittelt, gründet das real Existierende letztlich auf den Vergeistigungen des Nous. Dabei sind im Nous die Ideen nicht nebeneinander gestellt, sondern miteinander verwachsen, ohne jedoch alle Nuancen zu nivellieren. Aus der partiell ungegliederten Ideenwelt des Nous können die mannigfachen Glieder der Erscheinungswelt nicht direkt hervorgehen, da nicht einmal das räumliche Nebeneinander der Dinge als Existenzweise vorgesehen ist.

Plotin musste ein weiteres Zwischenglied einführen, in dem die Ganzheitlichkeit des Nous in eine Vielheit von ideellen Bestimmungen ausgebreitet ist. Auf dieser Stufe der intelligiblen Seinshierarchie erscheint die Weltseele, die eine Verbindung zur Welt der sinnlichen Erscheinungen herstellt. Sie destilliert aus dem monolithischen Block des im Nous eingefrorenen, selbstbezüglichen Geistes fortlaufend Gestaltungsideen, die dazu bestimmt sind, sich zu verkörpern. Die Weltseele ist die Urheberin der Natur. Was sie vom Nous abliest, muss sie zwanghaft dem passiven Substrat mitteilen, damit etwas "Begreifbares" in die Welt gesetzt wird. Die ideale Ideenwelt des Nous ist nicht raumzeitlich geordnet. Nichts steht in ihr gegeneinander, nichts entsteht oder vergeht, alles durchdringt sich unauflösbar. In ihr ist die Vielheit des Daseins zur intelligiblen Einheit kondensiert. Vermittelt durch die Weltseele wird dieser Zusammenhalt so sehr aufgelockert bis schließlich in der Erscheinungswelt Ideen "verkrusten" und sich räumlich auseinander und zeitlich nacheinander anordnen. In der räumlich-zeitlichen Seinsweise erscheinen isolierte Teile, die, einer "Bauanleitung" folgend, zusammengesetzt und wieder auseinandergenommen werden können. Bestand haben weder die Individuen noch ihr kollektives Miteinander. Unaufhörlich muss entstehen und vergehen, was wegen seiner gottgewollten Hinfälligkeit kein wahres Sein hat, sondern nur Schein ist. Die Materie ist nach Plotin ein undifferenzierter, passiver "Äther", der insofern eine Fiktion ist, weil er seine Stelle im Ganzen der Wirklichkeit nur zugewiesen bekommt, wenn die Weltseele ihn gestaltet. Erst wenn ein intelligibler Impuls den Äther anregt, entsteht die unterste Stufe der Seinshierarchie - die Erscheinungswelt. Das Sinnliche ist beseelte Materie - es erhält seinen ontologischen Status allein von der Weltseele, ja es wird von ihr erst erschaffen. Das Greif- und Begreifbare ist kein Klotz des Seins, sondern eine Nachbildung der intelligiblen Welt, weswegen es immer ein Wesen hat, das nicht abgelegt werden kann. Diese intelligible, wesentliche Bestimmung ist kein bloßes Etikett, denn völlig wesenlos und frei vom göttlichen Geist ist nur das Unding, ist nur die reine Fiktion. Alle Körper im Kosmos sind göttliche Abbilder, sie sind eine Nachbildung der intelligiblen Welt. Ihrem Wesen nach ist die Erscheinungswelt von göttlicher Art. Von den intelligiblen Zwischenwesen vermittelt, dringt die Kraft des Einen in alle Zweige des Lebensbaums und heiligt sie. Am Göttlichen hat alles Seiende Anteil, aber nicht so, als hätte sich der Schöpfer in den Dingen aufgezehrt. Das Göttliche, das Eine, das Gute ist starr und stumm - es kann nicht zerfließen, sich nicht teilen, auch nicht sich mitteilen. Der Schöpfer trägt und umfasst seine

Schöpfung, die ohne ihn nicht ist. Deshalb waltet in der Erscheinungswelt eine relative Vollkommenheit, welche durch die Gesetzmäßigkeit in der Natur zum Ausdruck kommt. Allerdings wurde das "Übergeistige" auf seinem langen Weg zum Ding vielfach gewendet und umgedeutet, weswegen sei Grad an Perfektion und wahrhaften Seinsgehalt abnahm. Leider ist hienieden die intelligible Ursphäre der absoluten Vollkommenheit und Schönheit immer nur gebrochen, missgestaltet und defizitär nachgebildet. Das aber muss so sein in einer mit Teilen angefüllten Welt. Zwist - das eine steht gegen das andere - ist dem absolut Guten eine völlig "unbekannte" Neigung. Was von der absoluten Kraft der Einheit ganz durchdrungen ist, kennt nicht List, nicht Zwist, sondern nur volle Harmonie. Alle Störungen des Miteinanders müssen den Körpern angelastet werden. Indem die Seele sich "materialisiert", verliert sie ihre Unschuld, gerät an Artfremdes und baut den Bronnen des Übels. In der "reinen Materie" erlischt die Kraftentfaltung des Einen gänzlich, weil diese indifferente Matrix reine Passivität ist. In der Materie ist der Geist ganz erloschen, weswegen der Begriff "reine Materie" eigentlich nur eine Floskel ist. Diese andere, dem Einen entgegengesetzte Form der absoluten Unbeweglichkeit, ist das Betätigungsfeld der Weltseele, weil sie es versteht, in dieses starre "Nichts" etwas von seinem ideellen Reichtum einzuprägen und auf diese Weise die geschöpfliche Welt entstehen zu lassen. Im göttlichen Ganzen ist die Weltseele der Impulsgeber für die Entstehung aller vergänglichen Geschöpfe der Erscheinungswelt. Es muss in den Dingen Abgrenzungen, es muss "Streit" geben - doch alles, was so entsteht, ist „wert, dass es zugrunde geht". Wegen ihrer Teilbarkeit und Disparität kann die sinnliche Welt nur auf verborgene, indirekte Weise ganzheitlich sein. Worauf die Dinge stolz Anspruch erheben, nämlich auf ihre "Individualität", das ist ein grundsätzlich nicht vorgesehener Fremdkörper im intelligiblen Weltenbau. Das Übel ist eine Störung der Harmonie - diese Störung ist eigentlich nichtig, wegen ihrer Gottesferne.

In diesem merkwürdig dualen Lebensraum steht auch der Mensch. Seine göttliche Seele muss sich verkörpern und gerät so in den Strudel der fließenden Zeit und in die Abgrenzung zwischen dem Ding hier und dem Ding dort. Weil der Mensch dieses sonderbare Zwitterwesen ist, weil sich seine Seele mit dem Leib verbindet, kann er sich von der Sünde, vom Übel nur in dem Maße lossagen, wie es ihm gelingt, die körperlichen Begierden zu unterdrücken. Die Seele des Menschen kann nicht degenerieren, nur ihre Verbindung mit dem Körper kann als böse Fratze den Beobachter entsetzen. Durch eine zu große Fürsorge der

Seele für den Leib wird der Mensch unsittlich, wird er von der Betrachtung der intelligiblen Welt abgehalten, was seiner wesenhaften Bestimmung zuwider läuft. Wenn sich der Mensch in freier Selbstbestimmung dem Körperlichen ganz unterordnet, verfällt er der Sünde. Durch den Verzicht kann er sich zwar von der Sünde, nicht aber von den Übeln befreien, weil der Mensch als leib-seelische Einheit auf der untersten Stufe der Seinshierarchie steht. Bei Plotin ist die Materie also nicht nur ein metaphysisches Prinzip, das Ideen der Weltseele zur Erscheinung bringt, sie ist auch ein ethisches Prinzip, weil sie die Quelle alles Bösen ist.

Anders als Platon, fasst Plotin die Weltseele nicht als einen himmlischen Ideenkatalog auf, aus dem heraus Bauanleitungen auf die Erde fallen und sich dem formbaren Stoff einprägen. Vielmehr sieht er in ihr eine schöpferische Kraft, die mit den hervorgebrachten Gestalten wie in einem lebendigen Organismus verwachsen ist. Mit dieser Metapher bringt er zum Ausdruck, dass in allen Teilen das Leben des Ganzen immer noch pulsiert, dass der innere Zusammenhalt aller Teile nur kurzzeitig und punktuell gestört ist - durch das Böse. Wegen dieser, nur marginal gestörten, ansonsten aber durchgängigen Harmonie, sei auch die Erscheinungswelt relativ vollkommen und stehe in der "Gnade" der Gottheit. Kein Geschöpf darf losgelöst von seiner Herkunft aus dem Ganzen beurteilt werden. Erst von dieser hohen Warte der Erkenntnis aus werden die Einzeldinge geheiligt, findet der Beter religiöse Erbauung und das Theodizee-Problem seine Lösung. Keinen anderen Inhalt hat die erlösende neuplatonische Einsicht: Die Vorsehung ist auf das Ganze gerichtet. Vollkommen ist das Abgeschiedene - das "Individuelle" - insofern, als seine Unvollkommenheit im hier und jetzt zum Glanz des Weltganzen beiträgt. Wer stöhnt und hadert, an seiner Nichtigkeit verzweifelt, brauche nur seiner Seele, durch Wegräumen aller sinnlichen Hindernisse, Räume zu eröffnen, damit die Erkenntnis sich Bahn bricht, dass alles Seiende notwendig so ist wie es der schaffende Geist bestimmt. Nicht alles an einem Lebewesen kann Auge sein, nicht alles auf einem Gemälde kann dieselbe Farbe haben, nicht jeder Statist in einem Drama kann die Hauptrolle der holden Jungfrau spielen, wenn die Stimmigkeit des Ganzen gewahrt bleiben soll. Plotin ist Dialektiker, wenn er Harmonie ohne Verschiedenheit und Entgegensetzung nicht denken kann. Er ist aber auch Religionslehrer, wenn er dem Übel und der Sünde nur relative Geltung zubilligt, weil sie nichtige Elemente einer Scheinwelt sind. Die unwahren Schattenbilder des Geistes sind wie Masken, deren sich die Schauspieler bei ihrer Gaukelei bedienen. Nur zum Spiel wechseln sie die Rollen - mit dem wirklichen Leben hat das alles wenig zu tun. Für den Weisen, für den auf das übergeistige Ureine schauenden Mystiker, sind Leben und Tod wert- und bedeutungslose Zustände in der sinnlichen Scheinwelt. Das Nachdenken über die Geburt, über das Gezänk zwischendurch und über das letztendliche Vergehen der Dinge bringt zwar den Gottesfürchtigen auf den Weg, nicht aber ans Ziel. Wenn er, alle Begierden missachtend, voll aufgegangen ist in seiner gottgegebenen Vernunft, dreht sich jedes Weiterdenken im Kreis, bis es zum Sprung ansetzt und erst im Schauen des Höchsten letzte und höchste Befriedigung erlangt. Erst im Zustand des reinen Schauens sei der menschliche Geist dem Einen und Guten wesensverwandt. Grundsätzlich menschlich sei das Bestreben, sich auf eine Höhe der Erkenntnis vorzuarbeiten, von wo aus die Intuition zum Sprung in die religiöse Kontemplation anregt. Von diesem metaphysischen Blickwinkel aus gesehen ist der Mensch seiner wahren Bestimmung nach ein homo religiosus.

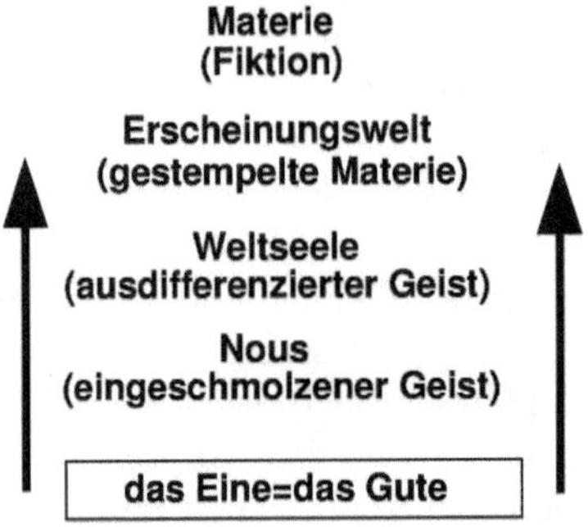

Abbildung 0.3.1:
Schema der Plotinsche Seelenhierarchie. Das Namenlose ist als Bewirkendes von allem Bewirkten in Wahrheit kein Bewirktes, sondern das bestimmungslose Eine. Es ist weder Sein noch Nicht-Sein, nicht Raum, nicht Zeit - dafür das ewige Fundament aller Wirklichkeit. Der eingefaltete Geist (Nous) ist ihm am ähnlichsten, weil auch er ein unverfälschtes "Für-sich-sein" ist. Dieser Seinsstufe schließt sich der entfaltete Geist an, die Weltseele. Sie ist ein ausdifferenziertes Ordnungsschema mit Bezug auf ein Äußeres, dem sie sich einprägen will. Ihre gestaltende Schöpferkraft erschafft die Sinnenwelt aus der formlosen "Materie".

Wird die neuplatonische Metaphysik auf ein einfaches Schema reduziert, dann erkennen wir eine unvermutete Parallele zum Schichtenaufbau des physikalischen Universums, der in der Abbildung 0.2.29 (auf Seite 115) skizziert ist. Die plotinische Seelenhierarchie hat nach den Stichpunkten in diesem Kapitel die in der Abbildung 0.3.1 angegebenen Stufen. Auch das Fundament der plotinischen Metaphysik ist weder räumlich noch zeitlich ausdifferenziert - es ist die zeitlose, durch ihre Beständigkeit ausgewiesene, wahrhaft wirkliche Daseinsform des Urgrundes, in deren "Emanationen" das Leben der Menschen einzuordnen ist. Die dem Einen und dem Nous folgende Sphäre nennt Plotin die "Weltseele", die allegorisch der Superstring-Ebene des Schemas 0.2.29 zugeordnet werden kann. In dieser fundamentalen Theorie hoffen die Forscher, alle physikalischen Grundprinzipien eingefaltet zu finden, die den schier unendlich vielen Erscheinungsweisen der Wirklichkeit ihre gesetzmäßigen Bestimmungen zuweisen. Aus der abstrakten "Ideenquelle" (Weltseele $\sim$ Superstring-Theorie) entwindet sich zuerst die räumlich-zeitliche Bühne, auf der nach und nach Elementarteilchen "auftreten". Der Übergang zur Erscheinungswelt ist vollzogen, obwohl greifbare Krümel des Seins nicht da sind und nicht da sein können. Nicht nur Plotin problematisierte und vertiefte den Materiebegriff, sondern neuerdings auch Quantenfeldtheoretiker.

Diese Behauptung wollen wir durch ein Gedankenexperiment kurz erläutern. In der frühen Phase des Urknalls war das Universum so heiß und dicht, dass dauernd Teilchen-Antiteilchen Paare erzeugt und vernichtet wurden. Die Annahme ist daher plausibel, dass damals genauso viel Materie wie Antimaterie im Universum verteilt war. Tatsächlich gab es jedoch einen geringfügigen Unterschied: auf eine Milliarde Paare kam ein zusätzliches Materieteilchen, das nicht an der Umwandlung in Strahlung beteiligt war. Aus diesem Materierest bestehen heute alle Galaxien im Weltall. Angenommen, es gäbe den noch unbekannten Mechanismus nicht, durch den die Materie-Antimaterie Symmetrie zugunsten der Materie verletzt wurde. Dann wäre unser Universum heute ein reiner Strahlungskosmos. Außer Photonen und das Vakuum, das noch die "Erinnerung" an die Elementarteilchen in sich trägt, existierte nichts weiter. Was wäre das für eine Welt? Da jedes Lichtteilchen mit Lichtgeschwindigkeit unterwegs ist, divergiert die Zeitdilatation (siehe Seite 77). Photonen "leben" daher nicht in der Zeit. Für sie kann sich nichts "ereignen". Von ihrer "Perspektive aus gesehen" steht alles still. Im Strahlenkosmos gibt es kein zeitliches Ordnungsschema. Ohne Materie ist eine Zeitmessung nämlich nicht möglich. Kann die Zeit prinzipiell nicht gemessen werden, dann "gibt" es sie auch nicht. Wegen der völligen Abwesenheit von Ruhemassen, dürfen wir die Lichtpartikel unter keinen Umständen als "Krümel" auffassen, die zwanghaft das All durchqueren. Vom materialistischen Standpunkt aus betrachtet bleibt nur die Wahl, das Licht als ein "seiendes Nichts" zu deuten, das strengen Gesetzen ausnahmslos folgt. Da des Weiteren im Strahlenkosmos keine Wellenfunktion durch eine Messung ausreduziert werden kann, besteht auch keine Möglichkeit, über die Hintertür "Messprozess", den Materie-Geist Dualismus diesem Weltbild aufzuprägen. Obwohl es überall "funkelt", fehlt im Strahlenkosmos ein materieller Träger des Gefunkels. Wegen des Higgsmechanismus gilt dieser feldtheoretische Standpunkt grundsätzlich auch für ein Weltmodell mit Materieteilchen. Auch in ihm gibt es die Materie an sich gar nicht. Elementarteilchen sind Anregungen von Quantenfeldern, wobei deren "Beschaffenheit" nicht einem Äther, sondern dem "Nichts" eingeprägt ist. Dieser Leib im Leib-Seele Dualismus hat also gar nicht den Stellenwert, Glied einer fundamentalen Dualität sein zu können. Die "Knete", in die sich die Weltseele mit ihren Ideen einprägen kann, ist ein rätselhaftes Nichts. Hans-Peter Dürr fand dafür die Formel: Materie ist geronnene Potentialität.

Das neuzeitliche quantenmechanische und das neuplatonische Seinsschema haben eine Gemeinsamkeit: Aus der Alleinheit entstammt eine Formenvielfalt mit der Bestimmung, sich in einer Welt des Werdens und Vergehens zu verkörpern. In beiden Weltentwürfen gibt es keine letzten Bausteinchen des Seins. Beide Systeme sind monistisch und idealistisch, weil sie die Welt nicht als materielle Krümel im Nichts deuten, sondern einen ideellen Ursprung postulieren. Ich behaupte: Plotins Neuplatonismus kann als ein früher Versuch aufgefasst werden, die Welt religiös-philosophisch so aufzufassen, wie es die Quantenfeldtheorie heute suggeriert. Physik und Metaphysik reichen sich hier die Hände (Hinweise dazu wurden in einer anderen Publikation zusammengetragen [20]).

0.3.4 Thomas von Aquin

Als Sprössling eines italienischen Grafengeschlechts wurde Thomas von Aquin im Jahr 1225 in Roccasicca geboren. Im Alter von fünf Jahren ging er in das nahegelegene Kloster Monte-Cassino, das er 1239 verließ, um an der Universität in Neapel zu studieren. Gegen den Willen seiner Familie trat er 1244 in den Dominikaner-Orden ein,

[20] P. Kleinert, Rationale Religiosität - Gedanken zu Plotins Glaubenslehre, WiSa, 2015.

der ihn noch im selben Jahr zur Fortsetzung seiner Studien nach Paris, der Stadt der Philosophen, delegierte. In Paris (1245-1248) und Köln stand die wissenschaftliche Entwicklung des Aquinaten unter der Aufsicht des großen Albertus Magnus, der in Thomas seinen Meisterschüler fand. Ab 1252 weilte Thomas im Auftrag seines Ordens, nun nicht mehr als Schüler, sondern als Lehrer an der Pariser Universität. 1259 musste er seine Lehrtätigkeit zugunsten anderer Aufgaben, die ihm von seinem Orden und der päpstlichen Kurie auferlegt wurden, einstellen. Nach dem Dienst in seiner Heimat Italien bekam Thomas abermals die Gelegenheit, an der angesehenen Universität in Paris als Professor für Theologie zu Lehren. Religionshistoriker behaupten, dass Thomas von Aquin während seines Pariser Aufenthalts von 1268 bis 1272 auf dem Höhepunkt seiner Schaffenskraft stand. Nur zwei Jahre nach seiner Rückkehr nach Italien starb Thomas am 7. März 1274 auf der Reise zum Papst in Lyon. Dieser leidenschaftliche und bescheidene Lehrer des Christentums wurde bereits zu seinen Lebzeiten, und noch ehrfurchtsvoller nach seinem Tod, hoch gelobt. Man nannte ihn den "Fürsten der Scholastik", sprach ihn 1323 heilig und ernannte ihn 1567 zum "Kirchenlehrer". 1880 kürte man ihn zum Patron aller katholischen Schulen. Seine Lehre wurde vor allem deshalb wertgeschätzt, weil sie das Christentum mit dem antiken Weltwissen versöhnte, weil sie das christliche Weltbild mit der aristotelischen Philosophie verband. Das gelang ihm durch Abgrenzungen vom Neuplatonismus und Augustinismus. Er überwand die Leib-Seele Dichotomie, nach der nur die Seele göttlich, der Leib aber lediglich ihr Werkzeug ist. Was in Wirklichkeit sich als unzertrennlich erweise, dürfe in der Erkenntnis nicht auseinander fallen. Daher sei auch die Erkenntnis, und besonders die Erkenntnis Gottes, nicht nur auf das Geistige zu richten, sondern in letzter Konsequenz auf die unauflösliche Einheit von Geistig-Seelischem und Leiblich-Sinnlichem. In strikter Abgrenzung vom Neuplatonismus wird eine rein geistige Erkenntnis von Thomas nicht für möglich gehalten. Aus beiden Prämissen - die Einheit von Seele und Leib in der Wirklichkeit und in der Erkenntnis - deduzierte der heilige Kirchenlehrer eine christliche Theologie, die in der Denktradition des Aristoteles steht.

Das Anliegen der Thomisten, den christlichen Glauben zu stützen, läuft auf die Bewältigung einer Hauptaufgabe hinaus: die begründete Abweisung des Pantheismus. Die zu diesem Zweck vorgetragene Schlüsselidee erschien den thomistischen Gelehrten so einfach und einleuchtend, dass sie es wagten, von Gottesbeweisen zu sprechen. Niemand kann bestreiten, dass alle Dinge zufällig, veränderlich, zusammengesetzt, unvollkommen und endlich sind. Weil sie entstehen und vergehen, haben sie den Grund ihrer Existenz nicht in sich selbst. Was nichts ins Dasein bringen kann, hat auch nicht die Gabe, etwas im Dasein zu halten. Da also die Welt nicht aus sich selbst heraus existiert, muss es einen Schöpfer geben, der all die flüchtigen Einzelexistenzen zur realen Darstellung bringt. Als Urquell aller Dinge kann diese allmächtige Schöpferkraft nicht selbst Stoff oder diesseitige Erscheinung sein. Vielmehr ist die göttliche Wesenheit allen Geschöpfen innerlich gegenwärtig, denn sie ist das unwirkliche Prinzip aller Wirklichkeit. Damit Gott allen endlichen Dingen und Erscheinungen überhaupt ihr Sein verleihen kann, muss er notwendig existieren, muss er unveränderlich, einfach, vollkommen und unendlich sein. Gott und Welt unterscheiden sich also fundamental voneinander, denn nichts Veränderliches ist Ursprung der Veränderlichkeit, nichts Zusammengesetztes ist Ursprung der Zusammensetzung, und nicht Endliches ist Ursprung der Endlichkeit. Wenn also Pantheisten das Sein Gottes mit dem Sein der Welt identifizieren, so setzen sie sich über diese einfache Logik hinweg. Bar jeder Vernunft konstruierten sie ein widersinniges Wesen, das ungeachtet seiner höchsten Vollkommenheit und zeitlosen Schöpferkraft zugleich in flüchtige Einzelexistenzen zerfallen soll, die entstehen und vergehen. Das sei widersprüchlich. Gott ist nicht teilbar und ausgedehnt wie eine materielle Substanz. Vielmehr wese er in all seinen Geschöpfen als reiner, sich selbst bestimmender, einfacher Geist als ein unteilbares Ganzes als sinnstiftende Wirksamkeit und aufbauende Schöpferkraft.

Der heilige Thomas vertiefte diesen Kerngedanken in seinen berühmten Gottesbeweisen, die an die Lehre des Aristoteles anknüpfen. In seiner Theologischen Summe sind fünf Pfade aufgeführt, auf denen das Dasein Gottes gedanklich erschlossen werden kann. Aus der Veränderlichkeit aller Dinge schließt der erste Gottesbeweis auf den unveränderlichen ersten Beweger. Im zweiten Beweis wird mit ähnlichen Argumenten von der allgegenwärtigen Kausalität auf eine erste Ursache geschlossen. Drittens folge aus der Endlichkeit und Vergänglichkeit des Daseins der Dinge das Vorhandensein einer unveränderlichen Allmacht, die allein Schöpfer sein kann. Im selben Kontext steht der vierte Gottesbeweis, der darlegt, dass die vorgefundenen Unvollkommenheiten ein vollkommenes, jenseitiges "Sein" implizieren. Den Abschluss bildet der teleologische Nachweis des Daseins Gottes. Aus der Zielstrebigkeit der geistlosen Prozesse leite sich die Erkenntnis einer vernunftbegabten Ursache ab. Wer in der Wüste auf verlassene Ruinen trifft, vermutet zu

Recht, dass eine planende Intelligenz einst am Werke war.

Die ersten vier Gottesbeweise des heiligen Thomas haben einen gemeinsamen Beweisgedanken, der zum kosmologischen Beweis gehört. Da eine unendlich lange Kette von Anstößen, Ursachen oder Stufen der Vollkommenheit nicht durchlaufen werden kann, um beim jetzigen Zustand anzukommen, muss es ein Anfangsglied gegeben haben. Dieses erste Glied ist nicht verursacht, es muss deshalb den Grund seines Daseins in sich selbst tragen. Es existiert nicht zufällig und bedingt, sondern notwendig und unbedingt. Da es kein greifbares Ding von dieser Art gibt, kann das "Erste" nicht von dieser Welt sein - darf es sich um nichts Geringeres handeln als um die eine, einfache, jenseitige Allmacht, die wegen ihrer Ganzheitlichkeit die Fülle des Seins in sich einschließt. Analog verhalte es sich mit einer "Gedankenkette". Auch ihr "erstes Glied", aus dem alle Grundwahrheiten des menschlichen Geistes abgeleitet werden können, ist als höchste Vernunft, die das ganze Reich der Wahrheit umfasst, nicht von dieser Welt.

Wie verhält es sich mit den Begriffen "Raum" und "Zeit"? Auf welcher Seite des thomistischen Schemas stehen sie? Mit Aristoteles versteht der Kirchenlehrer unter "Zeit" das Maß der Bewegung. Von den drei Zeitformen Vergangenheit, Gegenwart und Zukunft bezeichnet aber nur das Gegenwärtige einen realen Zustand. Im gegenwärtigen Moment steht jedoch alles still, so dass "Bewegung" lediglich ein bloßer Verstandesbegriff ist. Auch deshalb, weil Zeit an das Nacheinander der Dinge gekoppelt ist, fehlt ihr das Selbstsein, hat sie keine notwendige Existenz. Ein Zeitbegriff, der von der Existenzweise der Dinge abstrahiert, ist fiktiv und ohne Bezug zur Wirklichkeit. Dementsprechend verstehen Thomisten unter Ewigkeit nicht die endlose Aneinanderreihung von Zeitintervallen, sondern ein ganzes, vollkommenes, unendliches Leben. Es trägt den alleinigen Grund seines Daseins in sich und ist daher unveränderlich, ganzheitlich, göttlich. Auch der Raum ist nicht selbstbestimmte Realität. Er hat nur ein Attribut - die Ausdehnung. Ohne Ausgedehntes wäre der Raumbegriff vollkommen leer und bezeichnete nichts real Vorhandenes. Erst mit der Schöpfung der Kreaturen, die ausgedehnt sind, "entsteht" Räumlichkeit. Auch der Raum ist also etwas Diesseitiges, das den existentiellen Ursprung seiner selbst außer sich hat.

Der grundsätzliche Unterschied zwischen Gott und Welt wird von den Thomisten besonders betont und herausgearbeitet. Erst diese Klarstellung weise den Weg zum christlichen Denken. Man müsse erkennen, dass die schöpferische Allmacht strikt unkörperlich ist. Jeder Körper besteht nämlich aus endlichen und unvollkommenen Teilen. Deswegen ist er selbst endlich, unvollkommen und veränderbar. Nach den Gottesbeweisen muss es demgegenüber ein höchstes Wesen geben, das Endlichkeit, Unvollkommenheit und Veränderlichkeit von sich ausschließt, damit es Urheber des Vergänglichen sein kann. Gott sei dieses denkbar höchste, unendlich vollkommene Wesen. Er ist der allmächtige Schöpfer aller Dinge, der notwendig und wesenhaft aus sich selbst heraus existiert. Nicht nur das Stoffliche, sondern auch das Leben des geschaffenen Geistes ist von Gott und wird von seiner Herrlichkeit unendlich überragt. Daher ist menschliche Gotteserkenntnis notwendig unvollständig und ihrem Wesen nach eine analoge. Alles, was über die Gottheit ausgesagt werden kann, steht unter dem Vorbehalt einer vorbildlichen Zurückhaltung, die allen Dogmatismus ausschließt und sich trotzdem leidenschaftlich gegen den Agnostizismus wendet. Der Verstand habe grundsätzlich die Kraft, bis zum letzten Grund des Seins vorzudringen, indem er aus den göttlichen Werken auf den Urheber schließt.

Für das religiöse Bewusstsein lautet daher die Kernfrage: Was ist die höchste Form des Seins, die wir kennen? Kein Religionslehrer zögert zu antworten: Ohne Zweifel gebührt nur der selbstbestimmten Geistigkeit diese Auszeichnung. Sie ist immateriell, hat keine Teile, und bildet als Selbstbewusstsein eine rückbezügliche Ganzheit. Durch eine gedankliche Steigerung und Übertragung dieser höchsten diesseitigen Lebensform in die Sphäre der abschließenden Vollkommenheit gelangt der religiöse Denker zu einer neuen, fundamentalen Begriffsbestimmung: Gott ist höchste Persönlichkeit. Als unendliche, vollkommene Geistigkeit ist Gott Herr seiner selbst, ist er absolute Selbsterkenntnis und absolute Eigenliebe. Indem er sich selbst weiß und erkennt, ist göttliche Erkenntnis; indem er sich selbst liebt, ist göttliches Wollen. Das göttliche Leben ist zugleich göttliches Schaffen, Erkennen und Wollen, dessen Attribute Allmacht, Allwissenheit und Güte sind. Als Schöpfer und Garant des Seins ist er das höchste und letzte Ziel, worauf alle Dinge, ihrem Wesen nach, ausgerichtet sind.

Dabei muss auf dem unverzichtbaren Zusatz bestanden werden, dass Gottes unendlich glückseliger Besitz seiner selbst real "existiert" und das in einem einzigen, unveränderlichen Akt. Weil Gottes Vollkommenheit weder zu- noch abnehmen kann, ist er unveränderlich. Sein ganzes unendliches Leben ist konzentriert im Jetzt. Die Ewigkeit Gottes bedeutet, dass er als höchste Geistigkeit ohne räumliches Nebeneinander und ohne zeitliches Nacheinander einfach da ist. Als Schöpfer aller Dinge sowie des räumlich-zeitlichen Rahmens, muss Gott raumlos, zeitlos und immateriell sein: ein in sich selbst abgeschlossener, vollkommener Geist. In letzter Konsequenz ist es dieser unvorstellbar ganzheitliche, geistähnliche Akt, in dem wir leben, uns bewegen, der wir sind. „Gott ist nur der Lebensfunke“, schrieb Christian Morgenstern und setzte hinzu: „Schön. Dieser Funke aber bildet Sterne und Gehirne. Ja, er legt mir selbst das Wort Gott über sich in den Mund. Und so brauch ich's denn.“[21]

Zur Vervollständigung seiner Lehre beantwortete Thomas die Frage: Was ist dieses Ich? Was ist die Seele, welche Stelle wird ihr zwischen Gott und Welt zugewiesen? Erst die Beantwortung dieser Fragen führt ihn über die Metaphysik hinaus zur Religion. Für Materialisten ist die Seele definitiv eine Eigenschaft des Gehirns. Als Akzidenz einer Substanz sei ihr Stellenwert grundsätzlich mit dem der Farben und Gerüche gleichzusetzen. Anhänger der Unglaubenslehre sprechen heute lieber über die Farbenlehre als über Seelenheilkunde. Auf der anderen Seite stehen Idealisten. Sie loben die Seele in den Himmel, weisen ihr eine eigenständige geistige "Substanz" zu. Die Verbindung der Seele mit einem Leib ist ihr äußerlich und unnatürlich. Beiden Auffassungen widerspricht der streng gläubige Thomist. In Übereinstimmung mit dem Idealismus wird zwar auch im Thomismus zunächst von der Einfachheit der Seele ausgegangen. Ein und dasselbe beseelte Wesen vermag zugleich zu sehen, zu hören, zu empfinden, zu denken und zu wollen. Indem sie all diese Aktivitäten zu einer Einheit verbindet, wirkt die Seele als Ganzheit. In ihr ist nicht ein Teil für das Sehen, ein anderer für das Hören zuständig, vielmehr ist sie ein "Schmelzofen", in dem alle sinnlichen Wahrnehmungen mit dem Denken und Wollen vereint sind. Die Unteilbarkeit der Seele begründet ihre Einfachheit und Immaterialität. Ein Teil eines Körpers erfüllt hingegen nicht den ganzen Körper und das Ganze kann nicht in einem Teil von sich selbst aufgehen. Die Seele hat jedoch keine Teile, so dass sie dort, wo sie ist, nur ganz sein kann. Das gelingt aber nur einer geistigen "Substanz", die einfach und von der Materie grundsätzlich verschieden ist. Trotz ihrer einfachen Ganzheitlichkeit, entfaltet die Seele nicht überall ihre volle Wirksamkeit. Ihre Tätigkeit ist an funktionsfähige Organe gebunden, die spezifische Wirkungen aus der einfachen Seele abrufen. In diesem Sinne ist das Gehirn "Hauptsitz" der Seele, weil es die kognitiven und voluntativen Seiten der Seele zur "Darstellung" bringt. Wer genau hinschaut, sieht in diesem Seelenfenster die eigentliche Vollkommenheit des Menschen,

[21] C. Morgenstern, Stufen, R. Piper et. Co Verlag, München (1918), S. 213.

nämlich das mögliche höhere Erkennen und das mögliche höhere Wollen.

Den bis hier her zustimmenden "Idealisten" halten nun die Thomisten ein Argument entgegen, welches jene als Kategorienfehler brandmarken und leidenschaftlich bekämpfen. Die menschliche Seele sei ein solches geistiges Prinzip, das zugleich das vegetative und sensible Leben im Menschen begründe. Sie ist auch Leib; schließlich ist sie sein Ordnungsprinzip. Der Leib sei also nicht etwas Äußerliches, Unwesentliches, denn erst in ihrer Verbindung mit dem Körper kann die Seele ihre volle Natur entfalten. Durch ihr Anhaften an das Materielle, das den Bedingungen von Raum und Zeit unterworfen ist, tritt die Seele als individuelle Einzelseele in Erscheinung. Durch ihre Bindung an den Leib erhält die "abstrakte Geistseele" einen Drall, wird "Individualseele" und ist nicht länger namenlos. Diese Vollständigkeit ihrer Wesenheit im Unverwechselbaren verliert die menschliche Seele nach der Trennung vom Leib - sie gelangt in einen "verstümmelten" Zustand, der im Gericht durch Gott bereinigt wird. Denn dieser Defekt darf nur eine Episode sein, weil Gott die Seele aus dem Nichts erschuf und er sich nicht von seiner Kreation distanzieren kann und will.

Warum entstand die menschliche Seele aus dem Nichts? Weil ihre Entstehung aus einem anderen Körper oder aus dem Geist nicht in Betracht kommt - sie ist eine für sich seiende ideelle Ganzheit, die auf der Raum-Zeit-Bühne nicht durchmischt werden kann. Da sich die Seele nicht selbst aus dem Nichts emporheben kann, muss sie aus dem Nichts erschaffen worden sein. Was aber kann aus dem Nichts etwas hervorbringen? Muss der Schöpfer nicht allmächtig sein, wenn er dem Nichts alles abringen und in ihm alles versenken kann? Es geht nicht anders: die menschlichen Seelen werden allesamt von einem allmächtigen Wesen erschaffen, das wir Gott nennen. Wird jedoch, auf höchste Anweisung und von höchster Stelle, ein einfaches, unteilbares Wesen in die Welt gesetzt, so ist es unsterblich, weil es als etwas Unauflösliches nicht aufgelöst werden kann. Da sich die Seele nach ihrer Trennung vom Leib nicht "davon machen kann", hat die Gerechtigkeit eine Chance. Durch Vergeltung nach dem Tod bleibt das Gute nicht ohne gebührenden Lohn und das Böse nicht ohne die gebührende Strafe. Kein religiöses Glaubensbekenntnis kann darauf verzichten: An die Unsterblichkeit der Seele glauben alle Völker.

Die tiefsinnigen philosophisch-theologischen Spekulationen des Thomismus sind ihrem Wesen nach theistisch, vereinfacht gesagt: dualistisch mit dialektischer Rückbesinnung. Zunächst wird nämlich ein tiefer, breiter und unüberbrückbarer Graben aufgerissen zwischen Gott und Welt sowie zwischen Seele und Leib. Es wird behauptet: Das sich selbst Tragende sei von gänzlich anderer "Machart" als das, was es trägt. Damit aber das "Außerweltliche" seine Trägerfunktion auch trefflich erfüllen kann, muss es sich zu uns herunter beugen, muss es "Hand anlegen" können. Gott hat seine Hände überall im Spiel. Die Seele hingegen nimmt eine individuelle Körperform auf, mutiert dadurch zur Einzelseele, die beim Letzten Gericht über ihre Verfehlungen Bericht erstatten muss. Obwohl alle thomistischen Glaubenssätze fleißig durchgearbeitet sind, herrscht beim grundsätzlichen Vermittlungsproblem zwischen Gott und Welt Sprachlosigkeit. Man nennt es das ewige Geheimnis, das Gott und Seele umgibt. Alle theologischen Deduktionen enden an genau dieser Stelle, wo nur durch den Glauben, nicht durch die Vernunft, der Sprung zum beseligenden Christentum gelingt. Es scheint richtig zu sein: Man wird wohl springen müssen. Aber immer von derselben Stelle aus? Wie viele interessante Anregungen hält die moderne Physik bereit, um über fundamentale Begriffe wie Sein, Nicht-Sein, Raum, Zeit, Unendlichkeit und Geist neu nachzudenken? Einen ganzen Katalog neuer Ideen gilt es philosophisch und theologisch aufzuarbeiten. Ist das Beben im Fundament der Naturphilosophie bis hinauf zu den kirchlichen Würdenträgern auf dem Tempelberg vorgedrungen? Dass die mächtige und reiche Weltkirche den Einwurf, die Grundaussagen ihres heiligen Kirchenlehrers können und müssen neu bedacht werden, unkommentiert im Raume stehen lässt, verdient erwähnt zu werden.

0.3.5 Meister Eckhart

Zum Lebenslauf des umtriebigen Meister Eckhart fanden Biographen nur wenige Notizen. Davon ausgenommen sind die letzten Monate seines Lebens, die besser dokumentiert sind. Um 1260 wurde Eckhart in Tambach südlich von Gotha geboren. Im Knabenalter trat er in das Dominikanerkloster zu Erfurt ein, das eines der ältesten und angesehensten Konvente des Ordens im Norden Deutschlands war. Nach zweijähriger Probezeit und den obligatorischen Unterweisungen in den Wissenschaften schloss sich ein dreijähriges Studium der Theologie in Straßburg an, das Eckhart vermutlich Anfang der achtziger Jahre absolvierte. Die Verleihung der Priesterwürde markierte den Abschluss seiner Lehrjahre. Anschließend wurde der gelehrige Schüler zur Hochschule des Ordens zum dreijährigen Studium Generale gesandt, das die Studenten auf ein Lehramt und die Übernahme hoher Ordensämter vorbereitete. Die deutsche Hochschule der Dominikaner befand sich in Köln. Dort lehrte bis 1280 ein Hauptvertreten der Scholastik, der renommierte Albertus Magnus. Im Auftrag des Ordens übernimmt Eckhart am 18. April 1294 einen dreijährigen Lehrauftrag an der Hochschule in Paris, dem damaligen Zentrum der theologischen Gelehrsamkeit in Europa. In diesem Umfeld seine theologischen Thesen verteidigen zu dürfen, war eine begehrte Auszeichnung. Zwei Jahre später wurde ihm die Meisterwürde zuerkannt. Im Zuge der Neuordnung der Ordensprovinzen berief man ihn vorzeitig zurück, damit er die Leitung des Ordensprovinzials Saxonia übernehmen konnte, das 47 Konvente und etliche Frauenklöster umfasste. Diese Großprovinz im Norden von Teutonia erstreckte sich von Holland bis in die Mark Brandenburg. Der Amtssitz war das Erfurter Dominikanerkloster. Dem Stubengelehrten oblag es nun, aus der engen Klosterzelle herauszutreten, das Land rastlos zu bereisen, um das geistige Leben der Klostergemeinschaften zu beaufsichtigen und ihm Impulse zu geben. Angenehm waren "Dienstreisen" in jener Zeit nicht, weil widrige Witterungsverhältnisse, schlechte Verkehrswege und Wegelagerer das Fortkommen oft erheblich erschwerten. Nicht selten kamen Reisende sogar zu Tode. Im Jahr 1302 wurde Meister Eckhart, der später zum Oberhaupt des Dominikanerordens der Provinz Deutschlands gewählt wurde, abermals an die berühmte Pariser Universität entsandt, um dort das ausstehende dritte Meisterjahr zu absolvieren. Das zweite Magisterium in Paris war eine besondere Auszeichnung, die sonst nur noch dem heiligen Thomas von Aquin zuteilwurde. Als Magister musste Eckhart an den Disputationen teilnehmen und die Bibel auslegen. Aus dieser Lehrtätigkeit gingen seine Bibelkommentare hervor. Selbstbewusst verteidigte er im europäischen Zentrum der Geistlichkeit seine Lehre gegen grundsätzliche Einwände der Franziskaner. Dieser Zwist wurde nicht beigelegt. Er spitzte sich sogar noch zu, als einige Jahre später Kritiker die Verurteilung der Lehre des Meisters maßgeblich voranbrachten. Nach Deutschland zurückgekehrt, wurde ihm 1307 auf dem Generalkapitel in Straßburg ein weiteres Kirchenamt aufgebürdet. Er wurde Generalvikar der Provinz Böhmen. Abermals reiste er von Konvent zu Konvent, von Provinz zu Provinz, um am Haupt wie an den Gliedern zu prüfen, zu bestrafen, zu festigen und zu reformieren. Ferner oblag es dem gelehrten Mann der Kirche, vor Ordensbrüdern auf Lateinisch, und in Frauenklöstern sowie in Beginenhäusern auf Deutsch zu predigen. Die Visitation des Klosters in Unterlinden um 1323 ist die letzte dokumentierte Amtshandlung Eckharts als Generalvikar in Straßburg.

Danach wurde er an das Kölner Generalstudium der Dominikaner berufen. Den Schwerpunkt seiner Ordenstätigkeit bildete nunmehr die Seelsorge, die Gläubigen aus allen Ständen zu Gute kam. Darin erwies er sich als wahrer Meister. Schon bald wurde er als der angesehenste Theologe und Prediger Deutschlands verehrt. Nachschriften seiner Predigten und Auszüge aus den deutschen Schriften gingen von Hand zu Hand und kündeten im weiten Umkreis von der Kraft seiner Worte und Gedanken.

Anfangs noch zurückhaltend, später zur gehässigen Denunziation übergehend, formierten sich Neider aller Besoldungsgruppen zum Angriff auf den ehrlichen und gebildeten Meisterprediger. Den bestallten Religionsbeamten missfiel besonders, dass die von Eckhart unterwiesenen Laien sich anmaßten, unabhängig vom Klerus, selbst zum Heil gelangen zu wollen. Dass er der breiten Öffentlichkeit die hohe Auslegekunst des Christentums verriet, darin erkannte man einen unverzeihlichen Verrat an der institutionalisierten Kirche, der streng bestraft werden musste. Die direkte Konfrontation suchte man anfangs nicht, da der gesamte Dominikanerorden mitbetroffen gewesen wäre. Erst 1326 ging man von Amts wegen gegen Eckhart vor. In der Zwischenzeit gefiel es den Inquisitoren, sich an wehrlosen Bekennern abzureagieren, die scharenweise auf dem Scheiterhaufen verbrannt wurden, weil sie sich zu Sätzen bekannten, die Eckhart täglich von der Kanzel predigte. Die Betroffenen konnten nicht darauf hoffen, dass Eckhart der bischöflichen Inquisition in den Arm fällt. Dazu hatte er nicht die Macht und nicht genügend Mitstreiter. Alle seine Ordensbrüder waren von der Verfolgung ausdrücklich ausgeschlossen. Hinzu kam die Überzeugung Eckharts, dass sich die grässlichen Übelstände nicht durch reformatorischen Eifer beseitigen lassen. Vielmehr änderten sich die gesellschaftlichen Verhältnisse nur dann gründlich, wenn sich die Menschen gründlich änderten, wenn die Seele durch die Gottesschau gereinigt wird und zur Besinnung kommt. Um in diesem Sinne die Zustände zu bessern, fuhr Eckhart unerschrocken fort, die recht verstandene christliche Lehre auf eine Weise vorzutragen, die engstirnige Inquisitoren als ein todeswürdiges Verbrechen verurteilten. Diesen Weg der Erneuerung von Kirche und Staat, den er für den einzig gangbaren hielt, verließ Meister Eckhart Zeit seines Lebens nicht, auch nicht zuletzt, als er selbst vor dem Tribunal stand. Die Seinen ermahnte er in Wort und Schrift, die Verfolgung durch die "Kinder der Welt" geduldig zu ertragen - schließlich wissen die Ahnungslosen nicht was sie tun. In dieser schweren Zeit stand der Orden an seiner Seite und berief ihn ins einflussreichste und ehrenvollste Amt, das einem Religionslehrer in Deutschland übertragen werden konnte. Man ernannte ihn zum Lehrer für Dogmatik an der Kölner Hochschule, an der er bis an sein Lebensende, von vielen Anhängern umringt und verehrt, wirkte.

Die Zeit für eine direkte Konfrontation mit dem Meister hielt der Erzbischof von Köln um 1320 für gekommen. Niederträchtige Denunziationen aufgreifend beschwerte er sich beim Papst über angeblich ketzerische Inhalte in den Eckhartschen Predigten, die er in der Landessprache vortrug. Dieser erste Vorstoß gegen den Theologen war nicht erfolgreich, da der Papst, der eine Auseinandersetzung mit den Dominikanern vorerst vermied, die Untersuchung in die Hände eines Ordens- und Amtsbruders legte, der Eckhart freisprach. Doch der Erzbischof von Köln, Heinrich der II. von Vineburg, ließ nicht locker und strengte selbst einen Inquisitionsprozess gegen Eckhart an. Dieser "Würdenträger" der Kirche, bekannt als Ketzerhammer, ging während seiner ganzen Amtszeit (1304-1332) unbarmherzig gegen die Brüder und Schwestern vom Freien Geiste und die Begarden vor. Unzählige ließ er verbrennen oder im Rhein ertränken. Dieser "gottgesandte" Schlächter bestellte zwei Inquisitoren, die der franziskanischen Hochschule zu Köln angehörten und wegen der erwähnten Meinungsverschiedenheiten an einer Verurteilung des führenden Theologen interessiert waren. In der Gewissheit, die reine Lehre zum Wohle der ganzen Kirche zu vertreten, war sich Eckhart seiner Sache sicher. Entschlossen stellte er sich dem Kampf um das wahre Verständnis des Christentums. Dabei konnte er sich zugutehalten, dass es in den Reihen seiner Widersacher niemanden gab, der die theologische Tradition so tief und gründlich verinnerlicht hat wie er selbst. Am 24. Januar 1327 protestierte Eckhart mit Zeugen gegen das Inquisitionsverfahren. Überzeugt, den rechten Weg nicht verlassen zu haben, lud er die Ankläger ein, vor dem Papst in Avignon, die Meinungsverschiedenheiten beizulegen. Seine Angreifer, schrieb Eckhart in der Gegenschrift, hätten ihn grob missverstanden. Die Standhaftigkeit Echkarts bringen die Schlussworte seiner Erwiderung zum Ausdruck: „Ohne damit einen einzigen meiner Sätze preiszugeben, verbessere und widerrufe ich ... alle die, von denen man im Stande sein wird nachzuweisen, daß sie auf fehlerhaften *Vernunftgebrauche* beruhen.“ Am 22. Februar 1327 wiesen die Inquisitoren Eckharts Einspruch zurück. Interessanterweise vermerkten die Wächter in ihrem Schreiben, dass weder gegen einen Meister noch gegen einen Bruder seines Ordens je Anklage wegen Häresie erhoben wurde. Aus heutiger Sicht ist zu ergänzen, dass im ganzen Mittelalter Meister Eckhart der einzige Theologe von Rang gewesen ist, gegen den ein Inquisitionsprozess zum Abschluss gebracht wurde. Nach Zustellung des Antwortschreibens gibt es kein Lebenszeichen mehr vom Angeklagten. Kurz darauf muss Meister Eckhart gestorben sein.

Um nicht nur den Denker, sondern auch seine Lehre begraben zu können, drängten seine Gegner auf eine abschließende Entscheidung im Inquisitionsverfahren. 1329 verurteilte die päpstliche Bulle 17 Sätze Eckharts für ketzerisch und 11 für übelklingend, tollkühn und der Ketzerei verdächtig. Sein eigentliches Verbrechen war wohl, dass er nicht nur Theologe, sondern auch Volksprediger war, der das Christentum mit Herz und Verstand auslegte und verbreitete. Die Vernichtung all seiner Schriften, aller tiefsinnigen, inspirierenden Eckhartschen Gedanken, konnte nun endlich beginnen. Bis heute wurde der Vorwurf der Ketzerei von Papst Johannes dem XXII. gegenüber Meister Eckhart nicht widerrufen. Wie Katholiken mit der Bürde der Gesprächsverweigerung und des Denkverbots, über die Jahrhunderte hinweg bis heute, aufrecht vor ihre Gemeinde treten können, das ist und bleibt ihr Geheimnis: „Eckeharts vorzeitiger Tod ist ein Wendepunkt unserer Geschichte gewesen; von der Höhe, die hier der deutsche Geist - nicht in Nebendingen, wohl aber im Kernpunkte - erreicht hatte, ist er seitdem beträchtlich herabgeschritten, auch wir heute sind dieser Höhe noch recht fern.“[22]

Manchmal wird auch heute noch Eckharts Lehre gehörig in Verruf gebracht, indem man sie der Mystik zurechnet. Damit wird ihr unterschwellig Unvernunft und Schwärmerei vorgeworfen. Man kenne sie, diese stillen Seelen mit dem romantischen Gemüt, die im nächtlichen Mondschein sich erheben. Sieh, wie diese Romantiker in Nebelschwaden gehüllt sind und am Waldrand in religiöse Kontemplation versinken. Wie sie im Blumenmeer stehen und die aufgehende Sonne sie ”erleuchtet”. Diesen spirituellen Illusionisten werde Anthropologie zur Metaphysik, weil sie den Menschen ins Zentrum der Weltwirklichkeit stellen. Der Mystiker kenne nur sein eigenes heiliges Gefühl, das sich rein hält von aller Logik und Folgerichtigkeit. Mit *Schlag*worten dieser Art werden ”Ketzer” heute ruhig gestellt. Diese ”Debattenkultur” ist mittlerweile standardisiert und perfektioniert: stelle jede lästige Meinung unkommentiert in eine Schmuddelecke und hetze gegen jeden, der den Tabubruch begeht, sie zu teilen. Schließlich beseitige mit dem Schmuddelkind die unliebsame Wahrheit.

Die Herabwürdigung - Eckhart sei ein gedankenloser Mystiker - wird

[22] H. Büttner, Meister Eckehart Schriften, Eugen Diederichs Verlag in Jena, 1934, S. 15.

nicht nur durch alle Schriften des Meisters, sondern auch vom gesamten Lebenswandel des spirituellen Genies entkräftet. Wer Eckharts Lehre kennt, kommt zu dem Schluss: Der Geist des "Schwärmers" ist dem Geist der Wissenschaft näher verwandt, als es die Verächter wahrhaben wollen. Der durchdachte Mystizismus wurzelt nicht allein in Gemüts- und Herzenstiefe, sondern zugleich ist er eine traditionsbewusste, spekulative Theologie. Das gilt besonders für Meister Eckhart, dem Patriarchen der deutschen Spekulation. Was im Denken dieses tiefsinnigen Ordensbruders ans Licht kam, fasziniert bis heute Philosophen und Theologen weltweit. Ging es diesem kühn denkenden Religionslehrer doch um nichts geringeres, als den Gegensatz zwischen Glauben und Wissen aufzuheben, um nicht nur dem Gemüt, sondern auch dem Geist Befriedigung und Versöhnung zu verschaffen, und zwar alles im Kontext der Christologie. Bei Meister Eckhart schweift die Spekulation grundsätzlich nicht vom christlichen Glaubensbekenntnis ab. Sein mystisches Schauen gipfelt in der alles erleuchtenden, spekulativen Pointe, dass unser Erkennen in seiner qualifiziertesten Form Gottes Selbsterkenntnis ist. Die Besonderheit der Eckhartschen Lehre im Vergleich zum ganzen Johannesevangelium besteht gerade darin, dass dessen Präambel - das Wort ward Fleisch - konsequent und Punkt für Punkt vom Meister spekulativ ausgelegt wurde. Wäre das Anbringen von Thesen an die Kirchentür damals schon zeitgemäß gewesen, dann hätte Meister Eckhart wohl den alten Text angenagelt: „Im Anfang war das Wort, und das Wort war bei Gott, und Gott war das Wort. Dasselbe war im Anfang bei Gott. Alle Dinge sind durch dasselbe gemacht, und ohne dasselbe ist nichts gemacht, was gemacht ist. In ihm war das Leben, und das Leben war das Licht der Menschen. Und das Licht scheint in die Finsternis, und die Finsternis hat's nicht ergriffen.“ (Evangelium des Johannes). Meister Eckhart forderte eine höhere Stufe der Innerlichkeit, nach der Gott das Wort nicht nur sprach, sondern das Wort auch ist. Es gehe um die Erkenntnis der Kreatur in Gott. Seine Kernthese lautet: Alle weltlichen Existenzen sind in Gott in ihrer Urfassung gegeben, während sie als vergängliche Dinge ein reines Nichts sind. Neuplatonisch gewendet heißt das: Du musst die Dinge da verlassen, wo sie geteilt und zerstückelt sind, um sie dort wiederzufinden, wo sie geeint und vollkommen sind. Denn da Alles nur das Eine ist, kannst du in Wahrheit niemals den Kreis der Gottheit verlassen. Hältst du aber an den absterbenden Dingen fest, an den flüchtigen Bildern der Kreaturen, dann ignorierst du das Wesentlichste, nämlich Gott, der dich immerfort zeugt und trägt, ohne selbst gezeugt und getragen zu sein. Eckhart gab zu bedenken: „Was immer du mit Gott suchst, das ist *nichts*, was es auch sei, sei's Nutzen oder Lohn oder Innerlichkeit oder was es auch sei; du suchst ein *Nichts*, darum findest du auch ein *Nichts*. Daß du ein *Nichts* findest, ist nur dadurch verursacht, daß du ein *Nichts* suchst. Alle Kreaturen sind ein reines Nichts. Ich sage nicht, daß sie geringwertig oder überhaupt etwas seien: sie sind ein reines *Nichts*. Was kein Sein hat, das ist nichts. Alle Kreaturen haben kein Sein, denn ihr Sein hängt an der Gegenwart Gottes."[23]

Der Asket ist das Ideal. Er sucht auf dem richtigen Weg die Begegnung mit Gott, abseits von Freude und Furcht, Zuversicht und Hoffnung, Wollen und Wissen. Da der wahrhaft Heilsgewisse an nichts haftet, ist er arm und will arm sein.

Obwohl der Mystiker nicht seiner Seligkeit zuliebe zu Gott aufschaut, verbietet er sich nicht das Nachsinnen über sein Seelenheil, das er nur in den göttlichen Sphären finden kann. Dort vollends hinaufzusteigen sei prinzipiell nicht möglich, weil das Heilsgeschehen seinem Wesen nach eine Beziehung Gottes zu sich selber ist. Daher werden Tüchtigkeit und Sittenreinheit nicht "belohnt". Im gesellschaftlichen Verkehr der Menschen untereinander sehen Mystiker nichts als Eitelkeiten. Damit habe man sich nicht abzugeben. Vielmehr gehe man still und einsam seinen Weg zu Gott wie ein asketischer Mönch. Nur abseits vom lauten Getümmel komme man bei der Erkenntnis des Guten voran. Schrittweise gehe dem Glaubensbruder auf, dass das genuin Wahre und Gute nicht in Belehrungen zerlegbar ist. Was gottesfürchtig geliebt und geehrt werden will, ist nicht dies oder das, sondern die göttliche Einheit: Alles in Einem, und Eins in Allem. Weil Gott kein Stückwerk ist, kann er nicht geliebt werden wie ein Tier oder ein Mitmensch. Die Liebe zu ihm reift nur im spirituellen Schauen. Kommt es dabei, in seltenen Momenten, zur göttlichen Erleuchtung, so hat der Beter mehr gewonnen, als er durch alle guten Werke je gewinnen kann. Da das Streben nach spiritueller Vollkommenheit Bodenständigkeit meidet, praktiziert der Mönch Buß- und Andachtsübungen, läutert sich durch kultische Askese, um auf der Himmelsleiter die nächste Sprosse zu erreichen. Nicht im Gedränge sucht der Mystiker den Heiland, sondern im Licht der Ewigkeit, das in der Kontemplation dem mystischen Geist erscheinen kann. Er muss alles verlassen, das Fremde ebenso wie alles Bekannte. Werde ledig deiner Gedanken, deines Willens, denn das sind die dunklen Gefährten, die dich auf deinem Heilsweg nur stören. Selbst das

---

[23] Meister Eckhart, Deutsche Predigten und Traktate, Carl Hanser Verlag, München, 1979, S. 171.

Heilige des Gottmenschen, Jesus Christus, kommt den Asketen nicht von außen ins Herz. Vielmehr ist der Gottessohn in ihnen, weil tief im Seelenfünklein eines jeden Menschen Gott wohnt. Indem der Gedanke verworfen wird, Christus sei ein isolierter Punkt in der langen Heilsgeschichte, ein einzelner, von Gott gesandter Verkünder des Heils, qualifiziert sich die frohe Botschaft zur Wesensbestimmung des Menschen. Die mystische Christologie verkündet kühn die letztendliche Seelengleichheit von Mensch und Christus. Wäre meine Seele für die Einstrahlung Gottes so weit geöffnet wie die des Herrn Jesus Christus, so wirkte der Vater in mir nicht anders als in seinem geliebten, eingeborenen Sohn. Trotz aller individuellen Verschiedenheit haben also alle Menschen ihrem Wesen nach eine einheitliche hohe Würde, die göttlich ist. Dieser außergewöhnliche Gedanke von der Wesensgleichheit der göttlichen und menschlichen Natur will vom Mystiker täglich gelebt werden. Wer dieses enge Band zwischen der Selbstoffenbarung Gottes in der Seelentiefe im Auftrag der Orthodoxie zerreißt, macht Religion an Chiffren fest, die von einem unerreichbaren "Drüben" künden. Er hat in der Tat ein anderes Gottesbild als Meister Eckhart, dessen Spekulationen zwar hoch hinaus wollen, dabei aber keine Abgründe überspringen müssen. Insofern ist in der Tat ein Unterschied zwischen der christlichen Mythologie und dem populären Christentum zu konstatieren. Man versteht, warum der Mystiker in der Gemeinde der Christen oft wie fremd dasteht. Die Blicke der Menge, die geschult sind, Bilder der Kreaturen zu sortieren, die durch die Suggestivkraft von Dogmen oft auch noch getrübt sind, vertragen nicht die Erhabenheit der gereinigten Seele. Das Loslassen müsse immer größere Kreise ziehen - nicht die geistlose Redseligkeit. Es genüge nicht, den Tand einfach nur abzuwerfen, der Besinnungslose erquickt, die Seele aber niederdrückt. Auch der philosophierende Naseweis mit seinem besserwisserischen Thesenpapier, der auf Beifall lauschend, alle Daseinsfragen an die vermeintlich richtige Stelle platziert, ist noch viel zu sehr mit seinem Vernünfteln befasst, als das Gott in ihm einen Ort finden könnte, wo er mit ihm schweigend beisammen sein möchte.

Meister Eckhart wollte in das innerste Mysterium noch tiefer hinunter, um erst unten, am metaphysischen Grund, zur Ruhe zu kommen. Weder Vater noch Sohn noch Heiliger Geist genügten ihm - er wollte zum Quellpunkt hinab, der aller konkreten Bestimmtheit entbehrt. Um die essentielle Notwendigkeit der göttlichen Güte und Gnade kreiste immerfort das Denken des Mystikers. Sie erst erzwingt einen Gottesbegriff, der ohne das Wissen Gottes vom Menschen keinen Sinn haben kann. Enthusiastisch schwärmte der Meister deshalb vom Kern der menschlichen Seele, vom "Seelenfünklein", dessen Tiefe nicht auslotbar ist. Obwohl in uns und mit uns verwachsen, kann sich das unaussprechliche Mysterium in uns nicht offenbaren. Es ist in heilige Verschwiegenheit versenkt, da es alles Sinnliche und alles Verständliche übersteigt. Die Unbegreiflichkeit Gottes ergebe sich aus der einfachen Überlegung, dass er sich selbst unbegreiflich sein müsse, wenn alle endlichen Bestimmungen von ihm, dem Allmächtigen und Zeitlosen, ausgeschlossen sind. Die Begegnung mit Gott sucht der Mystiker daher nicht im Tiefsinn, sondern in der Ekstase, wenn ihm Hören und Sehen vergehen und das Denken still steht. In diesen seltenen Momenten des Gelingens ist er versunken im Schauen des reinen Lichts, das mit der reinen Finsternis übereinstimmt. Was er dort, wo alles miteinander vereint ist, ehrfurchtsvoll anschaut, ist nicht er selbst oder eine andere Person, sondern das ewige Wesen der Kreatürlichkeit. Kreatur ist auch der Mensch, allerdings nicht ohne Rest, dessen Bedeutung allerdings unschätzbar ist. Dieser Rest ist nämlich der göttliche Kern der Seele.

Die Weltschöpfung ist nach dem Eckhartschen Verständnis kein Akt der Willkür Gottes, vielmehr ist sie vom göttlichen Lebensprinzip nicht zu trennen und daher denknotwendig. Wie der Mystiker Gott nicht entbehren kann, so kann Gott nicht seinen Delinquenten - den Menschen - entbehren. Folglich begreift der Schauende kontemplativ seine Liebe zu Gott im metaphysischen Sinn auch als ein Geliebt-Werden. Gottes Gnade ist kein Geschenk, das er auch für sich behalten könnte, sondern sein Wesen. Gemäß der christlichen Trinitätslehre setzt die ewige Liebe in Gott in ihm das Andere seiner selbst, das nicht von ihm fortgestoßen wird und fortgestoßen werden kann. Daher ist sein Lebensprinzip Offenbarung, Gnade, Liebe. Die Welt dient nicht dem Amüsement Gottes, sie entsprang nicht aus einer Laune heraus. Sie ist nicht, damit Gott sich offenbar werde. Das Wesen aller Kreaturen ist es vielmehr, dass Gott sich in ihnen offenbaren *muss*. Ebenso sei die geschöpfliche Wurzel von Wahrheit nichts anderes, als dass sich Wahrheit bewahrheitet. Obwohl dieser "tautologische Ursprung" niemals selbst Gegenstand des Erkennens werden kann, weil er undifferenziert ist, glaubt der Mystiker an eine rückbezügliche Wesenheit, von der alle Kreaturen in Liebe umschlossen sind. Er, der Heiland, ist wegen seines Wurzelseins gezwungen, die Welt zu wollen. Diese innere, schöpferische Rückbezüglichkeit ist Selbstoffenbarung, die dem Stofflichen nicht zukommen kann. Gott ist daher wesentlich "Geist". Damit das Andere seiner selbst auf ihn zurückstrahle, existiert die geschöpfliche Welt, in der alles, seinem Wesen nach, diese "Rückmeldung" ist. Ins Mark geht dieses Rufen und Antworten, darin sind sich alle Mystiker einig, nur in der menschlichen Seele. Nur hier bündeln sich alle heiligen Fäden zum heißen Draht zwischen Kreatur und Gott.

Kritiker bringen einen ernstzunehmenden Einwand vor, wenn sie fragen: Paart sich im Mystiker Eckhartscher Prägung nicht Schwachsinn und Naivität mit Anmaßung und Hochmut? Das Prinzip des ganzen Universums, alle Umbrüche und Evolutionsschritte sollen ohne das Seelenfünklein im Menschen nicht möglich sein? Ist selbst die Bewegung des kleinsten Partikelchens im entferntesten Galaxienhaufen selbst in einem verwirrten irdischen Gehirn noch präsent? Jeder vernünftig Denkende steht betreten da, als hätte man ihn schallend geohrfeigt, wenn ihm diese Absurdität vorgetragen wird. Ist damit die Lehre des Meisters ad absurdum geführt?

Zur Relativierung des Vorwurfs dient ein Gedankenspiel. Wir fragen: Was kann unter einem "archetypischen Urbild" verstanden werden? Das Foto eines Schmetterlings zeigt ein farbenprächtiges, symmetrisch gegliedertes Insekt, das Künstler inspiriert und Sammler erfreut. Die Kontingenz des prachtvollen Einzelwesens steht außer Frage. Und doch kann die gesamte codierte Informationsmenge des Farbfotos erheblich reduziert werden. Es genügen wenige, einfache mathematische Transformationen, die, wiederholt angewandt, aus einem beliebigen Anfangsbild das Foto des Schmetterlings reproduzieren. Nehmen wir willkürlich anfangs das Bild einer Blume, transformieren alle Pixel wieder und wieder nach dem Rezept von wenigen Streckungen, Stauchungen, Drehungen und Verschiebungen, so entsteht am Ende das Bild des farbenfrohen Schmetterlings. Das Bild und die abstrakten geometrischen Operationen entsprechen einander. Die riesige Datenmenge zur Erstellung der farbigen Abbildung kann gänzlich eingefaltet werden in zwei oder drei Transformationen, die mit einer Hand voll Bits codiert werden können. Handelt es sich nicht um unterschiedliche Darstellungsweisen ein und derselben Sache? Sind sie am Ende sogar äquivalent - das üppige, sinnliche Urbild und die komprimierte, abstrakte Idee?

Als nächstes wollen wir die Erkenntnisfähigkeit des Menschen hervorheben, und zwar so wie es Meister Eckhart lehrte. Welche Bewandtnis hat es mit dem Erkenntnisvermögen des Menschen? Meister Eckharts Lehre suggeriert die prägnante Antwort: An den Dingen reden wir deshalb nicht vorbei, weil wir mit ihnen im Dialog stehen. Sie offenbaren uns ihr Wesen, weil sie verständlich zu uns "sprechen". Daher gelingt es unserer Erkenntnis in einem nicht enden wollenden Progress immer besser, das Wesen der Dinge mit unserem eigenen Wesen zur Deckung zu bringen. Das ist nur möglich, wenn die menschliche Seelentiefe nicht auslotbar ist. Was den Dingen aus unserem Innern zufließt, darin leben wir, das sind wir, das ist unsere Bestimmung und zugleich die Bestimmung der Dinge. Wir sind diejenige herausgehobene Wirklichkeitsform, in der sich das Wesen der ganzen Welt ausspricht. Indem wir den Dingen ihren Namen geben, über sie Bescheid wissen, geben wir ihnen einen eigentümlichen Glanz, offenbart sich erst ihre Zugehörigkeit zur intelligiblen Sphäre der Wesenheiten. Diesen Glanz muss ich mir auch selbst verleihen. Wenn ich mir in der Kontemplation nämlich nicht selbst aufleuchte und wesentlich werde, so steht von mir alles zusammenhangslos am falschen Platz - dann bin ich mir selbst nicht vorhanden. Durch meine "Namensgebung" werde ich wiedergeboren und mit mir auch alle Dinge dieser Welt. Ob Werkzeuge, ob Güter, ob Tiere, ob Menschen, ob Wahrheit, ob Moral - sie alle werden Glieder einer geistigen Welt, die in mir lebt und nur in mir. Dieser innere Vollzug auf rein geistiger Ebene ist Erleuchtung, weil alles ins Intelligible und Wesentliche übersetzt und dadurch zu "neuem Leben" erweckt wird. Das armselige, gebrechliche Individuum tritt aus seiner Enge heraus und steht plötzlich im großen Weltzusammenhang, weil es das unsichtbare Wesen aller Kreaturen sichtbar macht und für seine Zwecke nutzt. Weil er weiß wie die Dinge "gemacht" sind, kann der Techniker die Umwelt nach seinen Bedürfnissen gezielt verändern. Beim Handwerken wird die Dichotomie "Praxis-Theorie" besonders deutlich. Mit den Händen wirkt der Facharbeiter auf Werkstücke formgebend ein und hat dabei gleichzeitig eine Bauanleitung im Kopf, die die Hand nicht zeugt, sondern nur sein Geist.

Weil der Mensch ein Zwitterwesen ist, bestehend aus Leib und Seele, führt er ein zwiespältiges Doppelleben. Einmal ist er beschränktes Ich im Staub, das andere Mal universelles Ich im Höhenflug. Dass er aber aus der Beschränktheit hoch herausragt, das allein verdankt er seiner Seelentiefe, die eine Tür zur Universalität der Wesenheiten weit aufstößt. Betritt er diesen seltsamen Raum, der nur ihm zugänglich ist, so spürt er, wie alles Eigene von ihm abfällt und er hineingezogen wird in ein "All-Ich", das sich ihm als absoluter Geist vorstellt. In diesem Dunstkreis bestaunt er seine Wandlung, weg von der besonderen, von "seiner" Wahrheit, die er loslässt, hin zur allgemeinen Wahrheit, um die allein er sich nun bemüht. Diese Metamorphose in seiner spirituellen Existenz ist dem Mystiker nichts Äußerliches, vielmehr offenbare sich darin ein realer Weltprozess. Denn ohne diese Erweckung wäre die Welt nicht, was sie ist. Ihrem Wesen nach ist die Andacht ebenso wenig ein bloßes Meinen wie eine Erkenntnis. Im Innenraum des Subjekts klingt die mächtige Rückbezüglichkeit des Weltgeistes auf eigentümlich partikulare Weise an. Dabei ist nach einmütiger Ansicht der Mystiker im Schauen sogar das Höchste erreichbar, nämlich Gott. Zwar hat der Mensch seinen Ort in der irdischen Biosphäre, aber er wäre nicht der Beschenkte und Auserkorene, wenn er sich nicht aus den Niederungen seiner endlichen Zwecke erheben könnte zu seinem wahren Wesen in der Alleinheit. Warum sollte er, dem es vergönnt ist, fern von den Dingen einen Gesprächsfaden aufnehmen zu können, der verbindlich etwas Grundsätzliches über die Dinge aussagt, über das "Was und Warum" seines göttlichen Gnadengeschenkes nicht ebenso treffsicher urteilen können? Dem Menschen ist es gegeben, von einer hohen Warte aus, die Außen- und Innenwelt zugleich zu überschauen. Dieses Überschauen ist keine Nebensächlichkeit, sondern eine Tiefendimension der Wirklichkeit. Was da urteilt und aufklärt, ist kein gebrechlicher, trunkener Lügenbold, sondern ein Seelenfünklein mit Anschluss an die Weltwesenheit.

Die kühnsten Spekulanten unter den Schwärmern vermuten nicht nur eine enge Verbindung zwischen Gott und dem Seelengrund, sie sehen eine Identität. Nach Eckhart kann Gott nur in der Seele der Menschen wahrhaft Gott sein. Den Adel der Seele begründe ihre ideelle Natur, ihre Selbstbewusstheit, ihr Erkenntnisvermögen. Gottes Erkennen ist mein Erkennen, seine Substanz ist meine Substanz, daher bin auch ich sein Sohn, wenngleich nicht in derselben Reinheit wie sein eingeborener Sohn Jesus Christus. Gott will sich mir zeigen - ich bin, um ihn zu suchen. In diesem Wechselspiel von Schöpfung und Offenbarung, das auf unterschiedlichen Ebenen abzulaufen scheint, realisiert sich die Liebe, die Gott in sich, für sich hat. Für das Ausgestoßensein gibt es nach der mystischen Begrifflichkeit keinen fundamentalen Bezugsgrund. Die Auflockerung der göttlichen Einheit durch das Setzen des Anderen in Gott zum Zwecke der Selbstoffenbarung bedenkend, entwickelt der Mystiker seine dialektische Trinitätslehre, die konsequent widersprüchlich und damit unbegründet sein muss, weil dem Namenlosen natürlich kein Name gegeben werden kann.

Was an den mystischen Erbauungsschriften aufhorchen lässt, das ist die Verkündigung der unmittelbaren Gegenwart Gottes in der Seelentiefe. Wie kann Gott das absolute, all-einige Wesen sein, das alles gebiert und durchdringt, wenn er sich im Jenseits ängstlich verbarrikadiert? Die Erscheinungswelt ist ebenso wenig ein pompöser Zierrat, mit dem sich der Schöpfer schmückt. Sie ist ein einzigartiges, zu Gott gehörendes Dasein, das allerdings durch das ständige Entstehen und Vergehen nur die Illusion vom wahren Sein hervorruft. Auch das Fleischgewordene, das Endliche ist in der Trinität Gottes unaufhebbar heiliggesprochen. Als der Sohn ist es gewissermaßen Gott selbst. In dieses Ganze von Vater, Sohn und Heiliger Geist sieht sich der Mystiker allerdings unsymmetrisch hineingestellt. Den kürzesten Weg zu Gott findet er im Selbstsein der Seele und nicht entlang der unendlich vielen Leuchterscheinungen in der sichtbaren Welt. Davon ist er so sehr überzeugt, dass er die gesamte geschöpfliche Kreatürlichkeit aus dem Blickfeld räumt, um, abgeschieden von allem, der Gottheit in seiner Seele Platz zu machen. Der von der Scheinrealität befreite Geist sucht den spirituellen Höhenflug im Loslassen und in stiller Kontemplation. In Klausur zu gehen, das ist das Gebot des Mystikers.

Wie stehen Christen heute zur mystischen Christologie des Meisters? Sie bespötteln den Mönch, der in stiller Selbstbetrachtung in seiner Zelle hockt. Wer nicht aus dem Mief des engen Studierzimmers heraustrete und sich nicht im Trubel der öffentlichen Angelegenheiten einbringe wie Gott sich in der großen Welt einbringt, wandele mit seiner mystischen Trinitätslehre abgehoben auf Irrwegen. Die pantheistische Gleichschaltung in der Mystik sei areligiös, weil sie kein Heilsversprechen zusichern kann. Der Christ sieht sich gezwungen, seine von Gott grundverschiedene Existenz als ein Gefallener und Sünder anzuerkennen und anzunehmen. Hier unten müsse er wählen zwischen Gut und Böse und deshalb bedarf es eines Gerichts, um den Sünder, in verklärter Form, entweder zu retten oder zu verdammen. Die geschöpfliche Welt ist da, damit wir uns in ihr bewähren. Es sei dem Menschen aufgegeben, sich von den negativen Mächten zu lösen, nicht allein zur geistigen Erbauung und Befreiung vom Schein, sondern um das kreatürliche Sein in sein gottgefälliges Grundverhältnis zu bringen. Im Anfang war nicht das Wort, sondern die Tat - mit diesem Spruch trieb nicht nur Goethe seinen Faust aus dem Kellergewölbe, sondern auch der Christ den Mönch aus seiner engen Zelle. Ernst Bloch hat diese Auffassung des Christentums wortgewaltig popularisiert.

Die Differenzen zwischen der christlichen Mystik und der orthodoxen Christologie sollten nicht verschwiegen werden. Doch sind die offiziell festgeschriebenen Einwände gegen die Lehre des großartigen deutschen Denkers so erdrückend, dass man sich auch heute noch nicht schämen muss, ihn als Ketzer verurteilt und über seine Lehre borniert hinweggeschaut zu haben? Zwei Ausgangspunkte seines spirituellen Weges sollten nach 700 Jahren der unerträglichen Ignoranz endlich beachtet werden: Da Gott in der Seele wohnt, ist er Geist; da Gott in der Seele wohnt, ist er Eins. Dass Gott in der Seele des Menschen seine Heimstadt hat - das ist die epochale, spekulative Pointe der Eckhartschen Auffassung des Christentums, über die nachzudenken heute mehr denn je Anlass gegeben ist.

0.3.6 Giordano Bruno

Ein mutige Verfechter des freien Gedankens, der bald wie ein Mystiker, bald wie ein Skeptiker argumentierte und rastlos durch Europa zog, um ein neues Weltbild den Dogmatikern des Christentums entgegenzuhalten und der sich daraufhin in Sicherheit zu bringen hatte, war Giordano Bruno (1548-1600). Dieser aufrechte, zu tiefen philosophischen Spekulationen befähigte Märtyrer setzte tapfer und unbeugsam sein Leben für die Wertschätzung der Vernunft ein. Geboren wurde er in der neapolitanischen Provinzstadt Nola in der Nähe von Neapel. Mit zirka 15 Jahren schloss er sich dem Dominikanerorden an, in dem einst der überragende Kirchenlehrer Thomas von Aquin (1225-1274) wirkte. Die Priesterweihe erhielt er 1572. Der wissbegierige Ordensbruder vertiefte sich in die Lehre der Neuplatoniker, studierte begeistert die Schriften des deutschen Generalvikars Nikolaus von Kues (1401-1464) und machte sich mit den Werken der Eleaten, des Empedokles, der Platoniker, des Aristoteles, aber auch des Astronomen Kopernikus (1473-1543) bekannt. Schon mit 18 Jahren vermochte er dieses überbordende Wissen derart klar zu ordnen und zu überblicken, dass er aus dem spirituellen Konsens, der unter den Mönchen herrschte, ausbrechen konnte und musste. Ausgerechnet am theoretischen Kernstück des Christentums vergriff er sich - an der Trinitätslehre. Querköpfig bestritt er den personalen Charakter des Heiligen Geistes und überspannte schon damit den Bogen einer noch tolerablen Schriftauslegung. Gleich in 130 Artikeln klagte man den jungen Bruno im Jahr 1575 der Ketzerei an. Daraufhin hieß es für den Erneuerer, der Glaubenspolizei zu entkommen, die nicht zimperlich vorging in jenen Jahren der kirchlichen Restauration. Sein Entschluss, den Orden zu verlassen, wurde damals nicht einfach als Jugendsünde abgetan, sondern als ein ungeheuerliches Verbrechen verurteilt. Zirka 15 Jahre lang irrte der Ordensflüchtling durch halb Europa. 1576 floh er über Rom nach Savona, wo er jedoch nicht bleiben konnte, da die Pest dort wütete. Weitere Stationen seiner Flucht waren Turin, Venedig, Padua, Chambery, Genf und Lyon. Nirgends fand er Ruhe und nirgends ein geregeltes Auskommen. Erst 1578 konnte er als Lehrer der Philosophie an der Universität in Thoulouse seinen Lebensunterhalt regelmäßig bestreiten. Nach zweijähriger Lehrtätigkeit wurde Bruno wegen der Kriegswirren nach Paris vertrieben, wo ihn endlich einmal Fortuna freundlich empfing. Schnell machten ihn seine zukunftsweisenden Vorlesungen an der Pariser Universität derart bekannt, dass er sogar vom König Heinrich dem III. eingeladen und zum außerordentlichen Professor ernannt wurde. Mit einer Empfehlung Heinrichs gelangte Bruno 1583 nach London, wo ihn ein adliger Gönner gastfreundlich aufnahm. Dass nunmehr Mühsal und Entbehrungen vom gepeinigten Flüchtling abfielen, mag die Streitlust des Nolaners erst so recht in Schwung gebracht haben. Jedenfalls stieß er den honorigen Gelehrten in Oxford mit seinen erschreckenden Visionen vom unendlichen Kosmos derart böse vor den Kopf, dass er schon nach drei Monaten seine Vortragstätigkeit abbrechen musste. Welche Schreckgespenster Bruno auf die biederen Seelenhirten hetzte, davon zeugt das Schaudern, das selbst den verdienstvollen Astrophysiker Kepler (1571-1630) ergriff, als jener durch die Abhandlungen des Rebellen von den unendlichen kosmischen Weiten erfuhr. Es ist daher verständlich, dass es kaum ein Verleger wagte, seine "ketzerischen" Schriften zu drucken. Bis 1585 genoss Bruno die Gastfreundschaft in London. Danach kehrte er nach Paris zurück, wo er, seinem Naturell entsprechend, in Windeseile die Geistlichkeit gegen sich aufbrachte. Daher hieß es abermals: fliehen. Seine Schritte richtete er nach Deutschland. Mainz, Wiesbaden und Marburg waren die ersten Zwischenstationen. Erst bei den Lutheranern in Wittenberg konnte er kurz verschnaufen. Ihr Aufbegehren gegen die herrschsüchtigen Kirchenmänner brachte ihnen Bruno's Beifall ein. Der nächste Zufluchtsort sollte Prag sein, wo er allerdings weder Brot noch Unterkunft fand. Weitere Stationen waren Helmstedt, Frankfurt am Main und Zürich. Schließlich wandte sich das Schicksal mit voller Härte gegen ihn, als er eine Einladung in seine Heimat nach Venedig wagemutig annahm. Dort angekommen, verriet ihn sein heimtückischer Gastgeber und bald darauf stand er am 29. Mai 1592 vor dem Inquisitionsgericht. Sein flehender Widerruf vom 3. Juni half ihm nicht: „Ich bitte den heiligen Gerichtshof, mich, meine Schwachheiten erkennend, in den Schoß der heiligen Kirche wieder aufzunehmen und mich, Erbarmen übend, mit den für mein Seelenheil geeigneten Mitteln zu versehen." Von den Wächtern über Gottes Liebe und Barmherzigkeit wurde Brunos Flehen hartherzig abgewiesen. Er wurde nach Rom überstellt und dort von 1593 bis zu seiner Hinrichtung Anfang 1600 eingekerkert.

Mehrere Dutzend Würdenträger der katholischen Kirche versammelten sich um ihren Papst, um der bestialischen Ermordung des großartigen und mutigen Denkers beizuwohnen. Doch Bruno war unbeugsam. Von der Kraft seiner Religiosität zeugt die unfassbare Stärke, mit der er die jahrelange Kerkerhaft und den qualvollen Tod auf dem Scheiterhaufen ertrug. Die Hinrichtung des streitbaren und überragenden Kämpfers für die Wahrheit lastet so schwer auf der Christenheit, dass jeder Katholik unerträglich unglaubwürdig ist, der diese Schandtat nicht aufs Schärfste verurteilt. Wofür stehen kirchliche Institutionen heute, wenn ihre Repräsentanten dieses, von Christen begangene Verbrechen nicht schmerzlich bereuen?

Warum wurde Bruno von seinen Zeitgenossen, denen er sein unkonventionelles Weltbild vermitteln wollte, beschimpft und sogar gehasst? Richteten sich seine Thesen, die er in Streitgesprächen verteidigte, gegen den religiösen Glauben an sich, weil er ihn durch strenge Wissenschaft ersetzen wollte? Oder war Bruno ein tief religiöser Mensch, dessen spirituelle Ernsthaftigkeit die zur Sicherung der kirchlichen Dogmen eingeschärfte Herabwürdigung der Vernunft in Glaubensangelegenheiten nicht zuließ? Vor allem im philosophisch-theologischen Schriftgut war er hervorragend belesen. Die kühnen Spekulationen der alten Meister waren ihm dermaßen gegenwärtig, dass er sie sachgerecht darstellen und als Impulsgeber voranbringen konnte. Vor Engstirnigkeit bewahrte ihn dabei sein unstillbarer Wissensdurst. Die Werke des Astronomen Kopernikus waren ihm ebenso bekannt wie die Lehre von der Gedächtniskunst, die er meisterhaft selbst praktizierte. Wenn er das kopernikanische Weltbild dem aristotelisch-ptolemäischen entgegenstellte, das streng zwischen Erscheinungen im Himmel und auf der Erde unterschied, und es schließlich zur Konzeption eines unendlichen Kosmos erweiterte, so trieb ihn dazu nicht ein naturwissenschaftliches, sondern ein philosophisches Interesse an. Seine kühnen Spekulationen beruhen erst an zweiter Stelle auf Beobachtungsdaten des Tycho Brahe (1546-1601), dem Kopernikanismus oder den Gesetzen Keplers. Bruno - der Theologe - konnte bei seinen Lehrmeistern anknüpfen, um die kopernikanische Wende sogar noch radikaler, als Kopernikus selbst zu vollziehen. Fachkundig stellte er die Lehre des Kardinals Nikolaus von Kues ins Zentrum all seiner Überlegungen. Aus dem Stegreif postulierte der berühmte Kusaner ein grundlegendes kosmologisches Prinzip, nach dem jeder Punkt im Kosmos gleich weit von Gott entfernt sei. Daraus müsse man folgern, dass es keinen grundsätzlichen Unterschied gibt zwischen den Bewegungen der Himmelskörper und den irdischen

Dingen. Von dieser Plattform aus konnte auf naturphilosophischem Gebiet der philosophisch-theologischen Inspiration des Gregor von Nyssa (335/340-394) gefolgt werden, für den der Unendlichkeitsbegriff metaphysisch fruchtbar war, weil in ihm die nicht in Gänze erschließbare Quelle aller Herrlichkeit der Welt zum Ausdruck kommt. Diese, von Gregor vorbereitete und von Nikolaus vertiefte Idee, nach der die göttliche Allmacht unendlich ist, griff Bruno leidenschaftlich auf, um sein panentheistisches Weltbild zu begründen. Mit dem Pathos eines Dichters pries er die Unendlichkeit des Alls. Ohne Grenzen reihe sich ein Weltsystem an ein anderes, wobei es nirgendwo ein Zentrum gibt, auf das alles bezogen sein könnte und in dem ein oberster Priester Sonderrechte beanspruchen dürfe. Alles bewegt und verändert sich, weil es dem Grundgesetz des Seins folgen muss. Doch ist die ganze Aufführung auf der unendlichen Bühne für Bruno kein sinnloses Possenspiel, weil der ganze unendliche Kosmos einem lebenden Organismus gleicht, der von einem einzigen Prinzip aus beherrscht wird. Dieses Prinzip nennt Bruno Gott. Da eine weise Urkraft allem zugrunde liegt, muss das unendliche All gleichmäßig mit allen nur möglichen Weltinseln übersät sein. Denn es ist das vorzügliche Vermögen des Raumes, mit Dingen gefüllt zu sein. Den Raum nicht mit Dingen vollzustellen, bedeute, ihn nicht zu haben, da ein Raum ohne Dinge von Gott nicht vorgesehen ist. Gott widerspräche sich selbst, wenn er etwas mit einem Vermögen ausstattete und danach zuließe, dass manche seiner ausgetüftelten Attribute plötzlich keine Funktion haben. Dem unendlichen Urbild Gottes muss eine Scheinwelt entsprechen - die Sinnenwelt -, die auf ihre Art ebenfalls unendlich ist. Kein Modell einer endlichen Weltinsel im unendlichen Raum kann als ein Bild des allmächtigen, unendlichen Gottes Bestand haben. Also spielten und spielen sich unendlich viele Einzelschicksale ab, die auf unendlich vielen Himmelskörpern verteilt sind. Dennoch ist in diesen Unendlichkeiten nichts und niemand verloren, denn es waltet ein organisierendes Prinzip, das alles zusammenhält - Gott.

Ketzerisch und mit dem Christentum unvereinbar sei die Lehre Brunos vom Kosmos hauptsächlich in zweierlei Hinsicht. Wenn die Welt schon immer existierte und existieren wird, wo kann da ein Schöpfergott ansetzen? Schwerer wiegt der zweite Vorwurf, dass Bruno Gott und Natur gleichsetzte und er sich damit den Pantheismus zu eigen machte. Nicht länger sollte gelten, dass Gott wie ein Rosslenker das Gespann (die Welt) von seinem fernen Wolkenschloss aus durch die Zeiten manövriert. Ross und Reiter seien eins, meint Bruno, und schlägt damit jeden bestallten Kleriker gehörig vor den Kopf. Dass fromme Gefolgsmänner der Kirche diese Nackenschläge murrend hinnehmen können, ist nicht überliefert. Ihre Macht missbrauchend nehmen sie ihm erst das Wort und schließlich auch noch sein Leben.

Dabei hätten sie sich, die Häscher und ihr Opfer, besonnen über das neue Weltmodell in Ruhe austauschen sollen, um des gemeinsamen Erkenntnisgewinns willen. Bedenkenswert ist nämlich der Einwand, den Wilhelm Olbers (1758-1840), zirka 200 Jahre nach Brunos Ermordung auf dem Marktplatz, vorbrachte. Olbers machte auf das Paradoxon des dunklen Nachthimmels aufmerksam. Wenn, wie Bruno annahm, das unendliche All in jeder Richtung gleichmäßig mit leuchtenden Sternen bestückt ist, dann vergrößert sich deren Anzahl in einer Kugel mit der dritten Potenz der Kugelabmessung. Demgegenüber nimmt das Licht eines leuchtenden Körpers nur mit dem Quadrat der Entfernung ab. Je größer die gedachte Himmelskugel um die Erde ist, in der leuchtende Körper gleichmäßig verteilt sind, desto heller erscheint der Nachthimmel, weil die Abschwächung des Lichts weit entfernter Gestirne mehr als ausgeglichen wird durch die wachsende Anzahl der leuchtenden Flecken. Für ein unendliches Universum müsste schließlich der ganze Nachthimmel dieselbe Helligkeit haben wie die Sonnenscheibe. Der Einwand, dass riesige Staubmassen im All das Licht verschlucken und deshalb der Himmel dunkel ist, wird schnell entkräftet. Denn die stete Absorption des Lichts würde nach einer in Äonen gemessenen Zeit den Staub letztlich so weit aufheizen, dass dessen Strahlungstemperatur so hoch werden würde wie die der Sonnenoberfläche. Das Olbersche Abstandsgesetz bringt den grandiosen, metaphysischen Entwurf Brunos in ernste Verlegenheit. Erst Einsteins Relativitätstheorie, die im zwanzigsten Jahrhundert unsere Vorstellung von der Raum-Zeitbühne grundsätzlich revidierte, vermochte das Olbersche Paradoxon befriedigend zu lösen.

Weitere Einwände gegen den Brunoschen "aktualen" Unendlichkeitsbegriff erhärteten sich erst vor wenigen Jahrzehnten. Es geht um die Frage: Entfaltet sich nicht nur im unendlich Großen, sondern auch im unendlich Kleinen eine unendliche Formenvielfalt? Welche Schicksale widerfahren den Läusen im "Pelz" der Läuse? Wer in ein Mikroskop schaut und die Vergrößerung immer weiter erhöht, wird er immer neue Mikrowelten entdecken oder gelangt er an eine Grenze? Obwohl es der erfolgreichen Quantenfeldtheorie in die Parade fährt, das Kontinuum der reellen Zahlen ist nur ein näherungsweise gültiges Erklärungsmuster für die Quantenwirklichkeit - die Welt ist im Allerkleinsten gekörnt (siehe Seite 136). Auf der Planck-Skala (ca. $\approx 10^{-35}$m) ist die Welt einsilbig; denn auf eine Planckfläche passen gerade einmal vier Bits. Damit ist kein Staat zu machen. Jedenfalls ist in der Mikrowelt das Vordringen in immer kleinere Gebiete begrenzt. Das unendlich Kleine ist eine mathematische Fiktion. Über das unendlich Große wird dennoch gern weiter spekuliert, weil kein triftiges Ausschlusskriterium bisher bekannt ist. Im Gegenteil wird die Theorie des unendlichen Multiversums heutzutage mit einer Emphase propagiert als sei sie eine unausweichliche Konsequenz der Quantenphysik.

Auch Mathematiker haben Schwierigkeiten mit dem Unendlichkeitsbegriff. Cantor (1845-1918), der als Begründer der modernen Mengenlehre gilt, konnte streng beweisen, dass die Menge aller reellen Zahlen nicht abzählbar ist. Da alle rationalen Zahlen durchgehend nummeriert werden können, muss die Menge aller irrationalen Zahlen "größer" - ja unendlich mal größer als die Menge der rationalen Zahlen sein. In der Mathematik gibt es nicht nur die eine unendlich große Menge, sondern unendlich viele, immer noch größere Unendlichkeiten.

Um die Anzahl der Elemente und deren Anordnung für *endliche* Mengen zu bestimmen, können die natürlichen Zahlen herangezogen werden. Sind allerdings Mengen überabzählbar unendlich, dann muss ein verallgemeinerter "Abzählmechanismus" ersonnen werden. Den Ausgangspunkt bildet der Begriff der totalen Ordnung auf einer Menge M. Für alle Elemente a, b, $c \in M$ hat die totale Ordnungsrelation $\leq_M$ folgende Eigenschaften: 1) sie ist reflexiv ($a \leq_M a$), 2) sie ist antisymmetrisch (wenn $a \leq_M b$ und $b \leq_M a$, so sind beide Elemente gleich), 3) sie ist transitiv (wenn $a \leq_M b$ und $b \leq_M c$, so $a \leq_M c$), 4) sie ist total (entweder $a \leq_M b$ oder $b \leq_M a$). Gibt es zusätzlich zu jeder nicht-leeren Teilmenge von M ein kleinstes Element, so nennt man M wohlgeordnet. Der hilfreiche Wohlordnungssatz besagt nun, dass jede Menge wohlgeordnet werden kann. Genauer gesagt: Jede Menge A ist gleichmächtig zu einer wohlgeordneten Menge B. Dabei bedeutet gleichmächtig, dass es eine Bijektion (eine eineindeutige Abbildung) von A nach B gibt. Am Wohlordnungssatz wird der Begriff der "Gleichzahligkeit" festgemacht. Zum "Abzählen" bediente man sich der Ordinalzahlen α (die Menge alle Ordinalzahlen wird mit On bezeichnet). Dabei ist die "Zahl" α eine Menge, deren sämtlichen Elemente auch Teilmengen von α sind und die bezüglich der Mengeninklusion $\subseteq$ total geordnet ist. Da die Ordinalzahlen wohlgeordnet sind, gehört zu jeder Menge M eine Ordinalzahl α. Zum "Größenvergleich" von unendlichen Mengen haben sich die Kardinalzahlen als besonders nützlich erwiesen. Sie sind die jeweils kleinsten Ordinalzahlen bzw. sie sind diejenigen Ordinalzahlen, die mit keiner kleineren Ordinalzahl gleichmächtig sind. Zu jeder Menge M gehört somit genau eine gleichmächtige Kardinalzahl κ. Zum "Zählen" benutzt man schließlich die unendliche Menge Cn aller Kardinalzahlen, die mit Alephs bezeichnet werden und deren kleinstes Element $\aleph_0$ in einer Äquivalenzrelation (sie ist reflexiv, symmetrisch und transitiv) zu jeder abzählbar unendlichen Menge steht. Das unendliche Universum der unendlichen Mengen kann teilweise systematisch aufgespannt werden, da jede Produktmenge $P(M)$ einer Menge M ($P(M)$ ist die Menge aller Teilmengen von M) von "höherer Ordnung unendlich" ist als M selbst. Diese "mechanische" Konstruktion von immer größeren Unendlichkeiten erschließt allerdings bei weitem nicht das wahre Ausmaß des gigantischen Mengenuniversums. Eine weitere Überlegung weist den Weg zu noch größeren Mengen. Nach Definition gibt es genauso viele Mengenstufen wie Kardinalzahlen. Die Äquivalenzrelation $\aleph_0 \sim \alpha$ zwischen der kleinsten Kardinalzahl $\aleph_0$ und der Ordinalzahl α einer abzählbar unendlichen Menge kann benutzt werden, um eine noch viel größere Kardinalzahl $\aleph_\alpha$ aufzubauen, die α als Index hat. So kann man fortfahren und beispielsweise auch die Kardinalzahl $\kappa = \aleph_{P(\alpha)}$ bilden. Dieses Verfahren auf die Spitze getrieben, führt zur Klasse $Cr(Cn_\infty)$ aller kritischen Alephs, für deren Elemente gilt $\kappa = \aleph_\kappa$. $Cr(Cn_\infty)$ ist unbeschränkt, abgeschlossen und kann von "unten" nicht durch Vereinigung und Potenzmengen-Bildung aufgebaut werden. Man nennt sie deshalb auch schwach unerreichbare Kardinalzahlen. Aber auch von dieser Stufe aus geht es noch viel weiter höher hinaus, denn es gilt allgemein: Ist A eine unbeschränkte und abgeschlossene Klasse von Ordinalzahlen, so ist auch die Klasse $Cr(A)$ der kritischen Zahlen von A unbeschränkt und abgeschlossen.

Wird mit diesen und anderen Konstruktionen von "großen" und "ganz großen" Unendlichkeiten zumindest der mathematische Unendlichkeitsbegriff abschließend und eindeutig festgelegt? Das ist nicht der Fall. Es bleiben unendlich viele, unliebsame Lücken im Schema. Die bekannteste Leerstelle ist die von Cantor ins Spiel gebrachte Kontinuums-Hypothese. Sie besagt: Zwischen der abzählbar unendlichen Menge und dem überabzählbaren Kontinuum der reellen Zahlen gibt es keine weitere unendliche Menge. Kurt Gödel bewies 1937, dass sich die Kontinuums-Hypothese in der Mengenlehre nicht widerlegen lässt. Dass aber auch die Negation der Hypothese konsistent mit der Mengenlehre ist, konnte Paul Cohen 1963 streng nachweisen. Die Cantorsche Kontinuums-Hypothese ist in der klassischen Mengenlehre *unentscheidbar*. Nun ist zwar jede mathematische Theorie notwendigerweise unvollständig, doch die Situation in der Mengenlehre ist besonders bedrückend, da die Unentscheidbarkeit der Kontinuums-Hypothese viele andere offene grundlegende Fragen zu den Kardinalzahlen nach sich zieht. Der Mengentheoretiker Woodin geht sogar so weit, daraus zu folgern, dass so gut wie jedes mengentheoretische Problem derzeit unlösbar ist. Die Dringlichkeit einer Abhilfe folgt auch aus der Bedeutung der klassischen Mengenlehre: Sie ist die bewährte und weithin akzeptierte Basis für die ganze Mathematik.

Ein Lösungsansatz zur Beseitigung der unliebsamen Unstimmigkeiten im Mengenuniversum geht erneut auf Gödel zurück. Er schlug ein Mengenmodell L vor, in dem große unendliche Mengen iterativ, ausgehend von der leeren Menge, konstruiert werden. In diesem Modell ist die Kontinuums-Hypothese wahr und man verliert nirgends die Übersicht. Durch das zusätzliche Axiom, dass das Mengenuniversum V der Mathematik mit dem Modell L übereinstimmt ("$V = L$"), wird der mathematische Unendlichkeitsbegriff logisch befriedigend festgelegt. Ein bedauerlicher Nachteil dieser Konstruktion ist: Im Modell L fehlen die großen Kardinalzahlen, auf die man nicht verzichten möchte. Gibt es, fragen daher Grundlagenforscher, ein inneres Modell, das genauso eingehend analysierbar ist wie Gödels Mengenmodell L, in dem aber auch die großen Kardinalzahlen enthalten sind? Die Suche nach einem derartigen Aufbau der Mengenlehre erschien zunächst aussichtslos, weil mit der unendlichen Hierarchie der ganz großen Kardinalzahlen auch die Reihe der assoziierten, immer komplexer werdenden Modelle, die unliebsame Lücken schließen, nicht abbricht. Danach bliebe der mathematische Unendlichkeitsbegriff intrinsisch unklar und letztlich untauglich. Woodin nahm dieser Hoffnungslosigkeit das Kernargument. Er bewies ein Theorem, das besagt: Wenn ein inneres Modell L das Niveau der superkompakten Kardinalzahlen erreicht, dann ist es gleichzeitig ein universelles Modell (universelles L) für alle Kardinalzahlen. Wird ein derartiges inneres Modell irgendwann einmal gefunden, dann ist der mathematische Unendlichkeitsbegriff in einer Mengenlehre mit dem zusätzlichen Axiom "$V =$ universelles L" ein für alle Mal streng definiert. Erst dann können wir überzeugt sein, dass hinter dem mathematischen Begriff "Unendlichkeit" ein "göttliches" Konzept steht.

Dass sich die prinzipielle Unbestimmtheit bei der Fundierung der Mathematik zumindest auf die Interpretation physikalischer Gesetze übertragen kann, das zeigt ein lehrreiches Beispiel. Der Spin eines Bosons $\widehat{s}_x$ längs der Raumrichtung x hat die möglichen Messwerte $s_x =$

-1, 0, 1. Sind die Richtungen x, y und z zueinander orthogonal, so können die Spinkomponenten s_x, s_y und s_z nicht simultan gemessen werden, da die Operatoren $\widehat{s}_x$, $\widehat{s}_y$ und $\widehat{s}_z$ nicht kommutieren. Für das Quadrat des Spinoperators $\widehat{\mathbf{s}}^2$ gilt diese Einschränkung allerdings nicht. Die Operatoren $\widehat{s}_x^2$, $\widehat{s}_y^2$ und $\widehat{s}_z^2$ kommutieren, die Werte s_x^2, s_y^2 und s_z^2 sind daher gleichzeitig messbar und stets gilt $s_x^2 + s_y^2 + s_z^2 = 2$. Kochen und Specker konnten ein Theorem beweisen, welches ausschließt, dass die Werte $\widehat{s}_x^2$, $\widehat{s}_y^2$ und $\widehat{s}_z^2$ bereits vor der Messung, eventuell unter Mitwirkung von verborgenen Parametern, festgelegt sind. Für das ausgewählte Beispiel lautet das Kochen-Specker Theorem wie folgt: Die Funktion $S(x)$ berechne den Wert "Spin in x-Richtung" eines massiven Spin-1 Bosons. Dann gilt: Die Gleichung $S^2(x)+S^2(y)+S^2(z) = 2$ kann nicht für *jedes* orthogonale Dreibein $\{x, y, z\}$ erfüllt werden, obwohl sie für die quantenmechanische Observable $\widehat{\mathbf{s}}^2$ immer gilt. Folglich hat die Observable "Spin in x-Richtung" nicht immer einen definitiven Wert (wenn sie nicht gemessen wird). Pitowsky stellte dieses Theorem auf den Prüfstand,[24] indem er postulierte, dass die Kontinuumshypothese, die in der Mathematik unentscheidbar ist, gilt. Diese "geringfügige", zulässige Modifikation der mathematischen Grundlagen führt ihn auf ein ganz anderes Resultat: Es gibt eine Funktion $S(x)$, die orthogonale Dreibeine $\{x, y, z\}$ auf den Wertebereich $\{-1, 0, 1\}$ abbildet und für die es nur abzählbar unendlich viele Lösungen der Ungleichung $S^2(x) + S^2(y) + S^2(z) \neq 2$ gibt. Da die Funktion also überabzählbar viele Lösungen der Gleichung $S^2(x)+S^2(y)+S^2(z) = 2$ hat, setzten die sich, wie es das physikalische Gesetz fordert, in statistischer Hinsicht immer durch, wobei nun allerdings die Spinwerte auch vor der Messung bereits festliegen. Die liebgewordene Interpretation des Quantengeschehens wäre also zu korrigieren, wenn man sich dafür entscheiden würde, die Kontinuumshypothese gelten zu lassen.

Die intrinsische, immer unvermeidbare Unsicherheit in der Mathematik betrifft also besonders den Begriff "Unendlichkeit". Was von der Unendlichkeit, mit der in der Mathematik hantiert wird, letztlich zu halten ist, das kann heute noch nicht sicher gesagt werden. Trotzdem ist es für Philosophen und Metaphysiker schwer, von diesem Begriff loszukommen. Neben Giordano Bruno spielte Friedrich Schleiermacher (1768-1834) diese Trumpfkarte. Er prägte das geflügelte Wort: Religion ist Sinn und Geschmack für das Unendliche. Als wolle er Bruno endlich Gerechtigkeit widerfahren lassen, beklagte Schleiermacher das fehlende Grundgefühl seiner Landsleute für die unendliche und leben-

[24] I. Pitowsky, Physical Review Letters, **48**, 1299 (1982).

dige Natur. Sie wissen Bescheid, spöttelte er, dass nichts Neues und Triftiges über diese Sache gesagt werden könne. An der Borniertheit der dogmatischen Kritiker litten sie beide - Bruno und Schleiermacher. Das Universum als Ganzes anschauen, das nannten die streitbaren Religionsphilosophen religiös. Der Obrigkeit an den Lippen hängen, wenn sie monoton Offenbarungswahrheiten von der Kanzel betet, habe mit Religion nichts zu tun. Nicht die Selbstzufriedenheit des Glaubens, die in der Auslegung der heiligen Schriften ihren Ruhepunkt gefunden hat, befriedigt den leidenschaftlichen Sinnsucher. Bruno und Schleiermacher sind sich einig, dass es um die Selbstvernichtung des begehrenden Egos gehe, damit das religiöse Gefühl für das Unendliche den Aufgewühlten läutern und belohnen kann. Je mehr du dich selbst zurücknimmst, dein Rollenspiel beendest, desto weniger verlierst du, wenn du dich verlierst. Dabei gewinnst du ein unendliches Feld - wirst in den Garten der religiösen Kontemplation geführt, in dem heilige Blumen wachsen.

Brunos Begeisterung für den Neuplatonismus hat historische Wurzeln, seine Gedanken dazu sind neu und erfrischend. Nicht von ungefähr nannte man ihn den Plotin der italienischen Spätrenaissance. Inspiriert wurde er von der Platonischen Akademie zu Florenz, deren Einfluss auf das kulturelle Leben Italiens beachtlich war, obwohl die Akademie nur kurze Zeit bestand. Die Entdeckung und Wiederbelebung des Platonismus entsprach dem spirituell ausgerichteten Zeitgeist im damaligen Kulturzentrum Europas. Da im Fokus der aristokratischen Bewegung das religiöse Bedürfnis der Neuerer stand, wurde die neuplatonische Lehre Plotins oft in erbaulichen Gesprächen thematisiert. Vielleicht ging Platon mit seiner philosophischen Ideenlehre manchem Schwärmer nicht weit genug, weil er über die fundamentale Geisterwelt kein heiliges Geheimnis setzte. Die Neuplatoniker wagten diesen Schritt über Platon hinaus, kannten etwas Wundersames, nämlich den Ursprung, aus dem nichts entspringt, der noch über der platonischen Geisterwelt thront und der prinzipiell nicht erkennbar ist. Die neuplatonische Spekulation, dass sich das Denken "hoch oben" verirren muss, wusste Bruno auf seine Weise auszudrücken. Weil der heilige Urgrund vom Licht bei Platon ins Dunkle der Lehre Plotins verschoben wurde, sind alle ewigen Wesenheiten für sterbliche Geschöpfe ein unlösbares Rätsel. Deshalb bleibe der Mensch auch für sich selbst rätselhaft, was seine Spiritualität begründe. Gegen die Verzweiflung müsse der Beter seine Vernunft, und vor allem das neuplatonische selige Schauen des Einen setzen. Die Unfassbarkeit des Ganzen dürfe er nicht bedauern, denn was "begreifbar" ist, gibt keinen Halt. Für den Neuplatoniker entspringt Spiritualität also aus einer Willenskraft, die zum metaphysischen Höhenflug anregt, dem der Verstand aber nicht mehr folgen kann. Allein wesentlich ist das Schauen der "Gottheit" am Grunde der eigenen Seele. Nicht die Erkenntnis der Wahrheit ist demzufolge Quell- und Zielpunkt aller Religion, meint Bruno, sondern die Selbsterkenntnis des Menschen. Nur sie dringt schauend zum Grund aller Dinge vor, den sie ehrfurchtsvoll die Gottheit oder neuplatonisch das Eine nennt. Weil der begnadeten Seele des Menschen prinzipiell die Wesensschau gewährt werden kann, ist sie zur universellen Kenntnis des Guten, Schönen und Wahren durchaus befähigt. Bruno folgt Plotin in der Auffassung, dass die Wirklichkeit ihren letzten Grund in der unerkennbaren, ewigen Einheit hat. Die All-Einheit ist eine Uridee, in die all jene Gestalten eingewebt sind, welche die Naturphänomene hervorbringen und die Vernunft in ihrem Erkenntnisstreben leiten. Es ist die allgemeine Vernunft der Weltseele, die selber ruhig und unbewegt ihren Lebenssaft in die Materie ergießt. Für Bruno ist die Gottheit ganz Geist, während alle Dinge bloß schemenhafte Abbilder der einen Uridee sind. Einen Gegensatz zwischen der ideellen Form und der realen Materie konstruiert Bruno nicht, vielmehr seien sie zwei Seiten desselben Prinzips. An die namenlose übernatürliche Einheit schließt sich deshalb eine ideelle Kaskade aller Formen des sinnlichen und übersinnlichen Seins an. Dabei ist das Niedere mit dem Höheren verwandt, während alle Stufen zum namenlosen, vereinheitlichten Ursprung ausgerichtet sind. Aus der Weltseele, die alles durchdringt und belebt, entspringen die Einzelseelen. Weil Sinnliches und Geistiges grundsätzlich gleichartig sind, stehen sie auf derselben Sprosse, auf welche der Schöpfergeist hinabsteigt, um Dinge hervorzubringen, und auf welche die Vernunftserkenntnis emporsteigt, wenn sie die geistigen Triebkräfte unter der Oberfläche der Erscheinungen erkennt. Doch da sich Anfang und Ursprung von allem der Erkenntnis prinzipiell entziehen, vertritt Bruno, wie Neuplatonisten auch, eine pantheistische Glaubenslehre, nach der die Gottheit ein immanenter und zugleich transzendenter "Geist" ist. Ihn, den Gott, zu schauen, das gelingt weder der erkennenden noch der mitfühlenden noch der selbstbewussten Geisteskraft des Menschen. Das Heil erwartet Bruno, nicht anders als Plotin, in der ungeschuldeten mystischen Vereinigung mit der Gottheit im Zustand der Ekstase. Vor allem aus Gnade wurde dem Menschen der Denkergeist gegeben, damit er zur Erkenntnis seiner fundamentalen Unwissenheit gelange und deshalb das Schweigen über die letzten Dinge allein als würdig erachtet, nicht aber altkluge Redseligkeit. Je weiter der Sinnsucher seinen spirituellen Weg gegangen ist, desto mehr erfreut und beflügelt ihn sein Gnadengeschenk, desto gleichgültiger werden ihm alle Impulse, die von außen kommen. Als gedankenvoller Mystiker preist Bruno die innere Seelenschau, durch die allein die unendliche Gestaltungskraft und die ewige Existenz des All-Einen ekstatisch erahnt werden können.

Warum war Brunos neuplatonische Gesinnung den kirchlichen Würdenträgern so sehr verhasst, dass sie den gedankenvollen Glaubenslehrer auf dem Scheiterhaufen bestialisch ermordeten? Hegels Aufsatz „Differenz des Fichteschen und Schellingschen Systems der Philosophie" enthält einen Erklärungsansatz dafür, warum der spekulative Denker so heftig von den "Dienern" Gottes angefeindet wurde. Glaube, meint Hegel, sei seinem Wesen nach eben keine Angelegenheit des Gemüts, in dem sich ein integrales Gefühl verfestige, sondern ein spezifisches Verhältnis der Reflexion zum Absoluten, das sich auf den gesunden Menschenverstand beruft. Auch der Gläubige ziehe das Vernünftige aus dem Absoluten in sein Bewusstsein, damit seine Entschlüsse und Einstellungen rational begründet sind. Doch der absolute Quellgrund der Vernunft bleibt dabei im Dunkeln. Was die Sicherheit vernünftigen Argumentierens verbürgen soll, das wird dem Denken entzogen. Macht also die Reflexion sich selbst zum Gegenstand, befragt sich selbst, so entdeckt sie ihre letzte, wahre Wirklichkeit nur im Absoluten. Aber „als Reflexion ist sie ihm [dem Absoluten] entgegengesetzt; um also zu bestehen, muss sie sich das Gesetz der Selbstzerstörung geben."[25] Durch diese Beziehung der Reflexion zum Absoluten „vergeht aber ihr Werk, und nur die Beziehung besteht und ist die einzige Realität der Erkenntnis; es gibt deswegen keine Wahrheit der isolierten Reflexion, des reinen Denkens, als die ihres Vernichtens."[26] Die unbekümmerte Sicherheit, an der es dem gesunden Gottvertrauen besonders liegt, entschwindet zusammen mit dem Vertrauen auf die menschliche Urteilskraft, wenn das Heilige und Göttliche nicht länger als eine jenseitige Allmacht angebetet werden darf. Wird Entgegengesetztes im spekulativen Denken aber vereint, so dass sich alle Gegensatzpaare in der Identität vernichten, so ist der Gläubige um seinen Schlaf gebracht, weil er zu Recht seine Gottheit im Kreuzfeuer sieht. Verließ er sich bisher auf sein dunkles Gefühl, dass eine intelligible Ordnungsmacht waltet, so zerrt die metaphysische Spekulation diesen verborgenen Untergrund ans Tageslicht,

[25] Georg Wilhelm Friedrich Hegel, Differenz des Fichteschen und Schellingschen Systems der Philosophie, Verlag Philipp Reclam jun. Leipzig, (1981), S. 31.

[26] ebenda S. 32

wo nun jeder sieht: es handelt sich um ein Hirngespinst. Gutgläubige sind überzeugt, dass diese Demontage ihres Gottesbegriffs verwerflich und schändlich zugleich ist. Wer so als Ketzer gegen sie vorgehe, gehöre eingesperrt, gehöre auf den Scheiterhaufen. So dachte man damals - wie denkt man heute? Viele Menschen verehren Giordano Bruno. Aufrecht und unbeugsam kämpfte er bis zu seiner Hinrichtung gegen die klerikalen Dogmatiker als ein Sympathisant des Neuplatonismus.

0.3.7 Leibniz

Mit inspirierenden und profunden Gedanken bereicherte der herausragende Mathematiker, Philosoph, Historiker, Diplomat, Erfinder und Kirchenpolitiker, Gottfried Wilhelm Leibniz (1646-1716), das geistig-kulturelle Leben gegen Ende des 17. Jahrhunderts in Teilen Europas, dass man ihn als Wegbereiter und Begründer der neuzeitlichen Aufklärungsphilosophie verehrt. Seine Philosophie ist logisch aufgebaut und überall dort anregend und fruchtbar, wo es um den Diskurs über theologisch-metaphysische Grenzfragen geht, die der philosophischen Tradition verpflichtet sind. Sein Gesamtwerk kann hier nicht angemessen gewürdigt werden. Wir beschränken uns auf Kommentare zu Stichpunkten seiner berühmten Monadenlehre, die über den philosophischen Standort und den Tiefsinn des anerkannten Meisterdenkers Zeugnis ablegen.

In seinen Studien zur Theodizee[27] umriss Leibniz das weite Feld seiner Betrachtungen zum Ursprung des Bösen und erörterte zunächst das allgemeinere Verhältnis zwischen Freiheit und Notwendigkeit, wie es sich weltanschaulich grundsätzlich darstellt. An die Begründungen seiner Standpunkte stellte er hohe Ansprüche: Die hartnäckigste aller Grundfragen (Warum gibt es das Böse?), die seit den Anfängen spekulative Denker bedrängt, sollte von einem soliden begrifflichen Fundament aus behandelt werden, um auf sicherem Terrain beweiskräftig voranzukommen. Er ersann eine Beweisidee nach der anderen, um nachzuweisen, dass die Übel und das Böse, deren Allgegenwart zu keiner Zeit geleugnet werden konnte, das herrliche Gesamtbild der vortrefflichen göttlichen Schöpfung nicht trüben kann, denn die Welt, in der wir hineingeboren sind, ist die beste aller möglichen Welten. Um diese These möglichst jedermann verständlich zu machen, skizzierte er in seinen Studien zur Theodizee ein leicht fassbares Cartoon seines Beweisgedan-

[27] Leibniz, Die Hauptwerke, G. Krüger, Alfred Kröner Verlag Stuttgart, 1949

kens. Dabei unterließ es der Denker leider, seine erhabene Lobpreisung des überragenden Kosmos gegen Spötter abzusichern, die zur Widerlegung seiner allgemeinen Aussage einen widerstreitenden Einzelfall nach dem anderen in den Zeugenstand riefen. Für Fachphilosophen hielt er die solidere Monadenlehre bereit, die sich streng vom mechanischen Materialismus distanzierte und einen eigentümlichen "Atomismus" postulierte. In seinem spekulativen Weltmodell verband er das Kleinste rückbezüglich mit dem Größten. Den Kosmos als einen unendlichen Maschinensaal aufzufassen, in dem sich das Blech sinnlos verformt, hielt er für verfehlt. Fachkundiger denn je kann die Leibnizsche Ablehnung des Materialismus heute begründet werden.

Bereits wenige Stichworte benennen die Grundsätze des Leibnizschen "Gottesbeweises". Wer nach dem Grund der vollständigen Versammlung aller Dinge fragt, der wird ihn, der neuplatonischen Argumentationsweise folgend, nur in derjenigen "Substanz" finden, die ohne Grund ihre Existenz in sich selber trägt. Da es aber der möglichen Welten unendlich viele gibt, muss der Urgrund eine vorhergehende "Auswahl" gemäß seiner Kriterien und gemäß seiner "Übersicht" über alle Möglichkeiten getroffen haben. Irgendein Extremalprinzip, eventuell im Sinne des Maupertuis, müsse die existierende Welt vor allen anderen auszeichnen, die zwar möglich sind, aber für Gott, seinen Grundsätzen gemäß, nicht infrage kommen. Leibniz war der Ansicht: Zeichnete sich kein Universum vor allen anderen aus, so hätte Gott keines hervorbringen können. Tatsächlich erwies sich ein Prinzip dieser Art, nämlich das Prinzip der kleinsten Wirkung, als ein universelles Naturgesetz, das überall, angefangen von der klassischen Mechanik bis hin zur Quantenfeldtheorie, grundlegend ist. Das intelligente Auswahlvermögen des Grundes (Gott) attestiert dem Grund Urteilsvermögen und Verstand. Er - Gott - hat Vernunft und Willen. Daher will er die vernünftige Welt realisieren, daher will er die gute Welt realisieren, weil auch Güte vernünftig ist. Am Willen der Quelle hängen alle Existenzen, am Verstande alle Essenzen. Da die verstehende Ursache alles bedacht und ordnend voneinander geschieden hat, muss sie in jeder Hinsicht unendlich sein, was deren Macht, Weisheit und Güte anbelangt. Eine bissige Replik auf die Leibnizsche Deduktion einer optimistischen Weltauffassung fiel zirka einhundert Jahre später dem pessimistischen Philosophen Schopenhauer ein, der behauptete, dass wir in der schlechtesten aller möglichen Welten leben, weil sie nicht existieren könnte, wäre sie auch nur einen Deut schlechter. Leibniz war aus einem anderen Holz und teilte als Wegbereiter des Zeitalters der Aufklärung die finstere Weltabgewandtheit des Pessimisten nicht. Auch einem anderen Einwand kam er zuvor, der besagt, dass es zu verschiedenen Zeiten und an verschiedenen Orten doch mehrere, unterschiedliche Welten geben könne. Nein, meinte Leibniz, man müsse alle zusammenfassen, jeden Winkel im Raum zu jedem Zeitpunkt ausfüllen, um überhaupt bestimmen zu können, was eine mögliche Welt ist. Erst dann kann ein Auswahlkriterium greifen. Da die Einrichtung des unendlichen Blockuniversums auf unendlich verschiedene Art erfolgen kann, sei die Prämisse der Leibnizschen Theodizee-Lehre gerettet, denn es geht nicht anders: Gott muss wählen. Dabei sei die von Gott erwählte, beste aller Welt wider Erwarten dermaßen stimmig, dass sie sich sogar verschlechtern müsste, wenn ihr auch nur ein vergangenes oder zukünftiges Übel fehlte.

Dieses Jonglieren mit unendlich vielen und unendlich großen Universen habe durchaus seine Tücken, räumte Leibniz selbst ein. Schließlich sei fraglich, ob wir Unendliches kennen, uns vor Augen halten und miteinander vergleichen können. Das Unendlichkeitsproblem hatte für ihn grundsätzliche Bedeutung. Er gab zu bedenken: In zwei Labyrinthen verirrte sich die Vernunft von alters her und kommt auch heute nicht da heraus. Neben den schon erwähnten Theodizeefragen, sind es die Begriffe Teil und Ganzes, Kontinuität und Diskontinuität, die alle philosophierenden Köpfe verwirrten, weil sie zum Problemkreis des Unendlichen gehören. Natürlich ist die Vorstellungskraft überfordert, sich das Unvorstellbare vorzustellen. Trotzdem lohnt ein erneuter Blick in den Abgrund des geheimnisvollen Unendlichkeitsgedankens (siehe Seite 207). Nehmen wir eine winzige Borste auf dem Kopf einer Waldameise. Dieses zierliche Härchen hat eventuell eine Länge von 0.01 mm. Und doch ist es gemäß der Mengenlehre unvermutet groß (vergleiche Abbildung 0.3.2). Es gibt nämlich eine Äquivalenzrelation zwischen dem

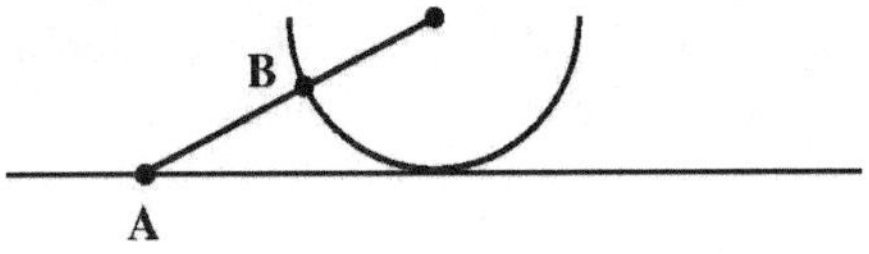

Abbildung 0.3.2:

Jedem Punkt A auf der unendlichen Linie ist ein Punkt B auf dem endlichen Halbkreis zugeordnet. Zwischen der kurzen und der unendlich langen Linie besteht ein Äquivalenzrelation. Ein kleiner Teil ist so "groß" wie das Ganze.

winzigen Streckenabschnitt und einem unendlichen Euklidischen Raum mit abzählbar unendlich vielen Dimensionen ($\mathbb{R}^\omega \sim \mathbb{R}$, $\mathbb{R}$ bezeichnet den Euklidischen Raum und ω ist die kleinste unendliche Ordinalzahl, sie "misst die Größe" von abzählbar unendlichen Mengen). Und dieser "unendlich mal unendlich" große Raum, der lückenlos mit den "Bestandteilen" des Härchens ausgefüllt werden könnte, ist er nicht wahrlich gigantisch - jedenfalls weitaus "größer" als unser gesamtes Universum, selbst wenn es unendlich ausgedehnt wäre? Darf nach diesem erstaunlichen Größenvergleich etwas Winziges immer noch winzig, statt riesig genannt werden? Dass Leibniz diesen verwirrenden Zusammenhang intuitiv erfasste, befähigte ihn, seine berühmte Monadenlehre zu entwickeln, die das Theodizee-Problem streng lösen sollte. Vermutlich als erster Denker in der Menschheitsgeschichte sprach Leibniz nicht nur vom unendlichen Makrokosmos, sondern auch von Unendlichkeiten, die sich in der Mikrowelt auftun. Das gelang ihm nur durch eine radikale Revision des antiken Atomismus.

Der Begriff "Monade" taucht bereits bei Euklid auf. In seiner axiomatischen Begründung der Geometrie setzte er ihn neben den fundamentalen Punktbegriff. Während ein Punkt keine Teile hat, vereint eine Monade Unterschiedliches. In seinen Elementen bezeichnete Euklid die Monade als dasjenige, vermöge dessen ein existierendes Ding eine Einheit ist. Die Geometrie baue auf den Punktbegriff auf, die Arithmetik auf den der Monade. Denn in der modernen Analysis wird unter einer reellen Zahl eine Gesamtheit von unendlich vielen, benachbarten "Punkten" verstanden.

Der traditionelle Atomismus kommt schon zum Abschluss, indem er einen Punkt setzt - das kleinste Teilchen, das keine Teile hat. Deshalb ist für Atomisten das Universum keinesfalls ein nebulöses, pythagoreisches Zahlenmuster, sondern eine Ansammlung von Bauklötzchen im leeren Raum. Unheilvoll hat sich der Punktbegriff in der Physik festgesetzt, angefangen bei der Punktmechanik bis hin zur Quantenfeldtheorie, die durch Renormierung die damit verbundene schwere Last unliebsamer Unendlichkeiten abwerfen muss. Leibniz stand schon vor zirka 300 Jahren auf der anderen Seite, auf der Seite der Monadentheoretiker, die heute die Stringtheorie voranbringen.

Was kritisierte Leibniz in seiner Monadenlehre am Atomismus mechanisch-materialistischer Prägung? Zunächst entsteht der Eindruck, als repetiere das Universalgenie aus Hannover lediglich die heidnischen Argumente. Er ließ wissen: Da es Zusammengesetztes gebe, müsse es auch einfache "Substanzen" geben, die sich nicht weiter teilen lassen. Er nennt sie Monaden - Atomisten bevorzugen den Begriff Atome. Im selben Kontext stehen die Paragraphen 4 bis 7 der Leibnizschen Monadologie: Das Unteilbare kann weder entstehen noch vergehen; ewig bestehen muss es, weil nur das Zusammengesetzte aus Teilen entstehen und in Teile zerfallen kann. Folglich kann nichts in sie hinein- und nichts aus ihnen herauskommen. Es handelt sich um selbst-seiende, ewig bestehende Ganzheiten, die jedoch, und dieser Nachsatz fällt bereits aus dem Rahmen der mechanistischen Lehre, weder Ausdehnung noch Gestalt haben. Um den Bruch schließlich vollends zu besiegeln, behauptet Leibniz im Paragraphen 10, dass auch Monaden einer Veränderung unterliegen, weil andernfalls auch die zusammengesetzten Dinge unveränderlich wären. Was dem Zusammengesetzten widerfährt, verantworten allein seine einfachen Bestandteile. Die natürlichen Veränderungen in den Monaden selbst weisen auf ein in ihnen wohnendes Prinzip. Dank dieser Richtlinien muss es ein Parallel-Universum geben, das mit lauter unterschiedlichen, dirigierenden Monaden angefüllt ist. Jede Monade sei einzigartig - eineiige Zwillingsmonaden existieren nicht. Den endgültigen Bruch mit dem traditionellen, mechanisch-materialistischen Atomismus führt schließlich die paradoxe Behauptung herbei, dass den einfachen Substanzen, die ja keine Teile haben dürfen, dennoch eine bunte Vielfalt von Bestimmungen innewohnt. Die Monaden sind Vielfalt in der Einheit. Wie ist das möglich? Einfache Substanzen sind keineswegs von dieser Machart.

Um zu verstehen, was Leibniz vermutlich meinte, rekapitulieren wir den quantenphysikalischen Wechselwirkungsbegriff (siehe den Text auf Seite 97). Warum wechselwirken elementare Atome? Was bringt sie dazu, vom Nachbaratom überhaupt "Kenntnis" zu nehmen? Haben sie eventuell Fenster, durch die sie ihre Massenanziehung und Coulombkraft in den Äther aussenden können? Diese Ausstrahlungen wären mit der postulierten Elementarität der Atome nicht kompatibel. Tatsächlich arrangieren Photonen die Wechselwirkung zwischen elementaren Ladungsträgern, von denen Elektronen und Protonen die bekanntesten sind. Wie elementar ist also das "unteilbare" Elektron, wenn es andere Elementarteilchen - Photonen - aussendet, um der Umgebung zu "signalisieren": hier befindet sich eine negative Ladung? Dieses Problem, für das die Quantenfeldtheorie eine Lösung hat, erkannte und löste auch Leibniz auf seine Weise vermittels der Monadenlehre. Die schwerwiegenden Ungereimtheiten des mechanisch-materialistischen Atomismus, den viele immer noch für unangreifbar halten, sind Leibniz nicht verborgen geblieben.

Den Atomisten müsse man eingestehen, dass alle Körper aus einfachen Korpuskeln aufgebaut sind, denn das Zusammengesetzte besteht immer aus Teilen. Doch diese elementaren Bausteine können unmöglich "unteilbar" sein. Ihre reale Einfachheit steht immer zur Disposition. Leibniz behauptet: Alles Materielle sei unendlich teilbar, sonst wäre es nicht real. Unteilbar sind lediglich mathematische Punkte. Woraus setzen sich also die Körper zusammen, wenn alles, was als Urteilchen bezeichnet wird, notwendig zusammengesetzt ist? Leibniz kennt die Antwort: Nur in "Seelen-ähnlichen" Einheiten sind Unteilbarkeit und "Realität" miteinander vereinbar. Die wahren Atome sind Monaden - immaterielle Einheiten, die wegen ihrer Unteilbarkeit weder erzeugt noch vernichtet werden können und die wegen ihrer Unräumlichkeit von außen nicht beeinflussbar sind. Monaden haben ein Innenleben, deren sämtliche Zustände selbstbestimmt sind. Eine Substanz ist für Leibniz nicht etwas, was durch sich *ist*, sondern etwas, was durch sein *Tätigsein* ist. Substanz ist selbsttätiges Einzelwesen. Die Eigeninitiativen der Monaden setzen einen "Plan" voraus - die gestaltende Kraft braucht einen Gestalter namens Vorstellung. Außer den Monaden mit ihren vorstellenden Kräften gibt es nichts wahrhaft Wirkliches in der Welt. Was aber bestimmt den Inhalt der Vorstellungen aller vermeintlich eigenwilligen, einzigartigen Monaden? Mit wem stimmen sie sich bei ihrem gemeinsamen Tanz ab, wenn sie auf niemanden hören können? Die Antwort, die Leibniz gibt, ist wahrlich atemberaubend: Alles, was draußen passiert und worauf sich die Monade einlassen muss, lernt sie nicht erst mühsam, das weiß sie schon - und zwar von Ewigkeit zu Ewigkeit. Unbeschadet ihrer Einfachheit "kennt" jede Monade nicht nur ihre Betriebsanleitungen, sondern die ganze ewige Welt. Die individuellen Wissensbausteine (Monaden) "wissen" auf ihre Art *alles* und haben die höchste Intelligenz. Nicht nur, dass sich in ihnen die ganze Welt spiegelt; sie tanzen den großen Reigen ohne Fehltritte, weil sie ihn aus ihrem eigenen Innern heraus "kennen" und "mit tanzen" wollen. Monaden haben keine Fenster, die man aufstoßen könnte, um ein neues Programmheft hineinzuwerfen. Was in ihnen ist, wurde von Gott, der die Übersicht behält, ein für alle Mal eingeschrieben. Doch gefiel es dem Schöpfer, die ewigen Vorstellungen in verschiedenen Monaden in unterschiedlicher Klarheit einzupflanzen. Überhaupt nur klare und deutliche Vorstellungen zu haben, das ist das alleinige Vorrecht Gottes. Die primitiven, verkümmerten Monaden haben nur unklare und unbewusste Vorstellungen. Besser dran sind die Seelen. Die Vorstellungen dieser Monaden sind bereits bewusst und diese "Wesen" können sich erinnern. Selbstbewusste und zur Erkenntnis des Allgemeinen befähigte

Monaden werden von Leibniz hoch verehrt und heißen Geist. Im Leibnizschen "Periodensystem der Elemente" stehen nicht kleine "Dinge", sondern kleine "Tierchen" (Monaden), die im Grunde alles "wissen" und alles richtig "machen", die allerdings mehr oder weniger "verschlafen" sind.

Indem Leibniz den Substanzen Vorstellungen - Perzeptionen - zuschreibt, lässt er die Katze namens "Idealismus" endgültig aus dem Sack. Diese Erklärung sei nicht anthropomorphistisch, vielmehr konstruiert Leibniz gleich eine grundlegende Naturphilosophie, in der ein ausgebreiteter Katalog von Monaden zuständig ist für jedes einzelne Sandkorn bis hin zum Menschen. Die wesentlichen Unterschiede zwischen den verschiedenen Erscheinungen sind hauptsächlich durch den Grad der Klarheit der Perzeptionen bestimmt. Von den einfachen Substanzen setzen sich die Seelen ab, bei denen die Perzeptionen deutlicher und mit Gedächtnis ausgestattet sind. Augustinus drückte es so aus, dass der menschliche Geist eine Perzeption in der Zeitextension ist. Monaden - diese Sinngebilde - müssen sein, damit Körper nicht auf der unmöglichen, mechanisch-materialistischen Weise als real existierend vorgestellt werden - damit Vielheit und Ganzheit sich nicht widersprechen. Weder darf man sich die Körper gänzlich abgetrennt von den Seelen denken noch schwirren körperlose Seelen durch den leeren Raum, die einzelne Materiefetzen gelegentlich an sich reißen. Zwar folgen die Seelen und Körper ihren eigenen Gesetzen, dennoch treffen und vereinigen sie sich Kraft der prästabilisierten Harmonie, die im gottgegebenen Universum waltet. Die beiden Daseinsweisen der an die Körper gebundenen Ursachen und der an die Seelen gebundenen Zweckursachen harmonieren miteinander. Jedes Weltbild, das von der rätselhaften Doppelstruktur nichts weiß und das demzufolge beim Versuch, das Phänomen Leben zu erklären, scheitern muss, wurde von Leibniz verworfen. Wer davon ausgehe, den Kosmos bevölkern einfache und zusammengeschraubte Maschinen, der wird darin Perzeptionen, Vorstellungen, Geist vergeblich suchen. Macht er sich nämlich klein und inspiziert die Maschine, wie er eine Mühle inspizieren kann, so wird er im Innern nichts als wieder Maschinenteile finden. Er mag sich noch so gründlich mit einer Lupe umschauen, Gedanken und sinnliche Wahrnehmungen wird er in den Hallen nicht entdecken. Perzeptionen haben ihren Ursprung dort, wo mit keinem Vergrößerungsglas hineingeschaut werden kann - in den einfachen Substanzen, den Monaden. Diese selbst bergen in sich nichts anderes als Perzeptionen und deren Veränderungen. Aber indem sie sich mit den Körpern unlösbar verbinden, sind die "Maschinen" der Natur von sonderbarer Art. Während die künstlichen Automaten, die von geschickten Handwerkern und Technikern geschaffen werden, sich aus Einzelteilen aufbauen, die selbst keine Maschinen mehr sind, bestehen "göttliche Maschinen" selbst in ihren kleinsten Einzelteilen immer noch aus "Maschinen". Bis ins unendlich Kleine setzt sich der lebendige Zusammenhang fort. Entgegen dem Anschein gibt es im Universum nichts Ödes, nichts Unfruchtbares, nichts Totes. Alle Glieder eines lebendigen Körpers sind angefüllt mit anderen Lebewesen, ohne dass diese Hierarchie irgendwo abbricht. Diese Ganzheitlichkeit ist nach Leibniz sogar so zu verstehen, dass ein verständiger Paradieswächter von jedem kleinen oder großen Körper ablesen könnte, was überall geschah, geschieht und geschehen wird. Nur getrübt durch unterschiedliche Grade der Verworrenheit ihrer Perzeptionen, sind alle Monaden ein beständiger, lebendiger Spiegel des ganzen Universums. Dass jede einfache Substanz "hinausgreift" auf alle anderen, liegt an der Abgestimmtheit und Auswahl aller erschaffenen Dinge. Sie stehen nicht zufällig und beziehungslos im leeren Raum, sondern verdanken sich einer prästabilisierenden Harmonie, die ihren Ursprung im letzten Grund der Dinge hat. Diesen letzten Grund, diese höchste Substanz nennt Leibniz Gott. Wie alle Monaden innerlich vollkommen und Quelle ihres eigenen Handelns sind, so ist auch Gott sich selbst tragend, allerdings auf höchster Stufe. Seine Vollkommenheit ist wahrlich unendlich und schrankenlos, da er nichts außer sich hat. Daher muss alles auf diese Allmacht zurückgehen: alle Geschöpfe und alle ewigen Wahrheiten. Selbst die vielen Möglichkeiten wären nicht ohne die göttliche Monade. Denn auch das Mögliche muss eine Anbindung haben an ein notwendig existierendes Wesen, das ihm seine Bestimmung, möglich zu sein, erst verleiht. Alle erschaffenen und abgeleiteten Monaden sind Ausstrahlungen der Gottheit. Wie durch ein gewaltiges Brennglas fokussiert der Schöpfer sie alle auf einen Punkt, den allumfassenden Zusammenhang. Diese Stimmigkeit der in sich verwickelten Gesamtgestalt der Schöpfung kann erreicht werden, wenn ein zureichender Grund sie herbeiführt. Nicht anders, als sich wahre Aussagen einer gegebenen Theorie nur dann gegenseitig stützen, wenn sie sich alle auf zureichende Gründe berufen können, so gewährleistet nur ein zureichender Grund die Konsistenz des lebendigen Gesamtorganismus. Es ist die beste aller Welten, welche real existiert, weil die Weisheit Gottes sie als solche erkennt, weil seine Güte sie wählt und weil seine Macht sie schließlich hervorbringt. Die einheitliche Quelle setzt alles miteinander in Verbindung, stimmt die einfachen Substanzen aufeinander ab, so dass sich das Universum unendlich auffächert gemäß der verschiedenen Perspektiven der Monaden. Die Gesamtgestalt dieses Fächers ist ein einziges, wunderbares Universum, das sich durch seine Stimmigkeit als die beste aller möglichen Welten auszeichnet. In ihr waltet die größtmögliche Ordnung in der größtmöglichen Vielfalt. Dabei ist nichts in ihm zu gering, zu bedeutungslos, als dass es nicht das Ganze in sich trüge.

Welcher Atomist, Materialist oder Atheist stand je auf dieser schwindelerregenden Höhe der Spekulation? Ähnlich wie Meister Eckhart, sah auch Leibniz in jedem menschlichen Geist gleichsam eine "kleine" Gottheit, weil er das System des Universums erkennen und Proben seiner eigenen Systembaukunst geben kann. Nach Leibniz können Menschen nicht als widerwärtige Biomaschinen abqualifiziert werden, denn sie stehen in eine Art Gemeinschaft mit Gott. Das gibt der Menschheitsgeschichte ihren besonderen Wert. Mit uns hat der Gottvater nämlich etwas vor: er will sein höchstes Werk vollenden durch die Gründung eines Gottesstaates. In ihm werden alle guten bzw. schlechten Taten auf der Stelle belohnt bzw. bestraft. Dann wird eine Ordnung des Universums weithin sichtbar sein, die alle geheimen Wünsche der Weisen weit übertrifft. Dann ist der Zustand erreicht, bei dem sich die Welt als die bestmögliche selbst erkennt. Die Vollkommenheit Gottes wird nunmehr den in der Zeitextension stehenden Perzeptionen - den menschlichen Seelen - deutlich bewusst. Sie verstehen, dass sie wahrhaft glückselig nur in der aufgeklärten Liebe zu Gott sein können. In diesem Moment werden alle Theozideefragen gegenstandslos.

Im Eiltempo haben wir den Weg von den grundlegenden Prinzipien der Monadologie bis hin zur Auflösung des Rätsels, warum Böses in der Welt ist, zurückgelegt. An einfachen Beispielen sollen ausgewählte Leibnizsche Gedanken nun noch erläutert werden. Die bildliche Vorstellung seines Atomismus ist schwindelerregend. Versuchen wir trotzdem - letztlich vergeblich - den Leibnizschen Monadenbegriff zu veranschaulichen. Wie sich in einem Regentropfen an der Windschutzscheibe die vorbeiziehenden Wolken und die sich im Winde wiegenden Pappeln der Allee spiegeln, so ist auch das Innere des Tropfens eine bewegte Welt, weil dort die Dinge, nun allerdings verfeinert, wiederkehren. Im Innern des Tropfens ist wieder "Landschaft", sind "Wolken", "Pappeln" und wieder "Tropfen", an denen sich erneut alles abspiegelt, in denen alles ist. So kann man fortfahren, bis ins unendlich Kleine, ohne je auf ein letztes, totes Ding zu stoßen, das nicht wieder eine ganze

Welt in sich trüge. Dieses Bild der "Gärten" in jedem kleinen Winkel eines "Gartens", ist phantastisch und verstörend zugleich, weswegen es lange Zeit von Philosophen nicht ernst genommen wurde. Erst im ausklingenden 20. Jahrhundert wurde die Genialität der Leibnizschen Spekulation erkannt, und zwar beim Nachdenken über fraktale Geometrien, das Anfang der achtziger Jahre durch Mandelbrots Visualisierungen von Julia Mengen befeuert wurde. Mandelbrot selbst demonstrierte Grundstrukturen dieser neuartigen mathematischen Objekte an einem einfachen Beispiel. In der Fachwelt erregte er Aufsehen mit der Feststellung: Am Rande der Mandelbrot-Menge $\mathcal{M}$ erscheinen sogenannte Satelliten, die ihrerseits verkleinerte, etwas verzerrte Kopien der gesamten Mandelbrot-Menge sind. Und ganz im Leibnizschen Sinne finden sich in jedem Ausschnitt von $\mathcal{M}$, der Elemente aus $\mathcal{M}$ und Elemente nicht aus $\mathcal{M}$ enthält, unendlich viele Satelliten. Dabei hat die Mandelbrot-Menge ein denkbar einfaches Bildungsgesetz. Zu ihr gehören alle komplexen Zahlen c, für welche die durch das Bildungsgesetz $z_{i+1} = z_i^2 + c$, $z_0 = 0$ rekursiv definierte Zahlenfolge nicht über alle Grenzen wächst. Diese Menge von Punkten in der komplexen Ebene hat keine Inseln und keine Löcher. Obwohl der Flächeninhalt der zweidimensionalen geometrischen "Figur" endlich ist, hat der Rand eine unendliche Länge. Was besonders an die Leibnizsche Idee erinnert: die einfache Konstruktionsvorschrift der Mandelbrot-Menge erzeugt einen unendlichen Strukturreichtum. Das zeigt ein Vergleich mit Julia-Mengen $\mathcal{J}_c$, die zu einer gegebenen komplexen Zahl c definiert sind als der Rand der Menge aller Anfangswerte z_0, für die eine durch $z_{i+1} = z_i^2 + c$ definierte Zahlenfolge nicht über alle Grenzen wächst. Ausgenommen die Spezialfälle $c = 0$ und $c = -2$, sind alle Julia-Mengen Fraktale. Da erst alle zusammenhängenden Julia-Mengen insgesamt die Mandelbrot-Menge bilden, enthält letztere den gesamten Formenreichtum der unendlich vielen Julia-Mengen. Diese unendliche Komplexität lässt sich zusammenfassen im besagten simplen Mandelbrotschen Bildungsgesetz. Höchste Einfachheit der Konstruktion geht Hand in Hand mit höchstem Formenreichtum der zweidimensionalen Darstellung - welches Beispiel könnte besser illustrieren, was sich die antiken Idealisten und der geniale Leibniz dachten?

Ein weiterer Versuch, die Leibnizsche Monadenlehre richtig zu verstehen, ist noch aufschlussreicher. Gemeint sind die verschränkten Quantenzustände (siehe Seite 57), die in der klassischen Newtonschen Physik kein Analogon haben. Zur Illustration dieses rätselhaften Quantenphänomens betrachten wir ein Gedankenexperiment. Eine Quelle emittiere mehrere Teilchen (N bezeichne deren Anzahl). Nach der klassischen Auffassung befinden sich danach N Punktmassen getrennt im Raum. Die Gesamtheit ist einfach die Summe der Teile. Nichts qualitativ Neues entsteht, nur weil mehrere Teilchen zusammenkommen. Dass aus den Teilen eine Gesamtheit ohne Teile gebildet wird, das ist nicht vorstellbar und wird auch nicht für möglich gehalten. Die Mechanisten bestehen darauf: Etwas Zusammengesetztes setzt sich aus Teilen zusammen, in die es wieder zerlegt werden kann. Anders geht es nicht. Leibniz widersprach und bereitete damit das neue Denken vor, das durch die Quantenphysik zu hohen Ehren kam. In der Quantenwelt bilden nämlich alle N Teilchen bevorzugt eine Gesamtheit ohne Teile - einen verschränkten Zustand. Es handelt sich um Quantenzustände eines Ensembles, die sich nicht auf die Zustände der einzelnen Konstituenten "summarisch" reduzieren. Dabei ist zu beachten, was Leibniz ebenfalls schon andachte, dass es von der Beobachterperspektive abhängt, was die Redewendung "tatsächlich existent" meint. Geht es um die Geschwindigkeit der Teilchen oder um deren Lokalisation oder um deren Drehimpuls? Denn alle Eigenschaften, die prinzipiell zum Quantensystem gehören, offenbaren sich streng genommen niemals alle gleichzeitig. Daher gibt es viele, meist unendlich viele Geschichten, die über das Verhalten eines Schwarmes von N Partikeln "wahrheitsgemäß" Auskunft geben. Um also dem Teilchenensemble des Gedankenexperiments Eigenschaften zuweisen zu können, stellen wir N räumlich getrennte Messapparaturen so auf, dass jedes genau ein Teilchen des Schwarmes registriert. Dabei sei jeder Messplatz vermittels eines Phasenschiebers φ_l ($l = 1, 2, \ldots, N$) so eingestellt, dass als Messergebnis entweder $+1$ oder -1 infrage kommt. Mit den Zustandsvektoren des Operators, der einer Observablen zugeordnet ist, steht eine Basis für die weitere Betrachtung des Gesamtsystems zur Verfügung. Wir nehmen an, dass die N Teilchen in einem präparierten Zustand die Quelle verlassen. Er bestehe aus der Superposition von zwei Produktzuständen: alle Komponenten des einen Zustands sollen zum Messwert $+1$, alle Komponenten des zweiten zum Messwert -1 gehören. Durch die Überlagerung beider N-Teilchenzustände kommt es zur Verschränkung. Zwar sind in diesem Bündel N Teilchen "enthalten", aber auffindbar sind sie darin nicht. Tatsächlich entsteht eine Ganzheit ohne Teile, die dennoch ein bewegtes Innenleben hat - es entsteht eine "Leibnizsche Monade". Wird ein Teilchenstrahl wiederholt mit dem beschriebenen Anfangszustand losgeschickt und von den Messinstrumenten eingefangen, so klicken die Schalter und alle möglichen Muster wie die Werte $+1$

und -1 auf N Plätze verteilt werden können, haben eine Chance, ins Messprotokoll zu kommen. Der Erwartungswert E dieser Messungen hängt von der Summe aller Phasen ab ($E = \cos(\varphi_1 + \varphi_2 + \cdots + \varphi_N)$). Sind allerdings die Phasen aller Messinstrumente so aufeinander abgestimmt, dass $\varphi_1 + \varphi_2 + \cdots + \varphi_N$ ein ganzzahliges Vielfaches von 2π ist, so wird das quantenmechanische Zufallsgeschehen durch Kohärenz gebannt, weil alle Geräte bei allen Messungen immer denselben Messwert +1 anzeigen. Dieses feststehende "makroskopische" Erscheinungsbild, das sich an der Gleichheit und sicheren Reproduktion aller Messprotokolle zeigt und das uns wie ein "Ding" erscheint, wird abrupt zunichte, wenn auch nur ein Teilchen ausschert und das Messgerät verfehlt. Solange aber alle Voraussetzungen erfüllt sind, wird nach außen hin ein eindeutiges Erscheinungsbild gewahrt - ein Makroobjekt gezeigt -, das auf eine ungeteilte, innere Vielheit zurückgeht. Erst in der Quantenphysik kann also durch Gedankenexperimente illustriert werden, was Leibniz in seiner grandiosen Philosophie an den Anfang stellte. Die Fensterlosigkeit seiner Monaden korrespondiert zur Fragilität quantenmechanischer Konstruktionen, denn alles, was es im Außenraum noch geben mag, erweitert den Hilbertraum und erfordert deshalb einen Neustart, beginnend bei der Auswahl der Basis bis hin zur Neuberechnung der Erwartungswerte.

Dieses Gedankenexperiment, das den Monadenbegriff quantenmechanisch erläutert, ist naturphilosophisch bedeutungsvoll, da im Quantenkosmos Verschränkung (unteilbare Ganzheiten) ein allgegenwärtiges Phänomen ist. Schon ein quanten-mechanisches "Modelluniversum" mit wenig mehr als einhundert Freiheitsgraden enthält praktisch nur noch verschränkte Zustände, die grundsätzlich den Leibnizschen Monaden ähneln. Die Zahl der quasi-klassischen Produktzustände zur Gesamtzahl aller Zustände nimmt exponentiell mit der Anzahl der Freiheitsgrade ab. In einem großen Quantenkosmos wechseln im Grunde nur noch verschränkte, monadenartige Zustände einander ab. Auch in der Welt der greifbaren Dinge, in der sich auf makroskopischer Ebene das quasi-klassische, mechanisch-materialistische Erscheinungsbild durchsetzt, gründet die gesamte mikroskopische Basis ausschließlich auf verschränkten Quantengebilden. Gemeint sind die Atome. Deren Elektronenhüllen existieren genau genommen nicht losgelöst von den Atomkernen, vielmehr sind sie als verschränkte Ganzheiten aufzufassen. Da der Nukleus viel schwerer ist als das Elektron, wird in der Atomphysik das Elektronenensemble in guter Näherung vom Kern separiert. Dieser Rechentrick hat jedoch keine prinzipielle Bedeutung. Wir müssen uns Atome als "monadenartig" verschränkte Quantenobjekte vorstellen, die beim Doppelspaltexperiment als Ganze mit sich selbst interferieren können. Die Kernaussage der quanten-mechanischen Atomphysik findet sich nicht bei Demokrit, sondern bei Leibniz vorweggenommen: Atome bestehen nicht aus unteilbaren Bausteinen, eher sind sie so etwas wie "Monaden", nämlich aus Teilen gebildete, ungeteilte Quantengesamtheiten.

Desgleichen gehören Konglomerate von Atomen - die Moleküle - zur Monadenhierarchie. Zwar setzen sie sich aus Atomen zusammen, trotzdem sind sie in ihrer Gesamtheit etwas anderes als die bloße Versammlung von individuellen Partikeln. Auch die Moleküle gehören noch zur "reinen" Quantenwelt wie Doppelspaltexperimente mit ihnen jüngst belegen. Verklumpt sich noch mehr Material, dann wird eine Grenze überschritten und makroskopische Körper treten in Erscheinung. Sie haben die wunderliche Eigenschaft, aus Teilen baukastenförmig zusammengesetzt zu sein und beständig alles zu zeigen, was ihre Gesamtheit ausmacht. Welchem bedeutenden Philosophen ist es je eingefallen, die strenge Teilbarkeit der Dinge abzustreiten? Auch Leibniz musste die Idee vom teilbaren Körper zulassen und hatte damit keine Schwierigkeiten. Doch dass ein grundsätzliches Verständnis dessen, was Körper wesentlich sind, bis tief in seine Monadenlehre hineinreicht, das war ihm keineswegs so bewusst wie dem Quantenphysiker, der neuerdings optische und elektrische Eigenschaften von festen Körpern nur mit Hilfe seiner Quantentheorie befriedigend erforschen kann. Wie eng verwandt Körper und Monaden sind, das offenbaren makroskopische Quantenphänomene noch deutlicher. Selbst ein vergleichsweise großes und extrem festes Objekt wie ein Neutronenstern zählt nicht mehr zu den greifbaren Dingen, sondern gehört zur Quantenwelt, handelt es sich doch um ein suprafiüssiges Neutronenensemble bzw. um ein Bose-Einstein Kondensat.

Auch im Innern der monadenartigen Atome setzt sich das körperlose Quantengeschehen fort. Dabei kann zwischen "Sein" und "Nicht-Sein", zwischen Teilchen und Feld im Grunde nicht unterschieden werden. Im atomaren Bereich ist das Nichts (das Vakuum) nicht mehr grundsätzlich verschieden vom Etwas (von wechselwirkenden Teilchen). Noch weiter im Innern, im Mikrokosmos der Kernmaterie, ist alles "Monade" und nichts mehr "Ding". Das ist der Zuständigkeitsbereich der Quantenfeldtheorie. Hier sieht der Forscher eine "Geisterwelt" - durchaus nichts anderes. Denn was aus diesem Urgrund des Kleinsten wirkt, ist nichts als Potentialität, die wegen ihrer rückbezüglichen, unteilbaren

Beschaffenheit und Gesetzestreue eher mit dem Geist verwandt ist als mit toten Bausteinchen, die an ihrer geistlosen Individualität festhalten. Wie es Leibniz in seiner groben Skizze vorwegnahm, ist im Kleinen und im noch Kleineren alles "Leben", alles Monade. Unsere Welt steht nicht auf festen, tönernen Füßen, vielmehr ist sie eine "Emanation" aus erhabenen Ideen - ihr Anfang ist das Wort.

Allerdings spricht Gott dieses Wort nicht aus immer kleineren Sprachrohren, wie Leibniz es sich dachte, denn für Konstruktionen im mikroskopisch Kleinen gibt es eine Grenze, so dass die Leibnizsche Monadenlehre korrigiert werden muss. Die Begründung dieser bedeutsamen Behauptung wollen wir wiederholen (zum Vergleich siehe Seite 136). Die Frage lautet diesmal: Auf welche konzeptionellen Schwierigkeiten führt es, wenn ein Zimmer mit Stühlen und Tischen fortgesetzt verkleinert wird? Ab einem gewissen Verkleinerungsschritt wird die Heisenbergsche Unschärferelation zwischen Orts- und Impulskoordinaten bestimmend. Um die Stühlchen zu verkleinern und sie auf einen immer engeren Raum positionieren zu können, muss ihnen eine immer heftigere Zitterbewegung zugestanden werden. Damit erhöht sich aber die Gesamtenergie E im Zimmerchen und gemäß der berühmten Einsteinschen Formel $E = mc^2$ (c bezeichnet die Lichtgeschwindigkeit) steigt die zugehörige effektive Masse m mit jedem Verkleinerungsschritt an. Irgendwann ist eine Grenze erreicht. Dann kann das Stübchen nicht weiter verkleinert werden und trotzdem Stube bleiben. Es bildet sich nämlich ein schwarzes Loch, das für einen außenstehenden Beobachter ein denkbar einfaches "Ding" ist. Denn gleichgültig ob ein Zimmer ständig verkleinert wird oder ein Elefant oder eine Dampfmaschine - am Ende steht immer dasselbe schwarze Loch, das nach außen hin nur Masse, Ladung und Drehimpuls hat. Wird das schwarze Loch zusätzlich mit irgendwelchen Gegenständen "beschenkt", so vergrößert sich lediglich seine Oberfläche.

Um also winzige Strukturen in der Mikrowelt erforschen zu können, sind Geräte erforderlich, die das Allerkleinste mit einem hochenergetischen Strahl ausleuchten. Derartige "Mikroskope" - Teilchenbeschleuniger genannt - sind in kilometerlangen Tunneln untergebrachte Präzisionsgeräte. Für die "Strukturanalyse" eines Härchens der Länge Δx taugen nur Quantenzustände, deren Energie den Wert $E_{\Delta x} \approx \hbar c/\Delta x$ übersteigt. Der Schwarzschild-Radius R_S des zugehörigen schwarzen Loches ist: $R_S = 2GE_{\Delta x}/c^4$, wobei G die Gravitationskonstante bezeichnet. Hat sich ein schwarzes Loch einmal gebildet, so hilft es nicht, die Energie des Strahles weiter zu erhöhen, um noch tiefer ins Innere des Lochs zu "schauen". Denn auf das massive Bombardement antwortet das schwarze Loch mit einer Vergrößerung seines Radius R_S und mit der "geräuschlosen" Hawking-Strahlung zur Energie $E_H = \hbar c / R_S$. Irgendwann drehen sich die Verhältnisse um: wächst die Energie $E_{\Delta x}$ der Geschosse des "Mikroskops" weiter an, so wird die ausgetestete Region Δx nicht mehr kleiner, vielmehr nimmt sie gemäß $\Delta x \approx \hbar c / E_H = R_S = 2GE_{\Delta x}/c^4$ immer weiter zu. Wenn die Beobachtung sehr kleiner "Dinge" prinzipiell nicht möglich ist, dann haben Spekulationen über unendlich fortgesetzte, fraktale Tiefenstrukturen keinen Sinn. In diesem Punkt irrte sich Leibniz vermutlich deshalb, weil er die Gottheit nicht anders denken konnte als unendlich "ausgedehnt" längs aller Dimensionen.

Oberflächlich betrachtet scheint die Leibnizsche Metaphysik zwei gegensätzliche Positionen zu vereinen: den mechanistischen Atomismus mit der idealistischen Wertschätzung des Seelisch-Geistigen, einschließlich der theologischen Implikationen. Als verteidige er den antiken Atomismus, nennt Leibniz alle einfachen und unteilbaren Substanzen die wahren Atome der Natur. Sie können nur durch einen Schöpfungsakt entstehen, denn sie sind individuelle Wesenheiten, die ihre Identität, trotz ständiger Einflussnahme von außen, unbeeindruckt beibehalten. Insofern das Selbstsein der Atome fensterlos ist - abgeschieden von allem, was sonst in der Welt geschieht - scheint Leibniz sich schon festzulegen, weil er vermeintlich nichts weiter gelten lässt als den sinnlosen Reigen toter Dinge. Doch parallel zu dieser kausal-mechanischen Ebene führt Leibniz eine anders verfasste, teleologische Ebene ein und bringt anschließend beide zur Deckung. Die Abkehr vom orthodoxen Atomismus erzwingt seine unorthodoxe Monadenlehre, die einen inneren Beziehungsreichtum in den "Steinchen" postuliert. Denn die Fensterlosigkeit der elementaren Substanzen ist die Folge eines Selbstvollzugs, weswegen das Unteilbare nicht Atom, sondern vielmehr Monade zu nennen ist. Und dieses Innenleben ist nicht armselig, vielmehr spiegelt jede beseelte Monade, aus ihrer eigentümlichen Blickrichtung heraus, die ganze Welt wider. Da alle monadenartigen Substanzen eine abgründige Tiefendimension haben, ist in jedem dieser Einzelwesen der universelle Zusammenhang eingeschrieben. Nach Leibniz sind Atome innerlich nicht tot, vielmehr haben sie ein reiches Eigenleben. Darin kommt eine teleologische, ganzheitliche Auffassung zum Ausdruck, nach der beide, das Selbstsein und das Einssein, ontologisch auf derselben Stufe stehen. Dieses Übergreifende nennt Leibniz sogar die höchste Form des Seins. Die Einheit, die allen Substanzen vermöge ihres reichen Innenlebens "eingearbeitet" ist, verdankt sich der seelisch-geistigen Monaden, deren reflexive Gestalt die des Geistes ist. Die "Geist-Substanz" ist das Fundament der Wirklichkeit. Neuplatoniker nannten sie die Hypostasen des Seins. An die Spitze der Weltordnung gehöre der Geist wegen seiner Nähe zu Gott, der selbst Geist, allerdings unübertrefflicher, tiefsinniger Geist ist. Da die unendlich vielen Monaden, trotz ihrer Einmaligkeit, in ihren "Bauplänen" einheitlich auf den "Konstrukteur" - Gott - verweisen, ist das Ganze sinnvoll, muss auch die scheinbar seelenlose mechanische Ordnung gottgefällig sein. Die toten Körper haben die Funktion, den seelischen und intelligiblen Wesen Darstellungsmöglichkeiten zu bieten. Die Funktion des Geistes ist es, dem Ganzen seinerseits eine teleologische Verfasstheit aufzuprägen, und zwar auf eine Weise, wie sie sich für das göttliche Geisterreich geziemt: auf die bestmögliche. Dabei können die beiden Ebenen - die mechanisch-kausale und die seelisch-finale - in Wahrheit nicht voneinander getrennt werden.

Am Ende verwirft also Leibniz den primitiven, mechanisch-materialistischen Atomismus und reiht sich mit seiner Monadenlehre in die Tradition der ehrwürdigen Religionsphilosophen ein, die nicht müde wurden, den Geist als ein grundlegendes ontologisches Prinzip zu huldigen. Jeder Schritt, mit dem sich Leibniz in seiner Monadenlehre vom rein mechanisch-materialistischen Naturalismus entfernte, näherte er sich der philosophisch-theologischen Tradition an und den naturphilosophischen Bekenntnissen der Quantenphysiker. Dass er nicht punktgenau alles Grundsätzliche vorwegnahm, was heute als etablierte Theorie gilt, darf ihm niemand anlasten. Schließlich ist der Erkenntnisfortschritt der modernen Physik ohne ausgeklügelte und technisch anspruchsvolle Experimente gar nicht denkbar.

In Leibniz verehren wir auch einen der bedeutendsten Wortführer des Rationalismus, der im 17. Jahrhundert in Europa vorherrschenden Denkrichtung. Seine Kernthese lautet: Da vernunftgemäßes, praktikables Wissen von Forschern aller Disziplinen angehäuft werden kann, müsse die Welt vernünftig strukturiert sein, und zwar auf allen Skalen ihrer göttlichen Ordnung. Das Intelligible, worum es den Denkern in ihren Projekten geht, entstamme nicht der naiven Anschauung, nicht der Erfahrung, nicht der Wahrnehmung. Das Wahrheitsgemäße gehöre ausschließlich in den Zuständigkeitsbereich der Vernunft, die ihre eigenen Hilfsmittel und Regeln hat. In seiner mathesis universalis warb Leibniz für seine kühne Vision vom künftigen Erkenntnisfortschritt. Damit wir immer besser mit dem Geist in die Tiefe naturgesetzlicher

Zusammenhänge "sehen" können, müsse ein "Fernrohr" für den Geist konstruiert werden, das nicht die Oberfläche zeigt, sondern die inneren intelligiblen Formen aller Dinge und Erscheinungen. Mit diesem "Instrument" ausgestattet sollte das gesamte nutzbare und mögliche Wissen im Kosmos der Ordnungsideen entdeckt werden können. Stützen könne sich seine verwegene, rationalistische Hypothese auf einen Analogieschluss. Durch die grammatikalisch korrekte Kombination von einfachen Buchstaben lassen sich Wörter und Sätze bilden, mit denen alles ausgedrückt werden kann, was Menschen durch den Kopf geht. Analog sollte es, meint Leibniz, ein Alphabet und eine Grammatik des Wissens geben, mit denen neue Erkenntnisse algorithmisch erschlossen und Denkfehler publik gemacht werden können. Man müsse nur die richtigen Regeln befolgen, dann gelingt es, aus dem "atomaren Material" des Basiswissens alle möglichen komplexen Erkenntnisse "herauszurechnen". Ist dieses "Fernrohr" erst einmal zur Hand, dann werden selbst die endlosen Debatten der Philosophen ein Ende finden, weil sich die Kontrahenten mit dem "Rechenschieber" gegenseitig "ausrechnen", welche Mutmaßung aufrechterhalten werden kann und welche nicht.

Das schallende Gelächter der Empiristen und Positivisten über die Rechenknechterei des Rationalisten ist im philosophischen Salon noch nicht verhallt, da erlebt die Vernunftgläubigkeit der Altmeister des Rationalismus - Descartes und Leibniz - eine ungeahnte Renaissance. Gemeint ist die Theorie der Quanteninformation. Als fundamentale naturwissenschaftliche Disziplin ist die Quantentheorie hauptsächlich interessiert an gesetzmäßigen Beziehungen in der Mikrowelt. Erstaunlich gründlich und umfassend informieren die Quantengesetze darüber, was sich im Mikrokosmos alles ereignet. Sie sind dermaßen zuverlässig und genau, dass sich darauf das ganze Wissensgebäude der "Chemie" errichten lässt, ohne dass es flankierend, durch fremde Stützpfeiler, vor dem Einsturz gesichert werden müsste. Physiker verstehen, wie sich die Atome aller Couleur verhalten, wie sie Moleküle und Makromoleküle bilden, wie Kristallgitter entstehen und wie die elektromagnetische Strahlung mit den atomaren Ladungsträgern in Plasmen wechselwirken. Diese robusten, bis heute unfehlbaren Naturgesetze, die nur mit dem abstrakten Instrumentarium der Mathematik ausgedrückt werden können, sind merkwürdig janusköpfig, da sie nicht nur etwas Wesentliches über Vorgänge in der Natur aussagen, sondern auch anzeigen, was in einem Quantencomputer alles "ausgeknobelt" werden kann. Tatsächlich geht die Gleichwertigkeit beider Auffassungen so weit, dass die Fülle aller Erkenntnisse der Quantenphysik über das "reale" Sein der Mikroobjekte isomorph zu allen Programmen ist, die auf einem universellen Quantencomputer abgearbeitet werden können. Es ist daher nicht falsch, die Quantenphysik alternativ als eine Lehre von der Programmierbarkeit von Quantencomputern aufzufassen. Wenn es also dem Quantenphysiker gelingt, die ganze Entwicklung des Kosmos von Anbeginn an wahrheitsgemäß nachzuzeichnen, so kann ein Metaphysiker zu Recht beanspruchen, mit seinem geistigen "Quantenfernrohr" den gesamten Prozess zu überblicken. Dabei ist der Schulterschluss mit Leibniz enger als erwartet, weil nur zwei "Wissensatome" genügen, um alles durchzuarbeiten. Es genügen nämlich zwei universelle Basisoperationen (ein Ein-Qubit Gate und die binäre Qubit-Operation des kontrollierten Nicht-Gatters) und die Regeln der Quanteninformatik, um jeden Quantenalgorithmus implementieren zu können. Anders gesagt: Jede wahre Aussage über "reale" Quantenphänomene kann in ein Rechenschema übersetzt werden, das mit nur zwei Operationen auskommt. Hat der Quantenphysiker die Vorstellung, dass ihm ein Klumpen Wasserstoff- und Heliumatome genügt, um daraus einen Kosmos mit Galaxien, Sternen, Planeten und einer Biosphäre aufzubauen, so genügen dem Quanteninformatiker einige Qubits, um dieselbe Entwicklung vor seinem geistigen Auge ablaufen zu lassen. Beiden Forschern ist allerdings klar, dass ihr Verständnis grundsätzlich nur oberflächlich und inadäquat sein kann, weil verschränkte Zustände in der Quantenwelt dominieren. Diese teillosen Ganzheiten entziehen sich der Anschauung und gewohnheitsmäßigen Auffassung - es sind "Ideen", die in kein vorgefasstes Denkschema passen. Die "unendliche Parallelität des Informationsaustausches" im Quantencomputer kann vom menschlichen Verstand nicht nachvollzogen werden. In der klassischen Informatik gibt es keine geeigneten Begriffe und Konzepte, um zu verstehen, was "Quantenintelligenz" ist. Wenn das Leibnizsche "Fernrohr" im Arbeitsmodus mit verschränkten Quantenzuständen sich selbst überlassen bleibt, dann erscheint es uns wie ein Dämon, der Wunder vollbringt. Alles und nichts wird von der "Maschine" erwogen, zu immer neuen Entitäten verwoben, um nur ja keine Möglichkeit bei der Erhebung des quantenmechanischen "Ratschlusses" zu vergessen. Obwohl der mathematische Formalismus adäquat ist, bleibt das geheimnisvolle Quantengeschehen bei Einbeziehung der verschränkten Zustände für unsere Anschauung unzugänglich. Das Unaussprechliche ist offensichtlich ein notwendiger Bestandteil des Erkenntnisapparats, der unseren Blick auf die weite Welt des Geistes lenkt. Ob allerdings die "Rechenmaschine" der Quanteninformatiker derartig ausbaufähig ist, dass sie auch dem Philosophen das Denken abnehmen kann, wird wohl noch lange Zeit strittig bleiben.

0.3.8 Hegel

Der Stammvater des Deutschen Idealismus, Georg Wilhelm Friedrich Hegel (1770-1831), schuf ein monumentales philosophisches Lehrgebäude, das einer uneinnehmbaren Festung gleicht, die auf einem festen Fundament errichtet ist. Kein Metaphysiker, kein Philosoph und auch kein Theologe kann das Meisterwerk dieses Genius ignorieren, ohne seine Reputation als Fachmann zu verlieren. Hegels Beitrag zur philosophischen Gedankenentwicklung ist derart tiefsinnig und stimulierend, dass es ausgewiesenen Kennern seiner Philosophie überlassen bleiben muss, diesen Ruck im Weltgeist angemessen und umfassend zu würdigen.

Wir beschränken unsere Betrachtung auf einen weniger beachteten Text Hegels. In seiner Religionsphilosophie unternahm er den verdienstvollen Vermittlungsversuch, das Christentum mit der idealistischen Philosophie zu befreunden. Die Prämisse für sein kühnes Versöhnungsangebot ist im selben Umfang einsichtig wie ihr notorisch widersprochen wird. Wer, so argumentierte Hegel, in Religionsangelegenheiten ausschließlich das Gemüt anruft, dem Nachdenklichen aber barsch den Mund verbietet, den müsse „man stehenlassen; denn mit dem Appellieren an das eigene Gefühl ist die Gemeinschaft unter uns abgerissen. Auf dem Boden des Gedankens, des Begriffs dagegen sind wir auf dem des Allgemeinen, der Vernünftigkeit; da haben wir die Natur der Sache vor uns, und darüber können wir uns verständigen, da wir uns der Sache unterwerfen und sie das uns Gemeinsame ist.“[28] Weil alles, was in meinem Gefühl ist, allein von mir selbst wahrheitsgemäß ausgelegt werden kann, bestimme ich Gott als das an sich Subjektive, bar jeder Objektivität, wenn ich die Gottesvorstellung an meinen persönlichen Gefühlen festmache. Obwohl sich diese Bemerkung über die Verständigungsmöglichkeit in Religionsfragen auf die Evidenz einer Tautologie stützen kann, - nur Objektives ist objektiv - wird ihr bis heute mehrheitlich energisch widersprochen. Schleiermacher schrieb Hegel ins Stammbuch: Das Wesen der Religion „ist weder Denken noch

[28]G.W.F Hegel, „Vorlesungen über die Philosophie der Religion“, Band I, Suhrkamp, Frankfurt am Main, 1969, S. 129.

Handeln, sondern Anschauung und Gefühl.“[29] Diese Klarstellung der Wahrheitskonstrukteure musste immer wieder erneuert werden, damit der Gang der Ding nicht in eine falsche Richtung geht, damit kein Samenkorn eines neuen Gedankens über die hohe Klostermauer ins eingehegte Beet der Wahrheitsfreunde fällt und zum schädlichen Unkraut heranwächst. Erst neulich bekräftigte Bultmann: „Wer an Gott glauben will, muß wissen, daß er selbst sozusagen in einem Vakuum steht.“[30] Nichts ficht diesen Grundsatz an - meinen fast alle Religionswissenschaftler. Mag Feuerbach noch so wortreich dazu auffordern, man solle doch nach allen Beteuerungen endlich die notwendigen Konsequenzen aus dem orthodoxen Standpunkt ziehen und Theologie mit Anthropologie gleichsetzen. Sein Syllogismus erreicht Gehörlose nicht, denn ihnen ist klar: die Hauptsache in der Religion ist das subjektive Gefühl.

Was hält Glaubensgemeinschaften zusammen? Ist es die Behaglichkeit, in der religiösen Gemütsbewegung ganz bei sich bleiben zu dürfen? Sind die heiligen Schriften von der Schwere der Gedanken schon deshalb entlastet, weil sie nichts weiter beanspruchen, als alle religiösen Gefühle gleichzuschalten? Wer es sich in der Wissenschaft leicht macht, ungeprüfte, unreflektierte und möglichst gefühlsbetonte Meinungen äußert, der hat in aller Regel Gehaltvolles nicht vorzubringen, der wird wegen seiner Ahnungslosigkeit nicht ernst genommen. In der Religion sei alles anders, behaupten die Kritiker der Hegelschen Christologie: Der Wille diktiert die Glaubenssätze und schirmt sie zuverlässig vor lästigen Gedanken ab. Nur berufenen Schriftdeutern kann die Aufgabe zufallen, Irriges und Falsches vom Wahren und Trefflichen zu scheiden. Dass solcherart die verbindliche religiöse Lehre nicht anders als durch Zwang, Gewalt oder Gleichgültigkeit Geltung erlangt, wird gelassen zugestanden. Der Glaube an die Wahrheit habe für die von Philosophie und Metaphysik freigestellten Heilsversprecher keinen Wert. In der Finsternis sei es nicht opportun, unverzagt nach dem Grund des Seins zu fragen und mit kühnen Gedanken den erlösenden Gottesfunken schauen zu wollen. Wie heftig Vertreter dieser Mehrheitsmeinung auch abwinken, es hilft nichts: Gibt es nur noch Überzeugungen, nur noch anerzogene, aber nicht mehr hinterfragbare Glaubensbekenntnisse und keine "ewigen" Wahrheiten, dann wird das "Menscheln" zum Maßstab aller Dinge. Dann werden alle Lehren vornehm abgewiesen oder für nichtig erklärt, die aus einem tiefen Prinzip die Welt erklären wollen. Den

---

[29] F.D.E. Schleiermacher, „Über die Religion“, Verlag Felix Meiner, Leipzig, 1911, S. 34.

[30] R. Bultmann, „Jesus Christus und die Mythologie“, Furche Verlag, Hamburg, 1964, S. 100.

Glauben als verbindliche Unverbindlichkeit ansehen, nach der Maxime leben: "es gibt keine", das bestimmt den Zeitgeist. Hegel widersprach und setzte dagegen seine philosophische Christologie, die auf das Recht der Wahrheit unnachgiebig besteht.

Am Unendlichkeitsbegriff illustrierte Hegel sein Anliegen. Zunächst bemängelte er die Gedankenlosigkeit seiner Kritiker. Sie höhnen: Er brauche seine Kladde erst gar nicht zu öffnen, wenn er beabsichtige, über die Unendlichkeit Gottes "tiefsinnig" zu schwadronieren. Was in einen endlichen Schädel nicht passt, wird auch von Hegel nicht erfasst. Keine Beobachtung, keine Erfahrung gäbe auch nur einen Anhaltspunkt, dem Begriff "Unendlichkeit" einen Sinn zu verleihen. Dem spekulativen Gedanken vom Schulterschluss des endlichen Geistes hienieden mit dem unendlichen Geist dort drüben fehle jede Bodenhaftung. Vor diesem wurmstichigen Altar lege doch bitte niemand ein Glaubensbekenntnis ab. Vielmehr werde das endliche Subjekt nur durch Religion versöhnt, wenn es Offenbarungswahrheiten des Nicht-Endlichen, des Nicht-Diesseitigen gelten lässt. Nicht schweißtreibende Arbeit am Begriff, sondern der waghalsige Sprung in den Glauben bringe den Gottesfürchtigen voran. Diese demütige, sich selbst scheinbar ganz zurücknehmende Anspruchslosigkeit nennt Hegel nicht wohlgefällig, sondern empörend *eitel*, weil die „für sich seiende Idee in der Religion“ nicht durch mich frei konstruiert werden könne, sondern durch sich selbst, und erst dann auch in uns. „Dies Andere, Gott genannt, ist ein Jenseits ... eine bloße Sehnsucht die das nicht erreicht, was sie sucht; das Objekt erreichen, es erkennen hieße ja, meine Endlichkeit aufgeben; sie ist aber das Letzte, soll nicht aufgegeben werden, und wir sind in ihr fertig, befriedigt und mit derselben versöhnt.“[31] „Meine Sehnsucht, meine Rührung ist das Substantielle.“[32] Da alles in meinem Gefühl nur für mich ist, wie kann Gott mehr sein als mein von Stimmungen gefärbtes Mutmaßen, mehr sein als meine selbstische Heilserwartung, als mein egozentrisches Gutmensch-Sein? Wird dergestalt eitel und Demut heuchelnd an der eigenen Nichtigkeit festgehalten, dann ist Religion nicht möglich, weil Gott unerträglich herabgewürdigt wird, wenn er als tote Negation des Endlichen dasteht.

Nur durch die harte Arbeit am Begriff können sich Wissenschaftler verständigen und auf ihrem Gebiet vorankommen. Nur vermittels vernünftiger Gedanken und Begriffe könne auch der Theologe sinn-

[31] G.W.F. Hegel, „Vorlesungen über die Philosophie der Religion“, Suhrkamp, Frankfurt am Main, 1969, S. 170-171.

[32] Ebenda. S. 174.

voll und leutselig von Gott reden. Denn wie könnten Offenbarungswahrheiten ehrlichen Herzens geglaubt und gepredigt werden, wenn sie unvernünftig wären, wenn es in ihnen peinliche "Übersetzungsfehler" geben würde? Muss nicht der Denker jeden dogmatischen Glauben verächtlich finden? Die Glaubensbekenntnisse sollen gemeinschaftsstiftend und glaubhaft sein. Stützt sich aber der Charakter einer Glaubensrichtung auf konsensfähig Allgemeines, so ist er vom Geist nicht emanzipiert, weil er dann selbst notwendigerweise Geist auf dem jeweiligen Entwicklungsstand ist. Dass solcherart Gott wesentlich im Denken sei, wie Hegel behauptete, wird allerdings bis zum heutigen Tag entschieden bestritten. Als sei längst alles bewiesen, hält man die Hegelsche Religionsphilosophie, die dem Christentum gedankenvoll dienen will, für verfehlt und überholt.

Dabei ist es in der Tat die Hegelsche Arbeit am Begriff, die Wissenschaft überhaupt erst ermöglicht und vorantreibt. Die theoretische Physik ist voll von Belegen für diese, den Theologen offenbar so fremd klingende Behauptung. Es ist Aufgabe und Vermögen des menschlichen Geistes, durch geeignete Begriffe und Konzepte den Erfahrungsschatz zu ordnen. Folgt die schöpferische Vernunft der aus ihrem eigenen Innern aufsteigenden Logik, so vermag sie verlässliche Orientierungspunkte für den Erkenntnisfortschritt zu setzen, der in seiner Aussagekraft und in seinem Nutzen schier unerschöpflich ist.

Nehmen wir ein bekanntes Beispiel aus der Physik: den Energiebegriff. In der Punktmechanik tritt er zum ersten Mal auf. Für konservative Kräfte $\mathbf{K}$ ($\mathbf{K} = -\nabla V$) folgt aus dem Newtonschen Bewegungsgesetz $\mathbf{K} = \mathrm{d}(m\mathbf{v})/\mathrm{d}t$ ($\mathbf{v}$ ist der Vektor der Geschwindigkeit), dass eine Konstante der Bewegung existiert, nämlich die mechanische Energie ($E = m\mathbf{v}^2/2 + V$), die sich aus der potentiellen und kinetischen Energie zusammensetzt. Später erkannte man, dass sich der Energiebegriff immer dann in den Vordergrund drängen darf, wenn sich beim Verschieben der Zeitskala am theoretischen Modell nichts ändert. Wie Hegel es spekulativ annahm, ist ein adäquater Begriff nichts Feststehendes. Schon im Voraus ist er unerschöpflich und verliert immer wieder seine festgesetzte Bedeutung, da er als wahrer Begriff der lebendigen Wirklichkeit Rechnung tragen muss. Auch der einfache Energiebegriff der Punktmechanik geriet in Bewegung, wurde vertieft und erweitert, indem etwas Anderes, die "Antithese" hinzutrat, als man ihn nämlich auch in der Thermodynamik auftauchen sah. Dort steht er im ersten Hauptsatz, der ihn mit dem scheinbar ganz anders gearteten Wärmebegriff in Beziehung setzt. Hegel hätte es vermutlich als eine Synthese bezeichnet, dass die statistische Physik den Energiebegriff in die Thermodynamik mit Hilfe der Konzepte der Punktmechanik einführt. Die Rückkehr zum Energiebegriff der Massenpunkte auf höherer Ebene vollzog sich schließlich in Einsteins spezieller Relativitätstheorie. Überraschend wurde plötzlich die präzise Äquivalenz des Energie- und Massenbegriffs erkannt ($E = mc^2$). Selbst auf diesem hohen Niveau der Abstraktion entschwindet die "Lebendigkeit" des Energiebegriffs noch nicht. Dank der Quantenfeldtheorie findet er seine Wirkungsstätte sogar im Vakuum. Neuerdings trumpft der Energiebegriff erneut kräftig auf, umgibt sich mit einer geheimnisvollen Aura, indem er sich dunkle Energie nennt, deren "Menge" bei weitem alles übersteigt, was wir als greifbare Materie im Kosmos vorfinden. Angesichts der ersichtlichen Zersplitterung und Synthese von Bedeutungen stellt sich die Frage nach dem "wahren" Begriff, die Hegel eigenartig beantwortet: Die "flüssige" Natur der unterschiedlichen Begriffsformen macht sie zu Momenten einer organischen Einheit, in der eins so notwendig wie das andere ist. Diese Einheit macht erst das Wesen (das "Leben") des Begriffs als Ganzem aus.

Seine Begriffsdialektik veranschaulichte Hegel am Beispiel des Wachsens einer Pflanze. Alle unterschiedlichen, sogar miteinander unverträglichen Erscheinungsweisen gehören zusammen: Same, Blüte, Frucht. Die Knospe weicht der Blüte. Jene wird von dieser verdrängt, sie wird, wie Hegel sagt, von dieser widerlegt. Daraufhin wird die Blüte hinfällig und von der gewachsenen Frucht als ein falsches Dasein der Pflanze verworfen. Die ganze Pflanze ist weder Knospe noch Blüte noch Frucht, sie ist der gesamte Prozess. Durch den Vergleich der "Begriffsdialektik" mit den Strukturen der lebendigen Natur fand Hegel zu seinem Kerngedanken: Unmöglich kann die Wirklichkeit von ihrer Erkenntnis grundsätzlich verschieden sein, kann dort Natur und hier adäquate Erkenntnis strikt voneinander getrennt werden, weil beide in ihrer reinen Gestalt übereinstimmen. Wahre Naturerkenntnis ist nur möglich, wenn die Dinge selber vernünftig sind und ihre vollständige Erkenntnis zulassen. Daraus folgerte Hegel: Natur und Denken sind im Grunde ein und dasselbe. Die Welt ist Geist. Deshalb wird das Wesen nicht von außen, über einen tiefen Abgrund hinweg, durch den Forschergeist an den Gegenstand herangetragen, vielmehr offenbart sich, vermöge ihres Knechts "Menschheit", die Natur selbst ihr Wesen in einem rückbezüglichen Prozess. Diese Erkenntnis gipfelt in Hegels Kernthese: Die Natur erkennt sich selbst.

Nur wegen ideologischer Vorbehalte verweigern also Naturwissenschaftler der genialen Hegelschen Begriffsdialektik ihre Hochachtung. Dabei haben sich Naturforscher längst Gebiete erschlossen, die früher ausschließlich zu den Domänen der Philosophen zählten (Kosmologie und die Lehre vom Sein in Gestalt der Quantenphysik). Besonders anregend sind Hegels Denkanstöße für Theologen, an die er sich direkt wandte. Zeit seines Lebens wollte er nämlich philosophierend das Evangelium und dessen großes Mysterium, die Dreifaltigkeit Gottes, verstehen und fundieren. Was das Neue Testament in Bildern und Gleichnissen verkündet, das wollte Hegel in Begriffe fassen. Philosophie und Religion, meinte er, suchen doch beide, jede auf ihren eigenen Wegen, dasselbe, nämlich Gott. In seinem ersten reifen Werk - „Die Phänomenologie des Geistes“ - wird herausgearbeitet, dass die Struktur der Natur als dialektischer Dreischritt - These, Antithese, Synthese - der religiösen Dreifaltigkeit zumindest ähnlich ist. Hegel diente dieser Vergleich als Arbeitshypothese. Nicht grundsätzlich anders, als die sukzessiven Wachstumsphasen Samen, Blüte und Frucht in der Gesamtidee "Pflanze" erst ihren "wahren" Ausdruck finden, müsse auch Gott als organische Einheit von Vater, Sohn und Heiligen Geist aufgefasst werden. Von diesem objektiv-idealistischen Ausgangspunkt her und von der vermeintlichen Logik des Religiösen entwickelte Hegel seine christliche Religionsphilosophie.

Wie jeder Denker, so müsse auch der Theologe vom einfachen Begriff ausgehen. Hegel setzte den absoluten Geist an den Anfang, ein abgeschlossenes, einheitliches, selbstgenügsames Geistwesen. Polarisiert sich diese Einheit, treten aus ihr "subjektive" und "objektive" Momente auseinander, so erhält der Begriff "Religion" schon seinen Gegenstand. Indem sich nämlich ein vermeintlich vom Einen losgelöstes, subjektives Bewusstsein auf das allgemeine Geistige als seines eigenen objektiven Ursprungs bezieht, wird Religiosität thematisiert. Grundsätzlich sei Religion ein Verhältnis des endlichen Geistes zum umfassenden, alles beherrschenden Geist Gottes. Der religiöse Mensch erhebt sich zu Gott und krankt dabei an der "widernatürlichen" Entzweiung der Einheit, die sich ihm als endgültig und unwiderruflich vollzogen in seiner persönlichen Daseinsform kundtut. Er hofft auf Erbarmen; er hofft, dass sein geistiges Sein nicht wesenlos, nicht ausgestoßen ist vom geistigen Sein Gottes, vom ewigen Heiligen Geist. Daher nimmt sich der religiöse Mensch zurück, besteht nicht auf seiner Partikularität, negiert sogar sein Selbstsein, sein liebgewordenes Ego, um sich, soweit es geht, nur als Allgemeines zu bestimmen, was allein dem absoluten Geist angemessen ist. Das Verhängnis seiner Endlichkeit hofft er als Täuschung auffassen zu dürfen, indem er sich als etwas Unverzichtbares, des sich selbst als endlich setzenden, unendlichen Gottes bestimmt. Religiosität ist nach dieser einfachen Hegelschen Formel Abwendung von der Sünde und Hinwendung zu Gott, sie „ist das Bewußtsein des an und für sich Wahren *im Gegensatze* der sinnlichen, endlichen Wahrheit und der Wahrnehmung.“[33] Zum logischen Abschluss kommt dieser Gedanke Hegels, wenn unter Religion das Selbstbewusstsein des absoluten Geistes verstanden wird. Indem Gott in sich Bestimmungen setzt, eine Welt erschafft, ermöglicht und verwirklicht er seine eigene Selbsterkenntnis. Um durch Auflockerung seiner starren Ganzheitlichkeit zu sich kommen zu können, setzt er den Unterschied, wird dadurch selbst endlich, wird Sohn und bleibt trotzdem der Vater. Das ist widersprüchlich, denn durch die Schöpfung müsste Gott-Vater selbst endlich werden - etwas von ihm grundsätzlich Verschiedenes wäre sein Gegenüber. Doch Hegel, der Denker, besteht darauf: Die intrinsische Widersprüchlichkeit der Offenbarungswahrheiten müssen behoben werden. Das gelingt, indem man das Werden und Vergehen, die Endlichkeit der Kreatur, im Sinne seiner Dialektik versteht. Das Dasein des Endlichen muss wie ein Gewächs aufgefasst werden, das aus dem Samen, der sich vom Mutterboden ernährt, hervorgeht, wobei Gewächs, Samen und Mutterboden letztlich nichts anderes als Mutterboden sind. Gott setzt das Endliche aus sich heraus, erkennt sich in ihm, hebt es wieder auf und kehrt zu sich zurück. Und bei alledem gibt er nichts von sich weg, gewinnt auch nichts hinzu, sondern bleibt sich vielmehr ewig gleich. Die Rückkehr des Unendlichen von seinem "endlichen" Moment, von der geschöpften Welt zu sich selbst, erfolgt durch das Selbstbewusstsein des Menschen. Die Welt der Kreaturen hat kein Bleiberecht, sie ist an und für sich nichts Festes und trotzdem ein unverzichtbares Moment im Prozess der Selbstvergegenwärtigung Gottes. Von diesem Standpunkt aus versteht Hegel unter Religion nicht eine Gottesschau zur Erbauung des Sinnsuchers, sondern grundsätzlicher sei sie das Wissen des göttlichen Geistes von sich selbst. Gott bedient sich nur des Menschen, um sich selbst, vor sich selbst, zur "Sprache" zu bringen. Es ist nämlich nicht die ganze Wahrheit, im höchsten Sein dogmatisch ausschließlich den absoluten Geist zu setzen, der lediglich durch sich und für sich da ist. Gott treibt sich selbst an, er hat eine Mission, sich zum vollkommenen Bewusstsein seiner selbst zu bringen. Um dieses Ziel zu erreichen, differenziert er sich innerlich, kommt in Bewegung und hält Zwiesprache mit einem

[33]G.W.F. Hegel, „Vorlesungen über die Philosophie der Religion“, Suhrkamp, Frankfurt am Main, 1969, Band I, S. 106.

von ihm gesetzten Du.

Die Selbsterleuchtung Gottes vollzieht sich nach Hegel schrittweise als eine Höherentwicklung über viele Stufen. Die Stationen auf diesen Wegen hin zur vollen Selbstbewusstheit bilden die historisch entstandenen Weltreligionen. Auf unterschiedlichem Niveau enthält jede Religion Momente der Wahrheit, weil alle hineingezogen sind in den globalen Prozess der Selbstvergegenwärtigung der ewigen Urideen. Mögen Charismatiker noch so originell predigen, sie sind und bleiben Vollzugsbeamte des absoluten Geistes, der sich selbst vielstimmig ausspricht und dadurch peu à peu selbst erkennt. Was dabei auf den unterschiedlichen Entwicklungsstufen in den Predigten zur Sprache kommt, zeigt an, wie weit der absolute Geist bei seiner Selbstdarstellung bereits vorangekommen ist. Religionsgeschichte ist daher notwendig "objektiv", sie ist nach Hegel Ausdruck der Selbstfindung Gottes. Diese inspirierende Idee Hegels, dass auch in der Kulturgeschichte "objektive" Gesetze walten, wurde von Karl Marx aufgegriffen und für eine scharfsinnige Analyse der politischen und ökonomischen Verhältnisse des Kapitalismus fruchtbar gemacht. Weil Gott sich nicht selbst narrt, niemals etwas anstrebt, was er nicht erreichen kann, muss die Religionsgeschichte zum glücklichen Abschluss kommen. An das Ende der Entwicklung setzt Hegel die absolute Religion und diese sei das Christentum. Nach den notwendig unausgereiften Vorstufen steht in der Glaubenstradition abschließend die wahre Religion, der aufgeht, dass Gott selbstbewusster Geist ist, ohne Bestimmung und ohne Beschränkung. Im Selbstbewusstsein Gottes übernimmt der Mensch eine unverzichtbare Vermittlerfunktion. Der Christ "weiß" Gott, weil er fest daran glaubt, dass sich Gott in ihm "weiß". Grundsätzlich weiter voran kann, nach Hegels Verständnis, die religiöse Selbstoffenbarung nicht kommen. Nunmehr sind der endliche und der unendliche Geist versöhnt und in der absoluten Einheit befriedet. Damit hat die Religion ihren endgültigen, einzig wahren Standpunkt gefunden. Gott muss sich als Geist manifestieren und deshalb ein anderes, die endliche Kreatur setzen. Dieses andere hat aber keine eigenständige Wirklichkeit. Es ist etwas Vorübergehendes, etwas Vergängliches, dessen Scheindasein von Gott in einer ewigen Bewegung wieder aufgehoben wird. „Das Endliche also ist wesentliches Moment des Unendlichen in der Natur Gottes, und so kann man sagen: Gott ist es selbst, der sich verendlicht, Bestimmungen in sich setzt ... das Wahrhafte aber ist, daß diese Endlichkeit nur eine Erscheinung ist, in der er sich selbst hat ... Doch dies Bestehen des Endlichen muß sich auch wieder aufheben, denn es ist Gott."[34]

Wie schwer sich Hegels religiöser Standpunkt heute vermitteln lässt, das ist bekannt. Dabei ist das Christentum mit Hegels Religionsphilosophie durchaus auf Tuchfühlung. Der Christ weiß: Das Sein der geschaffenen Welt hat aus sich keinen Bestand; sie gilt als von Gott abgefallen. Dieser scheinbar genau identifizierbare andere Geist erscheint in der Welt der endlichen Kreaturen als Einzelpersönlichkeit als Mensch. In Wahrheit ist er aber Ebenbild Gottes, ein unverzichtbarer Gehilfe bei der Selbsthilfe des Schöpfers, sich mit sich selbst bekanntzumachen. Damit der Mensch auch seine Funktion treulich erfüllen kann, muss er die Zwiespältigkeit seiner Natur erkennen und sie, mit Hilfe seiner religiösen Veranlagung, überwinden. Wird sich der Mensch seiner selbst bewusst und erfüllt den an ihn delegierten Offenbarungsauftrag, so wird er belohnt mit der Gnade der Versöhnung mit Gott. Er ängstigt sich nicht, weil er sich nicht länger in eine fremde Welt hineingestellt fühlt, die nur das grausige Spiel mit toten Bauklötzern kennt. Indem er sich auf Gott bezogen weiß, erkennt, dass er ein unverzichtbarer und unaustilgbarer Geist des absoluten Geistes ist, versteht er schon die Wahrheit, die Christus der Menschheit bringen will: Gott ist Mensch und der Mensch ist Gott. Dieses heilsbringende Selbstbewusstsein des Menschen ist gleichzeitig als Selbstsucht auch der Ursprung des Bösen, das ein Stiefkind von Gottvater ist. Das "Richtige" und "Falsche" haben nämlich dieselbe Quelle: Das Heraustreten aus der Unschuld durch Erkenntnis. Dieses Licht verursacht entweder Leiden an sich selbst und die Hoffnung, es überwinden zu können, weil der Gegensatz nicht die Wahrheit ist oder eitle, törichte Selbstvergötterung des sich selbst ins Nichts stellenden Herrenmenschen. Das falsche Bewusstsein ist eine Episode und nichtig - ihm fehlt die mögliche analytische Fortsetzung zu Gott und damit das Wesentliche. So "erfolgreich" sich der Gewaltmensch scheinbar von Sieg zu Sieg durchboxt - er ist und bleibt ein erbärmliches Nichts. Was er im Getöse abzuwehren sucht, seine unerträgliche, tiefe Sinnlosigkeit, besiegelt er durch seine Missetaten: Wie ein seelenloser Klotz fällt er in das, was er fürchtet, ins Nichts. Anders stehe der tugendsame, sittliche Mensch im Lichte Christus da. Ihm sei das wahre Wesen des Messias als Geist und Liebe aufgegangen, weswegen er unbekümmert seine Endlichkeit annimmt. Als Kind Gottes ist er gerettet. In der christlichen Gemeinde versichert er sich dieser Heilswahrheit.

Trotz ihrer Nähe zur Christologie zählt man heute Hegels Religi-

[34]G.W.F. Hegel, „Vorlesungen über die Philosophie der Religion", Suhrkamp, Frankfurt am Main, 1969, Band I, S. 191.

onsphilosophie zu den ertragsarmen Spekulationen. Zwar stehe es dem Dialektiker frei, die Allmacht ins Jenseits zu projizieren und sie dort in Bewegung zu versetzen. Doch das hin und her Geschiebe von Abstraktheiten gibt dem Beter weder ein Heilsversprechen noch die ersehnte Gemütsruhe. Eines der vernichtenden Schlussworte zum Hegelschen Erbe sprach Wilhelm Weischedel: „Hegels Systemwille, seine ungeheure Absicht, alle Wirklichkeit vom absoluten Geist her zu begreifen, scheitert so an der Unbegreifbarkeit der Vielfalt des Wirklichen. Die Zufälligkeit bleibt das große Ärgernis seines spekulativen Denkens. Daß sie nicht bewältigt wird, bildet demgemäß auch einen der Anstöße zur Auflösung der Philosophischen Theologie.“[35] Immerhin wird festgehalten, dass die Beurteilung des Hegelschen religiösen Systems insofern grundlegend ist, da sie die Kernfrage tangiert, ob philosophische Theologie, ob Metaphysik überhaupt möglich ist. Deshalb darf auch heute noch gefragt werden: Wie verhält es sich mit den religionsphilosophischen Prämissen Hegels, auf die nicht nur Karl Marx bissige Schmähworte losließ? Ist das gleichgeschaltete Stillschweigen über Hegels Christologie in der Tat gerechtfertigt? Wurde sie durch triftige Gegenargumente in ihrem Fundament erschüttert oder blockiert Dünkel und stumpfsinniger Dogmatismus die längst überfällige Neubewertung seiner theologischen Spekulation?

Wir fassen uns ein Herz und nennen die Dinge beim Namen: Inkompetenz und Ignoranz der "Experten" verhindern jede sachgerechte Auseinandersetzung mit Hegel, die dem heutigen Kenntnisstand angemessen ist; Gleichgültigkeit und eine nie gekannte Gottvergessenheit haben ein nicht zu überbietendes Desinteresse an seiner Religionsphilosophie zur Folge. Dabei gäbe es manches neu zu bedenken. Wir nennen vier Punkte, die Hegels Religionsphilosophie betreffen: 1) den objektiven Idealismus, 2) den Einheitsgedanken, 3) das Endlichkeitsproblem und 4) die Ebenbildlichkeit. Behandeln wir die Punkte der Reihe nach.

Dass die Welt nicht aus starren Bauklötzchen aufgebaut ist, die sich im Laufe der Zeit im Raum unterschiedlich verteilen und so alles zur Darstellung bringen, sondern dass sie eher mit einem "Ideengeflecht" vergleichbar ist, das zu zeigen bemühten wir uns mit jedem Schritt unserer gedanklichen Exkursion. Desgleichen wurde auf die Unabweisbarkeit des Einheitsgedankens in der quanten-physikalischen Naturauffassung mehrfach hingewiesen, so dass auch zum zweiten Punkt die Ehrenbezeugung vor Hegel bereits erfolgte. Was das Unendlichkeitspro-

[35] W. Weischedel, Der Gott der Philosophen, Wissenschaftliche Buchgesellschaft, Darmstadt, 1983, S. 381.

blem anbelangt, wird die Hegelsche Kritik am vulgären Unendlichkeitsbegriff zumeist zurückgewiesen. Mit Blick auf das Zeitproblem lautet Weischedels Einwand: „Das Verhältnis von Ewigkeit und Zeit endet in dem unaufhörlichen Geheimnis, das im ‚Kreislauf' des absoluten Geistes beschlossen ist.“[36] Dabei hätte er sich vorsichtiger äußern müssen, denn die moderne Kosmologie hat die alten Lehren nicht einfach nur modifiziert, sondern vollständig umgeschrieben. Einsteins allgemeine Relativitätstheorie und die Friedmannschen kosmologischen Lösungen hätten ihm bekannt sein können. Die Treffsicherheit der neuen "Himmelsphysik" bezeugt eine Vielzahl von Beobachtungen. Zum Unendlichkeitsbegriff in der Kosmologie melden die Singularitätstheoreme von Hawking und Penrose grundsätzliche Korrekturen an. Die Forscher konnten beweisen: Unter allgemeinen Bedingungen ist in einem expandierenden Universum die Anfangssingularität unvermeidbar (siehe Seite 133). Bliebe es bei diesem streng bewiesenen Theorem der klassischen Gravitationstheorie, dann wäre zum ersten Mal in der Geschichte der Naturphilosophie eine im Hegelschen Sinne schlechte Unendlichkeit als unbrauchbar erkannt, nämlich die unendliche Erstreckung des Newtonschen Zeitpfeiles in die Vergangenheit. Der Pfeil müsste sich unnatürlich verbiegen, da die Theorie seinen Abbruch fordert - die Zeit müsste ihr Wesen ändern, wenn sie "stillstehen" soll. Letzteres ist tatsächlich notwendig. Das Wort "Urknall" bezeichnet den singulären Anfangszustand des Universums, in dem die Energiedichte und somit auch die assoziierte "Krümmung" der Raum-Zeit idealerweise "unendlich" waren. Jeder endliche Rauminhalt eines geschlossenen Weltmodells, das die Friedmannschen Gleichungen zulassen, schrumpft bei Annäherung an den zeitlichen Ursprung gegen null. Für ein offenes Universum sind die Verhältnisse beim Urknall erschreckend geheimnisvoll, weil der singuläre "Punkt" mit seiner unendlichen Hitze und Dichte den ganzen unendlichen Kosmos ausfüllen würde. Waren sich alle Theoretiker einig, dass die divergierende Energiedichte zwar auf einen Defekt des Einsteinschen Raum-Zeit Modells hinweist, so hatte niemand ein Problem damit, den Zeitpfeil in eine unendlich ferne Zukunft davonfliegen zu lassen. Die schlechte Unendlichkeit in der räumlich-zeitlichen Erstreckung wurde durch die Theorie des Multiversums rehabilitiert. Ohne Anfang, ohne Ende ereigne sich ein Urknall hier, ein anderer dort. So gewannen Atheisten ihren Begriff "unendliche Erstreckung" zurück, vor dem sie wieder tiefsinnig knien können. Gegen diesen Unendlichkeitswahn

[36] W. Weischedel, Der Gott der Philosophen, Wissenschaftliche Buchgesellschaft, Darmstadt, 1983, S. 308.

schien kein Argument anzukommen, bis feststand, dass auch Verkleinerungen nicht unendlich oft fortgesetzt werden können (vergleiche Seite 136). Wir wiederholen die Merksätze noch einmal: Wird die Beckenstein Grenze erreicht, dann verliert das Raum-Zeitkonzept seinen Sinn. In jedem endlichen Volumen ist der Informationsgehalt endlich. Um die Anzahl der Bits zu berechnen, multipliziere man die Oberfläche des Horizonts, angegeben als ein Vielfaches der Planckfläche, mit vier. Damit sind zwei schlechte Unendlichkeiten als theoretische Artefakte ausgewiesen: 1) unendlich große Datenmengen im endlichen Volumen, 2) unendlich kleine Strukturen. Hegel verstand es so: Im "Kleinsten" muss es geheimnisvoll, muss es dialektisch zugehen, weil sich der Begriff der Raum-Zeit so sehr "verbiegt", dass er seine ursprüngliche Bedeutung einbüßt. Gibt es nämlich in der Planck-Region nur noch wenige Bits, so kann mit Gravitationsfeldern nicht mehr hantiert werden. Ist das Feld erst einmal weg, so auch all seine Anregungen wie z.B. Gravitonen. Da nach Einstein die Raum-Zeitmetrik mit dem Gravitationsfeld wesensverwandt ist, muss in der Planck-Region das altbackene Raum-Zeitkonzept abhandenkommen. Dort unten, im Kleinsten, "gibt" es weder Raum noch Zeit.

Welche Erklärungsmöglichkeiten für die Auflösung der Raum-Zeitstruktur wurden vorgeschlagen? Von den interessanten Ansätzen erwähnen wir hier nur die des Templeton Preisträgers Michael Heller. Im Planckvolumen, so vermutet er, müsse das Raum-Zeitkonzept in den Kontext der mathematisch bereits gut ausgearbeiteten nicht-kommutativen Geometrie gestellt werden. Ähnlich wie in der Quantenphysik die Observablen, so werden in der verallgemeinerten Geometrie nicht-kommutative Räume durch Operatoren eines Hilbertraums definiert. Die Aufgaben, die in der gewöhnlichen Geometrie von Funktionen übernommen werden, müssen nun Operatoren erledigen. Dadurch ändert sich der Charakter der geometrischen Verhältnisse wesentlich. Wegen der nunmehr wirksamen Nicht-Kommutativität sind die so konstruierten Räume nichtlokal. Das bedeutet, dass Begriffe wie der geometrische Ort und dessen Umgebung ihre Bedeutung verlieren. Obwohl sich nicht einmal definieren lässt, was ein Punkt und seine Umgebung ist, wurde eine verallgemeinerte Differentialgeometrie für nicht-kommutative Räume ausgearbeitet. Diese abstrakte mathematische Theorie wählte Heller zur Grundlegung seines Weltmodells vermutlich deshalb aus, weil die singulären Räume, von denen sich die Relativitätstheorie nicht befreien kann, dermaßen ungewöhnlich sind, dass sie nur auf einer allgemeineren, abstrakteren Grundlage zufriedenstellend verstanden werden können. Wegen des durchgehend nicht-lokalen Charakters ist die singuläre Raum-Zeit in der nicht-kommutativen Geometrie keine Besonderheit mehr. Sie ist mit allen anderen möglichen geometrischen Verhältnissen in einer starren Ganzheit vereint, deren Zustand sich angeben lässt, aus der aber nicht einzelne singuläre oder nicht-singuläre "Realisierungen" herausgebrochen werden können. Wenn die nicht-kommutative Geometrie in der Planck-Region ihr Betätigungsfeld findet, wie Heller vermutet, dann herrscht dort eine "orts- und zeitlose Einheit", die als singulär oder nicht-singulär zu bezeichnen nicht statthaft ist. Erst durch einen "Phasenübergang" (weit oberhalb der Planck-Skala) emergiert aus dem starren, abstrakten Geflecht nicht-kommutativer, geometrischer Verhältnisse das vertraute räumlich-zeitliche Ordnungsschema, von dem aus es so aussieht, als ob die Raum-Zeitunion nur anfangs, beim Urknall, singulär war. Könnte jemand unten, auf dem "Boden" der Realität stehen, er könnte weder "hier" noch "dort" weder "früher" noch "später" weder den "singulären" Zustand einst vom "normalen" Zustand jetzt unterscheiden und sähe erst recht keine Teilchen und auch keine Felder der herkömmlichen Feldtheorien. Wie sollen wir diese "Realität" nennen, die mit Materialität nichts mehr gemein hat, die jedoch mit abstrakten mathematischen Methoden eventuell sogar wahrheitsgemäß und punktgenau beschrieben werden kann? Einige Eigenarten des Hellerschen Weltmodells veranschaulicht die Abbildung 0.3.3. Wo auch im weiten Universum jemand mit einem fiktiven Mikroskop tief hinunter auf das Allerkleinste schaut (ob von x_2 aus, ob von x_{v3} aus, ob von x_{v2} aus in die Vergangenheit), er findet immer dasselbe Ganze. Am Anfang, am Ende und überall auf der Welt im Allerkleinsten "existiert" ein und derselbe Zustand - und er gehört zur nicht-kommutativen Geometrie. Dieser Kern der absolut starren, scheinbar sich selbst genügenden Ganzheit zeigt dem Betrachter lauter optische Täuschungen, die wir Welt nennen. Von "weitem" sieht es so aus, als sei der gleichbleibende, majestätische "Urstrahl" auf eine Weise in sich reflektiert und gebrochen, dass jeder zahlende Zuschauer meint, einer Vorstellung beizuwohnen. Welches naturphilosophische Weltmodell würde dem Hegelschen System wohl besser zur Seite stehen als Hellers Vision, zumal der "Plancksche Seinskern" alles andere ist als ein greifbares Partikelchen.

Kommen wir zum vierten, der von uns hervorgehobenen Punkte der Hegelschen Religionsphilosophie - zur Ebenbildlichkeit. Sie steht im Kontext des dreieinigen Charakters der christlichen Schöpfungslehre. Die Ebenbildlichkeit des Menschen mit Gott begründet Hegel in seiner

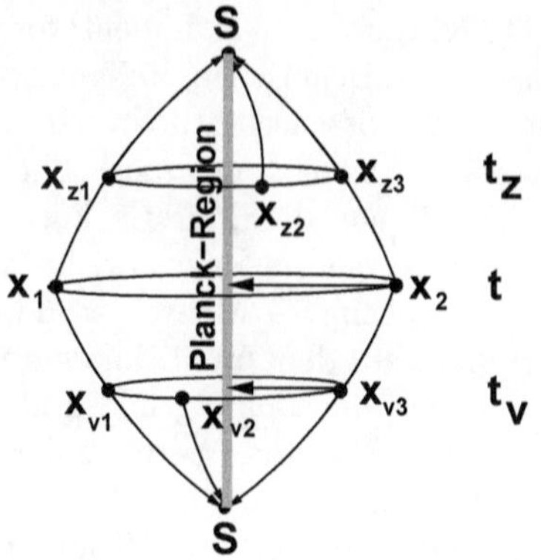

Abbildung 0.3.3:
Schematische Illustration des Hellerschen Weltmodells. Längs der vertikalen Achse verläuft die Zeit von der Vergangenheit (t_v) über die Gegenwart (t) zur Zukunft (t_z). In der horizontalen Ebene sind die Ortskoordinaten abgetragen. Der senkrechte Balken in der Bildmitte stellt die Planck-Region dar, in der nichtlokale, nicht-kommutative geometrische Verhältnisse herrschen. Da dort unten alles, also auch die Anfangs- und Endsingularität (S), voneinander ununterscheidbar ist, sollten wir uns den Balken auf einen Punkt zusammengezogen denken. Zu jeder Zeit sprießen also alle Dinge und Erscheinungen in den Weiten des Kosmos aus demselben, ewig unveränderlichen Unterbau. Dieser Unterbau ist die sich gleich bleibende "Urknall-Singularität".

Theorie mit Blick auf die rückbezügliche, sich selbst bewusst werdende Geisterwelt. Doch die Hegelsche Logik, die triumphierend vom Abschluss der historischen Entwicklung des religiösen Lebens in Christus schwärmt, überzeugt Katholiken und Protestanten nicht. Man wolle die Lobhudelei nicht hören, die den Glauben, durch die Hintertür, mit philosophischer Quacksalberei belastet. Nur frei von Spekulation sei der Glaube fest, rein und unangreifbar. Im Sumpf der Philosophie kann der Andächtige nicht niederknien und inständig beten - er macht sich seine Hose nass. Zumal die Mehrheit aller Kommentatoren davon überzeugt ist, dass die Prämissen der Hegelschen Religionsphilosophie ohnehin längst widerlegt sind. Naturwissenschaftlich verbürgt sei schließlich die materialistische Auffassung, wonach der menschliche Geist, verletzbar und anmaßend wie er ist, aus der Materie kurzzeitig und wesenlos emergiert. Popper ergänzte das einfache, areligiöse Schema des monistischen Materialismus - Ding → Mensch -, indem er eine "dritten Welt" obendrauf setzte, die aus dem fragil Emergierten fragil emergiert, die aber in Hegels Religionsphilosophie grundsätzliche Bedeutung hat: Ding → Mensch → Kultur. Die drei übereinander stehenden Popperschen Welten sind beileibe nicht dreieinig. Wie angestrengt die Denker durch Erweiterung und Vertiefung eine Stimmigkeit, einen Sinn im Dreiweltenschema hineinzugeheimnissen versuchen, finden werden sie nur unaufhebbare Hinfälligkeit, meinen die Gutgläubigen, weil alles getragen werde durch Gott, dem Jenseitigen. Zwar sei der Schöpfer ganz Wort, ganz Person, aber diese Metaphern berechtigen keinesfalls eine Eingemeindung Gottes. Die christliche Spekulation schiebt einen ganzen Himmel zwischen den Menschen und dem dreieinigen Gott: Ding → Mensch → Kultur ☁ Gott. Wie Hegel, hadern auch einige philosophisch interessierte Naturwissenschaftler mit der Linearität dieser christlichen Orthodoxie und spekulieren über eine diesseitige Trinität, die physikalische Wirklichkeit, die menschliche Erkenntnisfähigkeit und die platonischen Ideen betreffend.

Zunächst gilt es noch einmal das Wunder des Erkenntnisvermögens zu erörtern (vergleiche Seite 196). Die mathematisch durchgearbeiteten Naturgesetze, die ihre technologische und erkenntnistheoretische Potenz ungebrochen unter Beweis stellen, sind keine beziehungslosen Inspirationen, die geschwätzigen Biorobotern einfallen. Da die Forscher selbst die Tragweite und Tiefe ihrer Erkenntnisse notorisch unterschätzen, kann theoretische Physik nicht einfach ein trickreiches, aber unverbindliches Sprachspiel sein, bei dem diverse Beobachtungsdaten in eine willkürliche, austauschbare Ordnung gebracht werden.

Illustrieren wir diesen Gedanken erneut am Beispiel des Wasserstoffatoms. Dieses "einfache" Gebilde, das aus einem Proton und einem Elektron besteht, kann elektromagnetische Wellen absorbieren oder emittieren, allerdings nur bei bestimmten Frequenzen ν, die sich aus der *einfachen* Formel

$$\nu = R\left(\frac{1}{n'^2} - \frac{1}{n^2}\right), \qquad n' < n$$

berechnen, wobei die natürlichen Zahlen n und n' Hauptquantenzahlen genannt werden. Die Rydberg-Konstante R hat folgenden numerischen Wert $R = e^4 m_0/(4\pi h^3) = 3.27 \times 10^{15}$ Hz, der sich aus der Ruhemasse m_0 des Elektrons, der Planck-Konstante h und der Elementarladung e ergibt. Diese Vorschrift für das Linienspektrum ist bindend für alle Wasserstoffatome im ganzen Universum, vorausgesetzt, sie sind hinreichend gut voneinander isoliert und Feinstrukturen werden durch das Beobachtungsraster nicht aufgelöst. Wie ein Nasenbär eine Nase haben muss, so ist das Bohrsche Zahlenschema von den Wasserstoffatomen nicht zu trennen. Wann immer irgendwo in den Weiten des Kosmos ein einsames Wasserstoffatom angetroffen wird, es hat eine definitive "Idee" im Gepäck, welche Photonen es aufnehmen oder abgeben kann. Darin sind sich alle Wasserstoffatome völlig einig. Dabei könnten sie doch launisch sein, heute so und morgen so entscheiden, wie sie auf Photonen reagieren. Tatsächlich ist die Gesetzestreue dieser "Bausteine" so unbestechlich und zwanghaft, dass mancher auf Hegel zurückkommt und fragt, ob Atome im Grunde nichts anderes sind als jenes Gesetz. Nein, nein - warnen sogleich die materialistischen Sinnlosigkeitsfanatiker, ihnen müsse erst noch das Dasein eingehaucht werden. Gerade dieser ominöse Hauch sei das Wesentliche, denn ohne ihn wäre reineweg nichts, weder "Stein" noch irgendeine Idee, hervorgebracht von Steinen. Aber warum muss das elementare Ding gleich so tief in den Ideenozean eintauchen, als wollte es darin abhandenkommen? Die Formel für das Linienspektrum wurde nämlich nicht einfach von einem Guru in den Ring geworfen. Sie ist eine logische Folge aus den quanten-physikalischen Grundgesetzen, die in immer größer werdenden Kreisen Phänomen auf Phänomen unter ihre Fittiche bringen. Die ganze Chemie ist schon längst vereinnahmt und die letzten Wehrtürme in der Biophysik wackeln schon. Aber selbst damit, man muss sich festhalten, ist die Integrationsfähigkeit der Quantentheorie noch weit unterschätzt. Selbst die innere Verwandtschaft zwischen der elektromagnetischen und schwachen Wechselwirkung ist im Wasserstoffatom "niedergeschrieben". Niemand kann es heute mehr leugnen: Vom gründlich bedachten hier und dort gibt es eine logisch begründbare Argumentationskette mit Brückenfunktion, deren sämtliche Glieder Sinn machen (siehe Seite 143). Also schleppt jedes Wasserstoffatom nicht nur seine eigenen Handlungsanweisungen mit sich, vielmehr hat es Übergepäck. Wir vermuten, damit wird ihm nicht vieles, sondern alles aufgebürdet, was es zu bedenken gilt. Indem wir all diese Querverbindungen fleißig auflisten, das Wissen erweitern und bereichern, werden wir immer besser verstehen, was von dieser Welt zu halten ist. Viele unserer Erkenntnisse sind definitiv. Mögen Aliens kommen und groß tun, unsere Schemen müssen auch in ihren Katalogen stehen, wenn sie nicht ganz daneben liegen wollen. Allerdings sind wir mit unseren Überlegungen noch nicht zum Abschluss gekommen. Darin liegt ein Problem, denn der Abschluss kann alles noch ändern.

Die Abbildung 0.3.4 veranschaulicht das Argument. Wird ein Wis-

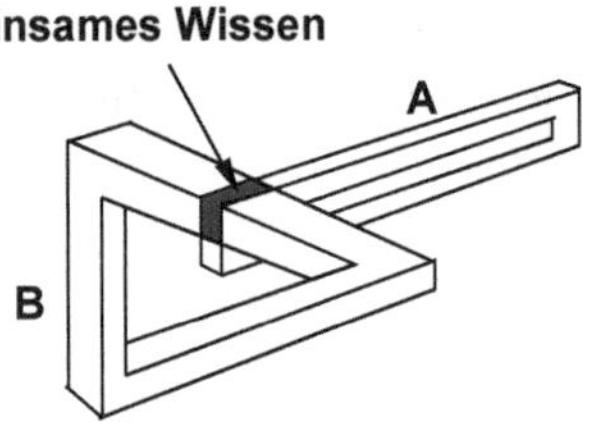

Abbildung 0.3.4:

Dürfen wir der Extrapolation aus vorhandenem Wissen trauen? Der Optimist (A) sagt: Wenn wir unser Wissen fleißig erweitern, nähern wir uns einem Abschluss, der sich schon jetzt wage andeutet - die denkende Seele darf hoffen, ihren Frieden zu finden, denn sie wird zu keiner Zeit heimtückisch "betrogen". Immer besser werden wir wissen, wer wir sind und immer besser werden wir den Sinn vom Ganzen erkennen. Der Skeptiker (B) antwortet: Schön und gut - aber am Ende passen die Erkenntnisfragmente eben doch nicht zusammen und wir müssen an irgendetwas glauben - vorzugsweise an die Sinnlosigkeit des Ganzen.

sensbaustein an einen anderen gereiht, so darf man fragen, wo alles endet, wenn die verfügbare Bedenkzeit verstrichen ist und alle verfügbaren Bits aufgebraucht sind. Neue Erkenntnisse können eine vorgefasste Weltsicht mehr und mehr untermauern (das Szenario A einer stimmigen Weltanschauung) oder am Ende, nachdem der letzte Schlussstein gesetzt wurde, desillusionieren (das Szenario B einer nicht-stimmigen Spekulation), weil man erkennt: zuletzt passen die kühnen Konstruktionen nicht zusammen, weil Gottes Wort unlogisch ist und deshalb nur geglaubt werden kann. Doch bescheiden wir uns hier und unterstreichen nur dies: So unbefleckt von Geistigkeit, wie Materialisten uns glauben machen möchten, ist Materie nicht - und das ist uns Anlass genug zur Begründung unserer Zuversicht.

Wenn der objektive Idealist Hegel von der Ebenbildlichkeit der aufstrebenden menschlichen Gemeinschaft spricht, denkt er zuallererst an uns als Geistwesen. Denn an die Spitze seiner Christologie stellt Hegel eine unerschöpfliche Wesenszuweisung, die auf dem Selbstbewusstsein des Seins in der Gestalt des menschlichen Geistes gründet. Von den Kritikern, die das Bild der Christenheit heute prägen, wird diese spezifische Art der Wertschätzung des Menschen nicht geteilt. Vom Beifall hofierter Fachmänner angespornt, weisen sie den dunklen Spekulanten in die Schranken, indem sie ihm Maschinenmodelle vorhalten, die vorschreiben, was künstliche mathematische Intelligenz vermag und was ihren Horizont übersteigt. Ihr Gegenargument, davon sind sie überzeugt, ist entwaffnend: Wie gewieft ein Grübler auch denken mag, die Grenze der künstlichen Intelligenz kann er nicht überschreiten. Keineswegs sei die menschliche Vernunft prinzipiell höherwertiger als die Leistungen von "Denk*maschinen*". Die Church-Turing These reklamiert nämlich, dass alle vernünftigen Rechenschritte und damit auch alle Denkvollzüge von einer probabilistischen Turing Maschine effizient abgearbeitet werden können. Was begnadete Denker im kalten Studierzimmer auch ausbrüten mögen, das mechanische Rechengerät hält eisern mit und scheitert erst dort, wo auch der geniale Mathematiker prinzipiell scheitert. Dabei verweist man gern auf die Universalität der Turing-Maschine, weil man berechenbar geradewegs dasjenige nennen darf, was das Gerät zu berechnen vermag, stehen ihm nur genügend Zeit und Speicherkapazität zur Verfügung. Der überragende Mathematiker des 20. Jahrhunderts, David Hilbert, liebäugelte mit der gewagten These, dass prinzipiell alles mathematische Wissen von stupiden, algorithmisch arbeitenden Maschinen hervorgebracht und in Lochstreifen gestanzt werden kann. In die Parade fuhr ihm der smarte Logiker Gödel, der bewies, dass es einen Unterschied gibt zwischen wahr und beweisbar. Längst nicht jede wahre Aussage, die einer gegebenen Theorie angehört, kann mit deren Mitteln auch als wahr erwiesen werden.

Geben wir ein Beispiel. Die Goodsteinsche Zahlenfolge ist rekursiv definiert und erreicht schon nach wenigen Iterationsschritten astronomisch große natürliche Zahlen. Ob sie, in Abhängigkeit vom gewählten Startwert, immer weiter steil ansteigt oder irgendwann auf den Wert null abstürzt, das ist im Rahmen der Zahlentheorie strikt unentscheidbar. Davon haben sich die Mathematiker überzeugt. Dürfen wir uns daher mit der Bemerkung beruhigen: Was er nicht wissen kann, gehe den Forscher auch nichts an? Die Wahrheit finde eben ihre Grenze an der Willkür unserer Konstruktionen. Wenn bewiesen wurde: Dort gibt es nichts zu entdecken, dann ist da auch nichts. Eventuell divergiert die Folge für einige Anfangswerte und strebt gegen null für andere - ein allgemeines Theorem kennt nicht einmal Gott. Doch der Agnostiker irrt. Der pfiffige Mensch, in diesem Fall war es Goodstein, brachte, entgegen aller Erwartung, die Wahrheit ans Licht: Für alle Anfangswerte endet die Goodsteinfolge bei null. Um diesen Beweis führen zu können, bediente sich der clevere Mathematiker allerdings einer Argumentation, die andere Sprachelemente verwendete (die Theorie der Ordinalzahlen), als sie die schlichte Zahlentheorie zur Verfügung stellt. Der Fachmann lässt seine Phantasie einmal schweifen, verlässt das strenge Regelwerk der Zahlentheorie, in dem das Problem mit Sicherheit nicht gelöst werden kann, um von woanders Werkzeuge zu borgen, mit denen er die Wahrheit aus der Scholle des objektiven Wissens herausbricht. Und siehe da: er hat Erfolg! Trauen Sie diese Eskapaden einer Rechenmaschine zu: sich auf eine Wiese zu legen, den Himmel anzuschauen und dann im Raum wirrer Assoziationen plötzlich die Lösung eines profunden Problems zu finden? Der Mensch kann das. Ist er deshalb göttlich? Gut möglich, sagen einige Experten, denn ihr überzeugendes Plädoyer gegen die Allmacht der maschinellen Intelligenz klingt lange nach. Zu ihnen zählt auch der erfolgreiche Theoretiker Roger Penrose. Seine grundsätzliche Botschaft lautet: Welche Zweige der Mathematik auch immer formalisiert und einer Rechenmaschine zugänglich gemacht werden, sie enthalten dennoch niemals alle wahren mathematischen Aussagen, die dem Verständnis und der Intuition des Mathematikers zugänglich sind. Selbst eine Turing-Maschine, die Orakel befragen darf, könne die Schöpferkraft des Denkers nicht simulieren. Wohin sollte sie auch aus ihrem Rechenschema "springen" und wie dort, wo sie landet, weiter "denken", um eines der Probleme zu lösen, das sie noch kurz zuvor als unlösbar nachwies? Wie groß auch ein Cluster ist, zu dem sich Turing-Maschinen zusammenraufen, der Mensch steht insofern über ihm, weil er von oben herab richtig einschätzt, worauf der Cluster selbst nicht kommen kann, dass nämlich die Konsistenz jeder noch so großartigen Theorie nicht bewiesen werden kann. Das Verstehen von Mathematik sei kein algorithmischer Prozess, schlussfolgert daraufhin Penrose. Irgendetwas müsse im Gehirn des Mathematikers ablaufen, was grundsätzlich nicht berechenbar ist und daher nicht simuliert werden kann. Wer so spricht, lehnt sich nicht nur sehr weit aus dem Fenster, er hängt nur noch mit zwei Fingern am Balkonsims. Denn er muss der wartenden Menge, die unten auf dem festen Boden der gesicherten wissenschaftlichen Fakten steht, erklären, was diese nicht berechenbare Glanzleistung des Menschen physikalisch-chemisch im Knäuel der Nervenfasern des Gehirns hervorruft. Es muss etwas Geheimnisvolles sein, da alle klassischen und quantenmechanischen Gesetzmäßigkeiten durch deterministische Differentialgleichungen ausgedrückt werden, die sämtlich berechenbar sind. Penrose lässt sich nicht verunsichern und bekennt Farbe: Es müsse tatsächlich einen bisher unbekannten, nicht berechenbaren physikalischen Mechanismus geben, der allein die geistige Schöpferkraft des Menschen verständlich macht. Seine Hypothese besagt, dass die Quantenphysik noch unvollständig ist, weil die Ausreduktion der Wellenfunktion beim Messprozess postuliert, aber nicht im Kontext einer allgemeinen Theorie verstanden wird. Erst eine Theorie der Quantengravitation wird Licht in dieses Dunkel bringen und dabei werden auch maschinell nicht-berechenbare Naturvorgänge zu Tage treten.

Auch Gödel selbst beschäftigte die Frage, ob der Fortschritt, den eine idealisierte Gesellschaft von Mathematikern im Laufe der Zeit erreicht und erreichen kann, eine im Turingschen Sinne berechenbare Sequenz ist. Gödel argumentierte vorsichtiger. Er schloss sich nicht der Auffassung Penroses an, dass beim menschlichen Denken auch etwas wirksam wird, was von keinem Computer simuliert werden kann, so dass eine profunde, nicht-berechenbare physikalische Theorie erst noch gefunden werden muss, die das ganze Bewusstsein zu ihrem Gegenstand machen kann. Die Unvollständigkeitssätze allein beweisen nicht, meint Gödel, dass die Gehirnaktivität eines tiefen Denkers grundsätzlich nicht vermittels eines geeigneten Rechnernetzwerkes nachgebildet werden kann. Um zu Recht von der Übermacht der menschlichen Intelligenz über das maschinelle Abarbeiten beeindruckt zu sein, fügte Gödel hinzu, müsse noch der rationale Optimismus geteilt werden, dass es keine mathematischen Probleme gibt, die Mathematiker prinzipiell nicht lösen können. Turing schwächte Gödels Ressentiment noch weiter ab, indem er behauptete, dass zwar *eine* einzige Turing-Maschine es nicht mit der mathematischen Intuition aufnehmen könne, wenn aber die Aufgabe auf mehrere Turing-Maschinen verteilt wird, dann gäbe es kein Problem, das der Mensch lösen kann, nicht aber die Maschinen. Da schließlich der ganze Plan und die geballte Aktion des gesamten Turing-Netzwerks ins

Maschinelle übersetzt werden kann, genügt am Ende doch wieder nur eine einzige Turing Maschine, die alles kann, was wir Denken nennen.

Die grundsätzliche Schwierigkeit dieser Argumentation liegt auf der Hand, wenn wir abschätzen, wie lange eine mechanische Turing-Maschine braucht, um den Bewegungsablauf von zirka einhundert Atomen für nicht einmal mehr als ein oder zwei Sekunden zu berechnen. Die Antwort ist ernüchternd: Mehrere Weltalter hätte das Gerät zu tun und es bräuchte einen Speicher, der einfach nicht zur Verfügung steht. Für klassische Simulationen von Quantensystemen reichen die Ressourcen des Universums einfach nicht aus. Ist deswegen die intrinsische Rechenleistung von Computern, in denen sich die Quantengesetze frei entfalten können, unvergleichbar höher als von Maschinen, in denen sich die Informationsverarbeitung mechanisch von Bit zu Bit fortpflanzt? Eine Turing-Maschine kann zu jeder Zeit angehalten werden, um den Zustand, in dem sie sich gerade befindet, exakt zu bestimmen. In einem Protokoll könnte man festhalten wie der momentane Rechenschritt aus den definitiven Zuständen aller Teile des Netzwerks reduktionistisch aufgebaut ist. Nach der vollständigen Bestandsaufnahme könnte die Rechnung prinzipiell ohne Schaden fortgesetzt werden. Wird ein Quantencomputer mitten in seiner Arbeit gestört, dann kommt die Rechnung heillos durcheinander, weil eine Ganzheit brachial aufgebrochen wird, die nicht aus Teilen besteht. Was im Quantensimulator abläuft, das ist nicht ein Hin- und Herschieben von kleinen Informationsträgern (z.B. Ladungsträgern), sondern ein Austausch, ein Auf- und Abbau von ganzheitlichen, intelligiblen Mustern, die nicht greifbar sind. Seiner Funktion nach ist ein Quantencomputer kein mechanisches Gerät, auch keine sequentiell arbeitende Denkmaschine zur deterministischen Umlagerung von Bits. Bereits die Basiselemente dieser neuartigen Rechner, die Qubits, sind ungeteilte Ganzheiten, die den Leibnizschen Monaden viel ähnlicher sind als den Steinchen eines Abakus. Wegen der immanenten Parallelität der Qubit-Verarbeitung sind Quantencomputer, anders als mechanisch arbeitende Turing-Maschinen, für Quantensimulationen gut geeignet.

Wer sich von der überragenden Potenz der "Quantenintelligenz" überwältigen lässt, teilt eventuell die Auffassung des Quantenphysiker, Seth Lloyd, dass die Simulation derart umfassend sein kann, dass sie vom simulierten System gar nicht mehr unterscheidbar ist. Da solcherart "Betrachter" und "Betrachtetes" identisch sind, müsse dann nicht gleich das ganze Universum ein großer Quantencomputer sein? Der klassische Laplacesche Dämon hantiert mit Bauklötzchen und staunt, dass daraus kein Himmelsgewölbe entstehen will. Der Informatiker setzt auf Quantenalgorithmen, die im Raum des Geistigen verbleiben und scheint damit recht weit zu kommen. Dass er mit seiner Zuversicht schon beim objektiven Idealismus Hegelscher Prägung angelangt ist, das nimmt er beiläufig zur Kenntnis. Weit mehr zählen Begründungen für die These: Die Welt ist ein riesiger Quantencomputer. Zu diesem Zweck wird zunächst festgehalten, dass sich die komplexe Vielfalt der Welt nicht in der kurzen Zeit seit dem Urknall einfach aus einem zufälligen Gemisch zurechtgeruckelt haben kann. Zwar bringt ein wild auf eine Schreibmaschine einschlagender Affe irgendwann auch einmal einen Fortsetzungsroman fehlerfrei zu Papier, doch selbst ein Affentempo vorausgesetzt, ist die erforderliche Betriebszeit im Weltenplan einfach nicht vorgesehen. Die Situation ändert sich jedoch grundlegend, wenn das Geschreibsel des Affen aufgefasst wird als ein Computerprogramm. Hämmert das Tier, gedankenlos wie es ist, irgendwelche Zeichenketten in einen *Computer*, der intelligent fragt, ob die Eingabe eventuell ein Algorithmus ist, den er begierig abarbeiten kann, dann kommt der affenartige Zufallsgenerator schneller viel höher hinauf auf der Komplexitätsleiter.

Dieser Gedanke lässt sich gut illustrieren. Angenommen die Zahl π soll mit zwölf Milliarden Stellen genau vom ahnungslosen Affen mit seiner Schreibmaschine per Zufall aufgeschrieben werden. Bitte berechnen sie, wie lange er braucht, um zufällig auch diese Zeichenkette einmal einzutippen. Hilft ihm allerdings ein Computer, der prüft, ob der Affe einen Algorithmus eingegeben hat, den ein Rechner daraufhin schnell abarbeitet, so muss das Tier nicht sehr viel mehr Zeichen eingeben, als zur Darstellung der kurzen Leibnizschen Formel erforderlich ist

$$\pi = 4\sum_{n=0}^{\infty}(-1)^n\frac{1}{2n+1},$$

um an sein Ziel zu kommen. Dass der Unterschied im Ressourcen-Verbrauch beider Verfahrensweisen gigantisch ist, das liegt auf der Hand. Um den Mythos, alles sei Folge eines planlosen, plumpen Würfelspiels, durch ein neues, überzeugenderes Weltbild ersetzen zu können, fehlt also noch ein fundamentales Paradigma, das ein "Gespür" für Algorithmen hat. Man behauptet: Die Gesetzmäßigkeit in der Natur sei dieses Gespür - oder mit den Worten der Informatiker ausgedrückt: Die Quantenphysik kann als eine Lehre von der Programmierbarkeit eines universellen Quantencomputers aufgefasst werden. Gemäß dieser Auffassung werden die Quantenteilchen mit einer Art "Zielstrebigkeit" ausgestattet, durch die große Sprünge auf der Komplexitätsleiter möglich werden. Etwas gewendet besagt dieses Theorem: Die zeitliche Entwicklung von Quantenzuständen darf mit dem Prozessieren von "Quanteninformation" identifiziert werden. Was die einen Physiker "objektive" Realität nennen, interpretieren andere mit demselben Recht als eine Quantensimulation. Zwar bleibe es richtig, wird gesagt, dass die Welt eine Maschine sei, aber es ist eine, die Quanteninformation verarbeitet - es ist eine quantenmechanische Rechenmaschine. Die Sinnlosigkeit des Ganzen wird nicht angetastet. Die flinken Finger der Affen, die ohne Sinn und Verstand über die Tasten rasen, um zufällig und blind alles Mögliche einzutippen, sind im neuen Schöpfungsbericht der Quanteninformatiker die Quantenfluktuationen, die es auch schon in der ungestalteten, einfachen Anfangsphase der kosmischen Entwicklung gab. Die Funktion des Computers, der das Sammelsurium von hingeworfenen Zeichenketten als algorithmische Information interpretiert und diese abarbeitet, übernimmt das quantenmechanische Gesetz. Es greift die zufällig auftauchenden Informationsbrocken aus dem Rauschen auf und zwingt sie in sein Reglement der Datenverarbeitung. Viele der zugeworfenen Päckchen sind unergiebig, da deren "Auswertung" dort endet, wo sie selbst enden. In anderen sind Strukturen eingefaltet, die in einen Strudel der Quantenberechnungen geraten, wodurch zügig komplexe Muster hervorgebracht werden. So können in einer überschaubaren Zeit an manchen Stellen sogar denkende Wesen entstehen. Voraussetzung dafür ist aber, dass der algorithmische Informationsgehalt in den Quantenfluktuationen vom Universum auch "verstanden" wird. Das garantieren eben die Quantengesetze. Nach dieser technizistischen Gesamtschau sind auch wir Menschen Simulationen in einem gigantischen Quantencomputer.

Wegen der kolossalen Erklärungslücken muss sich also der alte Atheismus vor dem neuen rechtfertigen. Die Mechanisten der Dampfmaschinenära hielten daran fest: Wenn blindwütige Affen, die auf eine Schreibmaschine hämmern, nach hinreichend langer Zeit zufällig jedes Meisterwerk der Literaturgeschichte fehlerfrei aufschreiben werden, dann sollte es auch einem Dämon, der mit Atomen und Molekülen wild jongliert und sie willkürlich anordnet, irgendwann einmal gelingen, jedes Geschöpf in die Luft zu werfen. Die Mechanisten des Informationszeitalters weisen dieses reduktionistische Modell als unglaubwürdig zurück, indem sie auf die astronomische Zeit verweisen, die vergehen muss, um auch nur ein winziges Biotop auf diese Weise einmal entstehen zu lassen. Um aber am nihilistischen Grundton, der fürwahr Wissenschaftlichkeit verbürgt, festhalten zu können, setzt auch der Neuatheist das Chaos ins Zentrum seiner Lehre. Doch statt mit Bausteinen, jongliert sein Dämon mit Zeichenketten und Rechenregeln. Blindwütig werden auch sie in die Luft geworfen, wo manche sich zufällig "sinnvoll" treffen. Da es Ausführungsbestimmungen sind, die auf die hin und her geworfenen Quantenfluktuationen einwirken, verläuft die Evolution und die Anreicherung von Komplexität sehr viel schneller. Schon einfache Programmsequenzen können Wunderwerke in ihrer Nische hervorbringen. Solange die Sinnlosigkeit des Ganzen gesichert ist, stört der objektiv-idealistische Unterbau dieser Naturphilosophie nicht. Einen Schritt weiter gehen und nach den Möglichkeiten einer selbstbewussten, schöpferischen Intelligenz fragen, das gehört nicht zum Aufgabenkatalog dieser Weltauffassung. Zu tief ist es gefühlt: Der Mensch ist ein unbedeutender Zigeuner am äußersten Rand der Welt.

Nicht nur Hegel setzte sich über Denkverbote hinweg. Auch der Entdecker des universellen Quantencomputers, David Deutsch, griff die Frage auf, was wohl "intelligente Affen" mit ihren Maschinen in die Welt setzen können und dachte dabei an die Schöpferkraft des Geistes. Wie ist die kosmische Kraft einzuschätzen, die nicht einfach blind wütend mit Bausteinen oder Programmfetzen um sich wirft, die vielmehr versteht, plant und dann zielgerichtet Sinnvolles aufbaut? Immerhin kann niemand verstehen, warum es auf der Erde Bergwerke, Hochöfen, Frachtschiffe, Radioteleskope und viele andere Dinge gibt, wenn er nicht die Intelligenz der Menschen in Rechnung stellt - eine Intelligenz, die Naturgesetze erkennt und anzuwenden versteht. Selbst Stoffe, die in seiner Umwelt nicht vorhanden sind, kann der Chemiker und Pharmazeut synthetisieren. Deutsch weist darauf hin, dass die im Kosmos natürlich ablaufenden Geschehnisse nur einen kleinen Bruchteil all jener Phänomene umfassen, die überhaupt erst durch die Einwirkung einer schöpferischen Intelligenz möglich werden. Deshalb sei eine Astrophysik fundamental unvollständig und unrealistisch, in der nicht berücksichtigt wird, welche Intelligenz das All birgt und was diese Intelligenz bewirkt. Die Triebkraft "selbstbewusste, schöpferische Intelligenz" ist kein nichtiges Epiphänomen, sondern im Gegenteil die bedeutendste Erscheinung in der Natur. Das Geistphänomen kann letztlich nur verstanden werden, wenn zuvor alles andere verstanden wurde. Macht ein Alien Bekanntschaft mit dem Teilchenbeschleuniger in Cern, so gibt ihm die Maschine ein unlösbares Rätsel auf, solange er nichts von der menschlichen Kreativität weiß. Es ist die Erkenntnisfähigkeit des Menschen, die seine prinzipielle kosmische Relevanz verbürgt und ihn über alle anderen Kreaturen hoch erhebt. Eventuell, mutmaßt David

Deutsch, ist der Mensch sogar ein universeller Versteher, Entdecker und *Konstrukteur*, so dass es im Kosmos, auf fundamentaler Ebene, keine höhere Intelligenz geben kann als ihn. Die Sinnhaftigkeit, die in seinem intelligenten Schauen und Tun aufscheint, gebührte daher ein viel höherer Stellenwert, als sich das die nihilistischen Lebensphilosophen überhaupt vorstellen können. Was der Mensch begreift, zur Sprache bringen und realisieren kann, was sich in seiner Seele vollzieht, Sittlichkeit und ein Sinn für Ästhetik, das ist nicht unwesentlich, sondern eine unschätzbare Gottesgabe.

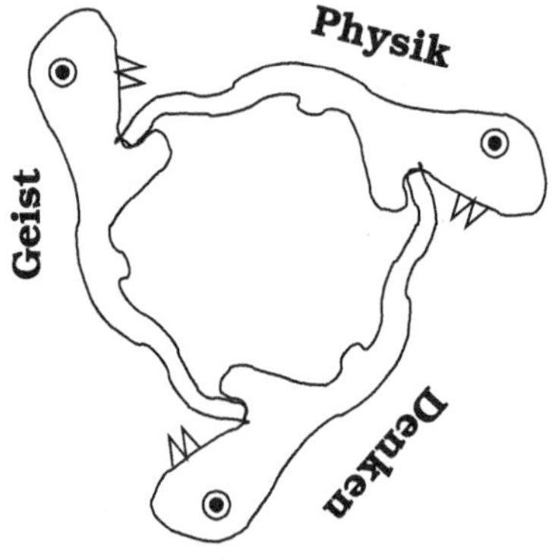

Abbildung 0.3.5:
Was ist vom Universum zu halten? Ist es ein sinnloses Spiel mit Bauklötzchen oder mit Quantenalgorithmen (Physik)? Ist es eine Ansammlung von Gestaltungsideen (Geist), die in die Himmelskugel eingekratzt sind und kurzzeitig den Sprung in die Realität schaffen? Oder bestimmt eine schöpferische Intelligenz (Denken) den Werdegang des Kosmos? Der Ouroboros veranschaulicht, dass alle drei Momente aufeinander verwiesen sind (nach einer Idee von R. Penrose).

Mit unserer Vernunft, schreibt Hegel, überschreiten wir das Endliche, sind wir über alle Einschränkungen der Welt hinaus auf Gott bezogen. Der Mensch ist wesentlich Geist, das unterscheide ihn vom Tier, das ermögliche ihm, alle weltlichen Grenzen zu überschreiten. Seine Vernunft geleitet ihn zum Erleben des Wahren, Guten und Schönen. Und erst diese geistigen Wirklichkeiten sind aus eigener Kraft lebendig, nicht aber das Stoffliche, Zufällige, Chaotische. Hegels Kernthese lautet: Die Substanz unserer eigenen Wirklichkeit ist nicht Hinfälligkeit, sondern das Absolute. Alle geistige Energie in uns stamme vom Schöpfer des

Universums, denn er ist wesentlich Geist und Sinn. Mensch und Gott seien vermittels des Geistes aufs Innigste miteinander verbunden. Im Denken erahnen wir sein absolutes Geheimnis, weil er sich in uns auf sonderbare Weise ausspricht. Hegels religions-philosophische Kernaussage, dass der Mensch als universeller Denker mit am Dreiertisch im Pantheon sitzt, können Schriftgelehrte nicht länger borniert verächtlich machen.

Ein in den naturphilosophischen Kontext übersetztes Cartoon der Hegelschen Trinitätslehre zeigt die Abbildung 0.3.5. Im Ouroboros stehen die physikalischen Dinge (Physik) nicht für sich allein. Sie sind eingebunden in einen merkwürdigen Reigen, weil sie etwas hervorbringen können, was denkt, und dieses Etwas (Denken) hat Ideen, die ihrerseits zu einem einheitlichen Geflecht von Gesetzen gehören, nach dem sich wiederum alle physikalischen "Dinge" ausnahmslos richten (Geist). Kein Teil der Dreieinigkeit steht über oder unter einem anderen. Da das Intelligible untrennbar zum Stoff gehört, muss der naturphilosophische Begriff "Materie" vertieft werden, so dass er nicht länger als die reine logische Negation des Nichts erscheint. In diesen Strudel der Begriffsvertiefung gerät daher auch das scheinbar unproblematische Wort "Garnichts" (Vakuum), worauf Hegel hinwies und was in jeder Vorlesung zur Quantenfeldtheorie gelehrt wird. Hegels Trinitätslehre ist zeitgemäß und darf nicht länger als eine wagemutige Spekulation herabgewürdigt werden, an die modernes Denken nicht anknüpfen kann.

Warum also, so fassen wir all unsere Argumente in diesem Abschnitt zusammen, hat Hegels Christologie den naturwissenschaftlich gebildeten Christen unserer Tage so erschreckend wenig zu sagen?

0.4 Wie hast du's mit der Religion

0.4.1 Wer der Welt Freund sein will ...

Ihr Abtrünnigen, wisset ihr nicht, dass Freundschaft mit der Welt Feindschaft mit Gott ist? Wer der Welt Freund sein will, der wird Gottes Feind sein. (Jakobus 4,15)

Können Physik und Metaphysik miteinander harmonieren? Warum ist diese Frage schwer zu beantworten? Nur zwei von zahlreichen Gesichtspunkten heben wir hervor. Erstens gilt: Vom Vertiefungsgrad der Auffassungen des einen (Physik) wie des anderen (Metaphysik) Gegenstandes hängt die Antwort maßgeblich ab. Aus einer eventuellen Inkompatibilität der klassischen Physik mit der traditionellen Metaphysik folgt ja nicht zwingend, dass auch die Quantenphysik keine Berührungspunkte mit der Metaphysik hat. Zweitens ist die suggestive Wirkung einer Mehrheitsmeinung, die durch manipulative Techniken hervorgebracht werden kann, nicht zu unterschätzen.

Wie über eine Sache gesprochen und wie sie aufgefasst wird, das hängt gewöhnlich nicht nur von Spracheigentümlichkeiten, sondern auch vom inhaltlichen Vertiefungsgrad ab. Wir geben ein Beispiel. Festkörperphysiker untersuchen makroskopische Kristalldefekte wie Versetzungen, Korngrenzen und Stapelfehler. Ein einfaches Klassifizierungsschema für Kristalldefekte gibt den Kristallographen eine Orientierung. Von einem gänzlich anderen Standpunkt aus gruppieren Mathematiker die idealen Wachstumsdefekte nach topologischen Gesichtspunkten. Damit werden Fehlbildungen in Kristallen nicht nur benannt, sondern zu Repräsentanten eines mathematischen Ordnungsschemas. Einen weiteren, erheblich tieferen Einblick in die Natur der Defekte erlaubt die Quantenfeldtheorie, indem sie Verfahren zur Beschreibung von kollektiven Objekten in der Hochenergie-Physik für die Festkörperphysik nutzbar macht. Begriffe wie "spontaner Symmetriebruch" und "Goldstone Boson" werden nicht nur für die relativistische Teilchenphysik, sondern auch für die Festkörperphysik als bedeutsam erkannt.[37] Von dieser neuen Perspektive aus gesehen sind simple Kristalldefekte, die in der klassischen Physik ihr adäquates Erklärungsmuster abschließend zu finden scheinen, immerhin makroskopische Quantenzustände. Nunmehr werden sie als makroskopische Manifestationen einer kollektiven Quantenmode im Bosekondensat aufgefasst. Das makroskopische Objekt im

[37] M. Wadati, Physics Reports 50, No 2 (1972).

Festkörper (Versetzung, Korngrenze, Stapelfehler) wird damit Gegenstand einer mikroskopischen Quantentheorie, in der die Methoden der Bosetransformation und die Theorie der topologischen Singularitäten an erster Stelle stehen. Damit wird nicht nur in einem anderen "Dialekt" über dieselbe Sache gesprochen, sondern auch von einer "höheren Warte" aus. Diese neue, erweiterte Theorie ist nämlich, im Gegensatz zur klassisch-physikalischen Betrachtung, auch dann noch zuständig, wenn beispielsweise durch Temperaturänderung ein makroskopischer Quantenzustand entsteht (wenn beispielsweise das Material supraleitend wird). Um die Frage "richtig" beantworten zu können, in welcher Beziehung Kristalldefekte zur Quantenphysik stehen, müssen beide Begriffe "richtig" aufgefasst werden. Dieses Diktum beansprucht allgemeine Gültigkeit.

Zweitens gilt: Nicht das Denken denkt, sondern der Mensch. Da er jedoch keine bloße Denkmaschine ist, gibt er seinen Gedanken individuelle Akzente und vertritt sie mehr oder weniger leidenschaftlich. Nicht immer sind die Interventionen des Gemüts beklagenswert, weil dem seelenlosen Spiel mit Begriffen ganz gewiss die schöpferische Komponente fehlt. Die Abwehr von hartnäckigen Irrtümern und Wunschvorstellungen darf dennoch niemals vernachlässigt werden. Wir überlegen weitergehend, welche Macht eigentlich der aus den "Tiefen" aufsteigende Wille hat, wenn die Vernunft sich regt. Ängstlich fragen wir weiter: „Können die dunklen Antriebskräfte der Seele durch wissenschaftlich geschulte Designer sogar weltweit ähnlich geformt werden wie Karosserien im Windkanal?“ Ist der Mensch zwar keine Maschine, dennoch einstellbar wie ein Thermostat? Man möchte mit klaren Worten derartige Mutmaßungen entrüstet von sich weisen. Und doch ist auch diese Furcht einflößende Gebrechlichkeit, in den Sog von Propaganda zu geraten, allzu menschlich.[38] Wir schlussfolgern: Mehrheitsmeinungen,

[38] Jeder kennt das erschreckende Beispiel nur zu gut. Gemeint ist die "Aufklärung" der Anschläge vom 11. September 2001 in den USA. Mehr als 3000 Menschen kamen ums Leben, darunter viele Kinder. Wer war für diesen Massenmord verantwortlich? Bereits einen Tag nach den Anschlägen verkündete der Amerikanische Kongress sein "Untersuchungsergebnis". Tatmotiv und Tathergang wurden von Volksvertretern aus politischen Vorgaben flugs herausgelesen. Ihre Legende verbreitete man über alle verfügbaren Kanäle weltweit. Dabei ist der erst 2004 vorgelegte Abschlussbericht der 9/11 Kommission für den Sachverstand eines Wissenschaftlers, eines Ingenieurs, eines Architekten, aber auch eines investigativen Journalisten eine Beleidigung. Von Anfang an wollten die Behörden keine wahrheitsgemäße Aufklärung und lieferten keine handfesten Beweise zur Überführung der mutmaßlichen Täter. Vielmehr verschwand Beweismaterial und wurden Augenzeugen sowie Angehörige der Opfer bestochen oder eingeschüchtert. Nur durch eine gezielte Sprengung konnten die Zwillingstürme und das Gebäude

"Autoritätsbeweise", vorgetragen von Angestellten der Globalstrategen, gelten reineweg gar nichts.

Zwei machtvolle geistige Strömungen in den Industrieländern, die sich ansonsten in allen Lehrmeinungen voneinander unterscheiden, bestreiten entschieden die Möglichkeit von Metaphysik. Gemeint sind der Nihilismus und das Christentum.

Gott ist tot - verkündete der moderne Stichwortgeber der unaufgeklärten Aufklärer, Friedrich Nietzsche. Endlich sei es so weit: man dürfe den Gläubigen, aber auch den Metaphysiker getrost an den Pranger stellen, denn sie alle sind weltfremde Schwätzer. Wer kann sich heute, nach Bekanntgabe der schlichten "Wahrheiten", überhaupt noch der Wucht der klaren Worte des "Aufklärers" mit dem Hammer erwehren? Obwohl die Prämissen des mechanischen Materialismus durch Quantenphysiker wohlbegründet angezweifelt werden, wuchtet Nietzsches Ironie und seine Ablehnung der Metaphysik ungeschwächt durch den ganzen Denkraum der Moderne. Kreiste gestern noch alles um das Seelenheil

---

WTC7 pulverisiert und zum symmetrischen Einsturz mit Fallgeschwindigkeit gebracht werden. Noch nie ist ein Hochhaus dieser Art nach Bürobränden eingestürzt. Beim Einknicken eines Trägers durch Erhitzung können keine Stahlteile hunderte Meter zur Seite geschleudert werden und in weit entfernten Gebäuden Bürobrände auslösen. Diesen Anschlag konnten nur Sprengmeister fachgerecht vorbereiten und durchführen, die von mächtigen Kreisen im Hintergrund dazu beauftragt wurden. Alle Fakten bedenkend, die gründlich im Internet dokumentiert sind, gibt es nur eine Schlussfolgerung: Der Massenmord vom 11. September 2001 geht auf das Konto des "tiefen Staates". Die Drahtzieher sind so einflussreich, dass dieser Betrug weder von der gesamten politischen Klasse noch von den Massenmedien noch von renommierten Akademikern noch von Juristen weltweit aufgeklärt wurde. Tausende Kommentare stützen sich auf den offiziellen "Untersuchungsbericht", der einfach nicht stimmig ist. Selbst der Sicherheitsrat der Vereinten Nationen hat die Falschmeldung aufgegriffen, dass dieses Attentat auf das Konto des internationalen Terrorismus gehe. Ohne eine detaillierte Erhebung über die Anzahl von Terroranschlägen vorlegen zu können, forderte das internationale Gremium die UN Mitgliedsstaaten auf, neue Gesetze zur Terrorbekämpfung zu erlassen. Die Zivilgesellschaft schwieg und schweigt bis heute. Dabei kündet die Offenlegung der Macht, die nicht gewählte Akteure ausüben, von einer entsetzlichen Gefahr für die gesamte Menschheit. Man muss nämlich davon ausgehen, dass diese Hintermänner nicht nur die Weltöffentlichkeit mit einer Propagandaoperation belügen können, sondern dass sie auch den Einsatz von Massenvernichtungswaffen anordnen werden, wenn sie es für richtig halten. Was enthüllt diese weltweite Verleugnung? Dass die Zivilgesellschaft toleriert, wie folgsam die Verantwortlichen in Politik und Medien sich den Interessen dieser unsichtbaren Machtclique unterwerfen, weist auf eine pathologische Störung des ganzen gesellschaftlichen Lebens auf dem Globus hin. Es muss uns zu denken geben, dass die Mehrheit aller Menschen länderübergreifend und gründlich durch Propaganda in die Irre geleitet werden kann.

der Unerlösten, so steht heute der Herrenmensch im Zentrum der Aufmerksamkeit. Endlich werden, nach langen Irrwegen, alle Heils- und Offenbarungsgeschichten als Wahnwitz gründlich demaskiert. Schonungslos reißt Nietzsche jedem jede Maske herunter und erklärt, was sich hinter allem verbirgt: ein Nichts. Wohin sich der strenge Existenzphilosoph auch umschaut, seine illusionslose Analyse lässt keinen Zweifel: alles geht sinnlos dahin. Daher sei ein Arrangement mit dem Absurden von Nöten und nicht tiefsinnige Tüftelei und Zurschaustellung der Gottesfurcht. Von Verneinung zu Verneinung schreitet er fort, die Hämmer kräftig schwingend, und reißt dabei, sein eigenes Verneinen ausgenommen, alles ein. Diese Schocktherapie, in deren Verlauf alles zerstört wird, was auf einer Werteskala stand, sei notwendig, um die isolierte Einzelexistenz in ihrer Nacktheit und Nichtigkeit vorzuführen. In den Abgrund der Nichtexistenz müsse auch schauen, wer seine Heimatlosigkeit nicht wahrhaben will. Was wir als je ins Sein Geworfene sicher wüssten, das sei unsere existentielle Verlassenheit. Sie ist Folge der "substantiellen" Wirklichkeit des Nichts. Ein Streit über den philosophischen "Überbau" sei müßig. Er behindere die permanent geforderte Selbstbehauptung. Das Einzelindividuum stehe isoliert im Nichts. Es hat sich von allen hochfliegenden Illusionen befreit, ist endlich entwurzelt und versteht, warum der Fortschritt von Wissenschaft und Technik immer tiefer in die Barbarei führen muss, warum Völker Frieden und Freiheit proklamieren und Kriege führen. Denn buchstäblich alles ist gleichberechtigt geeignet die innere Leere auszufüllen, weil nichts sie wahrhaft ausfüllen kann. Dem Nichts kann nichts anderes als das Nichts entgegengestellt werden. Das absolute Nichts ist nämlich als das unmittelbare und Sich-selbst-gleiche dasselbe, was das Sein ist (Hegel). Und da das Nichts kein Maß hat, ist die Begierde schrankenlos. Jeder hat verstanden, dass der Durst nicht gestillt werden kann, weil sich die Leere nicht erquicken lässt. Trotzdem darf es nicht weniger als die ganze Welt sein, was das verirrte Ich für sich reklamiert. „Und ich will mich nicht damit begnügen, der Herr und Meister der Menschheit, der König der Könige und Herrscher der Herrscher genannt zu werden. Ich will dafür sorgen, daß die Männer und Frauen, ja selbst die Kinder dieses Geschlechts wahrlich mein werden, daß sie in Körper und Seele den Stempel meines Geistes empfangen, meine Gedanken denken, ihr ganzes Wesen eine Rückstrahlung meines Bildes ... ist.“[39] Die Ausfüllung der inneren Leere sei zwar unmöglich, solle dennoch, bitte schön, auf großspurige Weise misslingen. Der Wunschtraum aller "Eliten" ist, dass ihre

[39] H. Kuhn, Begegnung mit dem Nichts, Verlag J.C.B. Mohr, Tübingen, S. 107.

Niedertracht in Robotergehirnen verewigt wird. Dabei stört das Absurde an der Existenzlehre von der Absurdität selbstverständlich nicht. Alles müsse aus der Perspektive des Nichtseins heraus verstanden werden, weil das Nichts der fundamentale Ursprung von allem ist. Daher sei es eine Sache der Aufrichtigkeit, die Zerrissenheit des Daseins anzuerkennen und auszuhalten, alle religiösen Phantasien, sich dem Ganzen in Liebe hin zu öffnen, als Irrlehren zu verurteilen, und das Menschsein, wie Feuerbach es forderte, in der Gemeinschaft mit Seinesgleichen empirisch immer wieder neu zu gestalten. Der verständige Bürger lasse sich zu Recht von Sachzwängen leiten, sei zu Recht Teil im laufenden Getriebe, so dass er einerseits er selbst und andererseits jeder andere ist. Weil niemand an der erwiesenen Sinnlosigkeit seines Daseins zweifelt, kann jeder Zeitvertreib wie ein religiöses Ritual verabsolutiert werden. Als Konsument heiligt er Luxusgüter in einem Ausmaß, dass ihm Sehen und Hören für die eigene göttliche Art und Herkunft vergehen. Dabei sind die Lebenslinien so klar vorgezeichnet, dass für den Geheimnischarakter der Wirklichkeit niemand mehr offen ist. Wenn von "Oben" nichts kommt, dann ist alles selbstgemacht und durch sich selbst gerechtfertigt. Also wird auf dem Dienstweg das Rechte, und wenn nötig, auch das Unrechte, pflichtgemäß erledigt. Politik, Wirtschaft, Kunst und Wissenschaft konstituieren sich autonom, ohne von einer verpflichtenden Ethik gegängelt zu werden. Mahner hört man nicht, wenn sie sagen: Ohne religiöse Besinnung führt jeder Aufbruch zum Zusammenbruch, werden Besitz und Macht so sehr verabsolutiert, dass sich der Mensch von sich, von den Mitmenschen und endlich von der ganzen Schöpfung entfremdet. Romano Guardini war ein Prediger, der auf dem Berg des emsig zusammengetragenen Nachrichtenmülls stand und rief: „Ohne das religiöse Element wird das Leben wie ein Motor, der kein Öl mehr hat. Es läuft sich heiß. Alle Augenblicke verbrennt etwas, überall sperren sich Teile, die genau ineinander greifen müssten. Mitte und Bindung gehen verloren. Das Dasein desorganisiert sich - und dann tritt jener Kurzschluß ein, der sich seit dreißig Jahren in immer steigendem Maße vollzieht: es wird Gewalt geübt. Durch sie sucht sich die Ratlosigkeit einen Ausweg. Wenn die Menschen sich nicht mehr vom Innern her gebunden fühlen, werden sie äußerlich organisiert; und damit die Organisation arbeitet, setzt der Staat seinen Zwang dahinter."[40] "Aufklärer" erwidern achselzuckend: Wie düster die nihilistische Lagebeschreibung auch sei, sie passe allemal ins Bild, nicht jedoch die Mär von der Gottgefälligkeit des Menschen.

[40] R. Guardini, Das Ende der Neuzeit, Werkbund-Verlag, Würzburg, 1950, S. 104.

Dem positivistisch-nihilistisch eingestellten Denker wächst aus dieser Einsicht eine Aufgabe zu. Alle moralischen Werte der Wunschdenker muss er umdeuten. Die "schöne neue Welt" - sie ist sein Werk. In der Nachfolge Nietzsches ist er mit dem "unheimlichsten aller Gäste" unterwegs, um die "frohe Botschaft" zu verkünden. Sie ist das Aufklärungswerk des Herrenmenschen, das sich naturgemäß in alle Winkel der Gemeinschaft zerstörerisch ausbreitet und die Kultur fachkundig ruiniert. Ein bestürzendes Beispiel gab der Nationalsozialismus. Offenbar begeisterte und begeistert das versprochene Unheil die Menschen derart, dass ernsthafter Widerstand sich erst gar nicht regt. Die Ideologen des Herrenmenschentums reklamieren für sich das Schlusswort in der Wertedebatte und trumpfen deshalb hochmütig auf, weil sie dem Nihilismus in unserer Zeit zum Durchbruch verhalfen. Die Grundzüge der Wahrheit des Seins seien längst erschlossen, so dass ein Festhalten an den alten religiösen Überlieferungen nur noch peinlich ist. So stimmig sei das Weltbild der Materialisten und Nihilisten, dass sie mit großer Autorität jede Art von Besinnung zurückweisen. Dabei suchte der Spiritus Rector der modernen Unheilslehre, Friedrich Nietzsche, noch nach einem Sinnersatz für alle in der öden Wüste der Sinnlosigkeit verlorenen Geister. Gottlob wurde auch dieser letzte Rest Hoffnung beseitigt. Der aufgeklärte Nihilist unserer Tage hat sich vom Besinnungswahn endgültig befreit, leidet nicht nur nicht an der Trostlosigkeit, sondern schreibt enthusiastisch und mit einem Gefühl tiefer Befriedigung in sein Stundenbuch: Bedenkenlosigkeit obenan. Nietzsches alarmierenden Weckruf vom Tode Gottes beunruhigt heute niemanden mehr, denn alle geistigen Verbindungen zwischen Menschen, die flugs zu materiellen Objekten ohne Zukunftsperspektive herabgewürdigt werden, sind ja längst abgerissen. Transzendenz - dieses Wort hat im 21. Jahrhundert einen denkbar schlechten Klang. Hohe geistige Werte, die einst in den Begriffen Wahrheit, Gerechtigkeit, Liebe, und Hoffnung mitschwangen, sind längst vom Zierrat hochfliegender "Welterklärungen" gereinigt worden. Ihre Funktion in den Herrschaftsstrukturen wird wissenschaftlich entschlüsselt. Dass durch diese Läuterung das ganze Fundament der humanen Existenz wegbricht, liege in der Sache und wird kommentarlos und mit stoischem Gleichmut hingenommen. Nihilismus und Inhumanität gehen seither Hand in Hand. Dabei stört die dialektische Katzenbeinigkeit nicht, dass den positivistisch-nihilistischen Lehren über humane Gesellschaften ausgerechnet das Inhumane, nämlich die Reduzierung des Humanen auf das Tierische und Maschinelle, zugrunde liegt. Früher erschrak man noch vor dem bösen Gespenst einer entmenschlichten Welt; heute suchen die "Überwältiger" den Schulterschluss mit dem unheimlichsten aller Gespenster. Der Umbruch, der durch die Entwertung aller Werte hervorgerufen wird, führt zu dem, was Nietzsche befürchtete, den Anbruch eines neuen Zeitalters, das als wahrhaft human gerade deshalb bezeichnet wird, weil es durch und durch inhuman ist. Die zahlreichen Belege dafür kann nur übersehen, wer mit geschlossenen Augen durch das politische Zeitgeschehen geht.

Nicht nur der Atheist, sondern auch der Christ erteilt allen metaphysischen Spekulationen eine entschiedene Abfuhr. Alles menschliche Reden von Gott außerhalb des Glaubens rede nicht von Gott, sondern vom Teufel - lautet die von Bultmann diktierte "Reformationsthese".[41] Christen predigen die uneingeschränkte Unterordnung des gläubigen Menschen unter den unerforschlichen Willen Gottes. Nur indem der Ministrant auf jeden "Erklärungsversuch" verzichtet und das Bibelwort als unantastbar hinstellt, gelangt er ins Heil. Alle aus den überlieferten Geschichten "abgeleiteten" Glaubenssätze, ihre scheinbar ewige Gültigkeit und die selbstherrliche Bevormundung von der Kanzel herab, stützen sich auf eine "Glaubenskraft", die immer dann besonders stark ist, wenn das von Propheten Erdichtete prinzipiell nicht mehr hinterfragt werden darf. Die Entfernung von den Quellen der Philosophie wird damit zum Leitmotiv der religiösen Gesamtschau. Christen brauchen das Spiel der Weltmächte nicht zu durchschauen, denn wer gelernt hat, dem Schöpfer zu vertrauen, der findet auch seinen Frieden mit ihm. Wer sich anstrengt und müht und nicht einfach um Bekehrung bittet, den hat die christliche Heilsbotschaft nicht erreicht.

Abermillionen Anhängern hat die christliche Heilslehre weltweit eine Orientierung gegeben. Wie alle Gläubigen, so problematisieren auch Christen das Verhältnis zwischen Welt und Mensch, ahnen Wundersames, Geheimnisvolles in den Zwischenräumen und überwinden ihre anfängliche Sprachlosigkeit mit dem Zauberwort "Gott". Denn wenn das Menschensein immer nur reduziert wird auf nur Faktisches, nur Manipulierbares, nur Empirisches, dann fehle jener wesentliche "Rest", auf den sich alle Religionen berufen: die Rückbindung des Menschen an Transzendenz. Als Geschöpfe Gottes befinden wir uns in seiner Hand. Wird diese Hand uns fallenlassen, zerdrücken oder hochheben? - vor dieser beklemmenden Frage steht jedes bewusste Wesen in dieser Welt. So furchterregend die Allmacht auch sei, können wir ihr vertrauen?

[41] R. Bultmann, Glauben und Verstehen, Mohr, Tübingen, 1933, Gesammelte Aufsätze, Band I, S. 303.

Jedenfalls, so argumentieren Christen, sollte Gott, der das Ohr, das Auge, das Denken und das Gefühl schuf, selber hören, sehen, denken und fühlen können. Da die Personalität des Menschen in der Hierarchie der Wesenheiten mit Abstand an oberster Stelle steht und die Person vermeintlich sich selbst trägt, müsse der Schöpfer die überragende, letzte Perfektion von Personalität sein.

Nach christlichem Verständnis ist jede Person eine individuell vollzogene Einheit von Seele und Leib. Das trifft auch für den Gottmenschen Jesus zu. Auch er ist nicht bloß eine Chiffre in alten Büchern, ein "Gedanke" nur für sich, sondern lebendiges, beseeltes Fleisch. Das steht nicht von ungefähr im Katechismus. Kein Selbst kann nämlich seine Kreise abgeschieden vom eigenen und von anderen beseelten Körpern ziehen. In der Schöpfung treten das Ich und das Du zwar auseinander, ohne jedoch die durch die transzendente Einheit verbriefte Verbundenheit zu durchbrechen. Der Religionsphilosoph, Gabriel Marcel, erläutert diesen Gedanken so: „Vom Denken Gottes, der mich gewollt hat, muß ich zu dem einen Gott weiterschreiten, der die Welt gewollt hat, kraft der immanenten Bindung, die mich mit der Welt eint und die bewirkt, daß ich bin.“[42] Es sei Zweck und Folge der Inkarnation, dass sich zwischen den Individuen eine Beziehungswirklichkeit entfalte. Die Leibgebundenheit ist daher den Menschen auf der metaphysischen Ebene nicht äußerlich. Sie bildet das Fundament sowohl für unser Dasein als auch für die Intersubjektivität. Die Vorstellung sei falsch, dass wir unseren Körper wie ein Objekt "haben", vielmehr ergänzt er die Seele und macht uns zu dem, was wir "sind". Marcel arbeitet den Unterschied zwischen dem "Haben" (das Haben des Körpers) und dem "Sein" (das Sein als Einheit von Seele und Leib) in seinem philosophischen Werk heraus. Wer es versteht, den Mitmenschen nur unter dem Blickwinkel des Habens zu subordinieren, der hat nur den Nutzen des anderen im Auge, seine Funktionen und Leistungen, die verfügbar sind wie Werkzeuge. Nur wer von sich selbst entfremdet ist, hält diese Grundeinstellung (alles sei auf das "Haben" reduzierbar) für unproblematisch. Nicht ein „ich denke, also bin ich“ begründe die Existenz, sondern ein „wir sind“. Erst wenn ich aufhöre, mein Leben als ein "Haben" zu betrachten, wenn ich mich dem anderen hingebe, erst dann verwirkliche ich mich im Bannkreis der Schöpfung. Das letzte Wort gilt nicht der Verlassenheit in einer fremden Welt, vielmehr meint es die als Liebe bezeichnete Beziehung von Mensch zu Mensch. Nur die Liebe weise dem Hoffenden einen Weg, weil sie das Vertrauen auf das absolute Du der Unsicherheit des Habens

[42]G. Marcel, Metaphysisches Tagebuch, Wien, München, 1955, S. 17

entgegensetzt. Die Werthaftigkeit des Daseins könne der Mensch nur in der Begegnung mit dem geliebten Mitmenschen erfahren, über den er nicht verfügt, mit dem zusammen er aber überhaupt erst selbst Person werden kann. Der religiöse Glaube meint nach Marcel keinen "Glauben an etwas", sondern ein Vertrauen auf das "göttliche Du", das uns im Nächsten grundsätzlich begegnet und das für uns bestimmend ist. Nur in der Liebe, in der vorbehaltlosen Hingabe zum anderen, bekenne ich mich zu mir selbst, ja werde ich überhaupt erst ein vollwertiges Selbst. Um richtig zu verstehen, was uns der Lebensphilosoph sagen will, sollen wir seine metaphysischen Merksätze "verklärt" auffassen. Das betrifft insbesondere den Unsterblichkeitsgedanken Marcels, der hieran anschließt. In der Liebe wird die tiefe Würde des geliebten Menschen offenbar. Erschreckt sträubt sich jeder dagegen, das begegnende Subjekt wie ein Objekt zu betrachten und zu behandeln, dessen Zeitpunkt kommen muss, an dem es zugrunde geht. Du sollst leben, niemals sterben, wehklagt der Liebende, wenn der Tod an den geliebten Menschen herantritt. In meiner Hoffnung auf die Unsterblichkeit des Geliebten bezeuge sich die göttliche Liebe. Metaphysisch gewendet sei die der Einheit des Seins geschuldete Intersubjektivität, vermittelt durch die leibliche Existenzweise, eine *ontologische* Grundbeziehung, die wir als Liebesbeziehung auffassen. Das aber problematisiert den Todesbegriff, der von der Übermacht des Nichts ausgeht und restlose Vernichtung bedeutet. Das Bestimmende sei nach Marcel nicht der Tod, sondern die in der Liebe zur Geltung kommende, geistig-seelische Verbundenheit der Geschöpfe, die vom einheitlichen Ganzen grundsätzlich nicht getrennt werden kann. Wer sich aus dem Zusammenhang eigenmächtig herausnimmt, wer auf sein Selbstsein pocht und sich somit gegen den Heilsplan stellt, muss ohne Hoffnung leben. Er zwingt sich, über drängende Existenzfragen geflissentlich hinwegzusehen. Marcel hat für seine Hoffnung hingegen einen Orientierungspunkt, wenn er behauptet: über Hoffnung und Liebe kann man sinnvoll nur im selben Atemzug sprechen.

Christen erfahren also das Mysterium als ein personales Gegenüber. Deshalb sind die Geschöpfe, und vor allem deren Krone "Mensch", zur Ehre Gottes da. Für immer will Gott unsere Gesellschaft. Das ist die frohe Botschaft des Evangeliums, die Versöhnung verspricht: der personale Gott weist uns einen Platz in der Ewigkeit an. Allerdings ersann er knifflige Verfahrensregeln zur Durchsetzung seines ewigen Plans, den Tod der Sterblichen zu überwinden. Zur Aufhebung der Macht des Todes und zur Gewinnung des ewigen Lebens wird der Erlöser Christus zu uns geschickt. So sehr liebt Gott seine Geschöpfe, dass er seinen einzig geborenen Sohn dahin gibt, um uns zu retten. Indem Jesus Christus all *unsere* Sünden auf sich nimmt, "bügelt" er die Unstimmigkeiten in der Schöpfung aus, verspricht dem Reuevollen die Gnade Gottes, unabhängig von der Länge seines Sündenregisters. „Zu unserem Heil lag die Strafe auf ihm, durch seine Wunden sind wir geheilt. Wir hatten uns alle verirrt wie Schafe, jeder ging für sich seinen Weg. Doch der Herr lud auf ihn die Schuld von uns allen."[43] Durch das Evangelium erlangt Sündhaftigkeit den Status einer ontologischen Grundkategorie, weil der Schöpfer sich an ihr bei seiner Selbstrepräsentation im Menschen so sehr abarbeiten muss, dass er sogar seinen Sohn schickt, ihn demütigen und kreuzigen lässt. Damit das Böse, trotz seiner Unverzichtbarkeit, nicht gleichberechtigt neben Gott stehen kann, muss es im Schöpfungsplan irgendwie "verarbeitet" sein. Nach der christlichen Heilslehre ist "Zerrissenheit" in Gott und daher auch in der offenbarten Gotteslehre unvermeidbar. Daher signalisiert die Auferstehung Christi genauer: Der Tod ist überwunden - eine frohe Botschaft, die allerdings nicht für jedermann erfreulich ist und sein soll. Nach Johannes führt das Erscheinen Christi in der Welt die große Krisis zwischen Licht und Finsternis herbei. Nun zeigt sich das Zwitterwesen des Erlösers. Er ist Lamm und Tiger Gottes zugleich. Seine Zähne zeigt er im letzten Gericht, das für die christliche Tradition kennzeichnend ist. Die Gott befohlene Abrechnung führt die Teufelskinder ihrer verdienten Strafe zu und erlöst Gotteskinder, indem ihnen Eingang ins ewige Leben gewährt wird. Gott liebt die Seinen und hasst die anderen von Ewigkeit her - was für ein "beseligendes" Heilsversprechen. Wie kann ich Gott in Gestalt des historischen Jesus meinen persönlichen Erlöser nennen, wenn ich ihn nur über tausend Vermittler vom Hörensagen her kenne? Nach dem Evangelium ist mir der ferne, ideale Christus der Kirchenlehre lediglich in Gestalt einer symbolischen Personifikation eines abstrakten Erlöserprinzips zugänglich. Diesen Dualismus nennt man Theismus. Dem personalen Gott wird die geschaffene Person, die frei ist, sich vom göttlichen Plan auszunehmen, gegenübergestellt. Wer die Heilslehre absichtlich oder unabsichtlich falsch versteht oder Ablassbriefe nicht bezahlen kann, der kommt nicht in den Himmel. Und wer sich zur Auffahrt bereit machen darf, lässt sich die versprochenen überirdischen Wonnen wortreich beschreiben. Den Sprung ins ganz andere "Dasein" darf er gedanklich vorwegnehmen.

Wir halten fest: Beileibe nicht jeder Erdensohn stehe in Gottes Gnade. Darüber entscheide das letzte Gericht. Nur die Gottgefälligen liebt

[43] Jesaja, 53, 5-6.

der Vater von Ewigkeit her. Sie sind zum Gottesdienst erkoren, nicht zum Schuften. Die Sorge um das tägliche Brot gehöre den Ungläubigen, die Beter stünden in der Fürsorge Gottes. In der Vorliebe für die Schwachen äußert sich die christliche Barmherzigkeit. Dem Tüchtigen, der sich selbst helfen kann, wird die Zuwendung lieber entzogen. Überhaupt gelte das strenge Gesetz: Wer nicht getauft ist, darf nicht auf Noas Arche und muss ertrinken. Doch hält die christliche Satisfaktionslehre der Verstandeskritik stand? Wie kann Gott, in seiner Funktion als personifizierte sittliche Weltordnung, dem auserwählten Sünder die strafbewährte Schuld abnehmen, sie einem Unschuldigen aufbürden und flugs den schon immer geliebten Übeltäter augenzwinkernd das ewige Leben versprechen? Der Delinquent muss sich weder strecken noch wiedergutmachen noch sich angestrengt reinigen, wenn er nur Gottes Herrlichkeit (heuchlerisch?) lobt und dem Klerus gehorcht. Für auserwählte "sympathische" Sünder überwindet Gott also den Tod. Sie werden, wenn sie sterben, vom Joch der Zeit befreit und in verklärter Form als leibliche Menschen wiedergeboren, um an Gottes Seite ewig selig zu sein. Was für ein Possenspiel, wenn Christen dieses Cartoon zur Illustration ihrer Weltauffassung so gelten lassen. Erich Przywara, ein katholischer Philosoph und Theologe, thematisierte das Widersprüchliche und Skandalöse des christlichen Gottesbildes, als er schrieb: Da in der Kirche „jeweils neu und heute Gott gekreuzigt erscheint, als gekreuzigte Majestät des Vaters, als gekreuzigte Heiligkeit des Sohnes, als gekreuzigte Seligkeit des Heiligen Geistes, als gekreuzigtes Ist der Fülle von Vater und Sohn und Heiligem Geist, - hierin ist sie wahrhaft törichte und skandalöse Braut, törichter und skandalöser Leib, törichte und skandalöse Fülle des Gottes, der in Christo Torheit und Skandal ist: 'skandalöse Narrheit' Gottes in der 'skandalösen Narrheit' Christi in der 'skandalösen Narrheit' der Kirche, die eben darum als 'Schmutzwasser' und 'Kloake' der Welt erscheint.“[44] Noch radikaler war die Kritik von Eduard von Hartmann, der gar einen Neubau verlangte. Er schrieb: „Denn früher oder später stürzen Ruinen doch zusammen, auch wenn niemand sie untergräbt, ja selbst wenn man sie künstlich zu stützen sucht; der Unterschied ist nur, ob man den Bau eines neuen Wohnhauses so lange verhindern kann, bis die Obdachlosigkeit ihn gebieterisch erzwingt oder ob die Vernunft ausreicht, zur Herstellung des doch unvermeidlichen Neubaues rechtzeitige Anstrengungen zu machen.“[45]

[44] E. Przywara, Was ist Gott?, Glock und Lutz Verlag, Nürnberg, Bamberg, Passau, 1947, S. 39.

[45] E. Hartmann, Die Krisis des Christenthums in der modernen Theologie, Carl Dunker Verlag, Berlin, 1880, S. XIV.

Doch wie müssen die spirituellen Kernideen geläutert werden, damit die christliche Heilsgeschichte nicht an Überzeugungskraft verliert?

Kann das alles entscheidende Wort Gottes nur stellvertretend von der Kanzel herab verkündet werden, dann müssen wir den Priester befragen, wie wir die frohe Botschaft im Detail aufzufassen haben. Nutzt der Geistliche diesen Kompetenzvorsprung, um sich Vorteile zu verschaffen? Wie steht es um die Moral des Moralpredigers? Gibt er immer noch Ablasszertifikate gegen Entgelt heraus? Diese Zeiten sind längst vorbei - sagen Sie?[46] Hat das Erscheinungsbild des christlich geprägten Abendlandes auch dunkle Seiten oder ist es durch und durch dunkel? Betrachten wir, um den Gedanken festzuhalten, das führende Land der christlich geprägten Zivilisation, in dem prozentual die meisten Menschen an Dämonen und Geister glauben, die USA. In diesem "heiligen" Land, das Jahr für Jahr weltweit ferne Länder bombardiert - für eine "bessere" Welt versteht sich - entfallen etwa 50% der erwirtschafteten Leistungen auf den Finanzbereich, dessen alleinige Daseinsberechtigung die Dollarinflation ist - ein gigantischer Betrug im Namen der christlichen Werte. Am Vormittag sieht man Finanzspekulanten in der Kirche beten und Sünden bekennen, am Nachmittag ersinnen sie neue Finanzprodukte, um die Weltinflation weiter anzuheizen. Lasst uns Gott dienen, indem wir die Weltwirtschaft in ein riesiges Kasino verwandeln und darin zocken, bis eine gewaltige Finanzblase platzt. Dann drücken wir den Reset-Knopf - das bedeutet meist Krieg und neuerdings die planmäßig vorangetriebene Zerstörung der Zivilisation - und beten über

[46] Im Reichsdeputationshauptschluss vom 25.2.1803 steht im § 50: „Den sämtlichen abgetretenen geistlichen Regenten ist nach ihren verschiedenen Graden auf Lebenslang eine ihrem Range und Stande angemessene freie Wohnung mit Meublement und Tafelservice ... anzuweisen ... was ihnen an Möbeln eigentümlich zugehört, ihnen gänzlich überlassen bleibe, das aber, was dem Staate zugehört, nach ihrem Tod an diesen zurück falle." Dass die Dotationen auf alle Nachfolger übergehe, davon steht nichts im Vertrag, dennoch ist es bis heute gängige Praxis. Mit 481 Millionen Euro pro Jahr (Stand 2013) besoldet der Staat Bischöfe, Priester, Pfarrer und andere Würdenträger. Staatsverträge, Konkordate und der Verzicht auf Steuereinnahmen (die Kirche zahlt keine Einkommenssteuer, keine Vermögenssteuer, keine Erbschaftssteuer, keine Grundsteuer, keine Schenkungssteuer, keine Gewerbesteuer, keine Umsatzsteuer, keine Zinsabschlagssteuer, keinen Solidaritätszuschlag und keine Gebühren für Justizkosten) sichern der Kirche jährlich noch einmal zirka 17 Milliarden Euro an staatlichen Subventionen, die vom Steuerzahler aufgebracht werden müssen. Zusätzlich werden die kirchlichen Sozialeinrichtungen (Diakonie, Caritas) mit 50 Milliarden Euro jährlich vom Staat finanziert. Die Einnahmen aus der Kirchensteuer betragen rund 10 Milliarden Euro und eine grobe Schätzung beziffert das Vermögen beider Großkirchen auf 500 Milliarden Euro. Wie hoch ist also das Gesamtvermögen? Die Bischofskonferenz kann keine Auskunft geben, bittet aber um Spenden.

die Massengräber hinweg: Amen.

Nicht nur Christen müssen heute fragen: Sind die ökologischen, militärischen, wirtschaftlichen, politischen und kulturellen "Verwerfungen" nicht alle Symptome einer tiefen Krise - einer Orientierungskrise? Die Unterzeichner der Potsdamer Denkschrift aus dem Jahre 2005 sahen es so. Sie beklagten: „Die tieferliegenden Ursachen dieser bedrohlichen Entwicklungen zu hinterfragen und aufzudecken wird versäumt. Die zunehmend global adaptierten Machtstrategien und das verknüpfte Menschenbild hängen eng mit unserem inzwischen weltweit favorisierten materialistisch-mechanistischen Weltbild zusammen und dem Denken, das aus dem Geist des Machens resultiert und machtförmiges Handeln provoziert.“ Alle globalen Fehlentwicklungen, seien es die „Prinzipien zentralistischer Kontrolle, gewaltsamer Bemächtigung des Anderen, rücksichtslose Zwecksetzungen“ oder extreme „Machtballungen und wirtschaftliche Ungleichheit, dirigiert und forciert von einem lebensfeindlichen finanziellen Netzwerk, das, anstatt die Beziehungsgefüge zwischen Menschen zu stärken, zum unersättlichen Selbstzweck verkommen ist“, - all diese Fehlentwicklungen resultieren aus der Mechanisierung des Lebens, aus einer unzeitgemäßen, falschen Weltanschauung. Die Gesundung erfolgt nur durch „eine Revolutionierung der bisherigen klassischen Weltsicht mit der überraschenden Erkenntnis: Materie ist im Grunde gar nicht Materie, sondern ein Beziehungsgefüge ...“

Welche begeisterten Zurufe vernahm man von Katholiken und Protestanten? Fand der Potsdamer Aufruf bei Kirchenvertretern Gehör? Wurde die Initiative freudig aufgenommen und unterstützt? Ist das Anliegen den Theologen etwa fremd? In den alten Büchern ist der Zusammenhang jedenfalls omnipräsent. Johannes von Jerusalem, beispielsweise, wird die Ansicht zugeschrieben: „Der Mensch in seiner materialistischen Verblendung wird nicht merken, daß sein vermeintlicher Fortschritt in die falsche Richtung geht und in Wirklichkeit ein Rückschritt ist, der den Menschen zu 'Kindern des Teufels' macht.“[47] Scharfsinnig setzte sich der katholische Religionsphilosoph, Romano Guardini, mit der Orientierungskrise in der Moderne auseinander. In seinem Buch „Das Ende der Neuzeit“ lesen wir: „Nur die christliche Kritik geht tiefer. Sie kennt von der Offenbarung her die Gefahr, daß der Mensch sich an Werk und Welt verliere, weiß vom ‚einen Notwendigen‘ und vermag so den zuerst ... zum Dogma gewordenen Fortschritts-Optimismus zu durchschauen. Sie erkennt die Unwahrheit des Autonomiegedankens und weiß, daß ein Kulturaufbau, der Gott wegtut, nicht

[47] A. Risi, Machtwechsel auf der Erde, Govinda-Verlag, Zürich, 2006, S. 271.

gelingen kann, aus dem einfachen Grunde, weil Gott ist."[48] Alle Verwerfungen im heutigen Kulturaufbau lassen sich kaum auflisten: Kriege, Regierungsumstürze, Korruption, Geschäftemacherei, Abschaffung der Nationalstaaten, ruinöse Migration, Diskreditierung der familiären Lebensform, Verstümmelung der Kinderseelen durch frühsexuelle "Erziehung". Wo endet die Aufzählung der Missstände? Die Massenmedien überschütten die Menschen mit Datenmüll und gezielt einseitiger Berichterstattung zu Propagandazwecken, die Unterhaltungsindustrie verherrlicht Gewalt und beleidigt durch Niveaulosigkeit, und besonders bedrohlich: durch einen hemmungslosen Aufmarsch und das Anheizen des atomaren Rüstungswettlaufs wird ein Weltkrieg vorbereitet, der mit Massenvernichtungswaffen geführt werden wird. Warum, so fragen wir uns erschrocken, treffen all diese satanischen Einflüsterungen auf so viele offene Ohren? Warum geschieht das Unheilvolle, das angeblich niemand will? 1950 schrieb Guardini dazu: „Ungeheuerlichkeiten von solcher Bewußtheit gehen doch nicht nur auf Rechnung entarteter Einzelner oder kleiner Gruppen, sondern kommen aus Verstörungen und Vergiftungen, die seit langem am Werk sind. Was sittliche Norm, Verantwortung, Ehre, Wahrheit des Gewissens heißt, verschwindet nicht in solcher Weise aus einem Gesamtleben, wenn es nicht schon längst entwertet war."[49] Da es die „bloße weltliche Welt" nicht gibt, ergänzt erst das "Unsichtbare" - das Seelische - jede individuelle und gesellschaftliche Erscheinungsform zur vollen Seinsgestalt. Fehlt dieses "geistige Darüber-hinaus", so „entleeren sich Dinge wie Ordnungen". Es sei nicht die Funktion von Religiosität, Stubengelehrte anzuregen oder den Beter mit heiligen Reliquien zu umgeben. Religiosität sei vielmehr das Öffnen eines neuen Raumes für das Existieren. Sie weist den Menschen einen Weg aus der tiefen Vereinzelung, welche die mechanisch-materialistische Lebensauffassung zwingend herbeiführt. Auf dem neuen Weg ändert sich plötzlich alles von Grund auf. Gelingt diese radikale, spirituelle Kehrtwende nicht, dann wird „das Mittel, mit welchem die flutartig ansteigenden Probleme bewältigt werden, im Letzten doch die Gewalt [bleiben]. Das hieße aber, daß der falsche Gebrauch der Macht zur Regel wird. Das Kernproblem, um das die künftige Kulturarbeit kreisen, und von dessen Lösung alles, nicht nur Wohlfahrt oder Not, sondern Leben oder Untergang abhängen wird, ist die Macht ... Der Mensch steht wieder vor dem Chaos; und das ist umso furchtbarer, als die meisten es gar nicht sehen, weil überall wissenschaftlich gebildete Leute

[48] R. Guardini, Das Ende der Neuzeit, St. Benno-Verlag Leipzig, 1954, S. 89.
[49] ebenda, S. 98.

reden, Maschinen laufen und Behörden funktionieren ... Die tragende Tugend wird vor allem der Ernst sein, der die Wahrheit will ... Die zweite Tugend wird die Tapferkeit sein ... Sie muß reiner und stärker sein, als die vor Atombomben und Bakterienstreuern, denn sie hat den universellen Feind, das im Menschenwerk selbst aufsteigende Chaos zu bestehen - und hat, wie alle wirklich große Tapferkeit, die Vielen gegen sich, die Öffentlichkeit, die in Parolen und Organisationen verdichtete Unwahrheit."[50] Kann die institutionalisierte Kirche vom Vorwurf des Machtmissbrauchs und der Ausbeutung freigesprochen werden?

Wird die Möglichkeit von Metaphysik gleichermaßen von Atheisten und Christen auch deshalb energisch bestritten, weil es dieser "Scheinwissenschaft" immer nur um das Schließen von Wissenslücken geht? Wird durch den Erkenntnisgewinn in den Naturwissenschaften der Geheimnischarakter der Wirklichkeit entschlüsselt oder vertieft er sich sogar? Geht alles mit "rechten Dingen" zu oder zwingen uns hartnäckige Rätsel, den Boden der metaphysischen Spekulationen zu betreten? Die gängigen Vorstellungen, die man gewöhnlich mit den Begriffen Sein, Nicht-Sein, Raum, Zeit, Unendlichkeit und Informationsverarbeitung verbindet, erweisen sich alle als oberflächlich und für tiefgehende philosophische Expertisen als gänzlich unbrauchbar. Die weitverbreitete mechanistische Weltauffassung ist nicht gänzlich falsch, aber kritikwürdig. Dass der Mensch das erkennen kann und zu Erkenntnissen gelangt, die ihm prinzipiell immer rätselhaft sein werden, nennen Metaphysiker ein Mysterium.

Nicht nur in der Physik, sondern auch in der Biologie staunen die Forscher über "Unglaubliches". An erster Stelle ist die ordnende Kraft von bestimmten Molekülgruppen zu nennen, die als Gene bezeichnet werden. Zunächst bemerkenswert ist die gigantische Informationsdichte in diesem Material. Werner Gitt veranschaulichte das unfassbare Speichervermögen dieser "biologische Hardware". Die Speicherkapazität für Information von DNS Material, das einen Stecknadelkopf von zwei Millimetern Durchmesser ausfüllt, genügt, um einen Text zu speichern, der in 15 Billionen Büchern zu je 160 Seiten steht.[51] Der Bücherstapel würde von der Erde bis zur Sonne reichen, wenn jedes Buch einen Zentimeter dick wäre. Noch beeindruckender ist die "Intelligenz" in diesen "Steuerungselementen des Lebens", weil sie nicht nur alle Baupläne ab-

[50] ebenda, S. 103.

[51] W. Gitt, Am Anfang war die Information, Hänssler Verlag, Holzgelingen 2002, S. 313.

rufbereit vorhalten, sondern auch den künftig notwendigen kreativen Reaktionen Impulse und Anregungen geben. DNS Moleküle sind mitnichten Träger einer toten Datensammlung. Was in ihnen eingeschrieben ist, das sind respektable Betriebs- und Bauanleitungen für *lebende* Organismen. Der Inhalt dessen, was dort in den "Büchern des Lebens" niedergelegt ist, sind keine Befehle einer Kommandowirtschaft, gerichtet an debile Befehlsempfänger, denen ein "Denkverbot" auferlegt ist. Auf allen Ebenen "denkt es" mit, "plant es mit" und "baut es mit". Im Mittel wird nur einer von Milliarden Buchstaben falsch kopiert. Was ist in diesem "Getriebe" Auslöser und was ist das Ausgelöste? In den lebendigen Zellen sind informationsbedingte Kreisprozesse bestimmend und nicht lineare Kausalitätsketten. Die DNS-Synthese erfolgt unter enzymatischer Katalyse. Diese sogenannte Replikation ermöglicht eine DNS gesteuerte RNS Synthese im Verlauf der Transkription, die ihrerseits Voraussetzung ist für die Proteinsynthese während der Translation, womit sich wegen der bereitgestellten Enzyme der Kreis schließt. In dieser neuartigen Form von "Kausalität" nennt man eine Ursache das, was weniger Wirkung und Wirkung das, was weniger Ursache ist. Für ein Lebewesen ist die teleologische Geschlossenheit bestimmend. Sie ist nichts "Faktisches", sondern eine Intelligenzleistung, da sie auf Information, einschließlich ihrer syntaktischen und semantischen Merkmale, basiert. Zellen sind keine Bausteine, aus denen das "Haus" Lebewesen aufgebaut werden könnte. Im Organismus herrscht eine organisierende Idee, eine innere Spontaneität und Selbstbestimmung. Bezugnehmend auf Leibniz meinte Karl Jaspers, dass selbst in den kleinsten Teilen das Leben nicht aufhört, Leben zu sein. Diese geschlossenen, informationsgesteuerten Daseinsweisen des Lebens erzeugt kein Zufallsgenerator aus toter Substanz. Vielmehr erkennen wir in dieser Form des materiellen Seins völlig klar die Wirklichkeit des Geistes. Der Physiker Hans-Peter Dürr formulierte es so: „Für mich ist Leben letztendlich reine Form. Denn die Anordnung der Substanz ist eigentlich nicht das Wesentliche, sondern gerade das, was von der Substanz gelöst ist. Ein Beispiel dafür ist die Symphonie auf einer Schallplatte. Man kann mit dem Mikroskop die Linien der Platte ansehen, aber dennoch absolut nicht verstehen, daß hier in diesen Rillen eine Symphonie verborgen ist, nämlich in der Form, nicht in der materiellen Substanz."[52]

Die "Chiffren der Transzendenz", die in den modernen Naturwissenschaften sichtbar werden, ermutigen Sinnsucher, das traditionsrei-

[52] Dürr, Meyer-Abich, Mutschler, Pannenberg, Wuketis, Gott, der Mensch und die Wissenschaft, Pattloch Verlag, Augsburg 1997, S. 67.

che Projekt "Metaphysik" wieder aufzugreifen und fortzuführen. Dabei legen sie Wert darauf, den Gottesbegriff für konstruktive Kritik offen zu halten, um die spirituelle Erweckung nicht durch immer neue Denkverbote zu behindern. Allerdings halten sich auch moderne Monisten an die alte Leitlinie, dass das wahre religiöse Bewusstsein und die ihm gegenüberstehende wahre Welt denselben Grund haben. Daher gilt den modernen Aufklärern die Vernunft als willkommene Förderin bei der Erlangung einer vertretbaren Gottesschau, befreie sie doch die religiösen Ideen von Wunschvorstellungen und vom Aberglauben. Erst beide zusammen, das zur Mystik geneigte Gemüt und der zum Rationalismus tendierende Verstand, brächten das religiöse Leben auf den rechten Weg. Offenbarung müsse in Wahrheit tiefer gehen als eine bloße Mitteilung. Als ein fremdes Wort hätte sie gar keine Bedeutung für die existentielle Lebensentscheidung. Denn der Mensch als bloßes Naturwesen könne nur durch eine seelische Metamorphose an die Seite des Weltenlenkers und damit ins Heil gelangen. Würde ein phlegmatischer Beter hinüber gehoben werden in das Reich des Absoluten, des ewigen Stillstands in Harmonie, dann wäre es nicht er, der auf der anderen Seite ankommen könnte. Eine sinnvolle Heilslehre müsse sich versichern, dass das wahre Wesen des Menschen auch das wahre Wesen Gottes ist, dass die menschlichen Anlagen gottgewollte Mittel zu göttlichen Zwecken sind.

Plotins Neuplatonismus ist ein Lehrbeispiel für eine pantheistische Gottesschau. Den "Schöpfer" einmal schauen zu können, das sei eine Gnade, meint Plotin, die nur dem gewährt wird, der sich, unter Beachtung der weisen Anleitung, dazu bereitgemacht hat. Nur in einem kurzzeitigen ekstatischen Erlebnis gibt sich Gott dem auserwählten Andächtigen zu erkennen. Doch warum lässt er nicht alle, die sinnieren und räsonieren, an sich heran, sondern fordert den inneren Aufschwung über alle Welt hinaus? Plotin verlegt seine Gottheit in die "Welt-immanente Transzendenz". Der Schöpfer des Diesseits sei jedoch insofern nicht von dieser Welt, weil er keine Gestalt hat, weil ihm keine Stunde schlägt und er sogar noch weit über dem Geist thront. Gerade wegen seiner Weltabgewandtheit und gleichzeitigen Weltimmanenz ist Gott der Schöpfer der Welt und damit die einzig wahre und letzte Wirklichkeit. Uns hingegen begegnet nur das, was wir verstehen können: eine Schein-, eine Als-ob-Welt. Alle Begriffe und Erkenntnismethoden können nicht ihre intrinsischen Irrtümer überwinden, weil Täuschungen ihr notwendiges Lebenselixier sind. Für uns Menschen sei daher die Gottheit etwas gänzlich Unaussprechliches. Wir können uns ihr gar nicht anders "nähern" als auf dem Weg der Verneinung. Die Gottheit ist nicht endlich, nicht begrenzt, nicht teilbar, nicht zeitlich, nicht bedürftig, weder materiell noch geistartig. Plotin sagt im Sinne seiner negativen Theologie über Gott: „ ... vielmehr tu alle andern Dinge fort, wenn du Ihn aussagen oder Seiner innewerden willst. Wenn du nun alles fortgetan hast, dann suche nicht danach, was du Ihm beilegen könntest, sondern danach, ob du vielleicht etwas noch nicht von ihm fortgetan hast in deinem Denken."[53] Die endliche Scheinwirklichkeit ist ein "Auf" und "Ab" von Diesem und Jenem, ein schier unüberschaubarer bunter Reigen von Einzelerscheinungen. Dieses Sammelsurium könne, erklärt Plotin, nicht selbst sein eigener Quellgrund und der Garant für alles Flüchtige sein. Wie können vergängliche Ereignisse eine zukünftige unendliche Abfolge von anderen vergänglichen Ereignissen vorwegnehmend fundieren? Nein - der Grund der Vielheit müsse etwas ganz anderes, müsse eine Einheit sein, die "Streit" orchestriert, aber nicht an ihm beteiligt ist. Und da allein dieser "Dirigent" die Partitur von allem in den Händen hält, ist er allein der Tonangebende. Die gespielten Stücke lösen einander ab, des Kapellmeisters Notenheft bleibt auf dem Pult. Das Heft ist mitnichten Musik. Dieses Eine ist notwendig immer "da" - alles Kreatürliche ist notwendig bald nicht mehr "da". Daher ist das Eine wahrhaftig seiend, während das davon Abgeleitete nur scheinbar existiert. Das ist Plotins Kernthese: Alles Seiende ist seiend nur durch das Eine. Doch warum belastet sich Gott mit flüchtigem Beiwerk? Welches "Bedürfnis" treibt ihn, diesen unnötigen "Rest" zu erschaffen? Fragt er nach einem Gegenüber, mit dem er ins Gespräch kommen kann? Wenn ja, dann gehörte er auf die Couch eines Psychiaters, damit sein psychologisches Problem behandelt werden kann, während sein Heiler an seine Stelle tritt. Oder schuf Gott den Menschen, weil dieser Spitzbube ihn amüsiert? Nein - der Neuplatonist behauptet, sich einen nicht-zeitlichen, *ewigen Prozess* vorstellen zu können. Von Ewigkeit her sei das Eine gezwungen, sich selbst "anzuschauen", was ihm nur durch die Absonderung von Scheinwirklichkeiten gelingt. Recht erkennen kann sich das Eine selbstverständlich nicht - es ist nicht erkennbar - aber Freude am Kintopp soll es haben. Damit die Geschichte unterhaltsam sei, müsse es farbenfroh und abwechslungsreich zugehen.

Wie bereits auf Seite 174 dargestellt wurde, ist der neuplatonische ewige Schöpfungsakt vielgliedrig. Dadurch dass jener namenlose Ur-

[53] R. Harder, Plotins Schriften, Band VI 8, 21, 26-28, Hamburg (1971).

grund sich selbst erblickt, kommt das große Rad in Gang. Eine zweite Stufe muss es geben, das ist die geistige Welt. Ohne ihrem Anspruch je exakt gerecht werden zu können, beinhaltet die Welt der Ideen möglichst getreue Abbilder des Einen. Da sie über den Versuch, mit vielen Begriffen zu fassen, was unfassbar ist, nicht hinaus kommt, fehlt ihr schon die Reinheit, ist sie schon fiktiv und nicht mehr volle, wahre Wirklichkeit. Noch tiefer im Ungefähren verstrickt ist alles auf der Ebene, auf die der Geist hinunter schaut: die Weltseele. Zwar ist auch sie eine ewig stillstehende Herrlichkeit, doch eine sich in unendlich vielen Einzelseelen zerstreuende Gesamtheit. Nach ihrem Katalog von "Betriebsanleitungen" wird nun auf der darunter liegenden Ebene der Kosmos aufgebaut, indem sich die himmlischen Ideen einem formbaren Substrat, der geistlosen Materie, einprägen. Nichts wird jedoch dabei in Stein gemeißelt. Das ganze sichtbare Himmelsgewölbe ist nichts anderes als eine Fata Morgana. Wir verehren es als das feste Fundament unserer Daseinsweise, dabei ist es nur ein Wolkenkuckucksheim. Auf der untersten Ebene, die allerdings gänzlich der Schauplatz für Scheinwirklichkeiten ist, können vom Einen her zwar Schönheit und Vollkommenheit durchdringen, aber nur auf einer grotesk entstellten Art und Weise. Alles Sichtbare hat nur einen Halt: die "Erinnerung" an ihren Ursprung. Wo diese Sehnsucht besonders ausgeprägt ist, sehen wir ein Bestreben, zum Ursprung zurückzukehren. Die Läuterung auf der untersten Stufe beginnt mit der Abkehr vom billigen Daseinsgenuss und der Zuwendung zur Besonnenheit, Gerechtigkeit und Weisheit. Wer auf die nächst höhere Seinsstufe hinauf will, wendet sich vom Sinnlichen ab und verachtet all seine Leidenschaften. Seine Weltseligkeit verheißt ihm ein unbekümmertes Leben: Wer der Welt Freund sein will, der wird Gottes Feind sein - und umgekehrt. Durch den Eintritt in die Welt des Geistes wird die vorletzte Stufe zum Heil bestiegen. Die philosophische Existenz, die nur noch den Ideen verpflichtet und schon deutlich weltfremd ist, markiert die höchste Stufe, auf die wir uns hinauf quälen können. Wer noch weiter möchte, der muss um das Gnadengeschenk bitten, das Eine einmal kurz schauen zu dürfen. Dazu müssen wir „stille werden, bis es erscheint“. Wer zur ekstatischen Gottesschau eingeladen wurde, ist besänftigt - andere besänftigen kann er nicht. Plotin fuhr mehrmals auf, um Gott zu schauen. Seine letzten Worte waren: „Jetzt will ich versuchen, das, was göttlich in mir ist, eingehen zu lassen in das Göttliche im All.“

Auf die prinzipielle Kompatibilität zwischen dem Neuplatonismus und der modernen Physik wurde an anderer Stelle hingewiesen.[54]

0.4.2 Epilog

Kann auch noch eine in tausend Stücke zerschlagene Uhr die Zeit anzeigen? Ist es nicht absurd, ihr Vermögen, die Uhrzeit anzuzeigen, nicht vom Lauf ihres mechanischen Räderwerks abhängig zu machen? Können eventuell Dämonen auch dann noch die Zeit ablesen, wenn die Uhr selbst schon längst verschwunden ist? Nein - es existiere nur die Materie - ist sie weg, ist alles weg - versicherten sich die frühen Aufklärer in ihren Schutzräumen. Jede Metaphysik, die "hinter" dem Stoff noch ein geistiges Prinzip vermutet, mache Wahngebilde zu ihrem Gegenstand. Eine verhängnisvolle Fehleinschätzung müsse den Begriffen "menschlicher" und "göttlicher" Geist zur Last gelegt werden. Das Fehlerhafte aller metaphysischen Ideenlehren bestehe nach Holbach, dem Aufklärer und Erneuerer des Atheismus, in der dualistischen Unterscheidung zwischen der Natur und ihren Bewegungsformen. Die Bewegung sei den Substanzen immanent, nicht aufoktroyiert. Wer einen immateriellen Beweger postuliert, irre mehrfach. Erstens gehöre die Bewegung als Strukturbildung zur ganzheitlichen Natur wie all ihre sonstigen Eigenschaften. Die Dinge im Kosmos geben sich ihre Form selbst, sie wird ihnen nicht von außen aufgezwungen. Einen immateriellen ersten Beweger vorzuschreiben, errichte zweitens willkürlich eine unüberwindliche Barriere auf einem Weg, den die Forscher gar nicht einschlagen. Schließlich störe und behindere die Anbetung einer vermeintlich überirdischen Anderswelt durch spekulative Grübler die irdische Lebendigkeit der auf maximales "Glück" ausgerichteten menschlichen Daseinsweise. Man möge doch bitte zur Kenntnis nehmen, dozierte Holbach in seinem Salon, dass das materielle All nur einen Zweck habe: sich selbst. Alles was von Metaphysikern weihe- und ehrfurchtsvoll genannt wird, sei eine profane Wirkung von Naturkräften. Alle geistigen Aktivitäten seien Eigenschaften der Gehirntätigkeit. Der Atheist bringt es auf den Punkt: Alles Wollen ist Empfindung und jede Empfindung ist Bewegung. Die bewegenden Kräfte haben eine physikalische und eine "seelische" Komponente. Sie heißen Anziehung und Abstoßung beziehungsweise Liebe und Hass. Daher ist der wahre Moralist ein Mediziner: er verabreicht einen Stoff, die Medizin, um gleichermaßen die Schmerzen des Körpers und der "Seele" zu kurieren. Der atheistische Heiler

[54] P. Kleinert, Rationale Religiosität, WiSa, Stuttgart, 2015.

hat gelernt: Tugend ist das Gleichgewicht der Körperflüssigkeiten. Wer im Gewand des psychotherapeutischen religiösen Heilers daherkommt, der sei ein Scharlatan. „Der erste Schurke, der dem ersten Narren begegnete, war der erste Priester“ - gab der Enzyklopädist Holbach zu bedenken.

Nur einmal angenommen, die Grundprämisse des Holbachschen Atheismus müsste korrigiert werden, so dass es nunmehr hieße: nicht das substantielle Teilchen, sondern die immaterielle Idee ist das wahre Fundament dieser Welt. Was würde dann aus seiner "metaphysischen Logik" folgen? Etwa dies: nicht nur alle Bewegung der "materiellen" Körper, sondern auch die Sittlichkeit, alles Menschliche, müssen verstanden werden aus einem obersten *ideellen* Prinzip, das wir Gott nennen. Diese Möglichkeit wird partout nicht ernst genommen, denn man sagt dem Geisterseher: bitte stoße dir doch den Kopf an der Wand aus Stein, die du als "geistvernebelt" bezeichnest, bis Kopfschmerz dich zur Vernunft bringt. Dann wiederholen wir mit dir unser Mantra so langsam, dass du es mitschreiben kannst: Gott ist t-o-t. Du kannst diese "Wahrheit" nicht aushalten? Auch deine Gemeinde wird dir nicht helfen können. Sie hat Kopernikus den ersten verstörenden Vorstoß zur Last gelegt. Er alarmierte die Schwärmer: Wir müssen die Erde aus dem Mittelpunkt des Universums nehmen, sie steht nicht dort, worauf alle Blicke gerichtet sind. Was für ein Schrecken für jeden "Schauenden"! Und dann kommt der streitsüchtige Giordano Bruno daher und behauptet: „Es müsse unendlich viele erdähnliche Planeten im Kosmos geben“. Der Zorn und die Ratlosigkeit gingen zu tief ins Herz. Der Querulant muss weg - übergebt ihn den Henkern der Inquisition, schrie die aufgebrachte, gottesfürchtige Menge. Trotz der Tilgung des freien Worts durch Fememord, fanden die Gutgläubigen ihre Ruhe nimmer. Erneut aufgeschreckt wurden sie durch Charles Darwin. Auch er holte weit aus: Der Mensch – Gottes Ebenbild – sei ein lächerlicher, allenfalls pfiffiger, irgendwie weiterentwickelter Affe. Plötzlich stand die über viele Jahrhunderte verbissen unterdrückte Frage offen im Raum: Was ist an diesem Menschen-Tier, das rastlos mordet und raubt, überhaupt heilig? Er sei ja nicht einmal Herr in seinem eigenen Haus, polterte der Tiefenpsychologe, Sigmund Freud, gegen jedes feinsinnige, religiöse Gemüt. Der gerühmte Nobelpreisträger und führende Molekularbiologe, Jacques Monod, trat ans Pult und brachte das Aufklärungswerk schließlich zum Abschluss mit dem programmatischen Satz: Der Mensch „weiß nun, daß er seinen Platz wie ein Zigeuner am Rande des Universums hat, das für seine Musik taub ist und gleichgültig gegen seine Hoffnungen, Leiden oder Verbrechen.“[55] Wer trotz all dieser schweren Nackenschläge, schwankend zwar, zu seinem religiösen Glauben stand, den zitierten aufgeklärte Atheisten ans Katheder, und paukte mit ihm die Unglaubensbeweise noch einmal durch. Ihr Hauptargument ist denkbar kurz und einfach: Die absolute Leere allein kann nicht alles sein, was es gibt, weil wir da sind und von uns wissen. Also ist in diesem Nichts etwas – Dinge, Bauklötzchen. Und das Spiel dieser kleinen Steinchen im Leeren ist Weltenlauf, ist Wirklichkeit – mehr ist nicht zu sagen über Gott und die Welt. „Woran sich in diesem unendlichen Maschinensaal deine Seele erwärmen könnte“, fragst du Narr? Natürlich an nichts! Gott ist tot – er erstickte an den verschluckten Steinchen des Seins. Die Gottesfrage hat sich erledigt – und zwar gründlich, Prost!

Diese betrunkene Nüchternheit war nicht immer. Früher gab es Aufgewühlte, gab es Unmutsäußerungen. Kierkegaard, der einflussreiche Lebensphilosoph, nahm seiner Zurückhaltung alle Zügel und sprach: „Ach, und dieses Elend, daß so viele so dahinleben, um den seligsten aller Gedanken betrogen; dieses Elend, daß man die Menschen mit allem Möglichen beschäftigt, aber nie sie an diese Seligkeit erinnert, daß man sie, um sie als Maschinen gebrauchen zu können, in Massen zusammenballt, statt die Masse in Einzelne zu zersplitten damit jeder Einzelne das Höchste, das Einzige gewinne wofür es sich zu leben verlohnt, und worin zu leben eine Ewigkeit nicht zu lang ist: mich dünkt, ich könnte eine Ewigkeit darüber weinen, daß dieses Elend da ist!“[56]

Was meint der fromme Rebell? Woran könnte, ja sollte sich der Mensch aufrichten? Der Begriff "Seele" ist hervorzuheben. Zunächst bezeichnet er wage eine Art Odem des Lebens. Diese Lebenskraft ist aber nirgendwo nachweisbar. Wie kann man diesen "Odem" messen? Nein - der Seelenbegriff gehöre zum gedankenlosen Gerede, wird flink behauptet. Gläubige ersinnen ein hochtrabendes Zauberwort, machen daran ihre hochfliegenden Hoffnungen fest und leiten aus ihm heilige Werte ab, die sie in monumentalen Kulturbauten vergegenständlichen. Dieses Wortgespinst ermahnt den Beter: Erhebe dich aus den Niederungen, aus öder Wüstenei und setze zum Höhenflug an, denn deine Sehnsucht nach unvergänglichen Werten ist keine Narretei, sie ist vielmehr durchaus begründet. Als Ahnherr der abendländischen Seelenlehre gilt Platon. Doch recht besehen ist die Lehre von der Seelen"substanz" das Kernstück aller großen Weltreligionen, nicht nur des Christen- und Ju-

---

[55] J. Monod: Zufall und Notwendigkeit, Deutscher Taschenbuch Verlag, München, 1988, S. 151.

[56] S. Kierkegaard, Die Krankheit zum Tode, Kopenhagen (1849), S. 24.

dentums.

Was das Priesterwort "Seele" bezeichnet, ist es uns Menschen nicht wesenseigen? Alles, was der schöpferische Menschengeist hervorbringt, was ihn beschäftigt, weist seinem Wesen nach über ein unmittelbar gegebenes, greifbares "Diesseits" hinaus. Das ganze Reich der geistigen Hervorbringungen ist nicht von "dieser Welt". Etwas Neues wird ins Werk gesetzt. Es überschreitet das Diesseits und ist auf ein "Jenseits" gerichtet. Es hat seine Wurzeln im Verborgenen, im "Metaphysischen". Alle Kultur schöpft aus dieser "überirdischen", nicht fassbaren Quelle, die unseren Sinnen nicht zugänglich ist. Die Wahrheit ist keine Eigenschaft irgendeines Dinges, sie gehört zum göttlichen Erkenntnisvermögen des Menschen. Nur der grübelnde Stubengelehrte, nicht aber der gedankenverlorene Wanderer, der nur sieht, aber nicht denkt, kann Wahrheit schauen. Nur die Vernunft treibt uns Sonderwesen über das real Gegebene hinaus zur Erfassung und Verwirklichung der nur in uns aufsteigenden Ideen. Alle Bilder der Vollendung, ob sie das Wahre, Schöne oder Sittliche zum Gegenstand haben, sind Ausdrucksformen eines "diesseitigen Jenseits", das prinzipiell weder stofflich noch sichtbar noch mit Instrumentarien experimentell nachweisbar ist. Trotzdem wirkt das scheinbar nicht Vorhandene. Alle fruchtbaren Forschungs- und Kulturleistungen sind keine irrelevanten Phantastereien - ein Nichts - vielmehr gehören sie zur lebenspendenden Wirklichkeit. Lebendig sind alle wirkmächtigen Gestalten, die uns wahrhaft hemmen oder fördern. Ein Natur-Ich ist ohne sein geistiges Selbst, ohne dieses "Jenseitige" nicht fassbar. Dabei kennzeichnet der Grad der "Vergeistigung" eines Menschen dessen metaphysischen Rang. Wo aber verorten Religionsphilosophen diesen "Wirklichkeitsbereich"? In der Seele des Menschen!

Wenn dementsprechend das Seelen"phänomen" nicht gegenständlich, weder räumlich noch zeitlich ist, aber trotzdem wirkt, dann darf man die tabuisierten Sinnfragen, im Gleichschritt mit den Weisheitslehrern aller Epochen, getrost wieder aufgreifen. Auf die unanschauliche Andersartigkeit der geistähnlichen, seelischen Gestaltungskraft, die an Wirkungsmacht hinter den physikalischen Kräften nicht zurücksteht, haben nicht nur die Thomisten hingewiesen. In der Ideenwelt, in den vom "Himmel" entlehnten stimmigen Bestimmungen ist nichts Zusammengesetztes und wieder Zerlegbares, nichts raum- zeitlich Geordnetes, vielmehr ist dort grundsätzlich alles unzerstörbar, wegen seiner teillosen Ganzheitlichkeit. Im Gegensatz zu den Substanzen ist dieser "zweiten Wirklichkeitsform" das Werden und Vergehen ganz fremd.

Auf der höheren Ebene, wo die Seele als Glied des Geist-Materie Dualismus ernst genommen wird, kommt die Gedankenentwicklung allerdings ins Stocken, denn das Vermittlungsproblem zwischen Ausgedehntes - Unausgedehntes, Körperliches - Geistiges, Leibliches - Seelisches gilt es zu lösen. Wie entstehen Emotionen, Gedankenblitze, wie entstehen Meisterwerke begnadeter Künstler aus einfachen Molekularbewegungen im Gehirn, bei denen es keine "Absprachen" über eine ganzheitliche, höhere Zielsetzung geben kann? In der Realität gehören die Gegensätze - Materie-Geist - nämlich zusammen. Wundt löste das Vermittlungsproblem durch einen kühnen Schritt, indem er die "Substanztheorie" durch eine "Aktualitätstheorie" ersetzte. Materialisten irrten sich, erklärte der Gründungsvater der wissenschaftlichen Psychologie, da sie den tätigen Substanzen das Primat zuerkennen. Umgekehrt seien es die Substanz erzeugenden Tätigkeiten von ganzheitlichen, dem Raum und der Zeit entrückten Entitäten, die allein von fundamentaler Bedeutung sind. Ein unaufhörlicher Strom schöpferischer Seelentätigkeit regiere die Welt und nicht tote, umher tanzende Bausteine.

Wenn es die Seele "real gibt", wie manche spirituellen Lehrmeister postulieren, und sie an Zeitlichkeit nicht gebunden ist, wie steht es dann um den Unsterblichkeitsgedanken, der für jedes religiöse Gemüt den höchsten Stellenwert hat? Kommt uns die Vernunft zu Hilfe, wenn wir allein gelassen, in einsamer Stille in den Abgrund der Existenz zu schauen wagen und den Schrecken mit unserer heiligen Hoffnung zu bannen suchen? Wie allgemein menschlich ist das Wehklagen über das Kerkerdasein, über das nie endende "Abschied-nehmen-müssen", über die notorische Verweigerung aller Dinge um uns, ein Zeichen der Hoffnung zu setzen? Jener Vorbehalt gegen das nur "Diesseitige" ist Melancholikern eingeboren.

Soweit der Religionsforscher zurückblickt, nirgends sieht er ein Volk oder auch nur einen Stamm, dem der Unsterblichkeitsgedanke fremd gewesen wäre. Was ergibt sich daraus? Der Ewigkeitstrieb ist ein Grundtrieb. Das enge Leben steht uns gar nicht an. Es ist zu eng für unsere Seele, die weit hinauf will in den "Himmel". Daher gab man einst den "Hinaufgefahrenen" das ägyptische Totenbuch mit auf den Weg, in dem Zaubersprüche, Beschwörungsformel und Anweisungen aufgeführt waren, damit der Tote alle Gefahren im Jenseits besteht. Die druidischen Kelten glaubten dagegen an die Reinkarnation und versprachen den Hinscheidenden neues Leben in Gestalt eines Baumes oder Flusses. Rücksprache halten können die Verstorbenen mit den noch Lebenden während des Druiden Festes Samhain, was heute als Halloween bekannt ist. Wieder andere Propheten kannten Einzelheiten des Schicksals, das jedem Toten dräut. Wenn ein Zoroastrier stirbt, wird seine Seele, nicht aber die sterbliche Hülle, gerichtet. Der Gute kommt in den Himmel, der Böse in die Hölle. Die jenseitigen Strafmaßnahmen sollen Läuterung und letztendlich Erlösung bringen - denn erst im Letzten Gericht wird das abschließende Urteil verkündet und der Delinquent auch körperlich wiedererschaffen. Schön rausgeputzt als leibseelische Einheit müssen sich alle von ihren Gönnern im Himmel oder ihren Peinigern in der Hölle verabschieden, einen Fluss aus geschmolzenem Metall überqueren, um schließlich mit der Vollkommenheit des Guten bis in alle Ewigkeit vereint zu werden. Ewige Qualen in der Hölle und keine Erziehung zum Besseren verspricht hingegen der Islam allen bösen Menschen. Am Tag des Jüngsten Gerichts - dem Tag der Auferstehung von den Toten - werden alle von Gott endgültig gerichtet. In den Himmel aufgenommen werden jene Muslime, die den wahren Glauben angenommen, ein tugendhaftes Leben geführt und all ihre Sünden bereut haben. Das Paradies, das den guten Menschen versprochen wird, ist ein blühender Garten, mit sprudelnden Quellen, Früchten im Überfluss und immer bereiten, niemals launischen Jungfrauen. Wer dem Islam nicht anhängt, wird Kafir genannt, und ist - sorry - zu ewiger Höllenstrafe verdammt. Wieder andere, die Sufis, erstreben das Aufgehen des menschlichen Selbst in Gott mit Hilfe von Zuhd (Abkehr von der Welt) und Sahr (Geduld). Der Religionsschüler müsse nur alle seine Eigenarten ablegen, um eins werden zu können mit Gott. Dabei hilft ihm der ekstatische Tanz um seinen Mittelpunkt, den er nach etlichen Umdrehungen aus den Augen verlieren soll.

Die Auferstehung der Toten und die Verheißung eines ewigen Lebens krönen auch das apostolische Glaubensbekenntnis. Alle Christen lassen nicht ab von der Hoffnung auf bessere Tage und von der Gewissheit, dass ihnen am Ende nicht ein "umsonst" entgegen grinst, dass jede böse Tat der gerechten Bestrafung nicht entgeht. Wie ein mächtiger Gesang wirkt das Johannes Evangelium auf jedes fühlende Herz: „Ich bin die Auferstehung und das Leben; wer an mich glaubt, wird leben, auch wenn er gestorben ist; und jeder, der da lebt und an mich glaubt, wird nicht sterben in Ewigkeit.“ (Johs. 11, 25-26). Wer muss belehrt werden über die schlichte Kraft dieser himmlischen Trostworte? All jene etwa, die einsam und verlassen auf ihren Schmerzenslagern um Besserung, Trost, wenigstens um einen Hoffnungsschimmer flehen? Wer kann die ernste Bedeutung des Unsterblichkeitsglaubens für uns Menschen je überschätzen? Alles, was Neues über die Seele, und damit zusammenhängend, über das Reich "ewiger Wesenheiten" zu denken ist, besitzt im Grunde für alle Menschen die allerhöchste Priorität. Darum sind all die merkwürdigen Sinnbilder, die Gurus in ihren Büchern über die Unsterblichkeit verbreiten, insofern sympathisch, als sie etwas aufgreifen, was uns unbedingt angeht.

Sehnen, Schwärmen und Hoffen - all das Allzumenschliche - sind mittlerweile allerdings gewichen, sie gelten im öffentlichen Raum sogar als unerwünscht. Auf einer Party dürfen sie über alles sprechen – übers Klöppeln, über Baribals, Blähbäuche, Cherusker, Daunenkissen und dergleichen; doch wehe über "intime" Daseinsfragen – das gehört sich nicht. Man wird stehengelassen und Frau bekommt den Rotwein ins Dekolletee, wenn dieser einzig noch mögliche Tabubruch begangen wird. Es gehöre zum guten Ton, sich selbst existentiell ins absolute Nichts zu stellen. Das bekunde Unerschrockenheit, Sachlichkeit und gebe zu verstehen, dass jeder, nicht anders als Sisyphos, sinnlos seine Steine zu wälzen habe. Worum Verstand und Willen allein kreisen dürfen, das ist ein marktgerechtes Konsumgut. Emile Cioran brachte diese materialistische Lebensweisheit, die von Nachdenklichkeit nichts wissen will, auf den Punkt: „Der Geist erhebt nicht, sondern zerfleischt.“ Daher steht heute die Clownerie hoch im Kurs; wer beständig im Rampenlicht steht, hat das höchst mögliche Lebensziel schon erreicht. Überwältigt von der heiligen Ignoranz schätzt er sich glücklich und nimmt achselzuckend zur Kenntnis: Absurdität und Sinnlosigkeit liegen wie eine schwere Last auf alles Menschliche, auf alles Gesellschaftliche, auf alles Politische, alles Wirtschaftliche, alles Künstlerische.

Doch wie stichhaltig sind die Argumente der "Aufgeklärten"? Machen sie sich zu Recht über jede religiöse Heilserwartung lustig? Können sie ihrer Rolle als Aufklärer gerecht werden oder pochen sie störrisch auf ein Wissen, das längst veraltet und weltanschaulich irrelevant und irreführend ist? In der Tat, die scheinbar evidente Prämisse der Lehre von der Absurdität des menschlichen Daseins – der mechanisch-materialistische Atomismus – wird von der modernen theoretischen Physik als nicht zielführend, ja sogar als undenkbar verworfen. Das mechanische Gedankenkonstrukt, das fest stehen soll, und das Absurdität und Sinnlosigkeit verbirgt, sackt in sich zusammen.

Worauf läuft das radikale Umdenken hinaus, das von der Quantenphysik gefordert wird? Welche unglaublich neuen Erkenntnisse bereichern die Naturphilosophie? Wenn der mechanische Materialismus grundsätzlich einer tiefergehenden Naturauffassung im Wege steht, welche Lehre ersetzt ihn? Welche Prämissen, an die niemand zweifeln durfte, müssen fallengelassen werden? Von drei Seiten unternehmen wir einen Annäherungsversuch an das neue Denken der modernen Physik.

1) Die Maxwellsche Feldtheorie des Elektromagnetismus beschreibt elektrische und magnetische Eigenschaften von Stoffen einheitlich. Darüber hinaus enthält die Theorie Wellengleichungen, die punktgenau die Ausbreitung elektromagnetischer Wellen theoretisch erfassen. Der anschauliche Vergleich mit Wasser- und Schallwellen ließ die Frage laut werden, in welchem Medium sich elektromagnetische Wellen eigentlich ausbreiten. Was schwingt, wenn nicht ein Stein ins Wasser, sondern eine Ladung ins Vakuum geworfen wird? Gibt es im Vakuum einen dünnen Äther, der Träger von Lichtwellen ist? Die schockierende Antwort lautet: Nein – den gibt es nicht! Es existieren zwar elektromagnetische Wellen, aber es ist kein "Substrat" da, das diese Wellen trägt. Weil dessen ungeachtet die Telekommunikation zufriedenstellend funktioniert, können wir nicht behaupten, dass dieses schwingende "Nichts" rein gar nichts ist. Was kann vorhanden, aber nicht "greifbar" sein? Welches Bild passt zu diesem Verwirrspiel der Realität? Man sagt: Das Strahlungsfeld sei wie ein Tanz ohne Tänzer – eine Choreographie. Die Phantasie des Choreographen muss sich nicht vom Unvermögen der Tänzer ihre Grenzen setzen lassen. "Fiktive Tänzer" kann er anweisen, nach einem heiteren Reigentanz plötzlich einen Ring zu bilden, in dem die Tänzer völlig aufgehen. Diese scheinbar widersinnige "Vereinigung" von Tänzern zu einem ungeteilten Tanzensemble ist nach der klassischen Tanzlehre unmöglich und absurd. Für den "Quantentänzer" ist es der Regelfall. Man nennt dieses Naturphänomen Verschränkung. Es ist undenkbar, aus Steinchen ein Haus zu bauen, das nicht aus Steinchen besteht. Nur die Phantasie erdichtet sich ein Geisterhaus, das nicht abgetragen werden kann, weil es nicht aus Ziegeln aufgebaut ist. Die Schwingungen, bei denen nur elektrische und magnetische Felder schwingen, welche aber nichts "wiegen", welche vom "Nichts" getragen werden, sind durchaus wirksam. In Gestalt des Laserlichts dient dieses "schwingende Nichts" als vielseitiges Schneidewerkzeug und hinreichend kurzwellige Strahlung hustet sogar Elektron-Positron Paare aus.

Das Maxwellsche feldtheoretische Konzept des "Tanzes ohne Tänzer" findet sich auf höherem Niveau in der Quantenfeldtheorie wieder, welche für die statistische Physik und die Elementarteilchenphysik die Grundlage bildet. Hans-Peter Dürr fasste sein Verständnis der Theorie in folgende Worte: „In der sogenannten Quantenfeldtheorie gibt es gar keine Materie mehr, sondern nur noch scheinbar regellose Impulse und Schwingungen unsichtbarer Energiefelder ... Am Grunde der Wirklichkeit ist in dieser Betrachtung nicht die Materie, sondern nur ein Feld, das aber nichtmateriell ist, sondern eine Art Potential darstellt. Ein Potential, das die Fähigkeit hat, sich zu materialisieren. Dieses Feld ist nur ein einziges Feld, aus dem das ganze Universum besteht.“[57]

Aber auch das "Nichts" - der leere Raum - kann anfangen zu "tanzen". Es handelt sich dabei um Gravitationswellen der Einsteinschen allgemeinen Relativitätstheorie. Weit weg von allen Quellen verbiegt sich die Raum-Zeit, ändern sich die geometrischen Verhältnisse auf gesetzmäßige Weise, ohne dass ein "Medium" da ist, dem die Schwingungen eingeprägt werden könnten.

2) Beim zweiten Annäherungsversuch an das neue naturwissenschaftliche Denken geht es um die Begriffe "Schrödingersche Wellenfunktion" und "Potentialität", die in der Quantenmechanik fundamental sind. Welche Bewandtnis hat es mit diesen Grundbegriffen? Nach der klassischen Physik ist es ausgeschlossen, dass die Art und Weise, wie ein Stein auf einem Tisch liegt, davon abhängt, ob neben dem Tisch ein Stuhl steht. Selbstverständlich "merkt" der Stein nichts davon, wo er sonst noch liegen könnte. Ausschlaggebend ist: Er liegt jetzt hier und nicht dort. Alle verpassten Möglichkeiten sind für ihn ein reines Nichts, sie sind nicht wirklich, sondern lediglich möglich, weil sie nicht wirken. Wirklichkeit und Möglichkeit sind, nach allem was wir wissen, streng voneinander zu scheiden. Jede Möglichkeit hat ihre Daseinsberechtigung nur in der Phantasie der Märchenerzähler – schon wegen der Logik der Begrifflichkeit. Was hätte sein können, aber niemals war, "existiert" im Wortspiel, nicht aber in der Realität. Wer etwas anderes behaupte, sei Esoteriker. Dennoch vertieft der Quantenphysiker den Wirklichkeitsbegriff genau an dieser Stelle, weil er auch der Potentialität einen ontologischen Status einräumt. Wie erstaunlich es auch anmutet, wir müssen zur Kenntnis nehmen: Auch das Mögliche ist ein reales Phänomen, denn es wirkt.

Für jedes Atom gibt es diskrete Eigenzustände, die von den Elektronen der Hülle besetzt werden können. Ohne äußere Anregung wird der niedrigste Energiezustand bevorzugt eingenommen – man nennt ihn Grundzustand. Die höheren Energieeigenzustände bleiben unbe-

[57] H.P. Dürr et al., Gott, der Mensch und die Wissenschaft, Pattloch Verlag Augsburg, (1997), S.138.

setzt. Dorthin gelangen die Elektronen, wenn sie durch Energiezufuhr "umgesetzt" werden. Alle möglichen Zustände von Atomen und Molekülen sind Lösungen der einen Schrödinger-Gleichung. Nach welchem Schema die möglichen Zustände besetzt werden, das diktieren die Wellenfunktionen. Diese sind ein einfaches, nicht messbares Zahlenschema. Obwohl die Besetzungswahrscheinlichkeiten unseren Sinnen nicht, und auch nicht unseren Messvorrichtungen zugänglich sind, bestimmt die Landschaft aller Möglichkeiten nicht nur, was sein kann, sondern auch, was ist. Die chemische Reaktivität aller Stoffe wird nämlich durch die Lage derjenigen Nachbarzustände festgelegt, die besetzt sein könnten, die aber nicht besetzt sind. Beispielsweise werden die Eigenschaften eines Kohlenstoffatoms im Grundzustand mitbestimmt durch einen unbesetzten Resonanzzustand bei 7.654 MeV. Befände sich genau dort nicht ein möglicher Zustand für Hüllenelektronen, dann könnte in den Sternen durch die Kernfusion kein Kohlenstoff aus Helium-4 und Beryllium-8 in ausreichender Menge gebildet werden. Folglich existierte dieses "Lebenselement" nicht häufig genug im Kosmos, um Leben, wie wir es kennen, hervorbringen zu können. Wir verdanken unsere Existenz der genauen Höhe des Stuhls (des unbesetzten Zustands, in der Nähe des Grundzustands des Kohlenstoffatoms), auf dem der Stein liegen könnte, aber nicht liegt. Wie und in welche Richtung muss sich die klassische Naturauffassung qualifizieren, wenn Wirklichkeit und Möglichkeit derart verschwistert sind?

3) Unser dritter Versuch, die Rätselhaftigkeit der quantenphysikalischen Wirklichkeitsauffassung zu erhellen, geht von der Heisenbergschen Matrizenmechanik aus. Im Fokus dieses Zugangs zur Quantenphysik steht die Frage, wie der Begriff "physikalische Messgröße" (Observable) tiefgründig aufzufassen ist, damit auch in der Mikrophysik dem Erkenntnisfortschritt nichts im Wege steht? Das scheinbar naturgemäße Vorgehen der klassischen Physiker, so erfolgreich es auch war, erwies sich als ungeeignet. Im Allgemeinen genügt es nämlich nicht, Messvorschriften zu ersinnen und zugehörige Messwerte (dimensionierte reelle Zahlen) zu definieren. Um experimentelle Messdaten in ihre naturgemäße Ordnung zu bringen, müssen die Observablen nicht durch dimensionierte Zahlen, sondern durch kompliziertere mathematische Gebilde repräsentiert werden. In der Quantenphysik sind es *Operatoren* des Hilbertraums, die physikalische Größen wie Ort, Geschwindigkeit, Drehimpuls usw. darstellen. Die Eigenwerte dieser Operatoren sind mögliche Messwerte, während man aus den Eigenvektoren Besetzungs-

wahrscheinlichkeiten ableitet. Ein neuer Merksatz wurde aufgestellt: Nicht die reelle Zahl ist in der Physik fundamental, sondern der Operator. Unter der Oberfläche des Sichtbaren waltet nämlich ein geheimnisvolles "Dahinter", das sich wunderlich nur mit Hilfe der "Höheren" Mathematik zufriedenstellend erkennen lässt. Dabei folgt die Rätselhaftigkeit der Quantenphysik hauptsächlich aus einem rechentechnischen Detail: Nicht alle Operatoren kommutieren miteinander. Anders als bei der Multiplikation von reellen Zahlen, hängt das Ergebnis des Produkts von Operatoren meist von der Reihenfolge der Operatoren ab. Aus der Nicht-Kommutativität von Operatoren resultiert physikalische Inkompatibilität. Was ist damit gemeint?

Ein Gedankenspiel veranschaulicht die erzwungene Vertiefung der Naturauffassung. Die Karikatur eines Kopfes möge hören, sprechen und sehen können. Da nach der klassischen Naturlehre jeder Kopf diese drei Eigenschaften definitiv hat, kann es für ihn nur eine einzige Lebensgeschichte geben. Das Protokoll hält für jeden Zeitpunkt fest, was der Kopf sagte, was er hörte, was er sah. All diese Daten zusammen ergeben eine einzige lückenlose Biographie des Kopfes. Die Quantenwelt ist geheimnisvoll davon verschieden. Angenommen die Operatoren $\widehat{A}$ und $\widehat{O}$, die den Eigenschaften "sehen" und "hören" zugeordnet sind, kommutieren miteinander: $\widehat{A} \cdot \widehat{O} = \widehat{O} \cdot \widehat{A}$, aber sie kommutieren nicht mit $\widehat{M}$ (kann "sprechen"): $\widehat{A} \cdot \widehat{M} \neq \widehat{M} \cdot \widehat{A}$ und $\widehat{M} \cdot \widehat{O} \neq \widehat{O} \cdot \widehat{M}$. Immer, wenn dieser Quantenkopf spricht, hört er nicht zu, ja hat er nicht einmal Ohren; immer, wenn er zuhört, kann er nicht sprechen, ja hat er nicht einmal einen Mund. Zugleich schauen und hören, das kann er - einen Mund hat er dann allerdings nicht. Obwohl der erdachte Quantenkopf sehen, hören und sprechen kann, gibt es in dieser Quantenwelt nicht ein einziges Exemplar, das zugleich spricht und zuhört oder das gleichzeitig spricht und sieht. Damit ist die Eindeutigkeit seiner Biographie zunichte. Für den Quantenkopf gibt es nämlich unendlich viele, nicht miteinander verträgliche Gesprächsprotokolle, genauer sind es 2^n, wobei n die Anzahl der Zeitpunkte ist. Die Frage: „Welche von diesen zugelassenen, nicht abzählbar vielen Historien realisiert sich tatsächlich?“, hat keine Antwort. Den inkompatiblen geschichtlichen Abläufen können nicht einmal Wahrscheinlichkeiten ihrer Realisierung einheitlich zugeordnet werden. Wenn es gleich ein unendliches Bündel von kompatiblen und inkompatiblen Historien des Quantenkopfes gibt, wie kann er dann ein "Ding" genannt werden? Was geht unten in der Mikrowelt eigentlich vor, in der Quantengesetze gelten? Wie radikal ist die klassische, mechanisch-materialistische Naturauffassung zu erweitern und zu vertiefen, damit die quanten-physikalischen Erkenntnisse der modernen Physik ins Blickfeld geraten? Aus welchem "Stoff" sind wir gemacht, wenn nicht aus den postulierten absoluten Klötzchen des Seins, mit denen all diese Kapriolen nicht möglich sind? Was ist das für ein seltsamer "Nebel", aus dem wir "bestehen", der wir sind?

Eine bedenkenswerte Antwort gab der Physiker Jeans bereits 1931: „ ... das Weltall sieht allmählich mehr wie ein großer Gedanke als wie eine große Maschine aus. Der Geist erscheint im Reich der Materie nicht mehr als ein zufälliger Eindringling; wir beginnen zu ahnen, daß wir ihn als den Schöpfer und Beherrscher des Reiches der Materie begrüßen sollten – natürlich nicht unseren individuellen Geist, sondern den Geist, in dem die Atome, aus denen unser individueller Geist entstanden ist, als Gedanken existieren ... Der alte Dualismus von Geist und Materie, der für die angenommene Feindschaft hauptsächlich verantwortlich war, scheint zu verschwinden, nicht dadurch, daß die Materie irgendwie schattenhafter oder unkörperlicher wird als bisher oder daß der Geist zu einer Funktion der Tätigkeit der Materie wird, sondern dadurch, daß körperliche Materie zu einer Schöpfung und Offenbarung des Geistes wird. Wir entdecken, daß das Weltall Spuren einer planenden oder kontrollierenden Macht zeigt, die etwas Gemeinsames mit unserem eigenen individuellen Geist hat."[58] Ein Schüler von Werner Heisenberg drückte denselben Gedanken so aus: „Die Grundwirklichkeit hat mehr Ähnlichkeit mit dem unfassbaren, lebendigen Geist als mit der uns geläufigen greifbaren stofflichen Materie."[59] „Meiner Auffassung nach gibt es das Immaterielle in der Gegensetzung zum Materiellen gar nicht. Denn alles ist sozusagen ‚Atem Gottes'. Man könnte das Materielle so beschreiben, daß Teile dieses Atems anfangen zu erstarren und so das Unbelebte bilden. Aber das Wesentliche ist immer das, was ‚Atem' genannt wird."[60] Schließlich sollen auch die Unterzeichner der Potsdamer Denkschrift von 2005 zu Wort kommen. „Wir erleben eine Revolutionierung der bisherigen klassischen Weltsicht mit der überraschenden Erkenntnis: Materie ist im Grunde gar nicht Materie, sondern ein Beziehungsgefüge, eine Art Gestalt oder in gewisser Weise *trägerlose Information.*"

[58] J.H. Jeans, Der Weltraum und seine Rätsel, Deutsche Verlagsanstalt, Stuttgart, (1931), S. 209.

[59] H.P. Dürr, Auch die Wissenschaft spricht nur in Gleichnissen, Herder, Freiburg, Basel, Wien, (2004), S. 29.

[60] H.P. Dürr et al., Gott, der Mensch und die Wissenschaft, Pattloch Verlag, Augsburg, (1997), S. 140.

Mit diesen couragierten Äußerungen nehmen Physiker Schritt auf mit den Denkern der glorreichen philosophisch-theologischen Tradition. Denn auch in den Texten von bedeutsamen Metaphysikern lesen wir ähnliche Sätze. Fichte fasste seine philosophische Inspiration in dem Satz zusammen: „Kein Tod, keine leblose Materie, sondern überall Leben, Geist, Intelligenz: ein Geisterreich, durchaus nichts anderes."[61] Und der überragende Repräsentant des Deutschen Idealismus fand die Formel: „Das Wesen des Geistes und der Natur ist eines und dasselbe, und in dieser Identität sind sie nicht mehr, was sie in ihrer Trennung und Quantität sind."[62]

Wenn der "Unterbau" des Weltensystems "geistartig" ist, dann kann auch das Ganze wunderlich in sich geschlossen sein, wie es bedeutende Glaubenslehrer schon vor Jahrtausenden predigten. Der ganze Inhalt der facettenreichen Geisterwelt kann nämlich in wenigen Prämissen eingefaltet sein, wie wir es zum Beispiel von der axiomatisierten Mengenlehre her kennen.

Tatsächlich ist die Naturlehre hierarchisch aufgebaut. Maxwells Theorie des Elektromagnetismus umfasst gekoppelte partielle Differentialgleichungen. Aus diesen wenigen Grundgleichungen resultieren nicht nur alle Gesetze der klassischen Optik, vielmehr ist der spärliche Zeichensatz in den Formeln auch die Grundlage der gesamten Elektrizitäts- und Fernmeldetechnik. Schier unüberschaubar sind alle Gesetze, Bauanleitungen und Patente, die auf diesen Gleichungen basieren. Dabei wird der Zuständigkeitsbereich der klassischen Theorie des Elektromagnetismus noch erheblich erweitert, wenn sie zusammen mit der Quantenmechanik und der Einsteinschen speziellen Relativitätstheorie zur Quantenelektrodynamik verallgemeinert wird. Alsdann gehören auch die Atom- und Molekülspektren, nebst der Feinstruktur, mit zum Betätigungsfeld der Theorie, kommen die Antimaterie und die Quantennatur des Vakuums ins Blickfeld. Doch auch auf diesem hohen Niveau hält die Vereinheitlichung der theoretischen Konzepte noch nicht inne. Nach der Theorie der elektro-schwachen Wechselwirkung haben nämlich die schwache Kernkraft und die Kräfte zwischen elektrischen Ladungen dieselbe Quelle. Beide Kräfte, die sich unter den jetzigen Bedingungen im Kosmos erheblich voneinander unterscheiden, verschmelzen bei hinrei-

[61] J.G. Fichte, Werke, Auswahl in sechs Bänden, Felix Meiner Verlag, Leipzig, (1911), Band 4, S. 35.

[62] G.W.F. Hegel, Vorlesung über die Philosophie der Religion, Suhrkamp Verlag, Frankfurt am Main (1969), Band 1, S. 108.

chend hohen Energien oder innerhalb kleiner Raumbereiche. Dieser Holismus, nach dem alles mit allem zusammenhängt, ist das Hauptmerkmal der Quantenphysik. Daher hören wir von den Physikern, „daß die Welt eigentlich immer ein Ganzes ist. Sie läßt sich gar nicht auffassen, als ob sie aus Teilen besteht."[63]

Diesem wissenschaftshistorischen Schema folgend wird immer deutlicher, dass die Wesenheiten der Dinge tief in einer einheitlichen "Urquelle" beschlossen sind, wo alle Begriffe sich so weit "verbiegen", bis sie für die große Einheit passfähig sind.

Halten wir an beiden Schlüsselerkenntnissen der neuen Metaphysik fest – alle Wirklichkeit entstammt aus einer *einheitlichen*, *geistartigen* Quelle – dann stehen wir schon auf der Seite der spirituellen Lehrer; dann sind wir überzeugt, dass sich unser persönliches Auffassen läuternd den universellen, absoluten Wahrheiten annähern kann. Dieses Unterfangen – der Erkenntnisfortschritt – ist schlussendlich subjektiv und objektiv zugleich. Denn das erkannte, belastbare Wissen von der Welt ist einerseits unser Wissen von Gott, in letzter Konsequenz andererseits aber das Wissen Gottes von sich selbst. Der Forscher muss sich dieser objektiven Autorität beugen. Sie gebietet Vernunft, Folgerichtigkeit, Selbstkonsistenz – kurz: sie legt alle geistigen Werkzeuge in unsere Hand, damit wir von einem Forschungsprojekt zum anderen erfolgreich fortschreiten können. Dabei werden universelle und allgemeine Wahrheiten für immer weitreichendere Teilbereiche zusammengetragen, deren geschlossene Gesamtheit nicht nur die Lehre vom Sein, sondern am Ende grundsätzlich sogar das Sein selbst ist. Diese organische, geistartige Ganzheit, dieses ewige Ordnungsschema, zu dem die universellen Einsichten gehören, ist Anfang und Ende, ist Quelle von Sein und Bewusstsein.

Unter der Schirmherrschaft des mechanischen Materialismus wird die grundsätzliche Unverträglichkeit zwischen Naturwissenschaft und Religion als Axiom gesetzt. Wenn nämlich alle Dinge und Erscheinungen, das selbstbewusste menschliche Leben mit eingeschlossen, auf mechanische Kräfte zurückführbar sind, wenn die Natur der Atome und deren "mechanische" Bewegungsgesetze alles festlegen, dann ist Gottlosigkeit in der Tat unausweichlich. Nun ist aber die Welt keine große Maschine. Die alte Physik wurde durch eine neue bereichert und vertieft. Nicht nur Gläubige fordern neuerdings mit Nachdruck, über die materialistische Weltsicht gedanklich hinauszugehen, sondern auch Quantenphysi-

---

[63] H.P. Dürr et al., Gott, der Mensch und die Wissenschaft, Pattloch Verlag, Augsburg, (1997), S. 139.

ker. Beide, der Naturwissenschaftler und der Theologe, treffen sich an diesem entscheidenden Kreuzungspunkt und können sich daher gegenseitig bereichern. Max Planck, der Gründungsvater der Quantenphysik, fasste diesen Gedanken im Jahr 1937 wie folgt zusammen: Es „ist die Gottheit, die der religiöse Mensch mit seinen anschaulichen Symbolen sich nahezubringen sucht, wesensgleich mit der naturgesetzlichen Macht, von der dem forschenden Menschen die Sinnesempfindungen bis zu einem gewissen Grade Kunde geben.“[64]

Am Ende stehen also auch wir vor der Gretchen-Frage: „Nun sag, wie hast du's mit der Religion?“ Etwas präziser als zu Goethes Zeiten wird heute gefragt, ob ein naturwissenschaftlich Gebildeter zugleich auch im traditionellen Sinn religiös sein kann. Für Max Planck hatte die Gretchen-Frage auch deshalb eine tiefernste Bedeutung, weil durch die um sich greifende Gottlosigkeit „nicht nur die wertvollsten Schätze unserer Kultur, sondern, was schlimmer ist, auch die Aussichten auf eine bessere Zukunft der Vernichtung anheimfallen würden.“[65]

In Bezug auf die Gottesfrage gibt es keinen Sachzwang, zumal sie durch den Erkenntnisfortschritt in einem neuen Licht steht. Sprach die Erfahrung der klassischen Naturforscher für ein unaufhaltsames Zurückdrängen der "Transzendenz", so schockiert der Quantenphysiker heute mit der waghalsigen Antithese, dass nicht die "objektiven" Gestaltungsideen zur nichtigen Scheinwelt gehören, sondern im Gegenteil, die greifbaren materiellen Dinge letztlich flüchtige "Interpretationen" des grundsätzlich nicht entwirrbaren quantenmechanischen Beziehungsgeflechts sind. Die quasi-klassische Erscheinungsweise der Welt im gegenwärtigen Zustand täuscht eine strenge Teilbarkeit nur vor, die wir, von unserer Warte aus, als fundamental ansehen und ansehen müssen, obwohl sie nicht zur Ausstattung der Quanten-Wirklichkeit notwendigerweise gehört. Fragmentieren und analysieren sind naheliegende Erkenntnismethoden, die ihre praktische Bedeutung unter Beweis stellen, die aber zur Beantwortung der drängenden Daseinsfragen wenig hilfreich sind. Seit jeher empfanden spirituelle Menschen nur in der Rebellion gegen den Augenschein, nämlich im Glauben an eine Ganzheit, an eine heilige Ganzheit – an Gott – ihr Leben als lebenswert. Unerwartete Rückenstärkung bekommt der religiöse Glaube von der modernen theoretischen Physik. Wegen der fundamentalen Ganzheitlichkeit der "geistlastigen" Welt, darf sich jeder Beseelte eingebunden fühlen in einer größeren, unsterblichen Seele.

---

[64]Max Planck, Religion und Naturwissenschaft, Union Verlag, Berlin, (1988), S. 37.
[65]ebenda S. 16.

Hans-Peter Dürr bemühte ein einfaches Gleichnis, um die "Teilhabe" der Einzelseele zu erklären. Nicht anders, als ein Radioapparat aus dem einheitlichen elektromagnetischen Feld jeweils eine Trägerfrequenz herausfiltert, so partizipiert die individuelle Seele an dem einen "Seelenäther". Ein Empfangsgerät ist auf einen bestimmten Sender fixiert, ein anderes springt zwischen allen Radiosendern im Langwellenbereich hin und her und wieder ein anderes Gerät steht stur auf Rauschen. Brennt eine Heizspirale einer Verstärkerröhre durch, dann funktioniert zwar noch der Schwingkreis, aber es gibt keinen Empfang mehr. Unabhängig davon, ob und wie einzelne Sender von verschiedenen Geräten empfangen werden, erfüllt das eine elektromagnetische Feld den ganzen Äther. Die neuplatonische Glaubenslehre, auf die dieses Gedankenspiel abzielt, umschrieb Dürr mit den Worten: „Sie haben im christlichen Modell immer noch eine Art Kästchen, in dem mein Ich aufbewahrt wird. Ich glaube nicht an diese Art Wiedergeburt ... wir alle sind Mitschöpfer an diesem Einen. Ich kann es nie ganz auseinandernehmen und sagen, das ist mein Teilchen gewesen, das ist aufbewahrt, da steht immer noch mein Name darauf. Das glaube ich überhaupt nicht. Es ist alles ins Ganze hineingeworfen ...“[66]

Welche Schlussfolgerung aus dem neuen naturphilosophischen Denken auch gezogen wird, wir halten mit großer Genugtuung fest: Die Daseinsfragen sind wieder offen, der alte Diskurs kann, auf einem höheren Niveau, im 21. Jahrhundert in eine neue Runde gehen.

[66] H.P. Dürr et al., Gott, der Mensch und die Wissenschaft, Pattloch Verlag, Augsburg, (1997), S. 134.

Aber immer sucht das Universum. Gott ist der Welt Suche nach ihm. Die Welt ist Gottes Suche nach Sich, nach Seinem Sinn, nach Seinem Grund. Alles ist Weg, Gott ist Weg. Das Kleinste wie das Größte, alles ist nur ein Weg. Der Weg nach dem Sinn ist der Sinn selber. Der Weg nach dem Sinn ist der Sinn des Weges.

Christian Morgenstern

Literaturverzeichnis

[1] L. Baur *Metaphysik*, Verlag J. Kösel und F. Pustet, München, 1923

[2] H. Beck *Natürliche Theologie*, Verlag Anton Pustet, München, 1988

[3] D. Deutsch *The Beginning of Infinity*, Allen Lane Penguin Books, London, 2011

[4] Dürr, Meyer-Abich, Mutschler, Pannenberg, Wuketis *Gott, der Mensch und die Wissenschaft*, Pattloch, Augsburg, 1997

[5] H.J. Fischbeck *Die Wahrheit und das Leben*, Herbert Utz Verlag, München, 2005

[6] R.B. Griffiths *Consistent Quantum Theory*, Cambridge University Press, 2003

[7] H. Heimsoeth *Die sechs grossen Themen der abendländischen Metaphysik*, W. Kohlhammer Verlag, Darmstadt, 1958

[8] A. Huxley *Die ewige Philosophie*, Hans-Nietsch Verlag, 2012

[9] P. Kleinert *Ist die Philosophische Theologie am Ende?*, WiSa, Stuttgart, 2013

[10] P. Kleinert *Rationale Religiosität*, WiSa, Stuttgart, 2015

[11] G. Krüger *Leibniz Die Hauptwerke*, Stuttgart, Alfred Kröner Verlag, 1949

[12] H. Kuhn *Begegnung mit dem Sein*, Tübingen, J.C.B. Mohr (Paul Siebeck), 1954

[13] H.M. Kuitert *Ich habe meine Zweifel*, Gütersloher Verlagshaus Gerd Mohn, Gütersloh, 1993

[14] I.D. Lawrie *A Unified Grand Tour of Theoretical Physics*, Institute of Physics Publishing, Bristol, 2002

[15] D.E. Liebscher *Theoretische Physik*, Akademie Verlag, Berlin, 1973

[16] A. Messer *Geschichte der Philosophie im Altertum und Mittelalter*, Verlag von Quelle und Meyer, Leipzig, 1937

[17] R. Penrose *The Road to Reality*, Alfred A. Knopf, New York, 2006

[18] L. Schäfer *Infinite Potential*, Deepak Chopra books, 2013

[19] W. Weischedel *Der Gott der Philosophen*, Wissenschaftliche Buchgesellschaft, Darmstadt, 1983

Inhaltsverzeichnis

Namen- und Sachregister

WiSa

FSC
www.fsc.org
MIX
Papier | Fördert gute Waldnutzung
FSC® C083411

Kolibri 360 GmbH
Ferdinand-Jühlke-Straße 7
99095 Erfurt, Deutschland
produktsicherheit@kolibri360.de